Pro/E Creo 7.0
基础与应用

占守祥　鲁冠男　编著

重庆大学出版社

内容提要

Pro/E Creo 7.0 版本是原野火版的升级版，集 CAD/CAM/CAE 功能于一体，是贯通制造链全流程的三维产品设计软件，在制造领域使用十分广泛。

本书按照模块化任务式教学进行编写，介绍了 Pro/E Creo 7.0 的相关界面、基础方法及操作步骤，按“由易到难、由浅入深、循序渐进”的原则分为 7 章，包括多个不同项目或产品零部件的设计案例，涵盖了机械、电子、五金、家具等行业的产品零部件。书中列举相关案例，在教学过程中可让学生进行充分实践与应用练习，符合职业学生的学习规律，满足其认知与训练要求。

本书图文并茂、通俗易懂，既可用于包括高等院校机械设计、工业设计及相关专业的教学，也可作为社会培训机构、企业 3D 建模及设计人员技能提升的参考用书。

图书在版编目(CIP)数据

Pro/E Creo 7.0 基础与应用 / 占守祥，鲁冠男编著
. -- 重庆：重庆大学出版社，2023.1
高等院校软件应用系列教材
ISBN 978-7-5689-3756-6

Ⅰ. ① P…　Ⅱ. ①占… ②鲁…　Ⅲ. ①计算机辅助设计
—应用软件—高等学校—教材　Ⅳ. ①TP391.72

中国国家版本馆 CIP 数据核字 (2023) 第036409号

Pro/E Creo 7.0 基础与应用

Pro/E Creo 7.0 JICHU YU YINGYONG

占守祥　鲁冠男　编著
策划编辑：鲁　黎
责任编辑：文　鹏　　版式设计：鲁　黎
责任校对：刘志刚　　责任印制：张　策

*

重庆大学出版社出版发行
出版人：饶帮华
社址：重庆市沙坪坝区大学城西路 21 号
邮编：401331
电话：(023) 88617190　88617185（中小学）
传真：(023) 88617186　88617166
网址：http://www.cqup.com.cn
邮箱：fxk@cqup.com.cn（营销中心）
全国新华书店经销
重庆升光电力印务有限公司印刷

*

开本：787mm × 1092mm　1/16　印张：16　字数：286 千
2023 年 1 月第 1 版　　2023 年 1 月第 1 次印刷
印数：1—2 000
ISBN 978-7-5689-3756-6　定价：45.00 元

本书如有印刷、装订等质量问题，本社负责调换
版权所有，请勿擅自翻印和用本书
制作各类出版物及配套用书，违者必究

序

Pro/E Creo 软件是美国 PTC 公司推出的一款全参数、可视化三维数字建模软件，进入我国国内后，以其强大的 3D 建模功能在机械制造、工业产品设计等领域被广泛使用。

20 世纪 90 年代，传统的设计加工流程是先由产品设计人员画好产品效果图（PS）、二维工程结构图（CAD）后，再进行模具设计与制造。模具设计师先根据 CAD 制图，完成 Marstecam 或 UG 三维建模，再通过 CNC 数控加工、模具装调技术完成模具制造工作。整个设计与加工过程繁琐冗长，且开发成本高，最主要的问题是在识图、设计过程中存在数据及尺寸链传递偏差，影响产品开发效率。

2000 年后，Pro/E 三维数字设计软件在深圳的外资企业开始使用，随后逐渐扩大其应用范围。特别在中国加入世界贸易组织后，深圳、东莞的开放出口型企业开始广泛使用 Pro/E 软件研发产品，获得了较大的发展空间。

Pro/E Creo 参数化、数字化、可视化设计技术，将高度专业、严谨的二维制图技术转变成三维立体成像技术，将严谨的“尺寸链”转化成精准的数字模型，并贯通模具制造等全流程，解决了制图、识图、数字传输等方面的问题，降低了设计、研发、制造等工程人员的脑力劳动强度，大幅提高了工作效率。

使用该软件后，设计师脑洞大开，优化了设计环境，丰富了 ID、空间创意设计，降低了设计、研制、制造人员在识图、制图、信息、数据传递过程中的误差。一份 part 文件图，贯穿设计、制造过程，全流程通用，缩短了产品开发周期。据不完全统计，约 50 个零部件组成的中、小型机电产品，有平均约 18 个月的开发周期，使用该软件后，可缩短到 6 个月完成，开发效率提高约 3 倍。同时，还可有效避免模型、结构、模具设计与制造过程中存在干涉、短边等一系列制造隐患，平均节约开发成本 50% 以上。同时期发展较快的广东新宝电器、广东美的等国内大型企业，都得益于 Pro/E 三维软件的广泛使用，提高了“中国制造”的效率和制造水平。

占守祥、鲁冠男编著的 Pro/E Creo 7.0 教材的出版，对当代三维建模人才的培养，对数字技术的推广起到积极作用。

该教材语言简洁，逻辑清晰，结构安排合理，不仅适合于机械、产品、设计类专业三维建模教学，也适合于各行各业工程技术人员及有兴趣的自学爱好者技能提升。

谨以此为序。

2022 年 12 月

前　言

Pro/E Creo 7.0 有完全汉化版，界面清晰，功能强大，运行稳定，尤其在中文操作方面，解决了之前界面模糊、不易学、闪退、死机等软件安全操作问题。

随着世界经济的全球化、信息化，“中国制造”面临诸多挑战。一方面，市场及企业要求产品开发周期越来越短，产品开发成本越来越低，对设计者开发效率要求越来越高；另一方面，Pro/E Creo 三维设计工程人才严重匮乏。

目前，因教学专业设置问题，工程、机械制造、设计类等相关学科，受教师、教学、教材等诸多影响，还在花大量的时间学习二维设计技术，学生毕业就等于失业，企业也招不到足够的合适人才。

为此，编者总结多年产品开发、教学研究及校本教材开发经验，广泛研究世界技能大赛相关样题及职业技能考证样题案例，编写本教材，以满足社会系统性培养 Pro/E Creo 7.0 设计应用型、学术型及技能型人才。编者通过多个不同项目案例的实践训练，全面讲述机械、电子、五金、家具等行业产品及零部件三维建模知识，帮助读者掌握 Pro/E Creo 7.0 三维建模技能。

书中列举案例，由易到难、由浅入深、循序渐进，广泛适合不同层次的人才培养需要，大部分案例也在教学过程中得到充分实践与应用，可大胆采纳。

本书由占守祥、鲁冠男编著，周越、王家庆、钟林东参与产品建模与编写，柳冠中、汤重熹教授审阅了全部书稿。

本书在编写过程中，得到了重庆大学出版社的大力支持和帮助，作者在此表示感谢！

由于作者水平有限，不当之处敬请专家与广大读者批评指正。

编　者

2022 年 10 月

目　录

第1章　基础几何设计

基础几何是三维建模的基本内容，也是构建产品造型及产品结构设计的主要要素。

本章将学习立方体、球体、圆锥体、棱锥体与穿插体五个模型项目，掌握基础几何设计能力；通过全面学习、反复练习，了解Pro/E Creo 7.0设计界面及基本操作命令，进入 Pro/E Creo 7.0 的大门。

学习目标

☆ 学习 Pro/E Creo 7.0 三维建模基本设计概论

☆ 了解软件工作界面，学习文件基本操作

☆ 熟悉 Pro/E Creo 7.0 模型操作命令

☆ 熟悉 Pro/E Creo 7.0 视图操作命令

理论实践

1.1　Pro/E Creo 7.0 三维建模基本设计概论

Pro/E 系列设计软件是美国 PTC 公司的产品，它功能强大，能够完全贯穿产品制造全流程，在制造业使用范围广，市场认可度较高。Pro/E Creo 7.0 中文版是目前较高版本，它功能更加强大，兼容及稳定性更高，具备全中文操作界面及实时提示对话框，极大地降低了学习及操作难度。

Pro/E Creo 7.0 中文版包含多个模块，包括零件设计、装配组件设计、工程图制作、钣金模具设计和数控加工等。各模块之间数据互联互通，且不可覆盖。在产品研制全流程中，各模块可以相互调用。

1.2　了解 Pro/E Creo 7.0 工作界面及文件基本操作

1.2.1　工作界面

运行 Pro/E Creo 7.0 后，系统将显示如图 1-1 所示的界面。初始界面比较简单，工作界面由标题栏、菜单栏、工具箱、导航区、浏览器和图形区域（绘图区域）等组成。

标题栏、菜单栏、工具箱位于界面顶部，初始界面选项卡不多。

导航区：位于操作界面左侧，由“模型树”等几个选项卡组成。

浏览器和图形区域（绘图区域）：位于屏幕中央，用来显示模型和图形信息。初始界面是浏览器形式，里面有 PTC 公司及软件基本功能介绍。

当新建或打开已有零件模型后，浏览器将消失，显示现有信息。

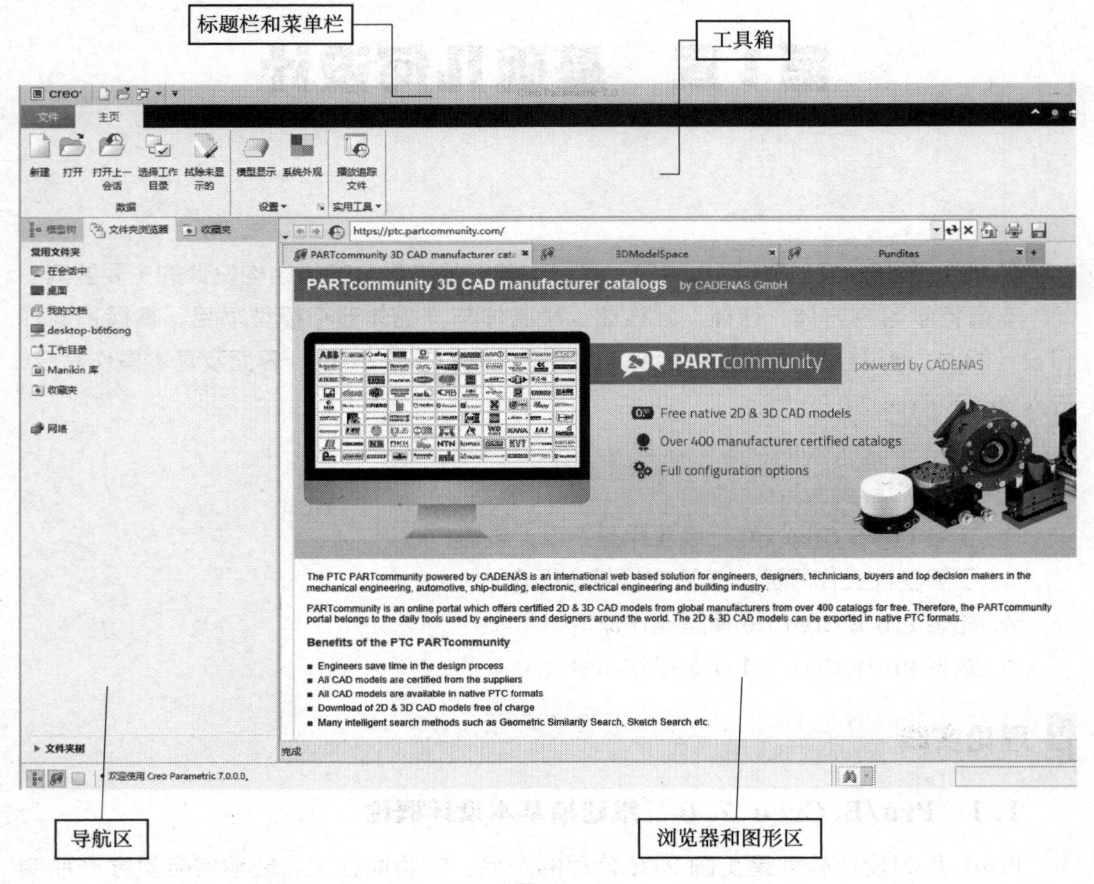

图 1-1

1.2.2 文件基本操作

Pro/E Creo 7.0 初始界面的文件基本操作有创建文件、打开文件、管理文件和管理会话。管理文件中有重命名、删除旧版、删除所有版和实例加速器选项。其中，重命名和删除旧版功能是常用命令。管理会话中有删除未显示和选择工作目录等命令。

（1）创建文件

在 Pro/E Creo 7.0 中可以创建多种模块的文件，包括布局、草绘、零件、组件、制造、绘图、格式、记事本等文件。创建新文件时，设计者选择相关模块即可。

（2）举例说明

创建一款智能音箱，完成各项操作步骤。

步骤 1 在工具箱中单击“新建”按钮，弹出如图 1-2 所示的“新建”对话框。

步骤 2 选择要创建的类型。系统一般默认“零件”模块，其“子类型”选择默认的“实体”单项按钮。

说明:

布局： 产品布局组装文件。

草绘： 2D 草绘图形文件。

零件： 3D 模型文件，设计者最常用的类型模块。

组件： 3D 组装文件。

制造： 模具工程用数控加工程序制作文件。

绘图： 2D 工程图文件。

格式： 2D 工程图辅助文件。

记事本： 产品组装记事文件，类似设计说明。

步骤 3 在“名称”文本框中输入新的文件名“音箱前壳”。

说明:

Pro/E Creo 7.0 的文件名限制在 32 个字符以内，文件名中只能使用中英文字符或数字，下划线；不能使用括号、等号等字符。不符合要求的命名，会造成系统死机或操作无效等现象。

步骤 4 取消选中“使用默认模板”，然后单击“确定”按钮。

说明:

Pro/E Creo 7.0 默认是英制尺寸，不利于设计、评审和数据转换。

步骤 5 模板选择“soild_part_mmks_new_rel”，如图 1-3 所示。

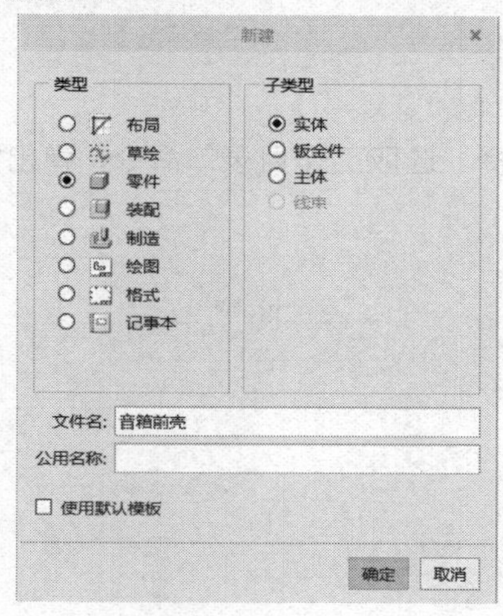

图 1-2

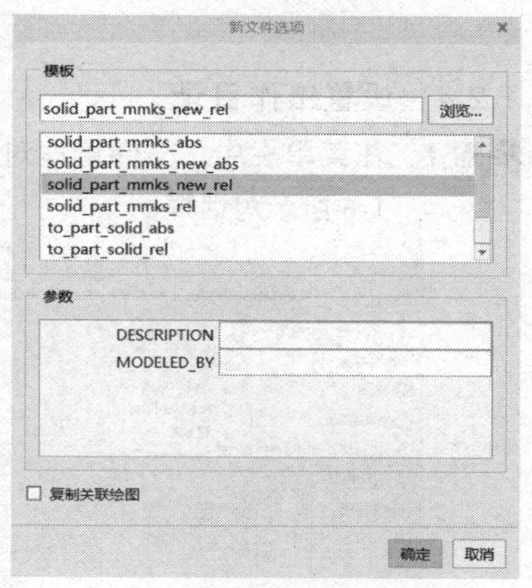

图 1-3

步骤 6 单击“确定”按钮，完成“音箱前壳”零件文件的创建，并打开 Pro/E Creo 7.0 图形窗口。

1.2.3 打开和激活文件窗口

在工具箱中单击“打开”按钮，弹出如图 1-4 所示“文件打开”对话框，找到目标文件即可。

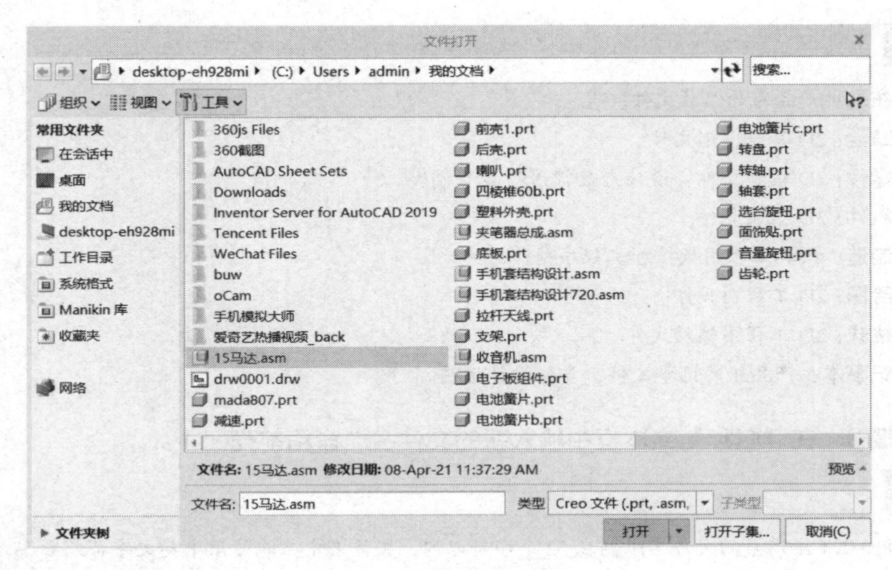

图 1-4

如果同时打开多个文件窗口，则界面上只有一个窗口是活动的。要想激活其他窗口，需要在“工具箱”—“视图”中选择激活命令，如图 1-5 所示。

图 1-5

1.2.4 设置工作目录

步骤 1 在菜单栏中，文件管理对话框里选择“选取工作目录”命令，弹出如图 1-6 所示对话框。

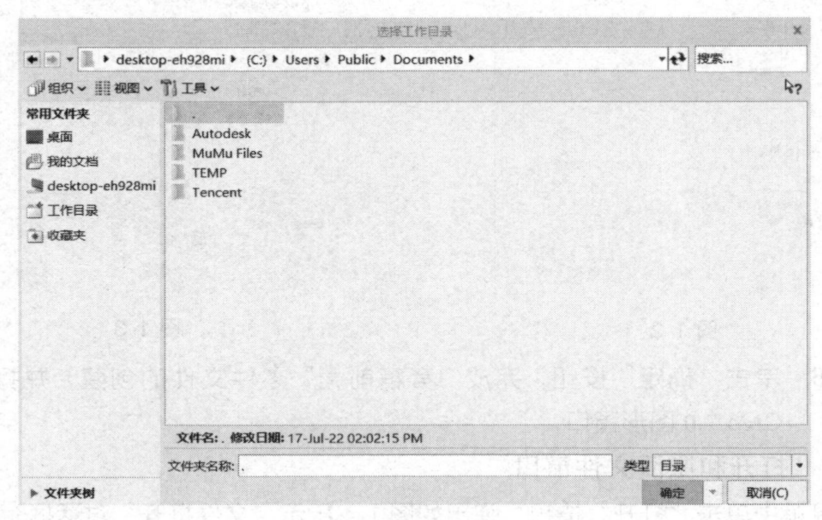

图 1-6

步骤 2　设置工作目录文件夹，然后单击“确认”按钮即可。

说明：

Pro/E 文件不可覆盖，具有唯一性，且 3D 模型文件较大，画图前后务必要设定好工作目录。如命名及路径混乱，易造成文件丢失。

1.2.5　保存、备份文件

新建或打开模型文件后，“文件”菜单下的“保存”“另存为”命令激活。使用“保存”命令，或按快捷键【Ctrl+S】时，弹出“保存”命令对话框。

保存时，2D/3D 模型文件可以转换成 Cad 通用的“dwg”格式、3D 通用的“igs”格式、图像处理的“jpg”“tif”格式、3D 打印切片的“steel”格式、通用 3D 压缩的“step”格式，以及与 Soildworks、UG 等 3D 软件无缝对接的特定格式模式，可以实现 35 种格式转换，涵盖目前设计的各个领域，如图 1-7 所示。

使用“另存为”命令，单击要备份的模型文件，弹出“备份”命令，单击“确定”按钮即可。

在备份目录中会重新备份对象的版本。如果是备份组等，会自动在指定的目录中保存所有从属文件，如图 1-8 所示。

说明：

“备份”命令是 Pro/E 软件典型代表命令之一，在操作中经常用到。在组件单机或网络协作装配过程中，设计者会用到螺丝、支架等通用标准件、自制件。文件完成后，在目前工作目录保存下，只是暂时性形成了从属关系。当电脑关闭后，零部件将各自分离。为此，单击“备份”后，模型文件里所有零部件将自动保存在现有目录里，再次开机时，不会造成零部件丢失现象。

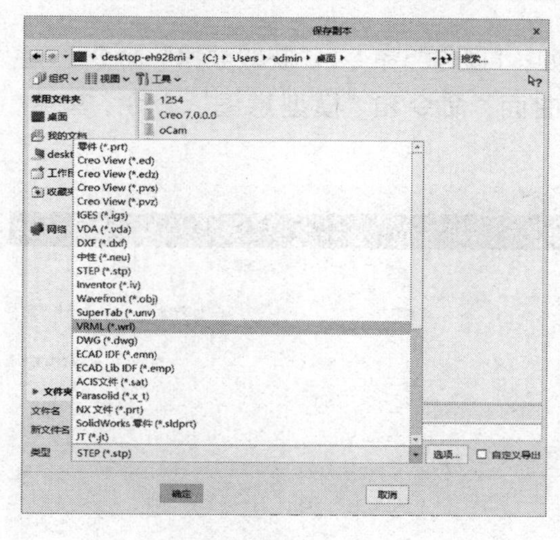

图 1-7

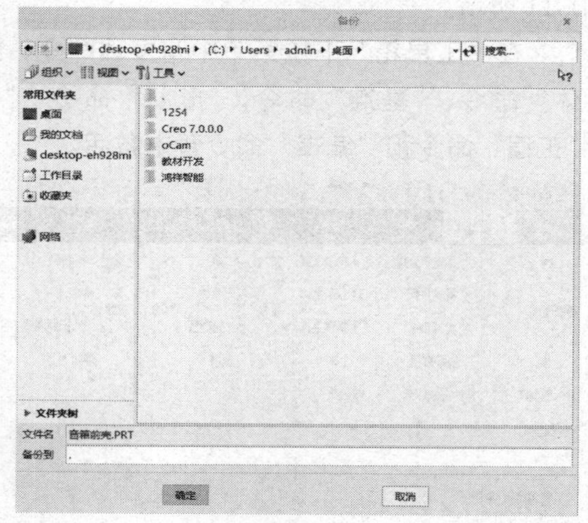

图 1-8

1.2.6 文件重命名

步骤 1 激活模型窗口，在管理文件中选择“重命名”命令，弹出“重命名”对话框，如图 1-9 所示。

步骤 2 在“新文件名”文本框中输入新的文件名，然后选择“在磁盘上和会话中重命名”单选钮，单击“确定”按钮，如图 1-10 所示。

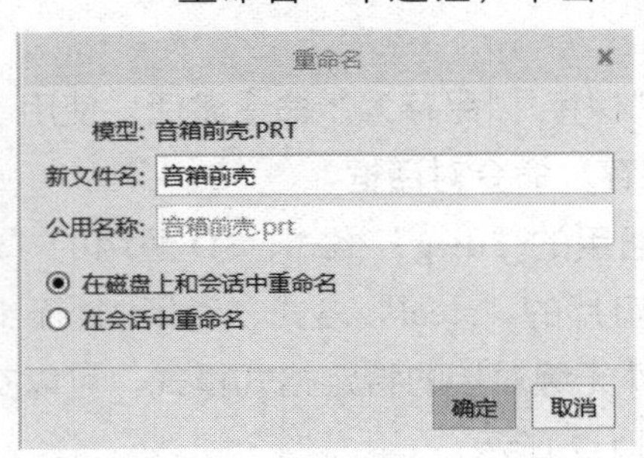

图 1-9

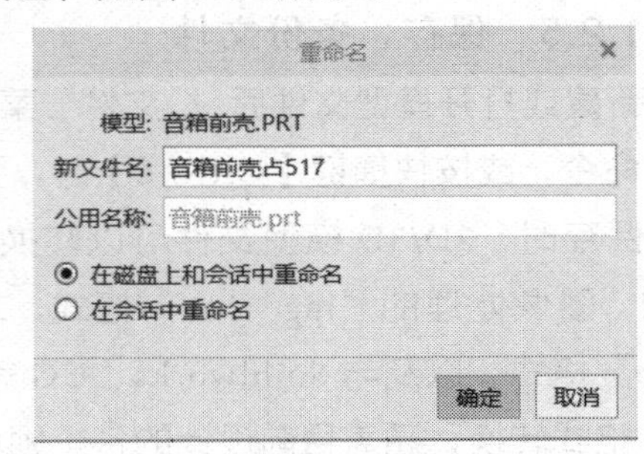

图 1-10

说明:

“重命名”命令也是 Pro/E 软件代表命令之一，在操作中经常用到。为保证 Pro/E 3D 模型文件数据关联性、唯一性和可追溯性，Pro/E “重命名”只能是在打开工作界面，在弹出的窗口下操作完成。Pro/E 设定：严禁在任何目录下直接“重命名”。误操作轻则丢失文件，重则系统崩溃。

1.3 熟悉 Pro/E Creo 7.0 模型操作命令

1.3.1 “模型”菜单

当创建好“音箱前壳”文件名后，“工具箱”命令内“模型”部分命令激活，如图 1-11 所示。

在“工具箱”下拉菜单中有多项命令，如：“操作”命令，“获取数据”命令，“主体”命令，“基准”命令，“形状”命令，“曲面”命令和“模型意图”命令。其中，“工程”命令和“编辑”命令暂未激活。

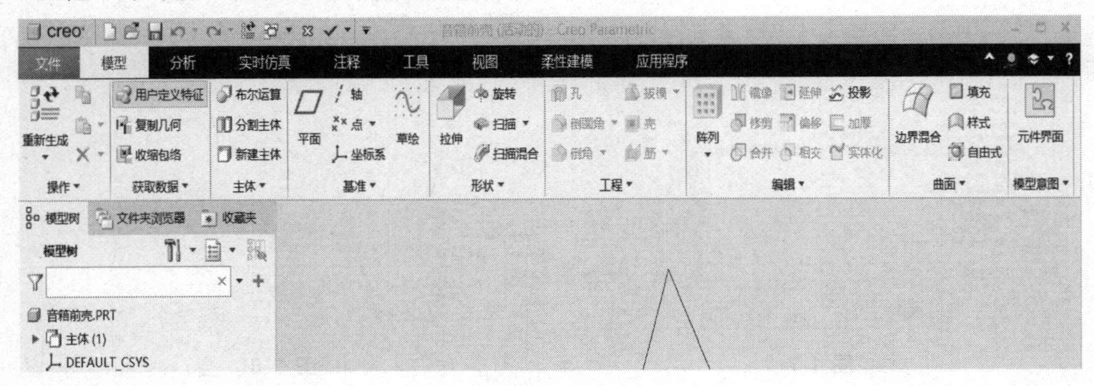

图 1-11

1.3.2　“形状”工具箱

“形状”工具箱是 Pro/E 系列模型建构核心模块，箱内有常用的“拉伸”“旋转”“扫描”和“扫描混合”基本命令，如图 1-12 至图 1-15 所示。

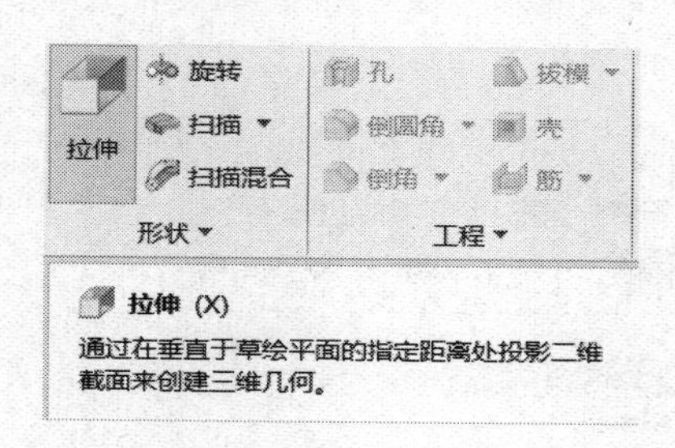

图 1-12

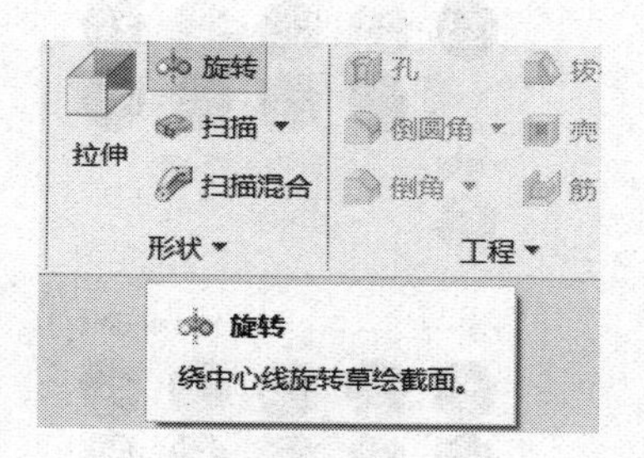

图 1-13

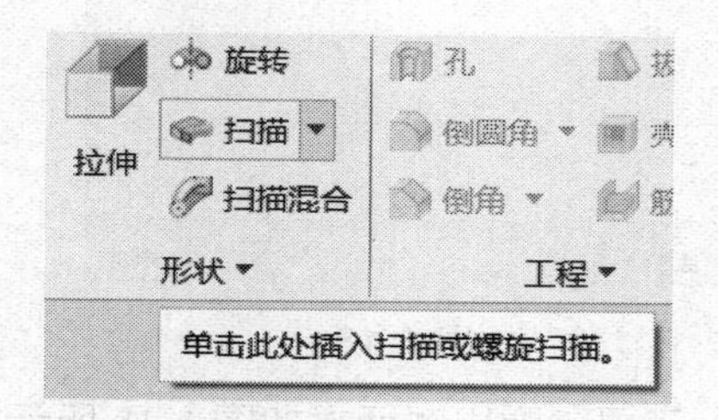

图 1-14

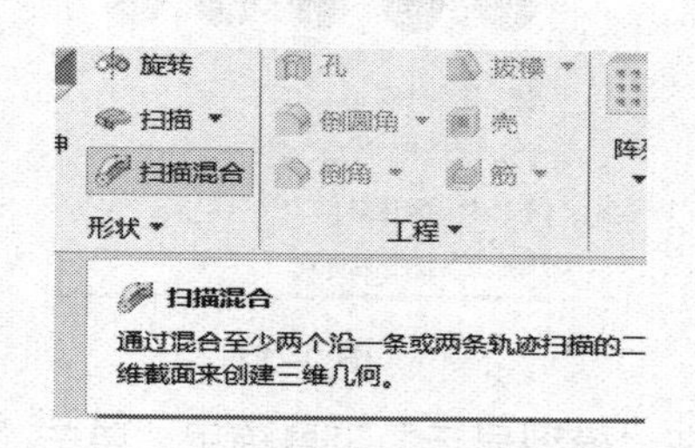

图 1-15

说明:

Pro/E Creo 7.0 在界面、命令及设计操作过程中，增加了实时智能解释和提示功能，极大地方便了设计者和自学者。按操作指引，初学者能够完成基本几何体建构任务。

1.4　熟悉 Pro/E Creo 7.0 视图操作命令

“视图”菜单由“层”“外观”“方向”“模型显示”“显示”和“窗口”等工具箱组成，如图 1-16 所示。

在“视图”菜单里，“层”与导航区“模型树”配合使用，用来设置绘图界面。“外观”工具箱是使用较多的命令之一，系统默认模型为银灰色，设计者需要根据不同材质、纹理设定不同的外观，如图 1-17 所示。

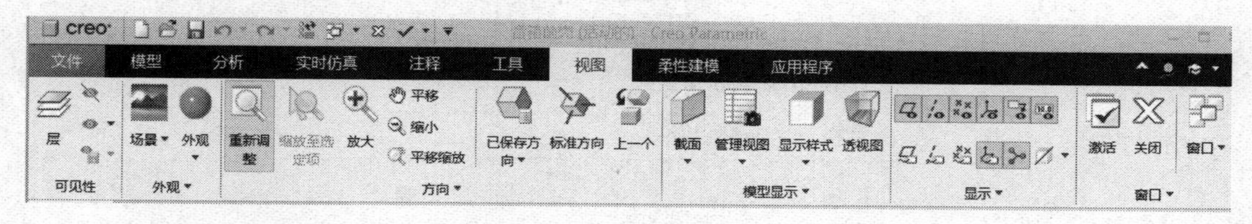

图 1-16

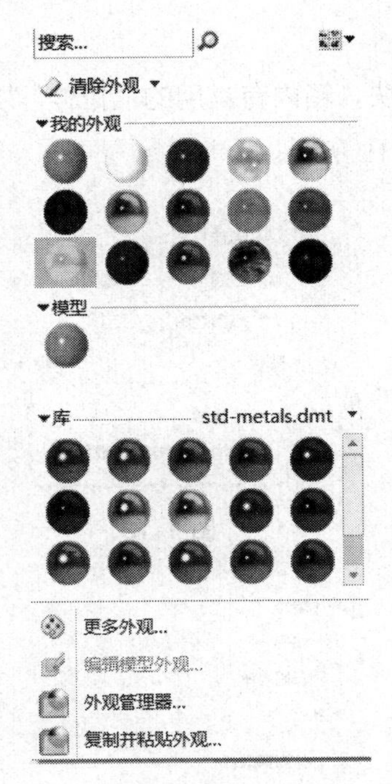

图 1-17

方向工具箱有设定视图方向、角度变换的多项命令，方便完成建构任务和多角度识图。

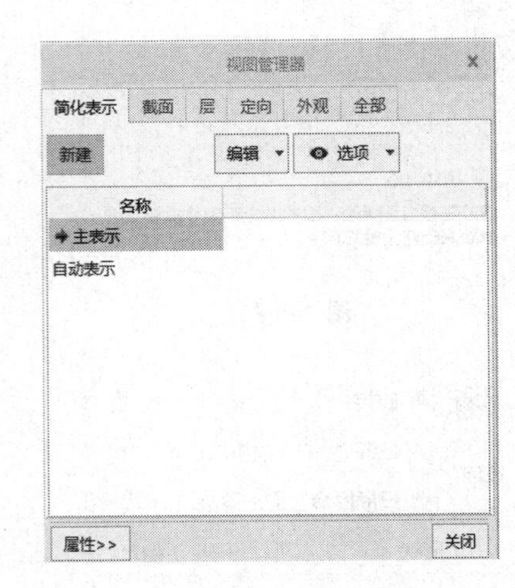

图 1-18

在“模型显示”工具箱里，单击“管理视图”工具，弹出对话框如图 1-18 所示，从中可以新建、设定、编辑视图模型的截面等信息，在复杂组件状态下，尤为重要。

1.5 了解 Pro/E Creo 7.0 分析等其他操作命令

工具栏中另有“分析”“实时仿真”“注释”“工具”“柔性建模”“应用程序”等工具箱模块。

选择“分析”工具箱，单击“质量属性”菜单，弹出对话框，可实时查阅模型质量属性，如图 1-19 所示。

图 1-19

选择“分析”工具箱，单击“测量”菜单，弹出对话框，可实时测量模型的长度、距离、角度、直径、面积、体积等属性，如图 1-20 所示。

图 1-20

说明:

设计评审是设计过程中一项重要工作，一般由资深设计人士或各部门管理者所组成。评审过程中，由多个部门组成评审组。视产品难易程度，一般有材料加工工艺、模具制造或生产装配部门的人参与评审。评审过程中，评审组一般会精细测量模型建构中的一些具体涉及装配尺寸的数据，实时发现设计缺陷，修改、完善设计尺寸，防患于未然。

课程育人:

从职场“菜鸟”成长为资深人士，是一个漫长而又艰辛的过程，师生要有敬业爱岗、坚守岗位的优良品质。与此同时，产品来源于生活，来源于人们对美好生活的向往，其设计终究是要为人民服务的。因此，师生要坚持正确的产品价值观，开发有益于社会、有益于提高人民生活水平的产品。

案例应用

（1）立方体建模设计

步骤 1　打开“新建”对话框，如图 1-21 所示，从“类型”选项中选择“零件”按钮，从“子类型”中选择“实体”按钮，在文件名中输入“正方体”，取消选中“使用默认模板”，单击“确定”按钮。

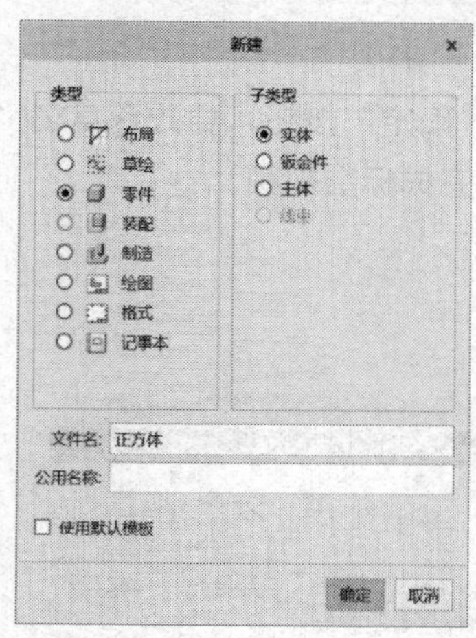

图 1-21

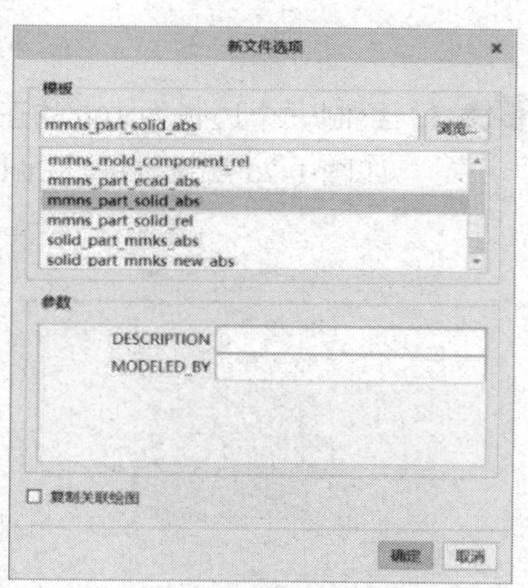

图 1-22

步骤 2 系统弹出“新文件选项”对话框，选择“mmns_part_solid_abs”公制模板，如图 1-22 所示。单击“确定”按钮，创建完成实体零件文件。

步骤 3 单击菜单栏中“拉伸”按钮选择实体，如图 1-23 所示。单击“放置”按钮，单击“定义”弹出“草绘”对话框，选择“TOP”基准平面作为草绘平面，以“RIGHT”基准平面为“右”方向参照，如图 1-24 所示。单击“草绘”按钮进入草绘模式，单击“草绘视图”。

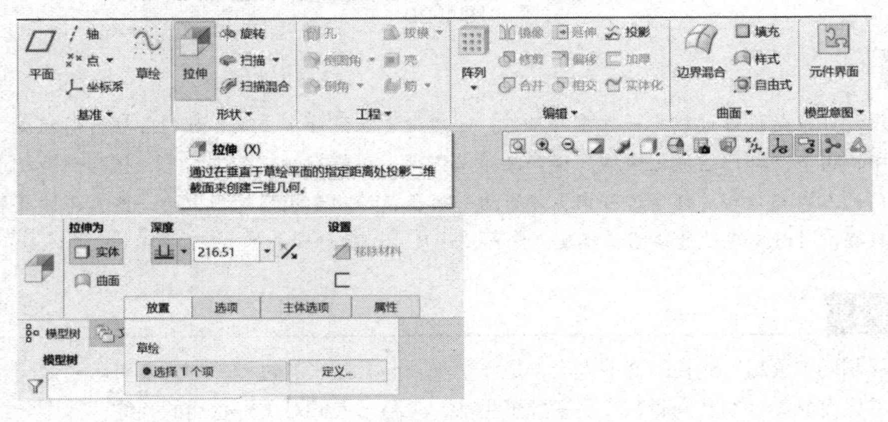

图 1-23

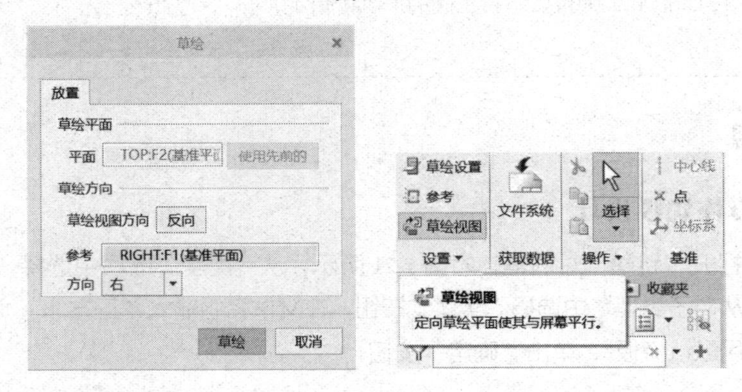

图 1-24

步骤 4 绘制一个边长为 100 的正方形，单击“确定”按钮，更改深度值“100”，如图 1-25 所示。按“Ctrl + D”组合键完成标准视图。

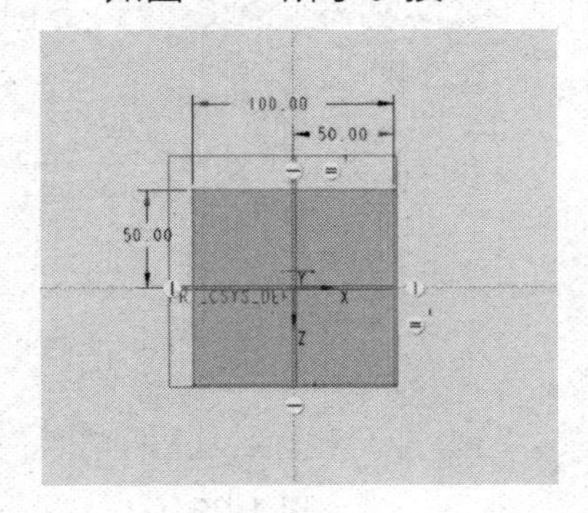

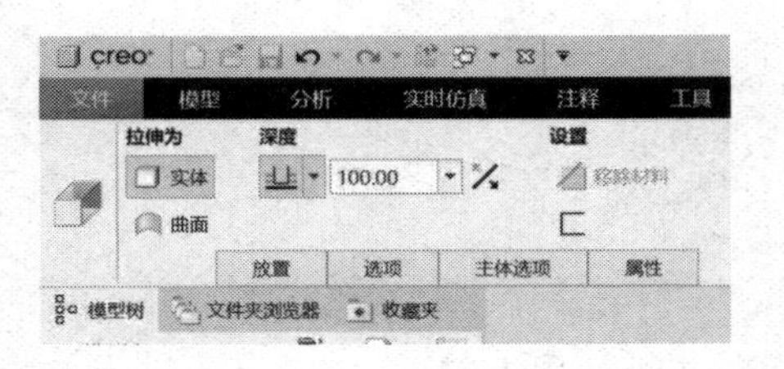

图 1-25

步骤 5　按“Ctrl+S”组合键保存该文件，最后效果如图 1-26 所示。

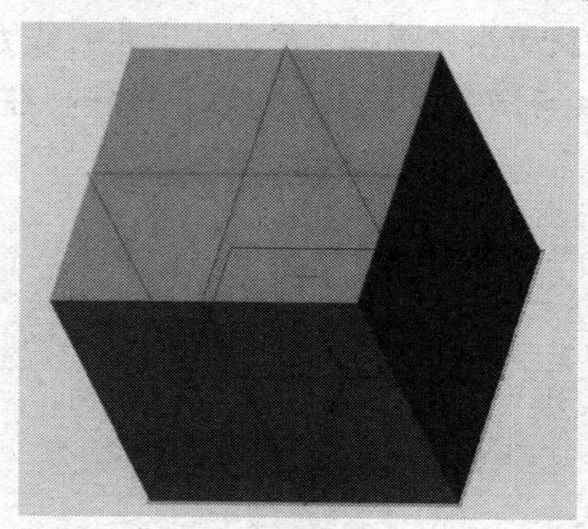

图 1-26

说明:

“拉伸”是 Pro/E 中最常用建构特征命令之一，操作步骤简单，易学易用。
设计过程中，无特别说明情况下，在满足建构要求时，优先选择“拉伸”特征建构。
产品本体、壳体、箱体柱孔位、筋位等特征，一般零部件支架、结构件等均可采用此命令完成。

（2）球体建模设计

步骤 1　打开“新建”对话框，从“类型”选项中选择“零件”按钮，从“子类型”中选择“实体”按钮，在文件名中输入“球体”，取消选中“使用默认模板”，单击“确定”按钮。

步骤 2　系统弹出“新文件选项”对话框，选择“mmns_part_solid_abs”公制模板，单击“确定”按钮，创建完成实体零件文件。

步骤 3　单击菜单栏中“旋转”按钮选择实体，单击“放置”按钮，单击“定义”弹出“草绘”对话框，选择“TOP”基准平面作为草绘平面，以“RIGHT”基准平面为“右”方向参照，如图 1-27 所示。单击“草绘”按钮进入草绘模式，单击“草绘视图”。

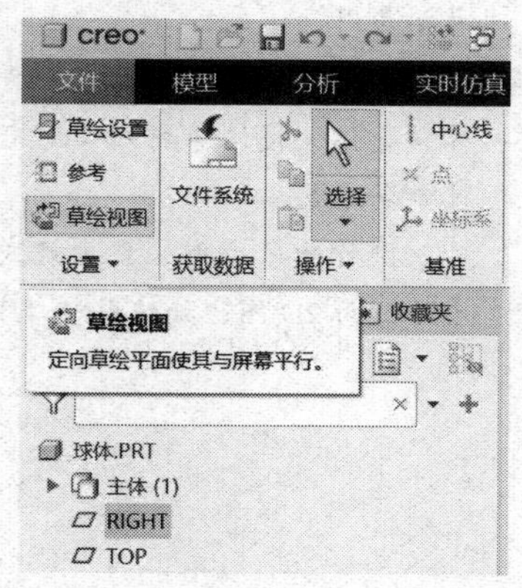

图 1-27

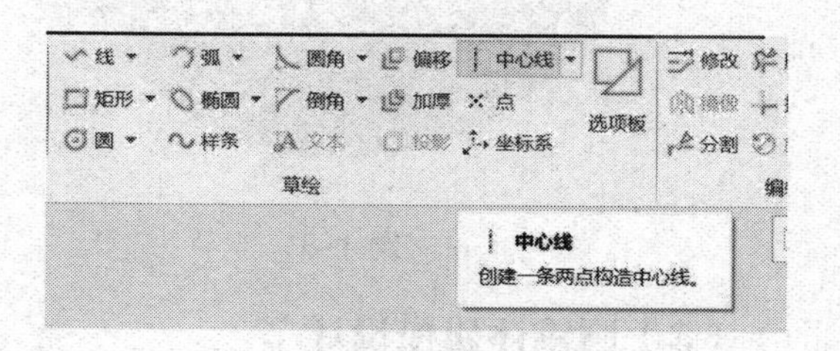

图 1-28

步骤 4 单击“中心线”按钮，如图 1-28 所示。先绘制一条水平的几何中心线作为旋转轴，接着单击“圆弧”命令，以中心线为参照绘制半径为 100 的半圆，如图 1-29 所示。接着单击“线”按钮，在中心线上绘制封闭的旋转剖面。

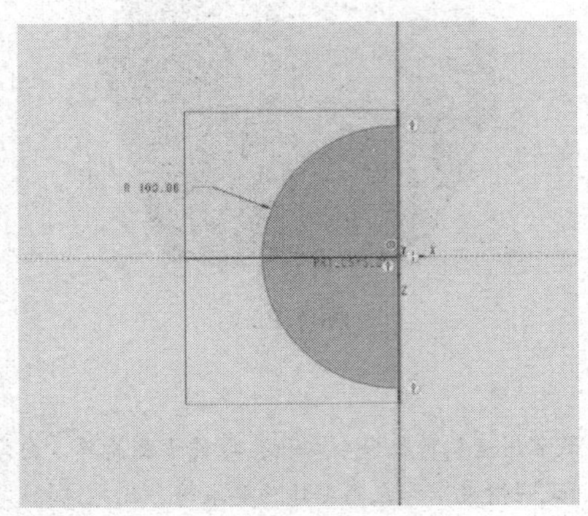

图 1-29

图 1-30

步骤 5 接受默认旋转角度“360°”，单击“保存”按钮，如图 1-30 所示。按“Ctrl+D”组合键完成标准视图。

步骤 6 按“Ctrl+S”组合键保存该文件，最后效果如图 1-31 所示。

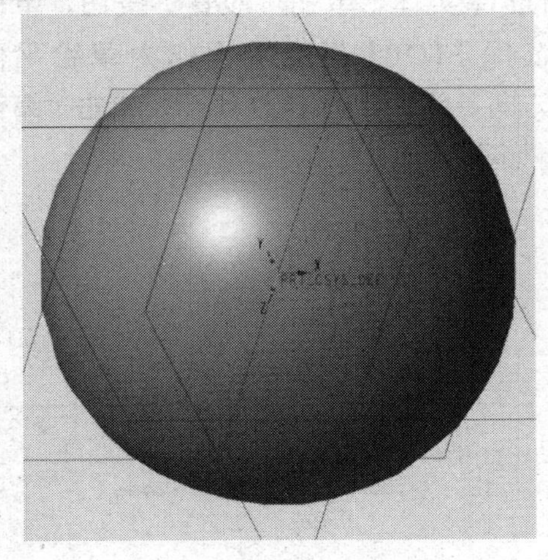

图 1-31

> **说明:**
>
> “旋转”也是 Pro/E 中最常用的建构特征命令之一，操作步骤简单，易学易用。
>
> 回转体形态产品及零部件的本体、壳体、箱体等特征，均可采用此命令完成。
>
> 操作此命令时，需画好或选择草绘截面 2D 图，旋转用中心线。

（3）圆锥体建模设计

步骤 1 在“文件”工具栏中单击“新建”按钮，或者按“Ctrl+N”组合键，弹出“新建”对话框，从“类型”选项中选择“零件”按钮，从“子类型”中选择“实体”按钮，在文件名中输入“圆锥体”，取消选中“使用默认模板”，单击“确认”按钮。

步骤 2 系统弹出“新文件选项”对话框，选择“mmns-part-solid-abs”公制模板，单击“确定”按钮，创建完成实体零件文件。

步骤 3 单击菜单栏中“旋转”按钮选择实体，单击“放置”按钮，单击“定义”弹出“草绘”对话框，选择“top”基准平面作为草绘平面，以“RIGHT”基准平面为“右”方向参照；单击“草绘”按钮，进入草绘模式，单击“草绘视图”。

步骤 4 绘制一个宽 50、高 100 的三角形，如图 1-32 所示。“尺寸”工具如图 1-33 所示。单击“确定”按钮，设置旋转度数为“360°”，按“Ctrl＋D”组合键完成标准视图。

步骤 5 按“Ctrl＋S”组合键保存该文件，最后效果如图 1-34 所示。

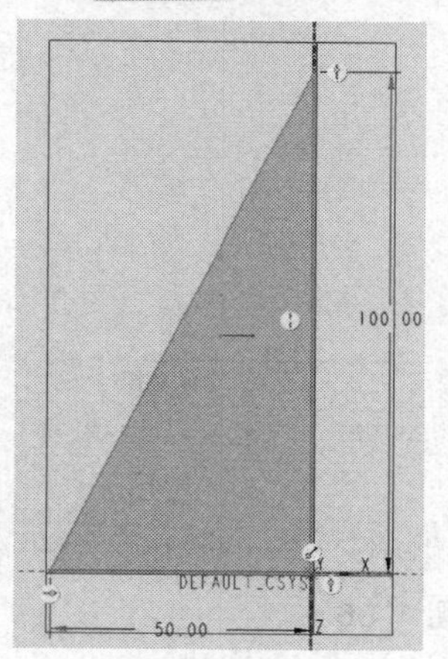

图 1-32

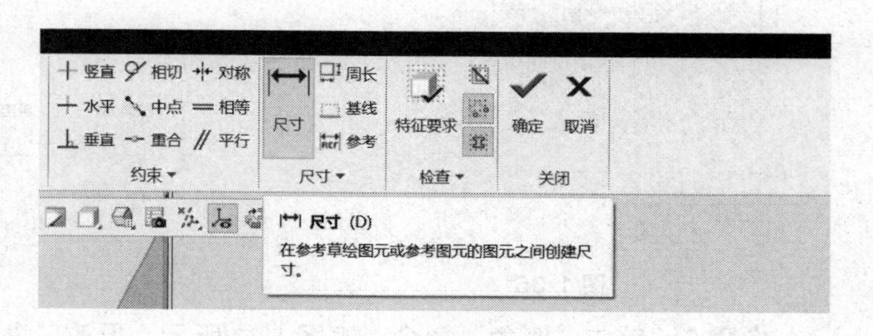

图 1-33

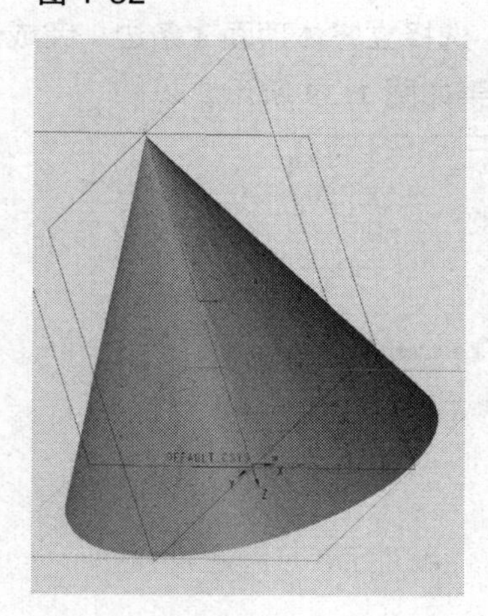

图 1-34

说明：

圆锥的画法，除了使用“旋转”命令可完成外，使用圆台“拉伸”后拔模，亦可以完成特征建构。在设计过程中，有些特征建构有多种操作方式，设计者要优先选择最佳路径，提高设计效率。

（4）棱锥体建模设计

步骤 1 打开“新建”对话框，从“类型”选项中选择“零件”按钮，从“子类型”中选择“实体”按钮，在文件名中输入“棱锥体”，取消选中“使用默认模板”，单击“确定”按钮。

步骤 2 系统弹出“新文件选项”对话框，选择“mmns_part_solid_abs”公制模板，单击“确定”按钮，创建完成实体零件文件。

步骤 3 单击菜单栏“拉伸”按钮选择实体，单击“放置”按钮，单击“定义”弹出“草绘”对话框，选择“TOP”基准平面作为草绘平面，以“RIGHT”基准平面为“右”方向参照，单击“草绘”按钮进入草绘模式，单击“草绘视图”。

步骤 4 绘制一个长、宽为 100 的正方形，如图 1-35 所示。单击“确定”按钮，更改深度值为“200”，如图 1-36 所示。按“Ctrl+D”组合键完成标准视图。

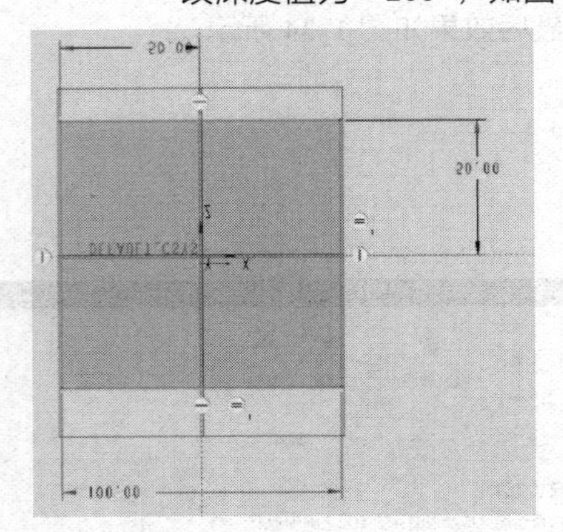

图 1-35

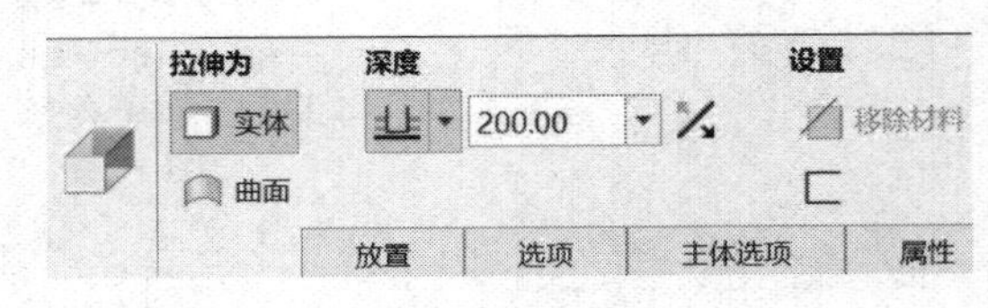

图 1-36

步骤 5 单击“倒角”命令，如图 1-37 所示；更改“集模式”，设置“D1×D2”，尺寸如图 1-38 所示；按住“Ctrl”键，选择立方体顶面 4 条边，完成倒角。

步骤 6 按“Ctrl+S”组合键保存该文件，效果如图 1-39 所示。

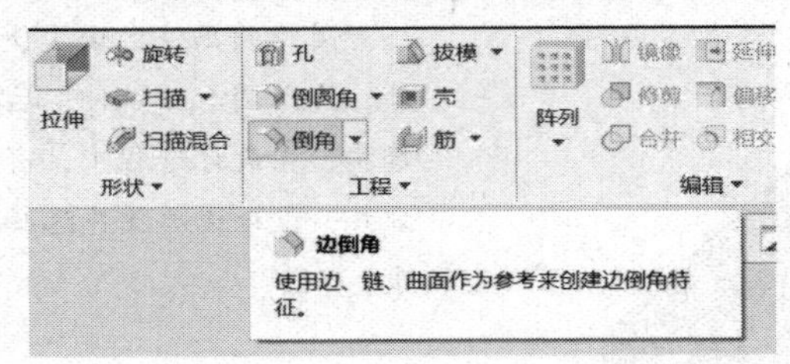

图 1-37

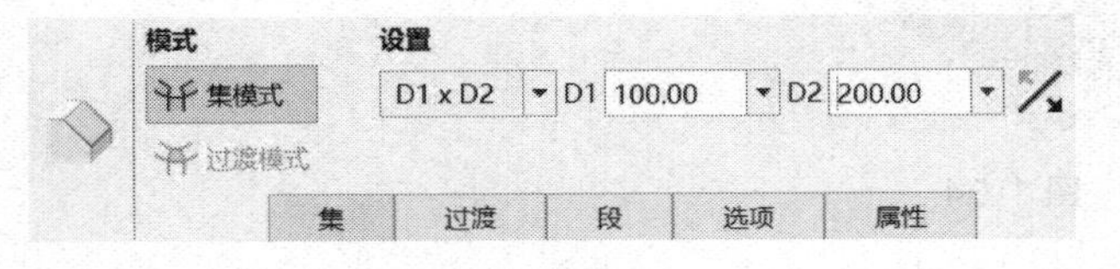

图 1-38

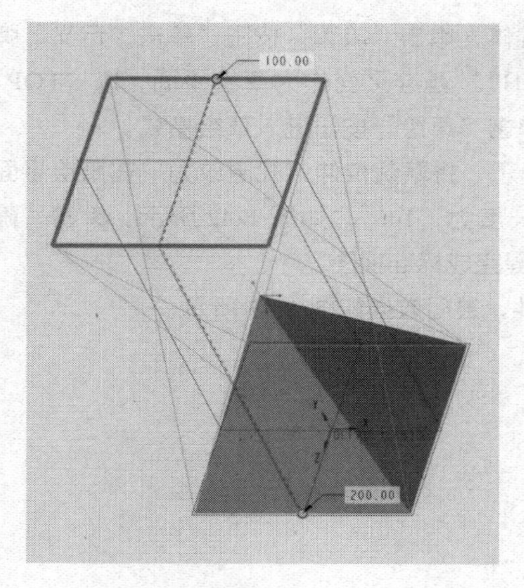

图 1-39

说明:

画棱锥，除了上述命令可完成外，其他建构方式也可以。

首先使用“拉伸”命令拉长材料；其次在 x 轴方向使用“拉伸”命令，完成减材料；最后在 y 轴方向使用“拉伸”命令，完成减材料。三步操作后，也可以完成特征建构。

（5）穿插体建模设计

步骤 1 打开“新建”对话框，从“类型”选项中选择“零件”按钮，从“子类型”中选择“实体”按钮，在文件名中输入“穿插体”，取消选中“使用默认模板”，单击“确定”按钮。

步骤 2 系统弹出“新文件选项”对话框，选择“mmns_part_solid_abs”公制模板，单击“确定”按钮，创建完成实体零件文件。

步骤 3 单击菜单栏中“旋转”命令，选择实体，单击“放置”按钮，单击“定义”弹出“草绘”对话框，选择“TOP”基准平面作为草绘平面，以“RIGHT”基准平面为右方向参照，单击“草绘”按钮，进入草绘模式。

步骤 4 单击“中心线”命令按钮，先绘制一条水平的几何中心线作为旋转轴；接着选择“线”命令，绘制一个底边长 50、高 100 的直角三角形，单击“确定”按钮，接受默认旋转角度 360°，如图 1-40 所示。按“Ctrl + D”组合键完成标准视图。

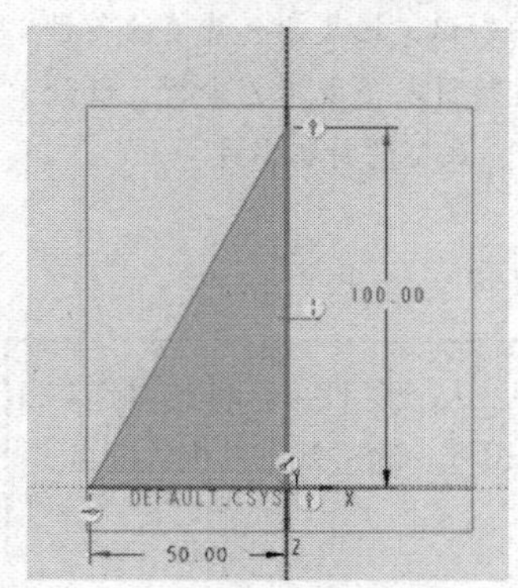

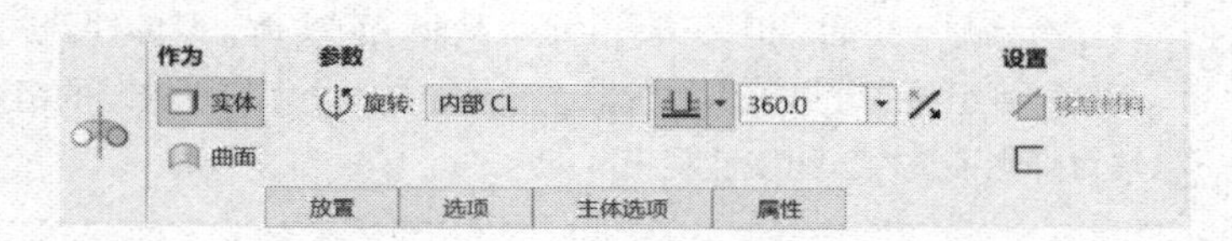

图 1-40

步骤 5 单击“拉伸”命令按钮，选择实体，单击“放置”按钮，单击“定义”弹出“草绘”对话框，选择“RIFHT”基准平面作为草绘平面，以“TOP”基准平面为“右”方向参照，单击“草绘”按钮进入草绘模式。

步骤 6 绘制直径 35 的圆，如图 1-41 所示。将默认拉伸方式更改为“在草绘平面的两面对称拉伸”，修改拉伸长度为“100”，如图 1-42 所示。单击“确定”按钮，按“Ctrl + D”组合键完成标准视图。

步骤 7 按“Ctrl + S”组合键保存该文件，最后效果如图 1-43 所示。

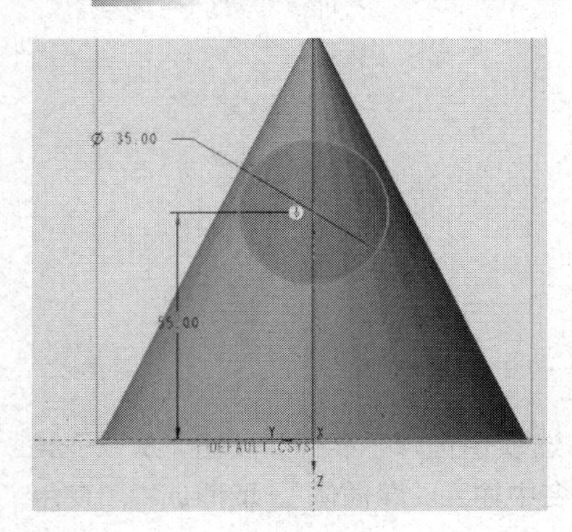

图 1-41

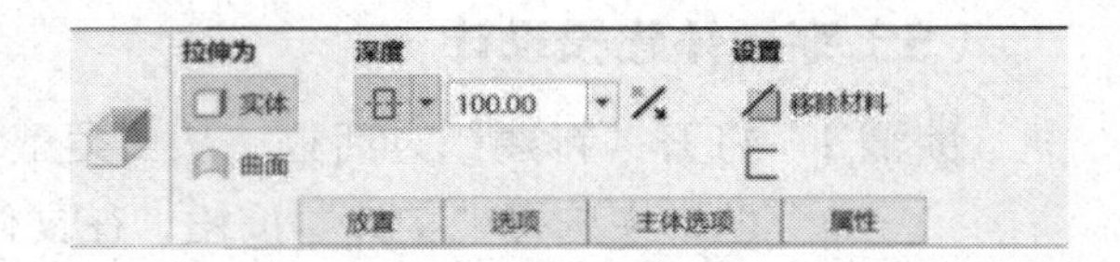

图 1-42

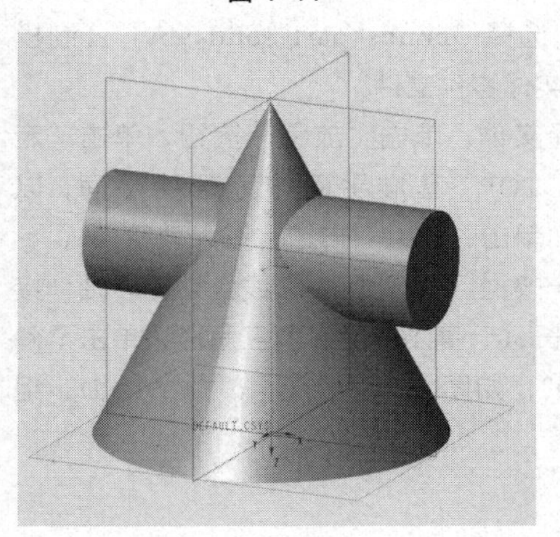

图 1-43

说明:

穿插体基本特征，亦叫组合体特征，或者叫 A+B 法特征、加减法特征。在产品创意设计、模型特征建构过程中，经常被用到。

基本特征模型，是组成产品零部件建构过程中的最小单元。

在设计过程中，要准确把握好产品形态，通过加减法设计方法，结合模具工艺、材料加工工艺和产品结构知识，把复杂、繁琐的各种产品零组件，通过拆拼或合成工艺分析，设计成若干个可加工、易成型的特征零件。

思政育人:

产品源于生活，但又高于生活。从概念到实体，从零件到成品，从一件件零部件的制造与架构，到组装成复杂工作的机器或产品，是一个系统、繁琐的组织过程。通过基础性训练任务，培育师生系统性、组织性观念。

任务小结

Pro/E Creo 7.0（简称 Pro/E），是目前主流的、使用范围很广的工业产品设计软件，被各行各业广泛应用于产品造型设计、产品结构设计、模具设计、机器制造及零部件设计、模具加工、数控加工等领域。

本章初步学习 Pro/E 的基本概念、操作界面、文件管理等基础知识，通过案例示范，使初次接触或初学者了解相关知识，掌握基本操作技能，达到入门级基本要求。

Pro/E Creo 7.0 中文版，操作界面里 3D 图效果逼真，清晰明了。大部分命令及对话框都采用中文指导，在界面上都配备智能导航和实时提醒功能模式，可有效、及时地指导初学者。

任务拓展

Pro/E Creo 7.0 功能强大，模块较多，在工具栏中还有很多工具箱，需要使用者尽快熟悉软件，了解软件，掌握其他功能命令。

参考基础几何特征示范案例，使用者可尝试建构圆台、圆环、三棱锥、五棱锥等其他模型特征。

课程育人:

1. 师生共同思考：怎么样将简单基础造型转化成简单零件或产品，让厂家、商家、消费者都能从中受益?

2. 对产品与设计、产品与消费者、产品与资源的关系，产品与社会的关系，师生亦要共同讨论，从各自角度出发，谈谈践行社会主义核心价值观的产品设计理念是怎样的，以便开发人与自然和谐共生的产品。

第 2 章　基础造型设计

在初步了解建模的一些基本特征后，我们来更加深入地学习这些设计原理与在实际情况下的应用，并尝试在 Creo 7.0 中创建出一些简单的基础造型，便于以后完成复杂造型的构建。

学习目标

☆ 了解螺栓及标准件知识

☆ 了解轴承座及机械基础知识

☆ 掌握儿童凳三维建模设计技能

理论实践

2.1　螺栓及标准件知识

2.1.1　螺栓

螺栓是一种机械零件，由头部和螺杆（带有外螺纹的圆柱体）两部分组成。它与螺母配合，是标准紧固件，用于连接两个带有通孔的零件。　这种连接形式称螺栓连接。如把螺母从螺栓上旋下，又可以使这两个零件分开，故螺栓连接是属于可拆卸连接。

螺栓与螺母、垫片一般配合使用，如图 2-1 所示。

图 2-1

螺栓、螺母是机械类产品典型结构件，也是常用的国家通用标准件。在机械制造方面，它们是连接、固定各种机械零部件最常用的构件。螺栓、螺母一般由金属制成，在玩具等行业，也有塑料材料制成的螺栓、螺母。

常用螺栓、螺母外形一般是六角形，除了起到固定作用外，还有一些能起到造型及功能性作用，像翼形螺栓、球形螺栓等。

螺栓也被称为“工业之米”，运用广泛。螺栓、螺母根据材质的不同，分为碳钢、高强度、不锈钢、塑钢等几大类型，根据产品属性对应国家不同的标准号分为普通、非标、（老）国标、新国标、美制、英制、德标等。

根据大小不同、螺纹不等，螺栓又分为不同的规格。一般国标、德标用 M 表示（如 M8、M16）；美制、英制则用分数或 # 表示规格（如 8#、10#、1/4、3/8）紧固件；按照公称厚度分为 Ⅰ 型、Ⅱ 型和薄型三种。8 级以上的螺母分为 Ⅰ 型与 Ⅱ 型两种型式。牙距则分为标准牙、正规牙、细牙、极细牙和反牙。

2.1.2　螺栓形态

普通外六角螺栓螺母，应用比较广泛，特点是紧固力比较大，缺点是在安装时要有足够的操作空间。安装时可以使用活扳手、开口扳手或者眼镜扳手，以上扳手都需要很大的操作空间。

圆柱头内六角：所有螺栓中使用最广泛的，因为它紧固力比较大，使用内六角扳手就可以操作，安装时很方便，几乎适用于各种结构，外观比较美观整齐；缺点是紧固力稍低于外六角，反复使用容易损坏内六角造成无法拆卸。

盘头内六角：机械上很少使用，机械性能与圆柱头内六角相同，大多用在家具上，主要作用是与木质材料增加接触面并且增加外观的观赏性。

无头内六角：某些结构上必须使用，比如需要很大顶紧力的顶丝结构，或者需要隐藏圆柱头的地方。

2.1.3　标准件

普通外六角螺栓、螺母，用途最广，也是最为常见的紧固件之一，是标准件的代表之一。在作业空间、功能等各方面满足的前提下，优先选用外六角螺栓、螺母。

2.2　轴承座及机械基础知识

2.2.1　轴承及轴承座基础知识

在机械制造行业，通过齿轮、轴、连杆等机械构件，将发动机的动力传递到机械末端，实现某种特定功能，这种设计被称为机构设计或传动设计。由各种机构件、支持件和标准件等组装而成的组件称为专用机器，如各种数控机床，都可称为某种专用机器。

轴承是实现机械传动功能的主要构件之一，轴承座是承载轴承的配件。轴承是国家标准件的典型代表零件，轴承制造及精度要求较高，涉及效率、材质等一系列问题，国家标准有严格规定。使用时，按标准选择即可。

在机械制造过程中，支持件及一般标准件，一般容易做到质量保证。而作为传动或转动的轴承及机构组件，受加工、装配、调试等各种因素影响，一般不容易把握。

受安装空间及功能性等影响，轴承座有通用型，亦有特定机器及特定场所所使用的非标型。

轴承种类繁多，按功能分为滚动轴承、滚珠轴承、滑动轴承、含油轴承、径向轴承等，与之相配合的轴承座亦是五花八门。

2.2.2 轴承及轴承座装配

轴承座形状、材质各有不同，但总的要求基本一致：本体形状设计精致，制造精准，强度高，能够保证各类别轴承长时间持续、有效、高速地运转，支持机器运行。

2.3 儿童凳三维建模

儿童凳由几个基础几何特征构成。通过儿童凳建模学习，可了解该产品三维建模知识；通过案例练习，可掌握基本操作技能，提高三维建模及软件操作水平。

案例应用

（1）螺栓建模设计

步骤 1 打开“新建”对话框，参考前面步骤，创建“螺栓”实体零件文件。

步骤 2 单击菜单栏“拉伸”按钮，选择实体，单击“放置”按钮，如图 2-2 所示；单击“定义”，弹出“草绘”对话框，选择“TOP”基准平面，以“RIGHT”基准平面为“右”方向参照，单击“草绘”按钮进入草绘模式，如图 2-3 所示。

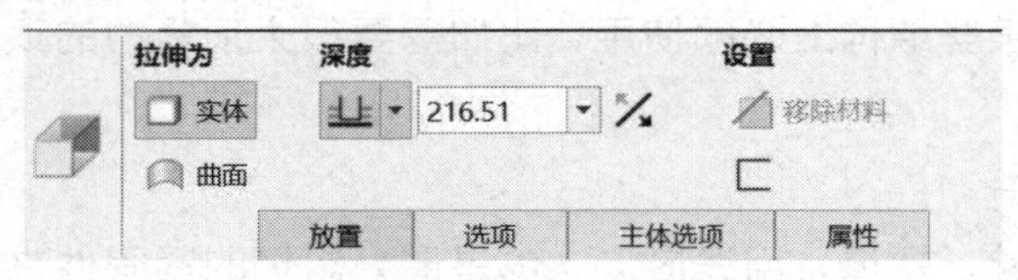

图 2-2

图 2-3

课程思政：

1. 螺栓、螺钉虽是“不起眼”的小物件，但其功能作用大，是实现产品功能不可或缺的最主要零件之一。

2. 国是千万家，有国才有家。争做螺丝钉，服务社会，做有利于国家的人和事。

步骤 3　单击“选项板”中的草绘器功能，双击六边形并将其拖入坐标系中，如图 2-4 所示。约束边长为“7.25”，深度设置为“5”，单击“确定”按钮，如图 2-5 所示。

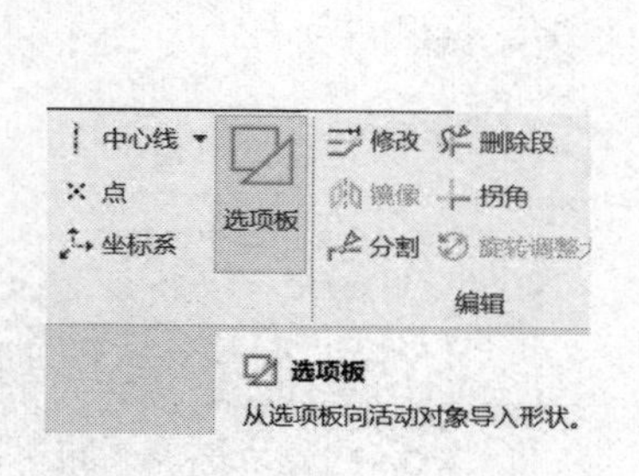

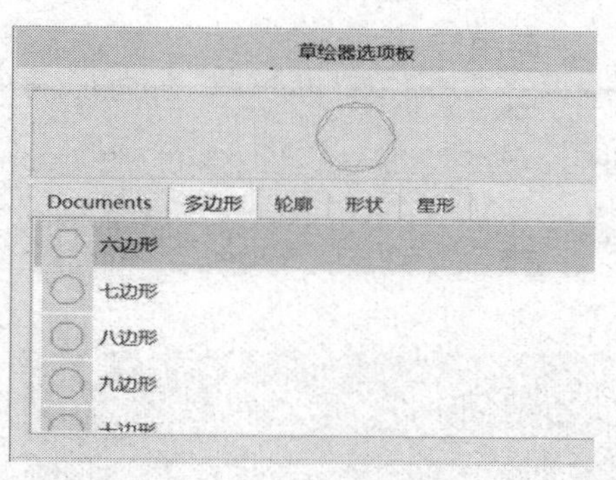

图 2-4

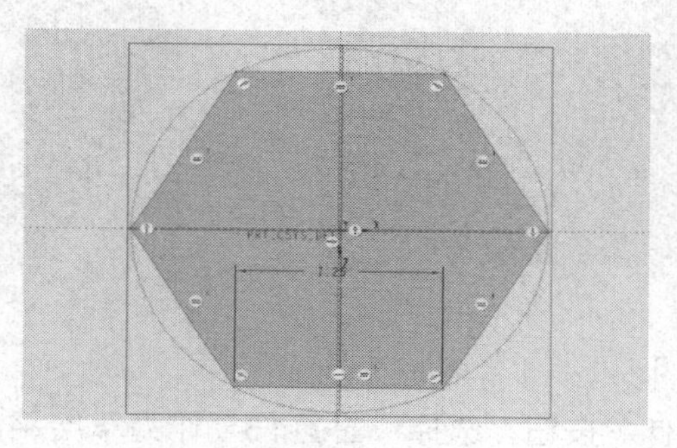

图 2-5

步骤 4　以“曲面 F5”对角边为参考，创建基准平面，如图 2-6、图 2-7 所示。

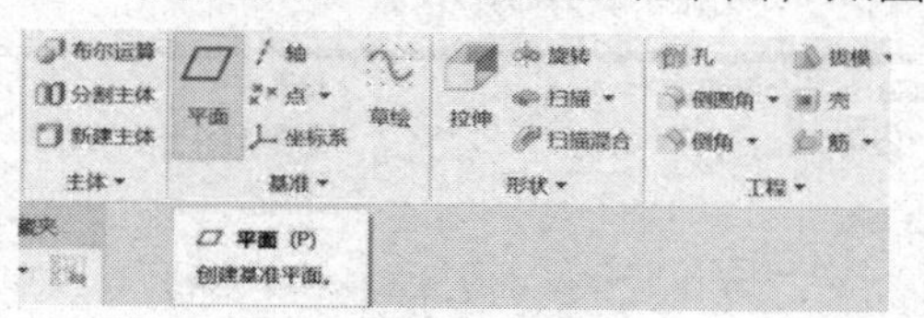

图 2-6

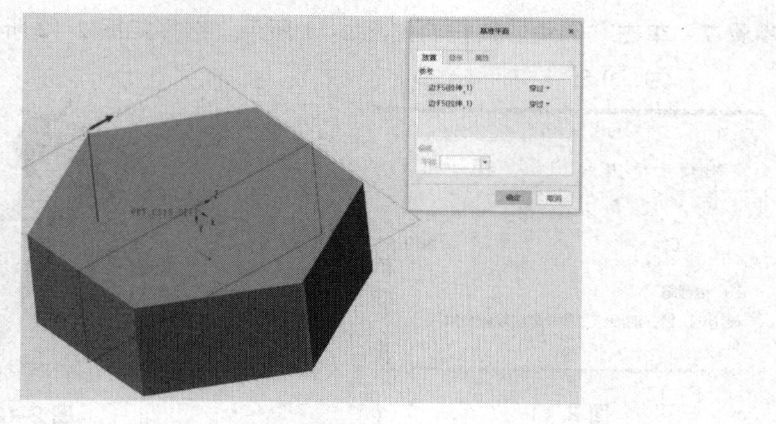

图 2-7

步骤 5 单击“旋转”按钮，选择实体，单击“移除材料”。单击“放置”按钮，单击“定义”弹出“草绘”对话框。选择“DTM1”作为草绘平面，以“TOP”基准平面为“右”方向参照。单击“草绘”，绘制如图 2-8 所示草图。

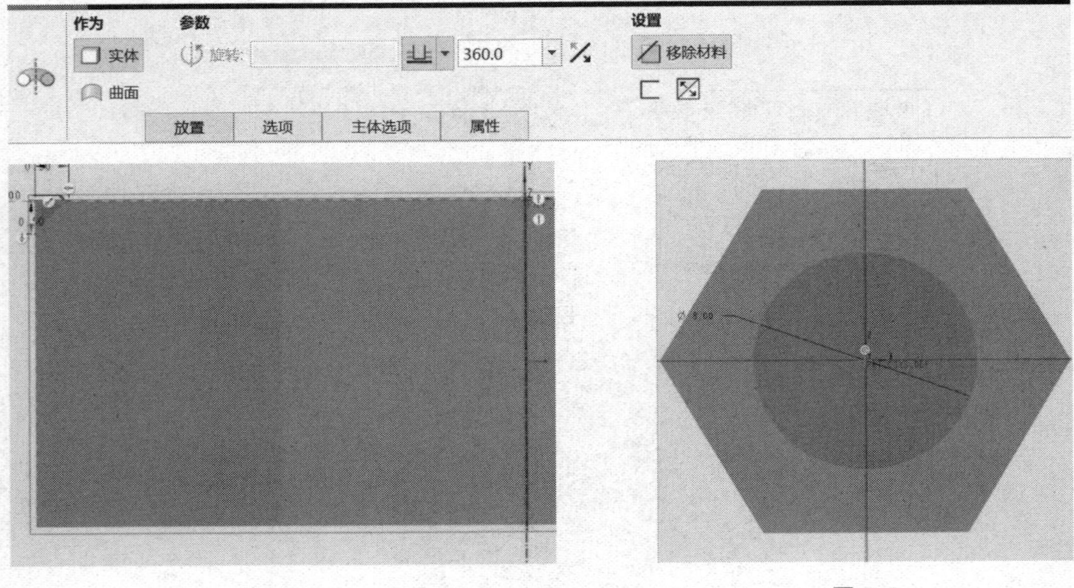

图 2-8　　图 2-9

步骤 6 单击“拉伸”按钮，选择“曲面 F5”作为草绘平面，以“RIGHT”基准平面为“右”方向参照。单击“草绘”，绘制如图 2-9 所示草图。将深度值设置为“30”，如图 2-10 所示。

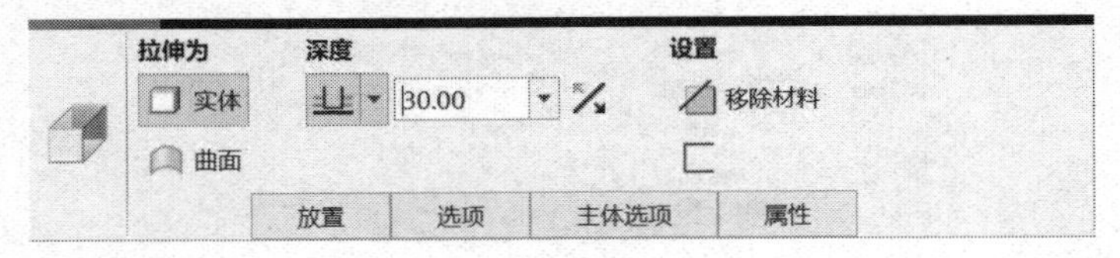

图 2-10

步骤 7 单击“倒角”按钮，如图 2-11 所示，选择如图 2-12 所示的边，修改尺寸为“0.5”。

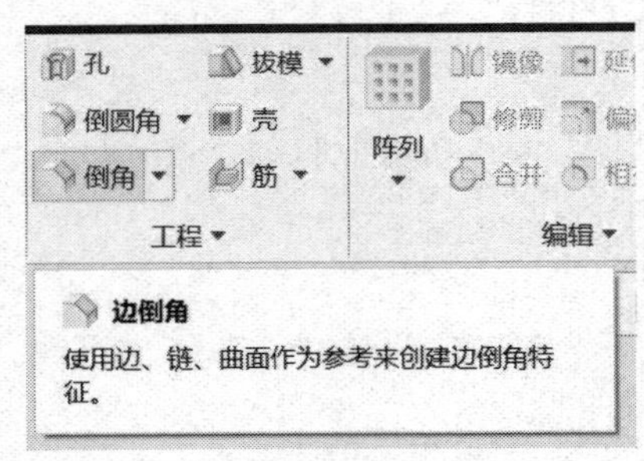

图 2-11

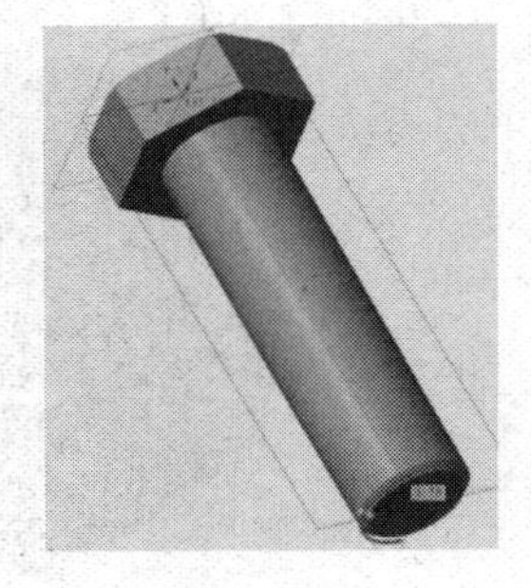

图 2-12

步骤 8 单击“螺旋扫描”选项，如图 2-13 所示，单击“参考”按钮，单击“定义”，弹出“草绘”对话框，选择“FRONT”作为草绘平面，以“RIGHT”为“右”方向参照，单击“草绘”，绘制如图 2-14 所示轮廓线。单击“草绘”按钮，绘制如图 2-15 所示螺纹截面。

步骤 9 在螺纹扫描对话框中，修改间距值为“2”，如图 2-16 所示。再单击“移除材料”“右手定则”，最终效果如图 2-17 所示。

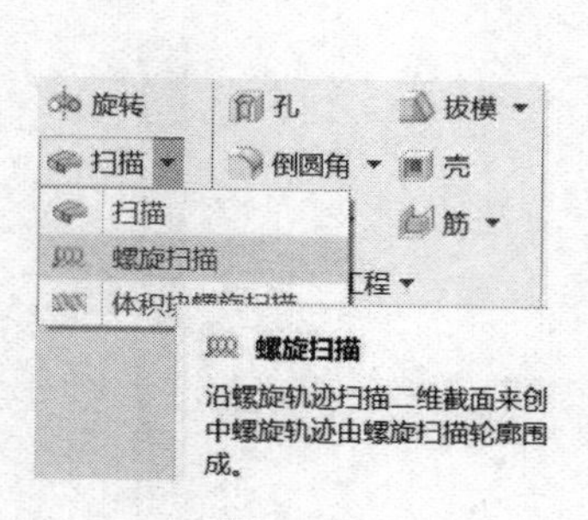

图 2-13

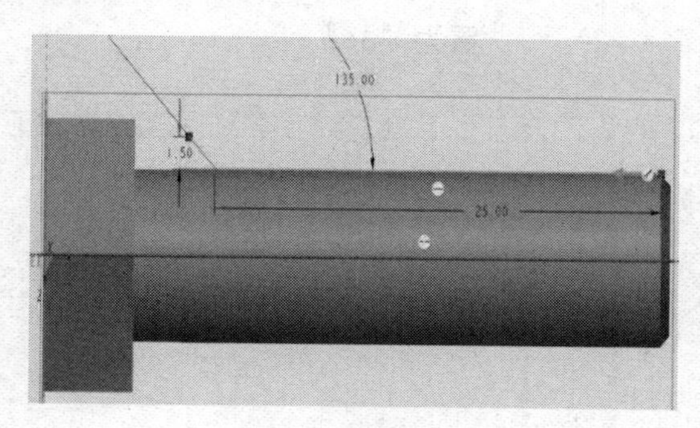

图 2-14

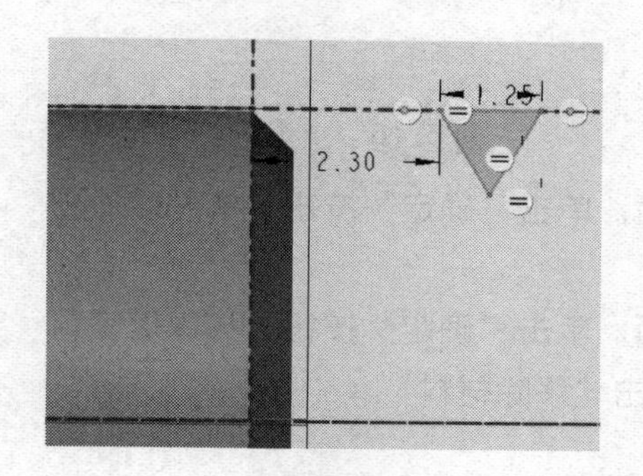

图 2-15

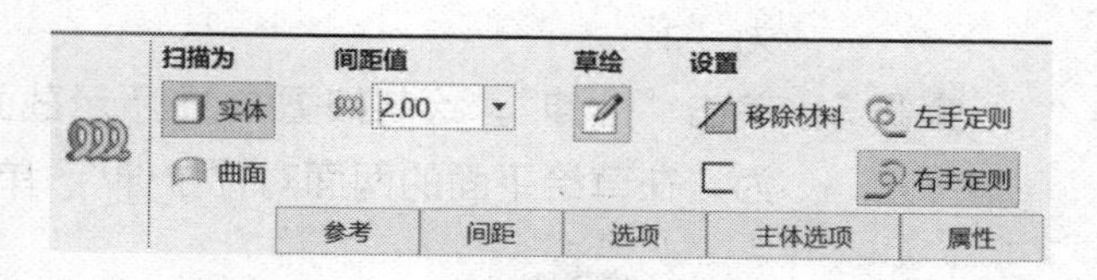

图 2-16

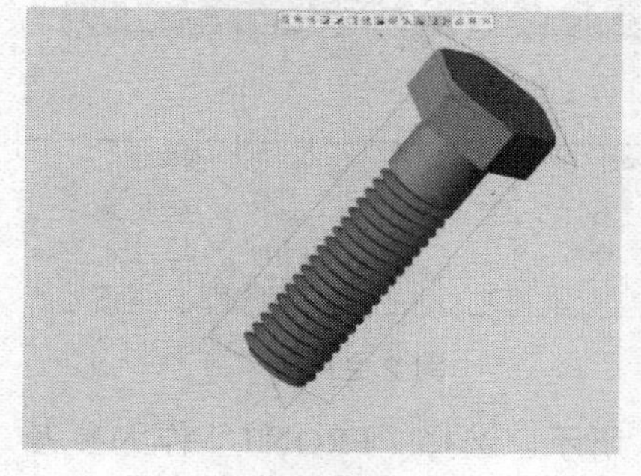

图 2-17

说明:

螺纹扫描是扫描特征的典型代表，在工作中经常用到。螺纹扫描步骤命令较多，注意：①草绘画好螺旋轮廓线；②草绘画好螺旋截面；③选好螺旋中心线；④设定好间距值（必须大于截面垂直方向值）。

（2）轴承座建模设计

步骤 1 打开“新建”对话框，参考前面操作，创建完成轴承座实体零件文件。

步骤 2 单击菜单栏中“拉伸”按钮，选择实体，单击“放置”按钮，单击“定义”，弹出“草绘”对话框，选择“FRONT”作为基准平面，绘制如图 2-18 所示截面。单击“确定”按钮，将深度设置为“6”。

步骤 3 单击菜单栏“拉伸”按钮，选择实体，单击“放置”按钮，单击“定义”弹出“草绘”对话框，选择“TOP”基准平面作为草绘平面，以“RIGHT”基准平面为“右”方向参照，绘制如图 2-19 所示截面。单击“确定”按钮，将深度设置为“在草绘平面的两面对称拉伸”，将数值设置为“36”。

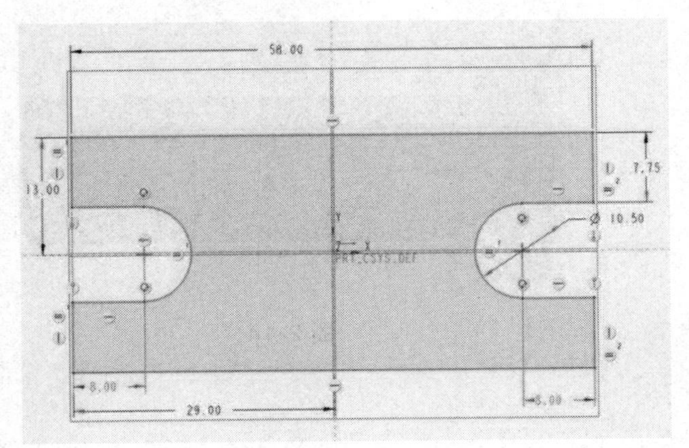

图 2-18

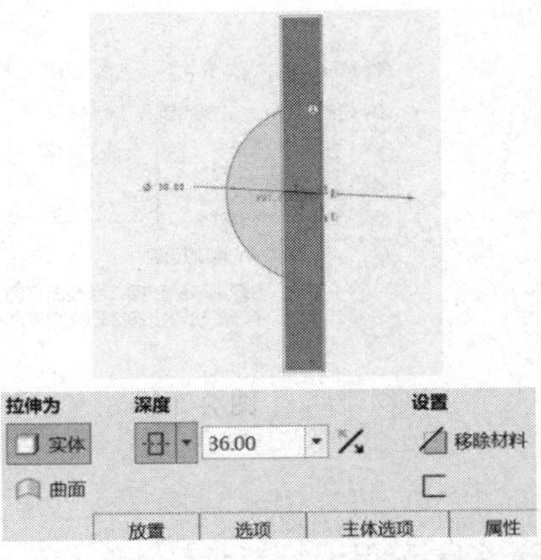

图 2-19

步骤 4 单击“拉伸”，绘制如图 2-20 所示截面。单击“确定”按钮，将深度设置为“2”。

步骤 5 单击“拉伸”，绘制如图 2-21 所示截面。单击“确定”按钮，将深度设置为“在草绘平面的两面对称拉伸”，单击“移除材料”。

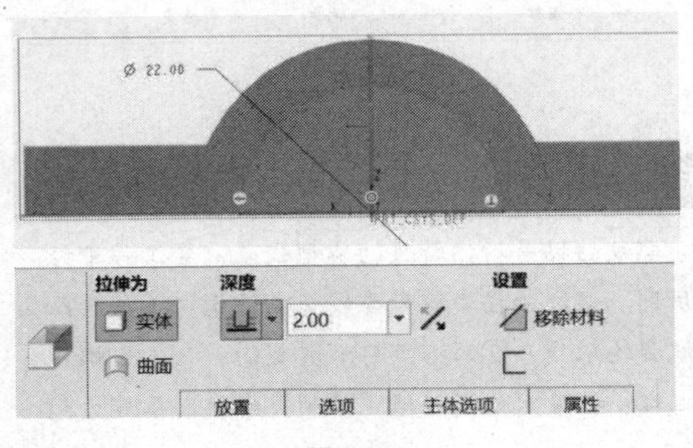

图 2-20

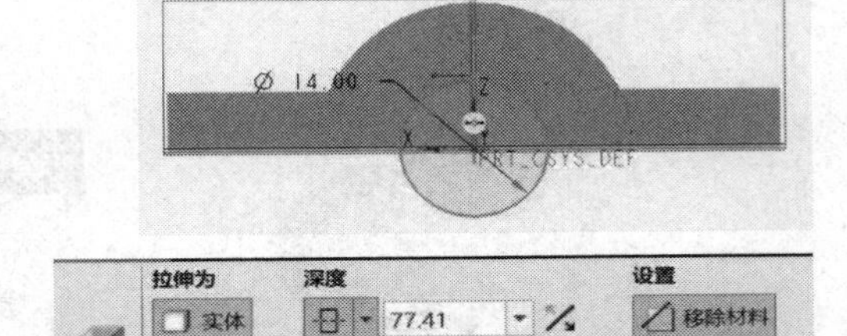

图 2-21

步骤 6 单击菜单栏中“平面”按钮，如图 2-22 所示。选择“FRONT”作为参考平面，偏移值设置为“26”，如图 2-23 所示。

步骤 7 单击“拉伸”按钮，绘制如图 2-24 所示截面。单击“确定”按钮，将深度设置为“拉伸至与所有曲面相交”。

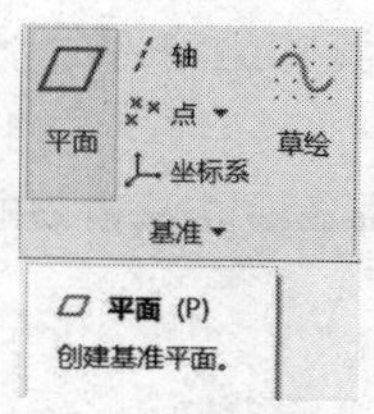

图 2-22

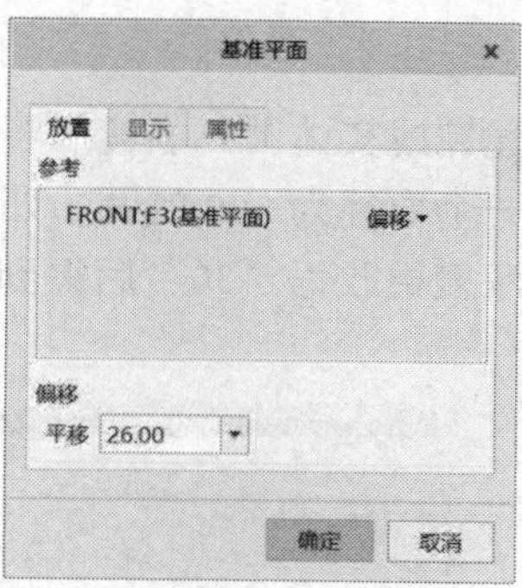

图 2-23

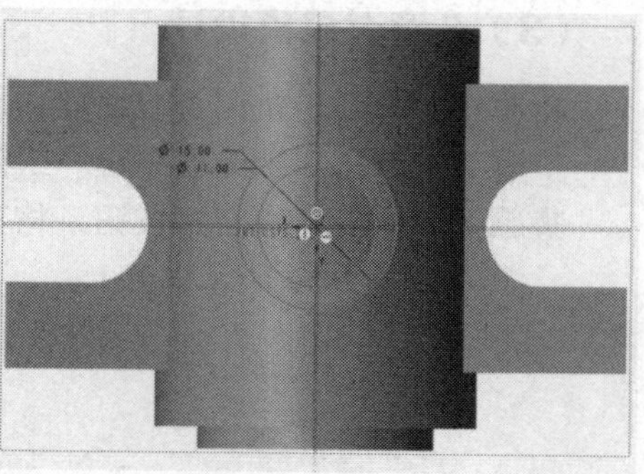

图 2-24

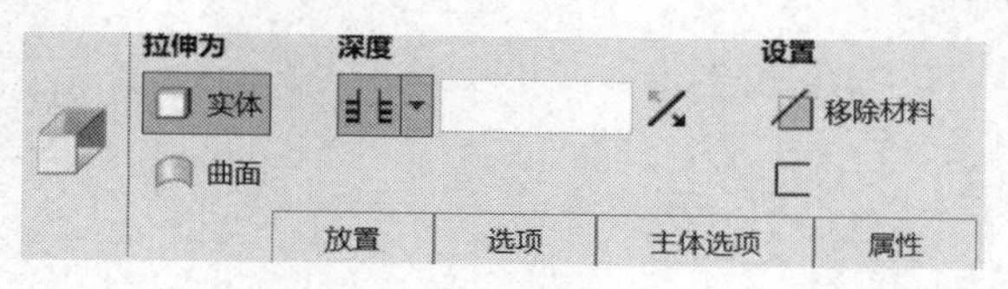

图 2-25

步骤 8　单击“拉伸”按钮，单击“放置”按钮，选择“曲面 F10”作为草绘平面，绘制如图 2-26 所示截面。单击“确定”按钮，单击“移除材料”，最终效果如图 2-27 所示。

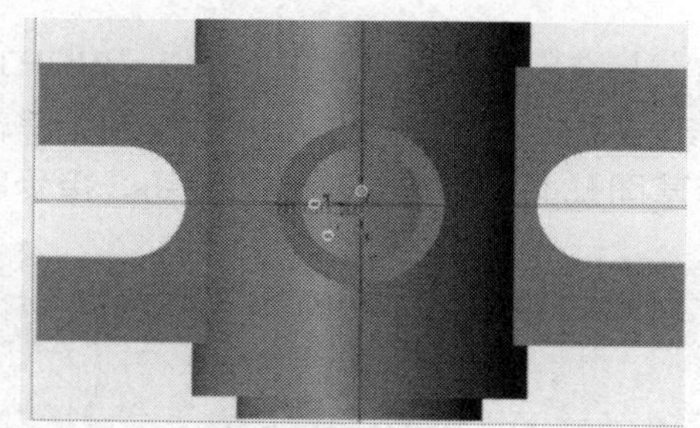

图 2-26

图 2-27

说明:

轴承座是专用零部件的典型代表，在机械制图、机械基础、机械传动等课程里都有相关内容，是职业技能训练、职业技能考试、岗位能力考评的常用项目。

通过轴承座三维建模基础训练，可了解认知零件形态，掌握基本制图技巧，逐步提高设计能力和建构水平。

课程育人:

轴承座亦是基础零件，默默无闻地供轴承、轴实现动能传递。师生共同思考：怎么样将该类零件做得更好？引导学生理解支持以及进行换位思考。

（3）儿童凳建模设计

步骤 1 打开“新建”对话框，创建完成实体“儿童凳”零件文件。

步骤 2 单击“拉伸”按钮，绘制一个直径为 300 的圆，如图 2-28 所示。

步骤 3 单击“确定”按钮，将其深度更改为“30”后得到儿童凳的坐垫部分，如图 2-29 所示。

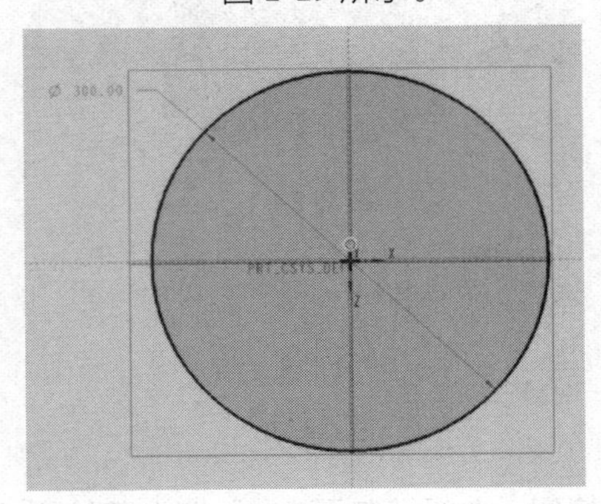

图 2-28

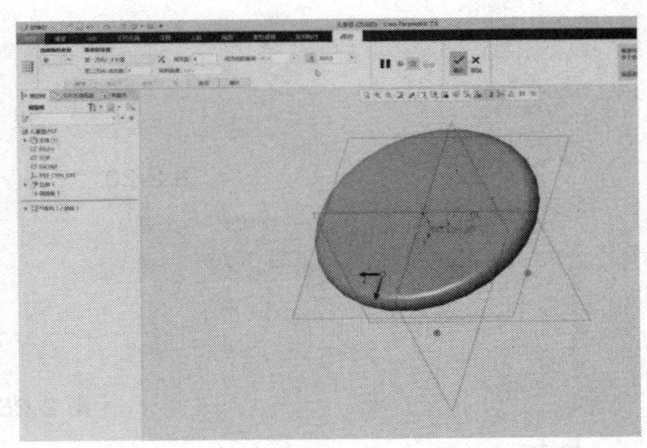

图 2-29

步骤 4 对坐垫进行倒圆角，左键点选圆角边，修改圆角尺寸为“15”，如图 2-30 所示。

步骤 5 单击“旋转”按钮，选择“FRONT”基准平面作为草绘平面，以“RIGHT”基准平面为“右”方向参照；单击“草绘”按钮，进入草绘模式，单击“草绘视图”，绘制如图 2-31 所示草图截面。单击“确定”按钮，接受默认参数，完成特征操作。

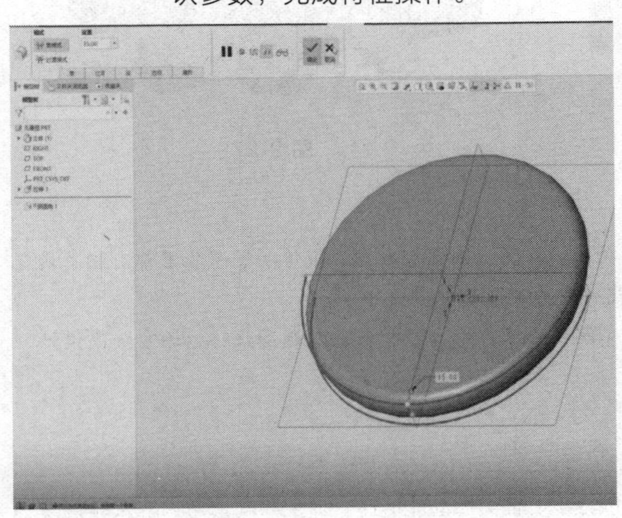

图 2-30

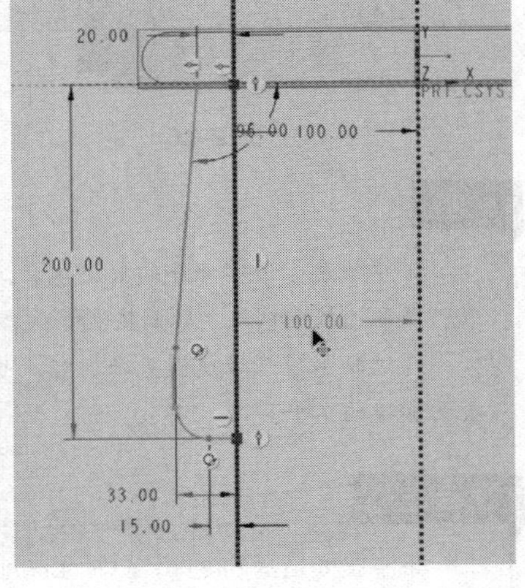

图 2-31

步骤 6 单击“阵列”按钮，阵列类型为“轴”。第一方向选择坐标中心轴，阵列数为“4”，角度为“90°”，单击“确定”按钮，完成阵列特征，如图 2-32 所示。全屏显示，最终效果如图 2-33 所示。

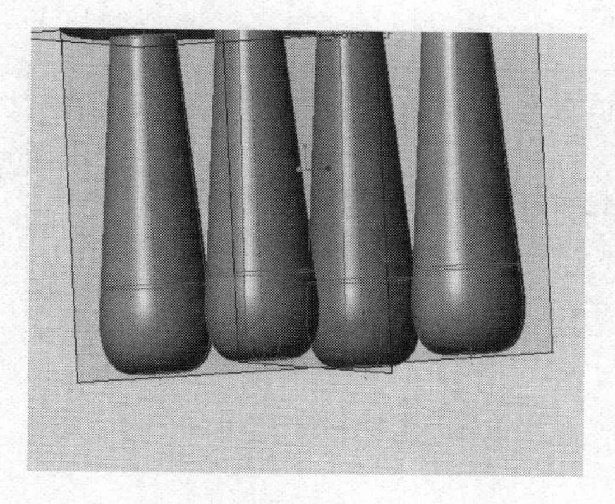

图 2-32

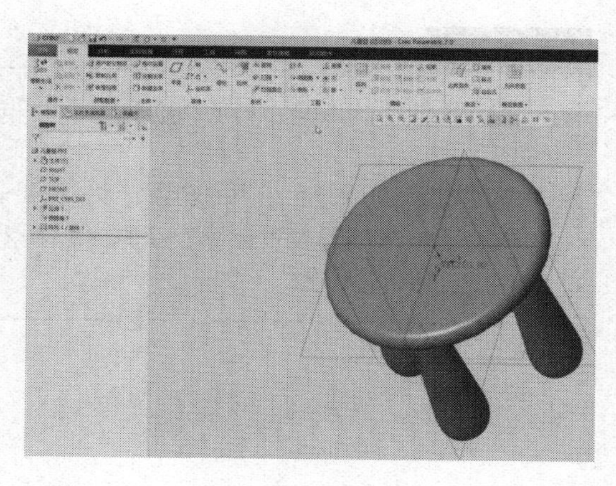

图 2-33

说明：

旋转和阵列特征是常用命令。阵列特征命令对话框中，单选项、重复选项、交叉选项等操作步骤较多，使用者需要视制图特征和具体要求，选取相应命令。

在制图中，仅通过单一或部分零件上的阵列特征，不足以了解或掌握该命令全部要求，使用者需要以点带面，举一反三，借用上述阵列腿脚特征命令，反复示范操作阵列对话框中其他选项命令，熟悉对话框相关命令内容，掌握阵列绘制技能。

任务小结

本章初步学习螺栓螺母、轴承座、儿童凳产品项目 Pro/E 三维建模，其中螺栓是国家标准件（GB 系列）代表零件之一。

在产品设计、生产过程中，经常会用到类似螺栓等标准件，如螺母、轴承、垫片、销钉、皮带、齿轮、链条、轴键、法兰、油封甚至端盖等零部件。还有一些行业规范或标准所要求的零部件（如水龙头、管接头、弹簧等）都已纳入或正在纳入国家标准系列。

大部分标准件是规模化生产，具有成本低、性能稳定、质量可靠、通用性强、售后维修方便等先天优势，设计时优先考虑选用标准件。判断该零部件是否为标准件，可以查阅最新版《机械工程手册》；同时，在制图过程中，绘制标准件时，亦要按照国家标准尺寸绘制，避免设计错误。

轴承座、儿童凳是非标产品，涉及拉伸、旋转、阵列等基本特征操作。通过学习，完成基础特征建模，可达到掌握基本建模技能之目的。

任务拓展

参考基础几何特征示范案例，使用者可尝试建构螺母、轴承、端盖等其他产品零部件模型特征。

课程育人:

1. 基础零件是组成产品的基本要素，是产品不可分割的一部分。师生要重视基础零件造型的学习。

2. 儿童、老人是生活中的弱势群体，需要全社会的关爱和呵护。引导学生积极参与弱势群体产品设计、研究弱势群体行为习惯，用实际行动，践行社会主义核心价值观，培育尊老爱幼的优良品质和行为习惯。

第3章　简单零件设计

在掌握建模的一些基本特征后，可开始创建一些简单零件，熟悉特征命令，提高三维建模水平，完成简单零件三维建模。

学习目标

☆ 了解机械支架知识

☆ 了解连杆基础知识

☆ 了解涡轮叶片基础知识

☆ 了解弹簧基础知识

理论实践

3.1　机械支架

机械支架是在机械或产品设计生产过程中，用来固定、连接、支持其他零部件的一种简易装置。它的应用范围较广，形状各异。例如支持空调主机的L形支架；各类电器配件所使用的支架，如电子板支架、温控器支架、显示屏支架；机器产品内部所使用的发动机支架、轴承座支架、连杆支架等。

应根据使用场所、功能性要求等，选用合理的支架材料。

常用金属材料支架是由冶金铸造、钣金冲压和型材切割后焊接而成的。常用塑料支架，可视零部件装配、功能等具体要求，灵活设计应对。

3.2　连杆

活塞、连杆、轴、轴承、轴承座、机械支架等是组成机械传动、实现机械功能的主要结构件。连杆结构除了要满足功能、强度、装配性要求外，还需要考虑连杆在运动状态下所包罗的运动轨迹和运动范围。

连杆的应用范围也较广，形状各异。根据使用场所、功能性要求等，应选用合理的连杆材料，如各类金属型材、棒材等。另外，连杆作为基础性构件，在满足功能前提下，形状应尽可能做得简单些。

3.3 涡轮叶片

涡轮叶片是一个专用构件，是主要用于液体或气体驱动的一种零件，在飞机、轮船、水泵、风扇等产品上使用。

3.4 弹簧

弹簧亦是一个专用构件，主要用在机械制造、家电、家具、交通等领域。弹簧有减震、缓冲、聚能、连接、导向等作用。弹簧材质主要是弹簧钢，也称锰钢，具有高强度、不易疲劳的特点。

弹簧结构多种多样，有拉簧、压簧、扭簧、板簧、扣簧等多种样式。

案例应用

（1）机械支架建模设计

步骤 1 打开“新建”对话框，创建机械支架，完成实体零件文件。

步骤 2 单击“拉伸”，绘制如图 3-1 所示截面。单击“确定”按钮，将深度设置为“10”，如图 3-2 所示。

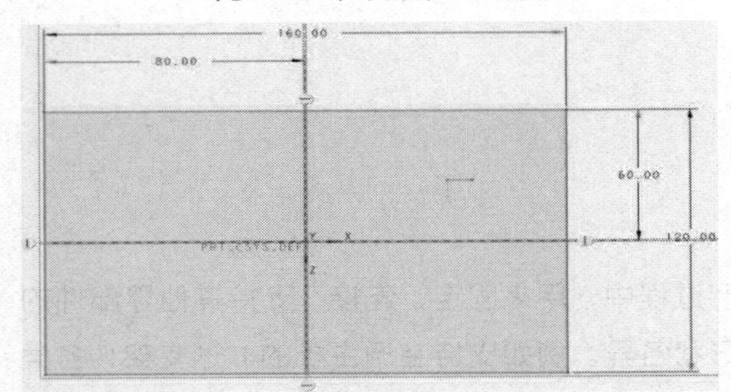

图 3-1

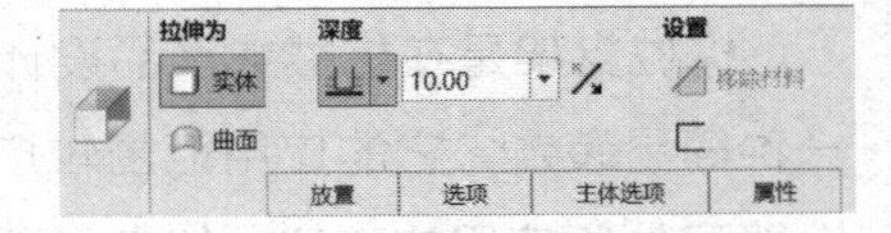

图 3-2

步骤 3 单击“拉伸”按钮，在“草绘”对话框选择“曲面 F5”作为草绘平面，绘制如图 3-3 所示截面。单击“确定”按钮，将深度设置为“80”，如图 3-4 所示。

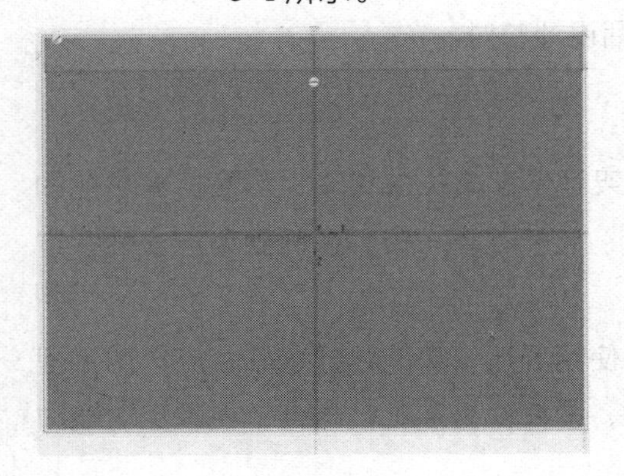

图 3-3

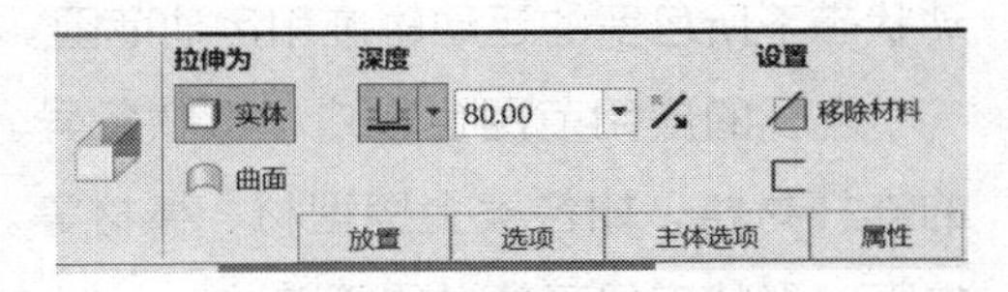

图 3-4

步骤 4 单击“拉伸”按钮，在“草绘”对话框中选择“曲面 F6”作为草绘平面，绘制如图 3-5 所示截面。单击“确定”按钮，将深度设置为“80”。

步骤 5 单击“拉伸”按钮，在“草绘”对话框中选择“曲面 F6”作为草绘平面，绘制如图 3-6 所示截面。单击“确定”按钮，将深度设置为“10”。

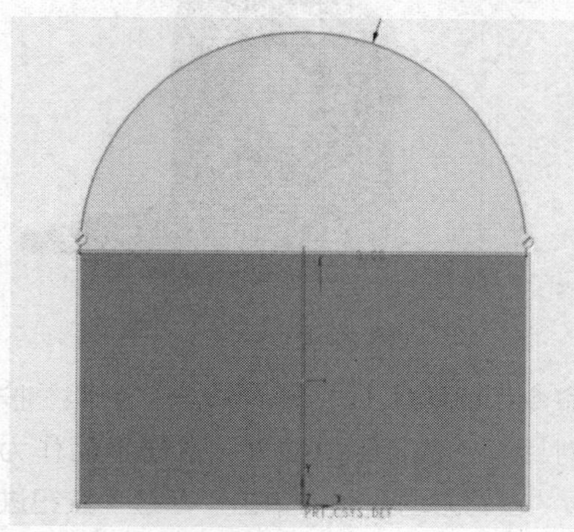

图 3-5

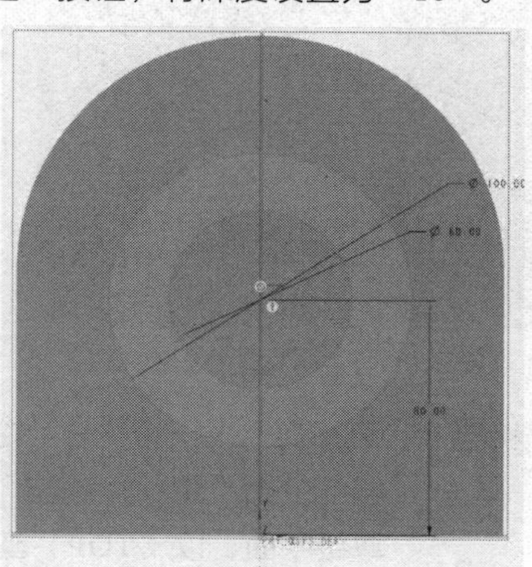

图 3-6

步骤 6 单击菜单栏“孔”按钮，设置类型为“简单”，轮廓为“预定义”，如图 3-7 所示。修改直径为“60”，单击“放置”按钮，选择如图 3-8 所示的曲面与中心轴。

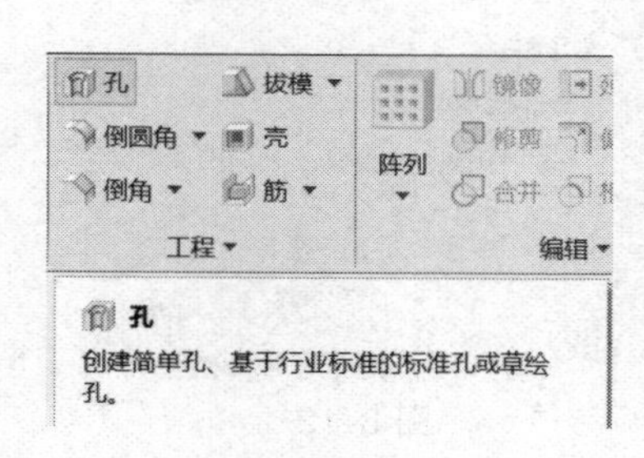

图 3-7

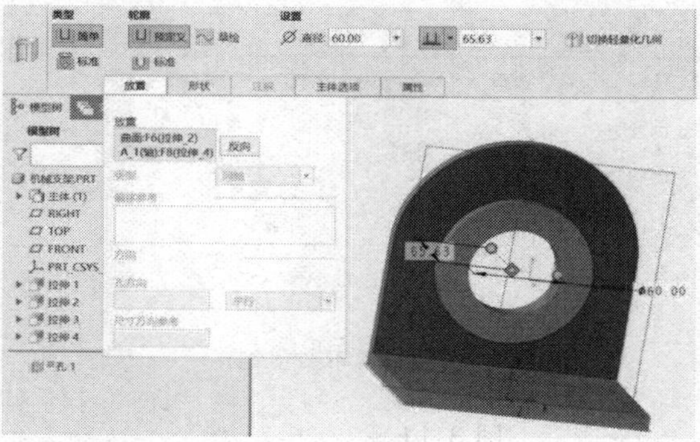

图 3-8

步骤 7 单击菜单栏中“拉伸”按钮选择实体，单击“放置”按钮，单击“定义”弹出“草绘”对话框选择“曲面 F8”基准平面作为草绘平面，以“曲面 F6”基准平面为“上”方向参照。单击“草绘”按钮进入草绘模式，单击草绘视图，绘制如图 3-9 所示截面。单击“移除材料”按钮，单击“确定”按钮，效果如图 3-10 所示。

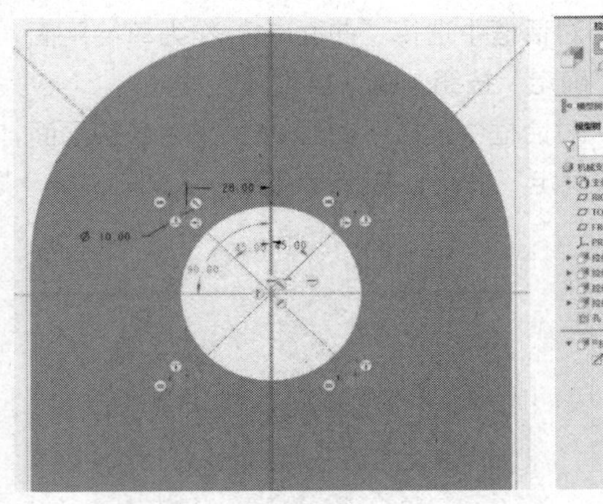

图 3-9

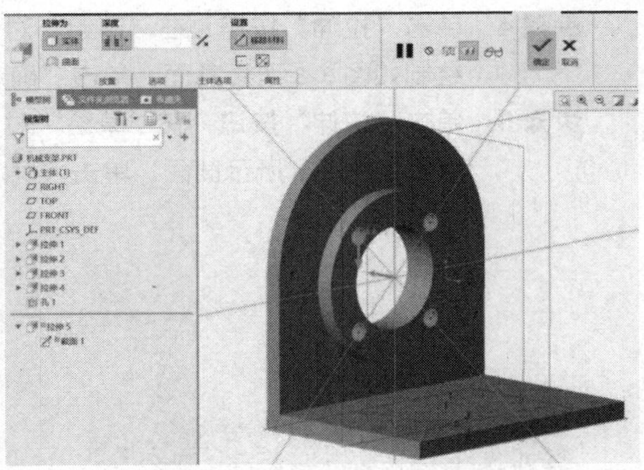

图 3-10

步骤 8 选择菜单栏“筋”—“轮廓筋”命令，如图 3-11 所示。单击“参照”按钮，单击“定义”弹出“草绘”对话框，选择“RIGHT”基准平面作为草绘平面，以“TOP”基准平面为“左”方向参照。单击“草绘”按钮进入草绘模式，单击“草绘视图”，如图 3-12 所示。绘制如图 3-13 所示曲线，将厚度设置为“10”，如图 3-14 所示。单击“确定”，效果如图 3-15 所示。

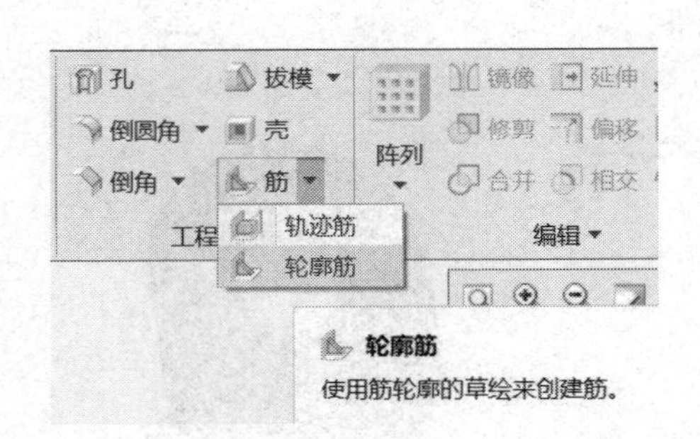

图 3-11

图 3-12

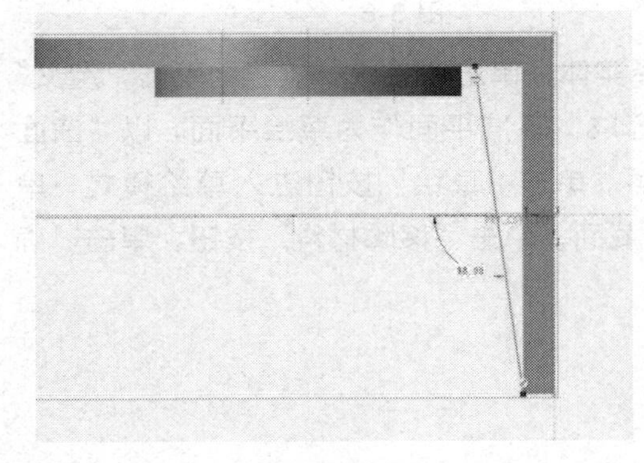

图 3-13

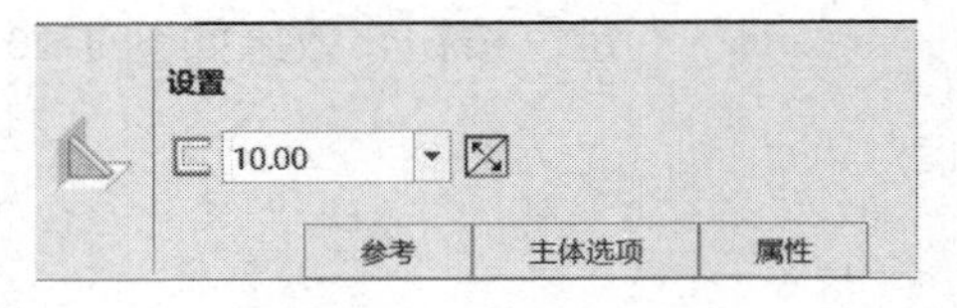

图 3-14

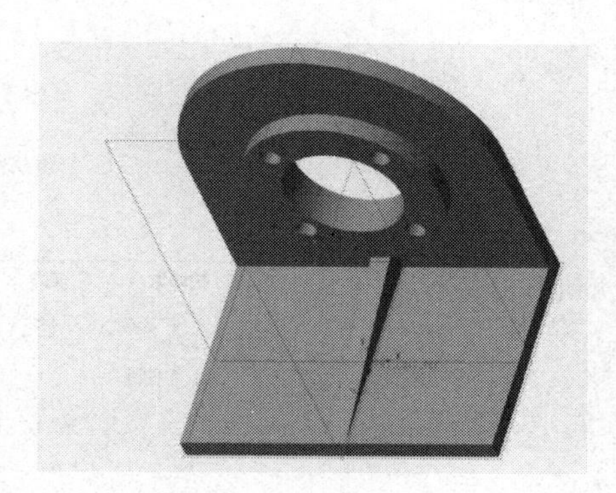

图 3-15

说明:

支架的形状各种各样，建模过程有多种路径：由内及外或由外及内，视使用者习惯而定。

支架建模过程中，设计时涉及快速打孔和加强筋建构特征，与拉伸、旋转命令的对话框有些差别，需要多练习，充分掌握该特征建构技巧。

课程思政:

红花还需绿叶衬，各自都精彩，像支架一样，支持别人，成就自我，实现自身价值。引导学生合作、分享、共赢的思想行为，培育形成正确的设计价值观。

（2）连杆建模设计

步骤 1　打开“新建”对话框，创建机械支架，完成实体零件文件。

步骤 2　单击“拉伸”，绘制如图 3-16 所示草绘截面。单击“确定”按钮，将深度设置为“20”，如图 3-17 所示。

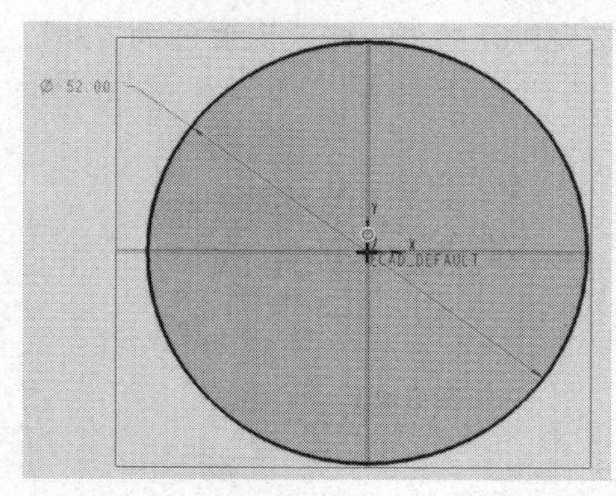

图 3-16

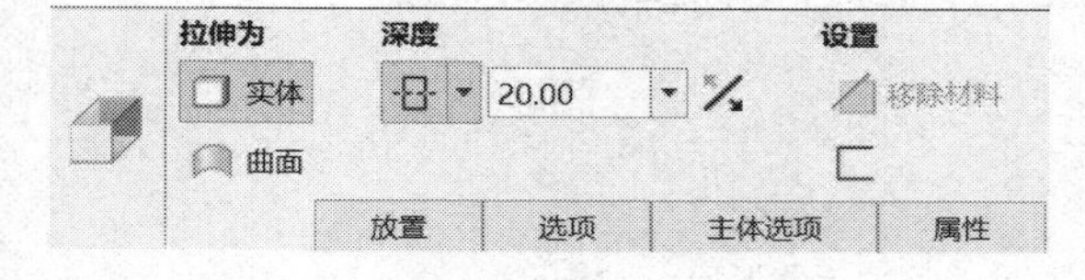

图 3-17

步骤 3　单击“拉伸”按钮，单击“放置”按钮，单击“定义”，弹出“草绘”对话框，选择“使用先前的”，单击“草绘”按钮，绘制如图 3-18 所示草图截面。单击“确定”按钮，将深度设置为“在草绘平面的两侧对称拉伸”，深度值为“24”，如图 3-19 所示。

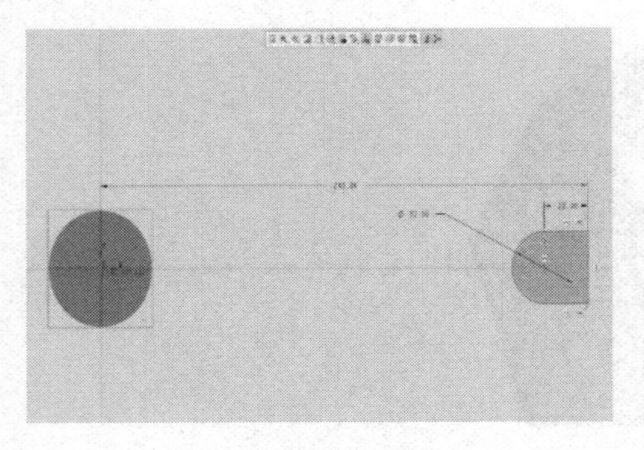

图 3-18

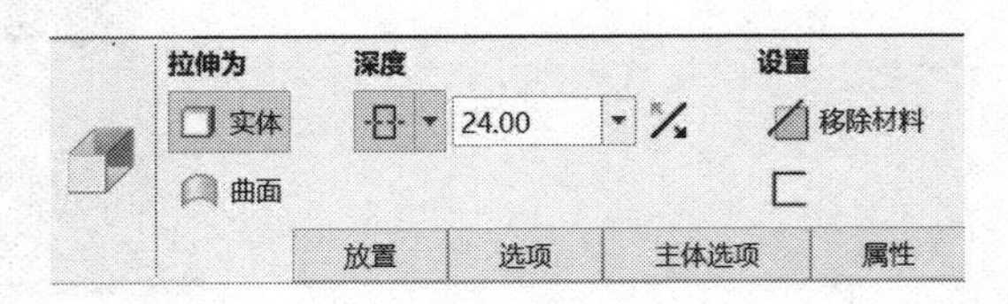

图 3-19

步骤 4 单击“拉伸”按钮，单击“放置”按钮，单击“定义”，弹出“草绘”对话框，选择“使用先前的”，单击“草绘”按钮，绘制如图 3-20 所示草绘截面。单击“确定”按钮，将深度设置为“在草绘平面的两侧对称拉伸”，深度值为“16”，如图 3-21 所示。

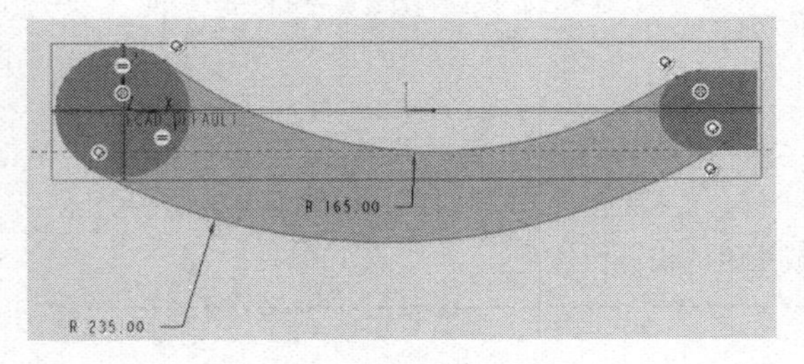

图 3-20

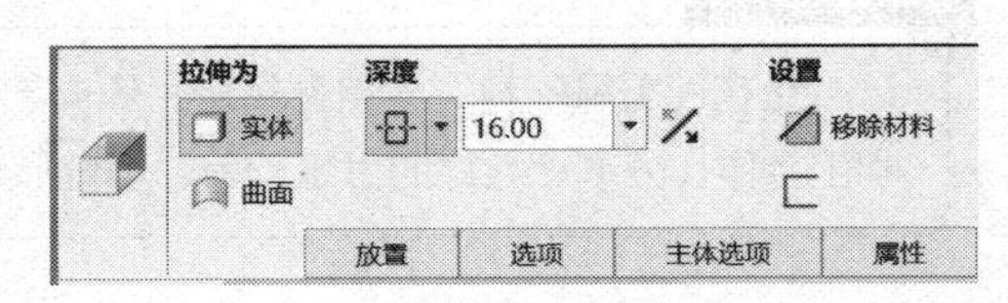

图 3-21

步骤 5 单击“平面”按钮，选择“TOP：F3（基准平面）”，平移“15”，创建“DTM1”基准平面，如图 3-22 所示。

步骤 6 单击菜单栏“拉伸”按钮，选择 DTM1 作为草绘平面，绘制如图 3-23 所示草绘截面。单击“确定”按钮，接受默认拉伸，修改深度值为“33”，如图 3-24 所示。

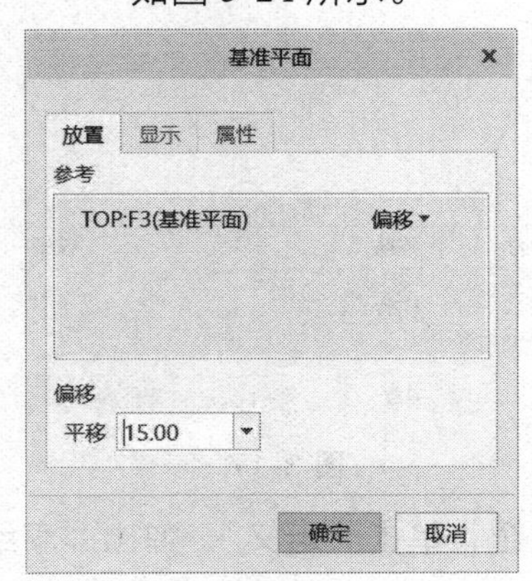

图 3-22

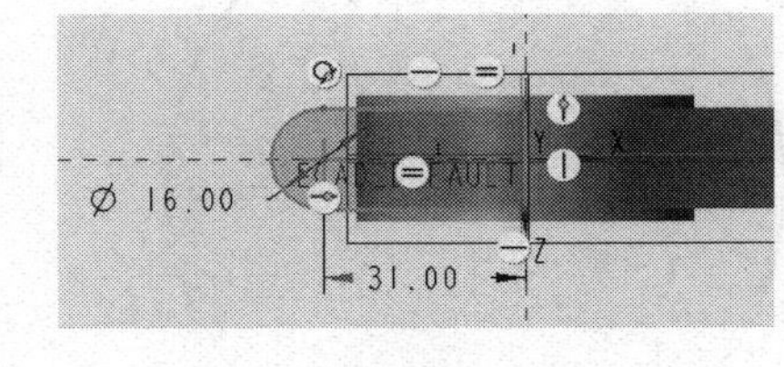

图 3-23

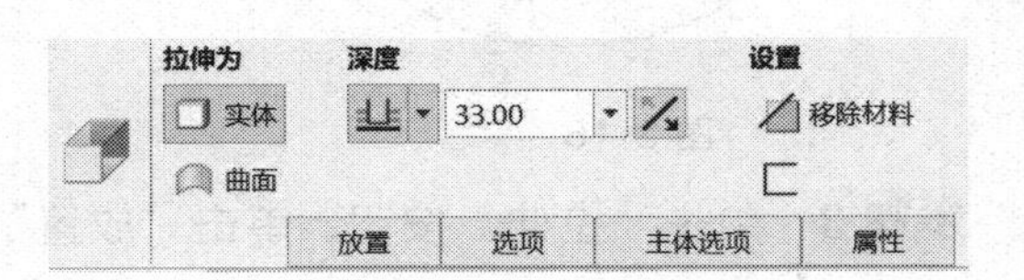

图 3-24

步骤 7 单击“拉伸”按钮，单击“放置”按钮，单击“定义”，弹出“草绘”对话框，选择“使用先前的”，单击“草绘”按钮，绘制如图 3-25 所示草绘截面。单击“确定”按钮，将深度设置为“在草绘平面的两侧对称拉伸”，深度值为“50”，如图 3-26 所示。

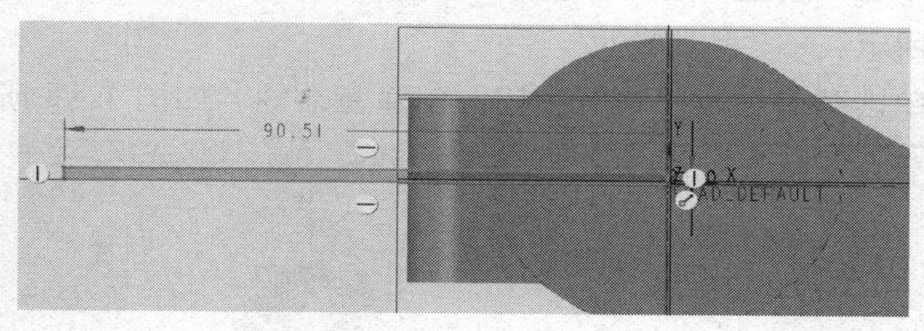

图 3-25

图 3-26

步骤 8 单击“孔”按钮，类型为“简单”，轮廓为“预定义”，如图 3-27 所示。修改直径为“38”，单击“放置”按钮，选择如图 3-28 所示的曲面与中心轴，单击“确定”按钮。

步骤 9 单击菜单栏中“轴”按钮，如图 3-29 所示。选择图 3-30 所示边，创建 A3 的基准轴。

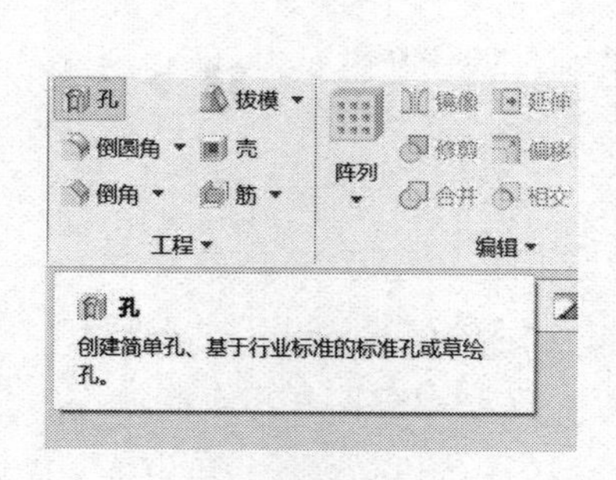

图 3-27

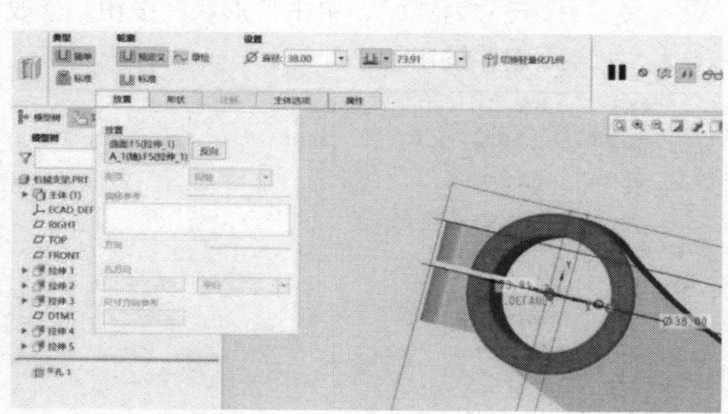

图 3-28

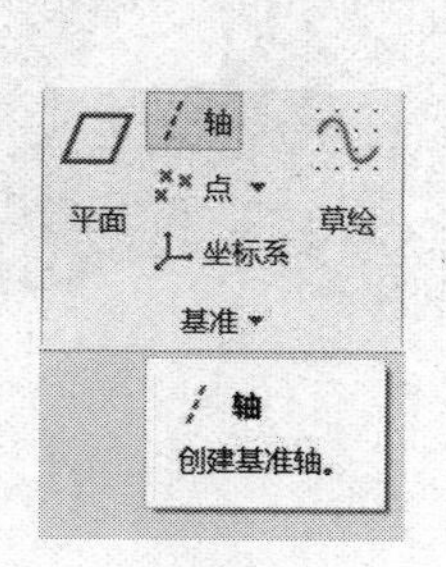

图 3-29

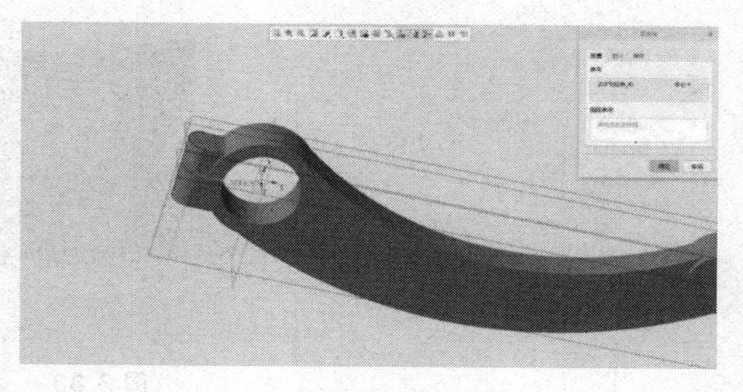

图 3-30

步骤 10 单击“孔”按钮，类型为“简单”，轮廓为“预定义”，孔直径为“7”；单击“放置”按钮，选择 A3 参考轴，单击“确定”按钮，如图 3-31 所示。

步骤 11 单击菜单栏中“轴”按钮，创建基准轴，如图 3-32 所示。

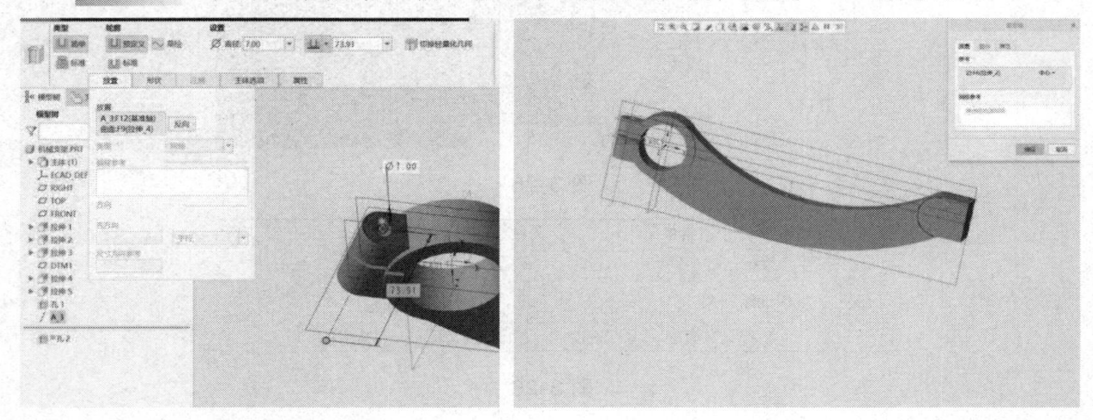

图 3-31　　　　图 3-32

步骤 12 单击“孔”按钮，类型为“简单”，轮廓为“标准”，如图 3-33 所示。孔直径为“20”，单击“沉头孔”按钮，如图 3-34 所示。单击“放置”按钮，选择“曲面 F6”，偏移参考选择“FRONT”“TOP”，偏移尺寸为“0”，单击“形状”按钮，修改尺寸如图 3-35 所示，单击“确定”按钮。

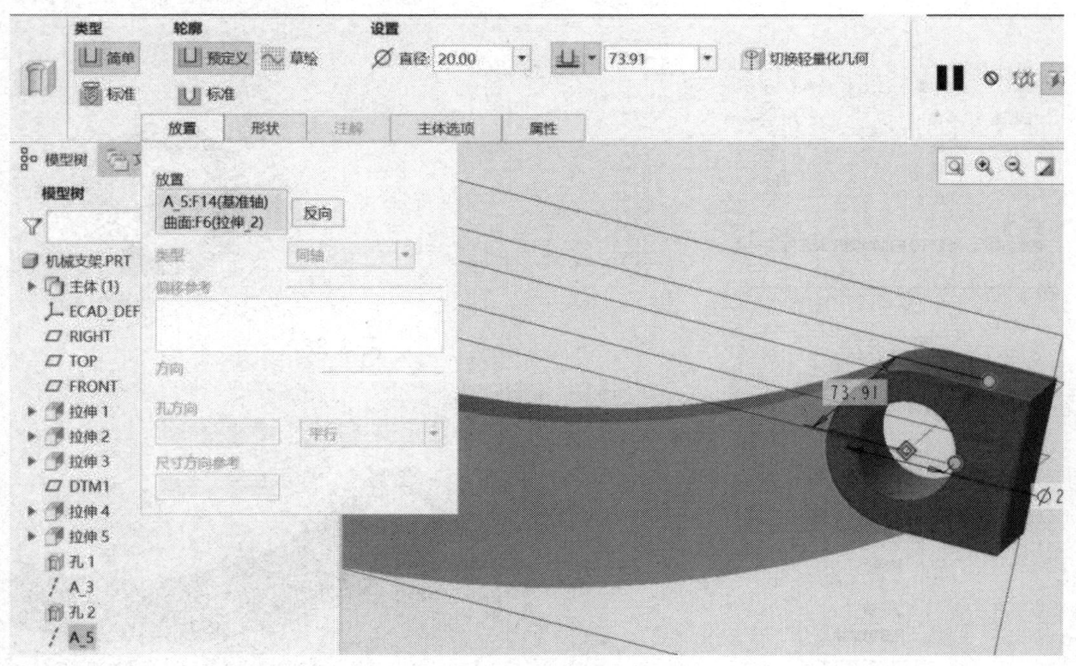

图 3-33

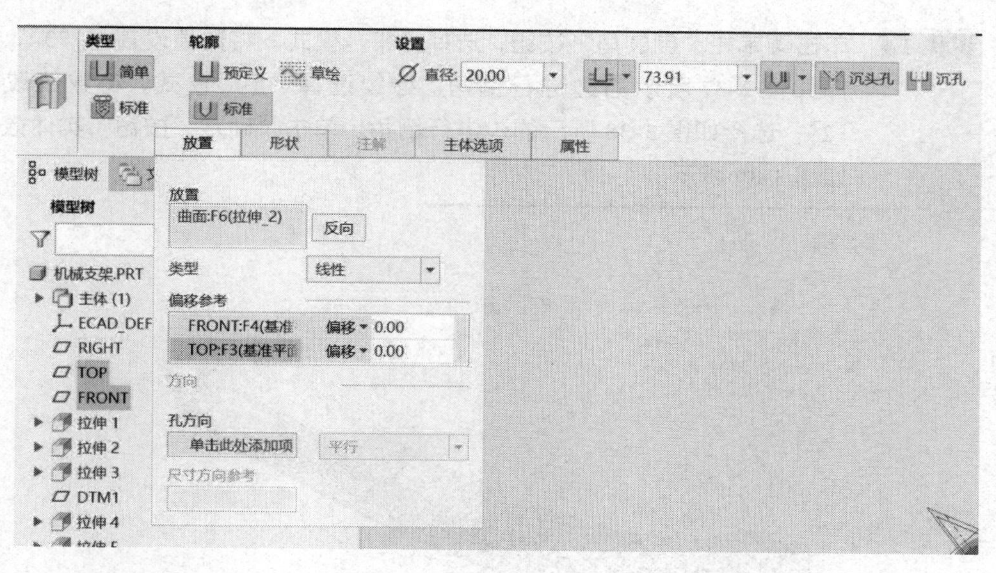

图 3-34

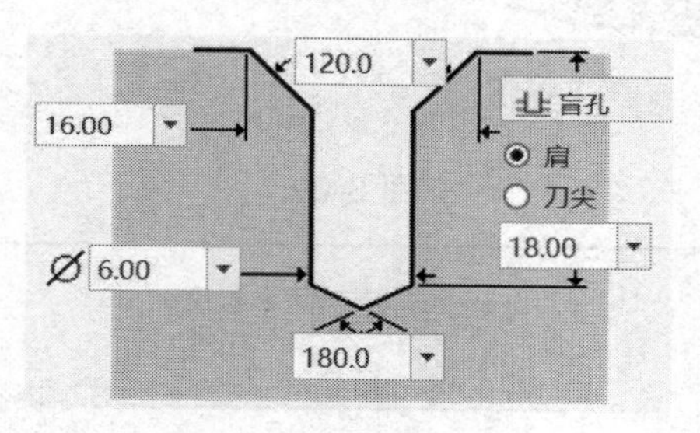

图 3-35

步骤 13　单击菜单栏“拉伸”按钮，选择以“曲面 F7”为草绘平面，选择“RIGHT：F2”为参考平面，方向为“右”，进入“草绘”模式，绘制如图 3-36 所示草绘截面。将“深度”设置为“4”，单击“移除材料”，单击菜单栏中“镜像”按钮，选择“FRONT：F4”为镜像平面，单击“确定”按钮。

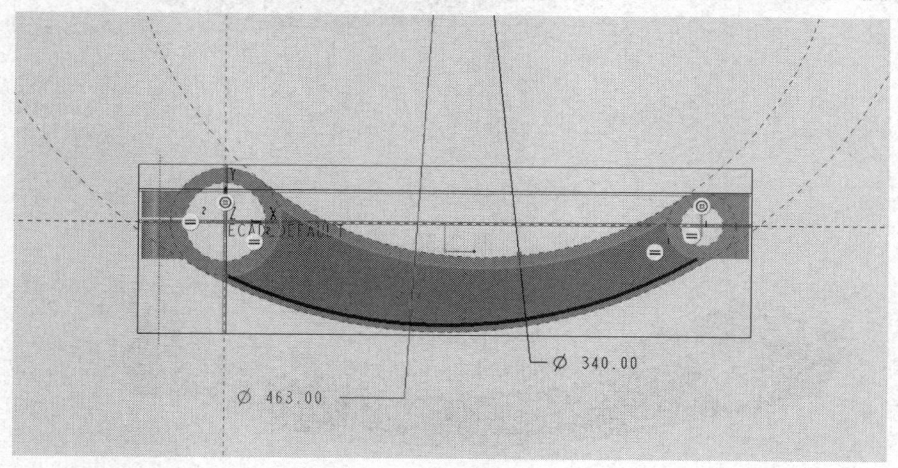

图 3-36

步骤 14 单击菜单栏“倒圆角”按钮，选择“集”模式，将数值设置为“3”，选择如图 3-37 所示的边进行倒角。继续选择“集”模式，将数值改为“2”，选择如图 3-38 所示的边进行倒角。单击“确定”按钮，实体效果如图 3-39 所示。

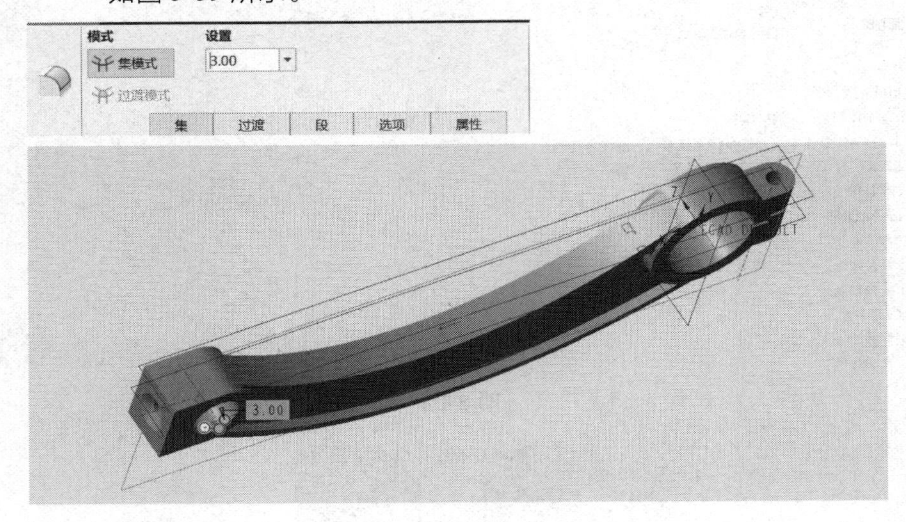

图 3-37

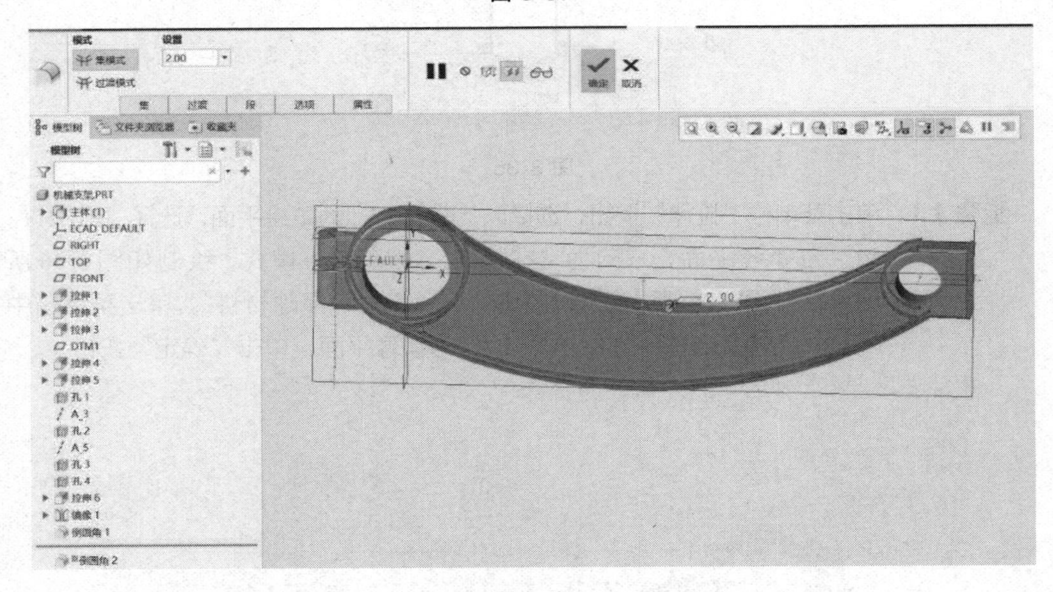

图 3-38

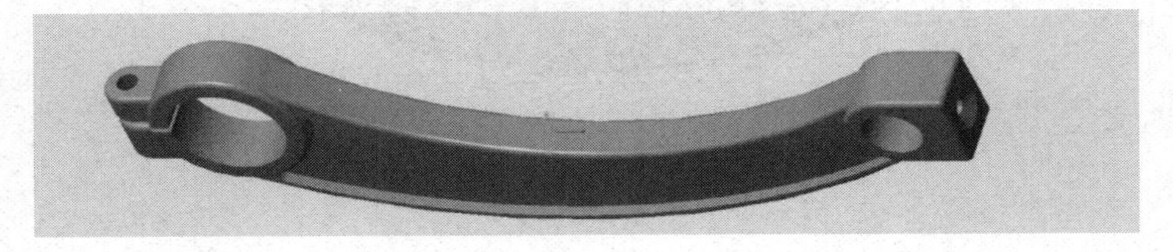

图 3-39

说明:

连杆特征里用到了“孔”“镜像”等命令，还有在三维空间里创建参考面、参考轴的操作，对我们逐步提高认识三维空间思维、理解空间建构关系有莫大帮助。

“孔”特征命令对话框中有沉孔等特征命令，操作步骤、操作要求、参考基准较多，要按照操作流程，一步一步完成三维建构。

课程育人:

1. 连杆的作用连接两头，实现了功能传递。

2. 你怎么理解消费者？怎么联络生产厂家、营销商家？应具备一些什么基本条件？

3. 师生共同思考：消费者为何愿意买单？引导学生理解消费者的基本诉求，培养学生爱岗敬业、诚信友善的设计价值观。

（3） 涡轮叶片建模设计

步骤 1 打开“新建”对话框，创建涡轮叶片，完成实体零件文件。

步骤 2 单击“拉伸”按钮，绘制如图 3-40 所示截面。

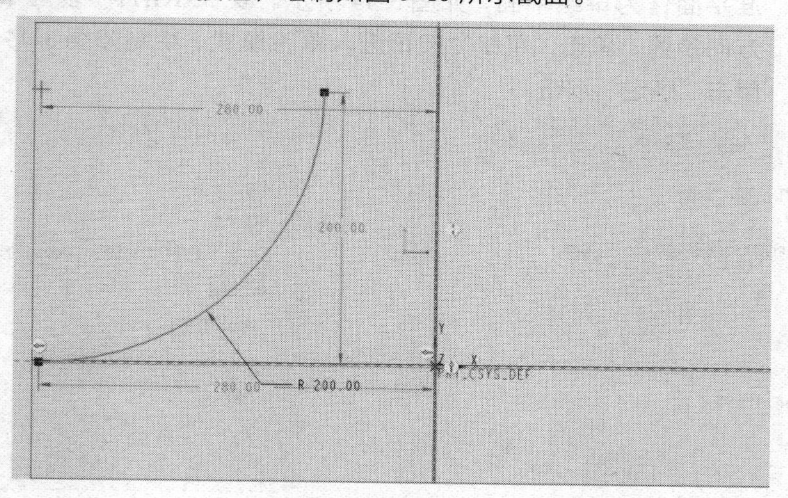

图 3-40

步骤 3 单击菜单栏“旋转”按钮，如图 3-41 所示。在模型树单击“草绘（1）”，接受默认旋转角度，单击“确定”按钮，如图 3-42 所示。

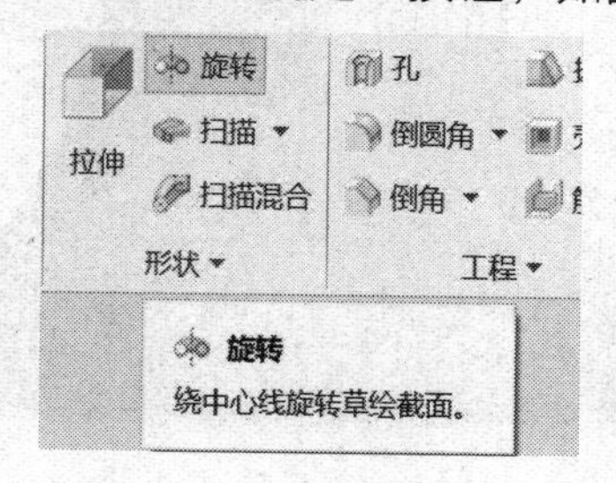

图 3-41

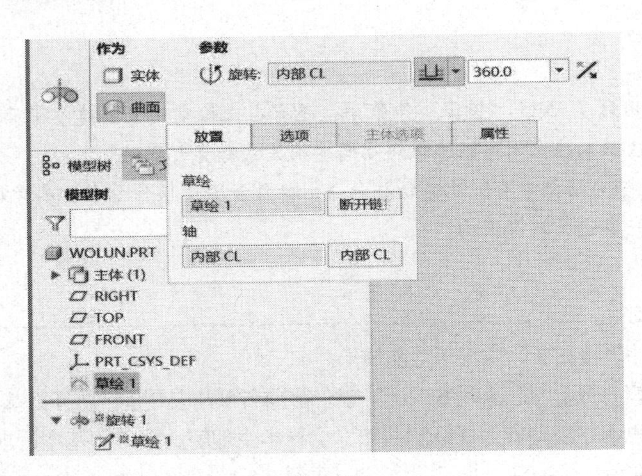

图 3-42

步骤 4 单击菜单栏“平面”按钮，选择“FRONT”基准平面平移任意尺寸，如图 3-43 所示。

步骤 5 单击菜单栏“草绘”按钮，弹出“草绘”对话框，选择“DTM1：F7”基准平面作为草绘平面，如图 3-44 所示。以“RIGHT”基准平面为“右”方向参照，单击“草绘”按钮进入草绘模式，绘制如图 3-45 所示截面，单击“确定”按钮。

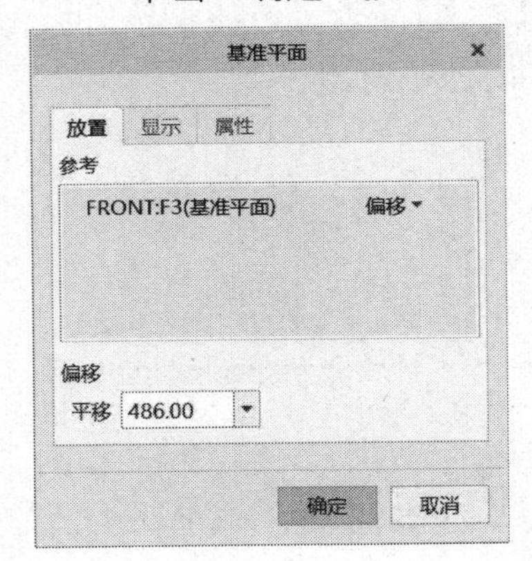

图 3-43

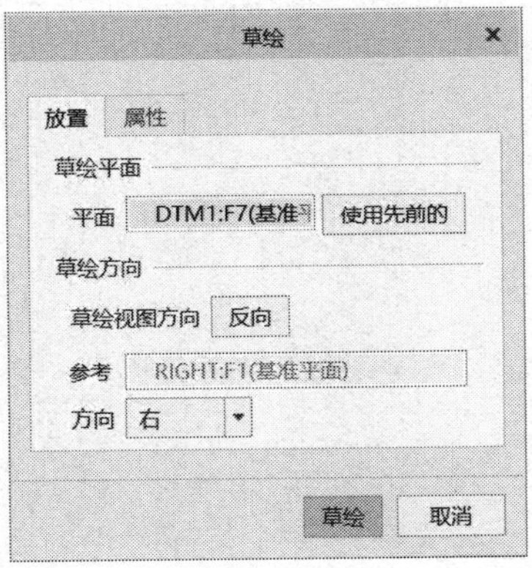

图 3-44

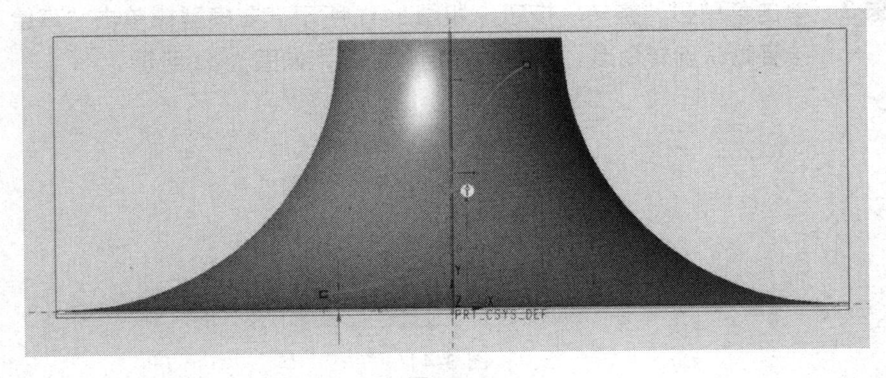

图 3-45

步骤 6 在模型树选中“草绘（2）”，单击菜单栏中“投影”按钮，如图 3-46 所示。选择如图 3-47 所示曲面，单击“确定”按钮。

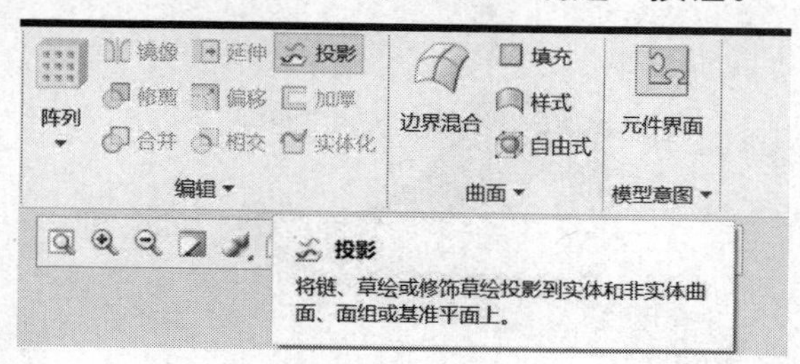

图 3-46

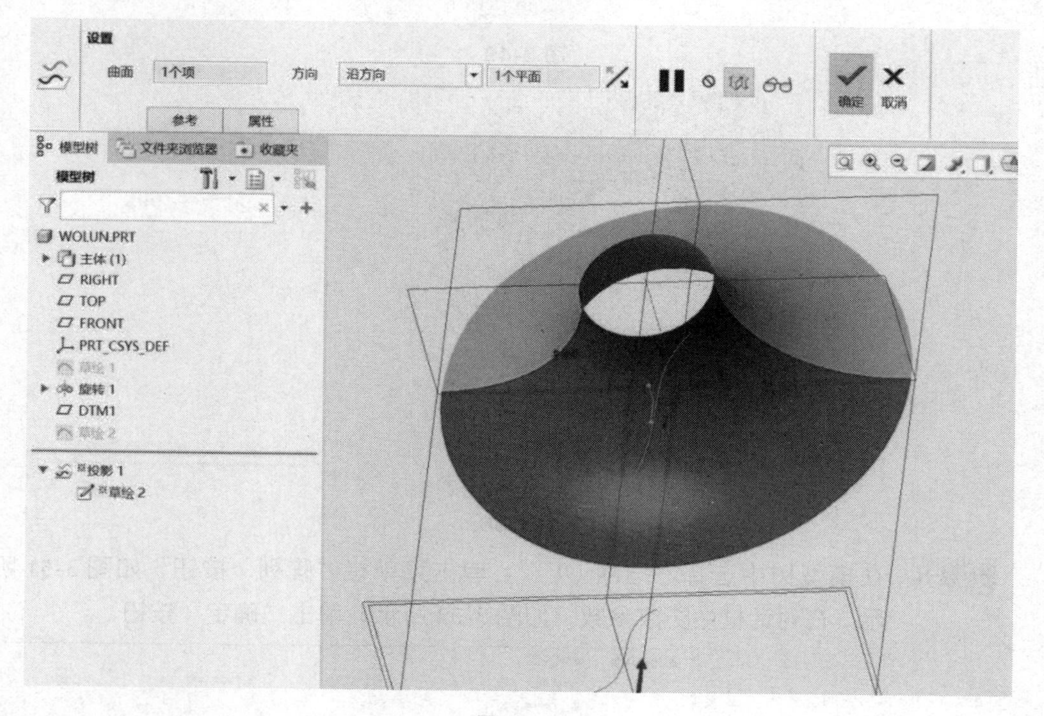

图 3-47

步骤 7 单击菜单栏“扫描”按钮，如图 3-48 所示。选择如图 3-49 所示曲线，单击“草绘”按钮，进入草绘模式，绘制如图 3-50 所示草绘截面。

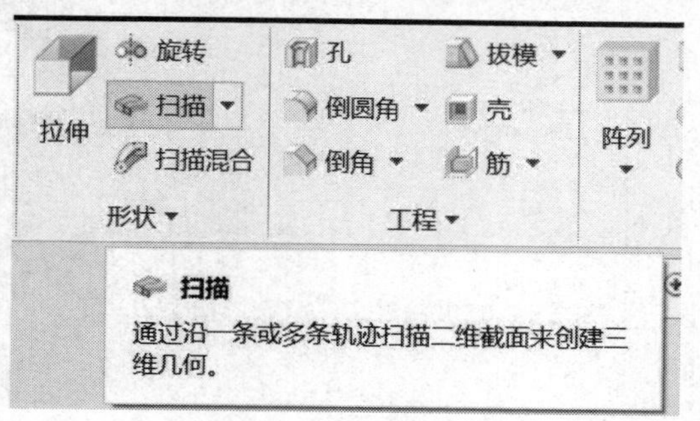

图 3-48

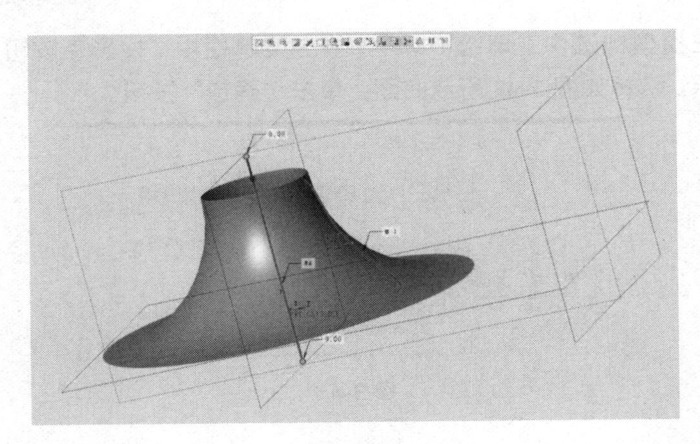

图 3-49

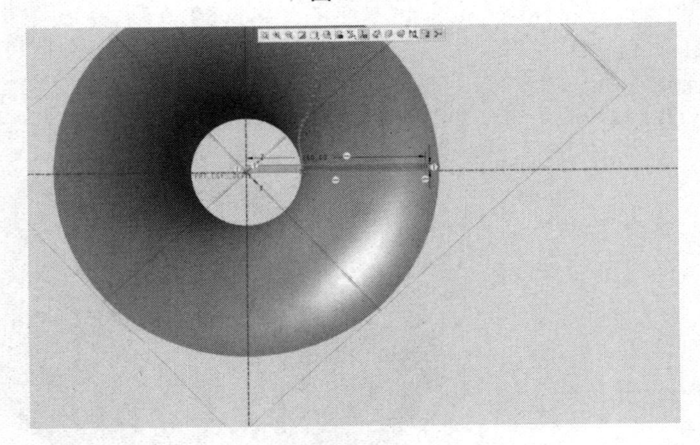

图 3-50

步骤 8 在模型树中选择“扫描（1）”，单击菜单栏“阵列”按钮，如图 3-51 所示。在对话框中更改参数，如图 3-52 所示，单击“确定”按钮。

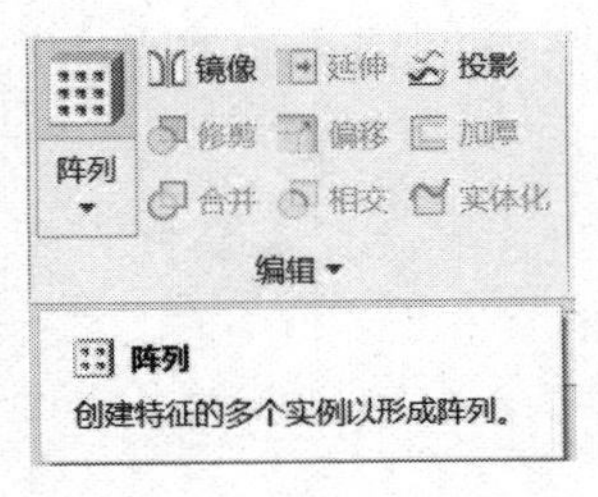

图 3-51

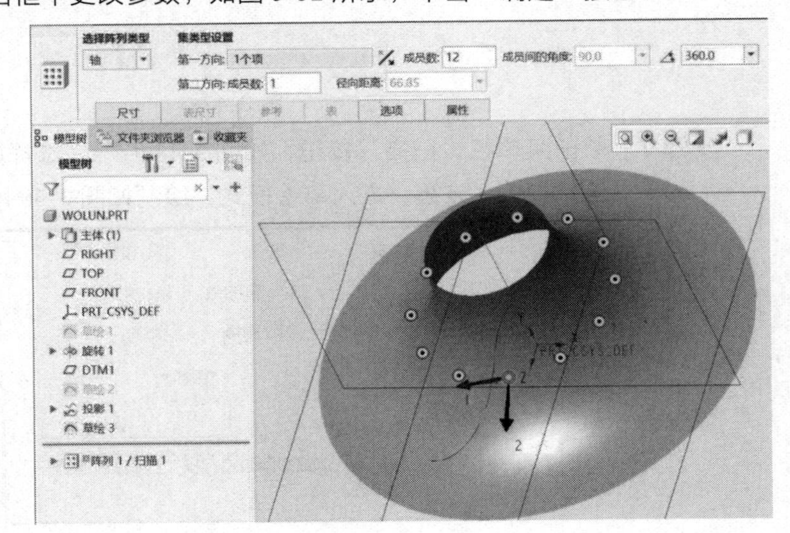

图 3-52

步骤 9　在模型树中选择“旋转（1）”，单击菜单栏中“实体化”按钮，选择移除材料，接受默认方向，单击“确定”按钮。

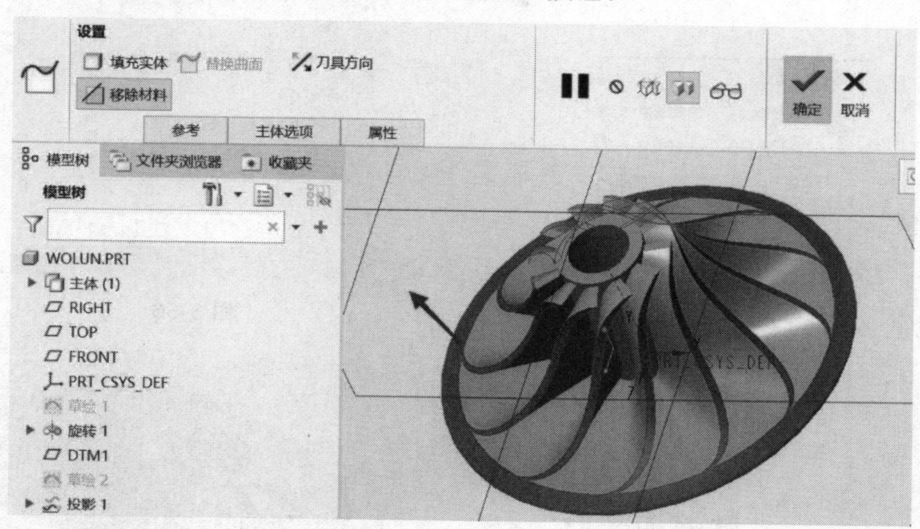

图 3-53

步骤 10　单击菜单栏中“拉伸”按钮，单击“放置”，单击“定义”，弹出“草绘”对话框，选择“TOP：F2”基准平面作为草绘平面，以“RIGHT”基准平面为“右”方向参照。单击“草绘”按钮进入草绘模式，绘制如图 3-54 所示草绘截面，设置“拉伸为实体”，“深度”为“拉伸至与所有曲面相交”，单击“移除材料”，单击“确定”按钮。

图 3-54

步骤 11　单击菜单栏中“旋转”按钮，如图 3-55 所示。单击“定义”弹出“草绘”对话框，如图 3-56 所示。选择“FRONT：F3”基准平面作为草绘平面，以“RIGHT”基准平面为“右”方向参照，单击“草绘”按钮进入草绘模式，绘制如图 3-57 所示截面。单击“确定”按钮，实体效果如图 3-58 所示。

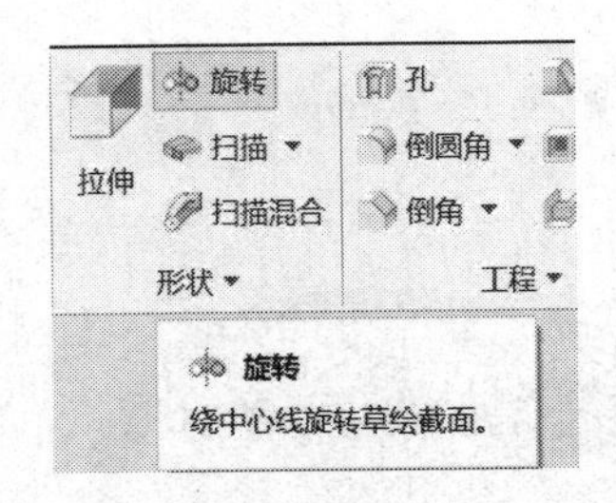

图 3-55

图 3-56

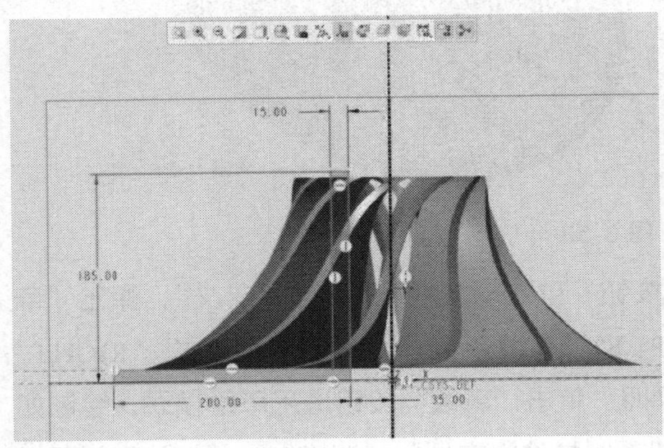

图 3-57

图 3-58

说明:

涡轮叶片造型特征较多，有一定难度，另外，叶片的角度、强度设计，一般与产品功能相匹配，此处设计涉及工程力学等复杂问题。如叶片横切面角度太大，则受力面较大，功率、噪声等都相应较大。设计和研制过程中，一般按简易设计程序，再通过不断试验予以完善。

建构过程中用到的“扫描”“投影”等特征命令，尤其是“投影”特征命令，在复杂零件建模建构过程中经常性用到。投影对话框中，子命令也较多，需要加强学习，了解所有命令。

课程育人:

1. 涡轮是一种将流动工质的能量转换为机械功的旋转式动力机械，其造型独特，充满能量与激情。

2. 引导学生理解“能量”意义，参与“正能量”产品的设计与研究，培养学生弘扬正气、积极向上的设计观。

（4）卡簧建模设计

步骤 1 打开“新建”对话框，创建卡簧，完成实体零件文件。

步骤 2 单击“拉伸”，绘制如图 3-59 所示草绘截面。单击“确定”按钮，选择曲面，“深度”为“19”。

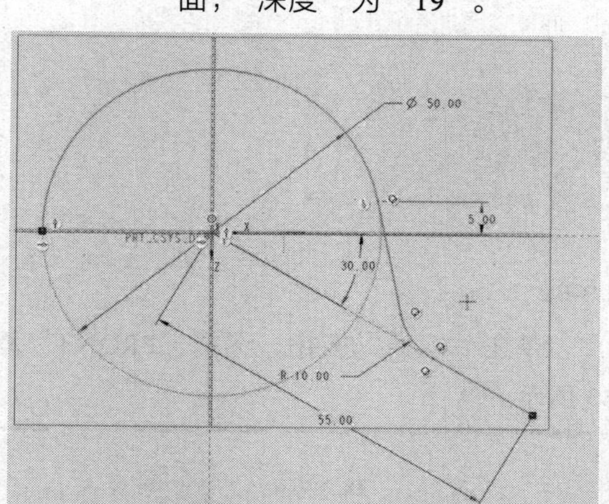

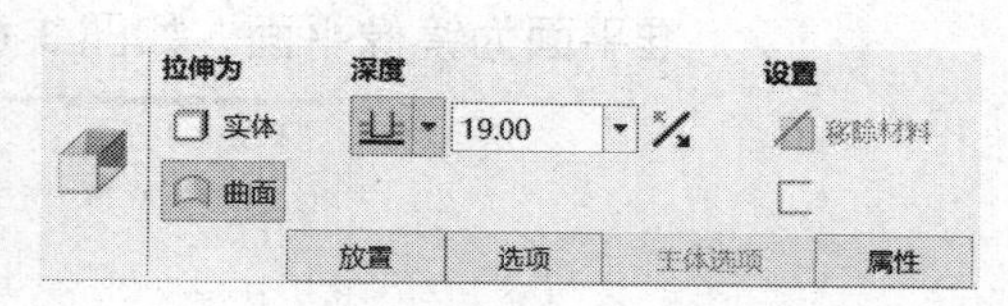

图 3-59

步骤 3　单击菜单栏“投影”按钮，如图 3-60 所示。选择步骤 2 中拉伸出的曲面，单击“参考”按钮，更改为“投影草绘”，如图 3-61 所示。方向参考为“FRONT”基准平面，单击“定义”，选择“FRONT”基准平面作为草绘平面，以“RIGHT”基准平面为“右”方向参照，单击“草绘”按钮进入草绘模式，绘制如图 3-62 所示草绘截面，单击“确定”按钮。

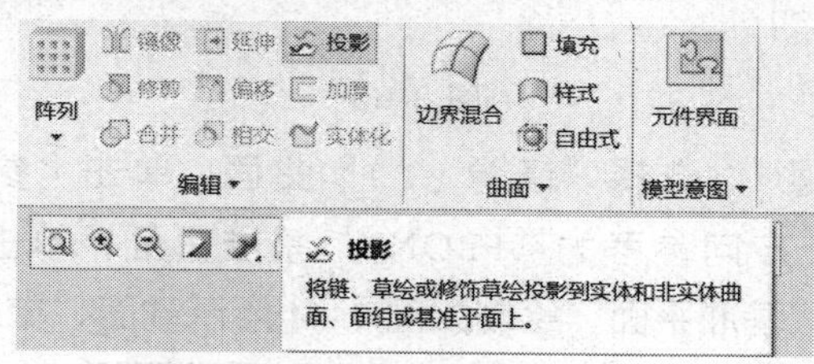

图 3-60

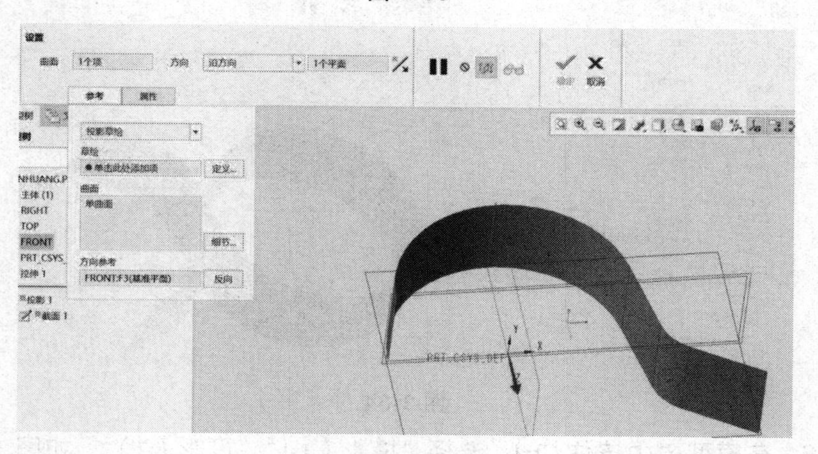

图 3-61

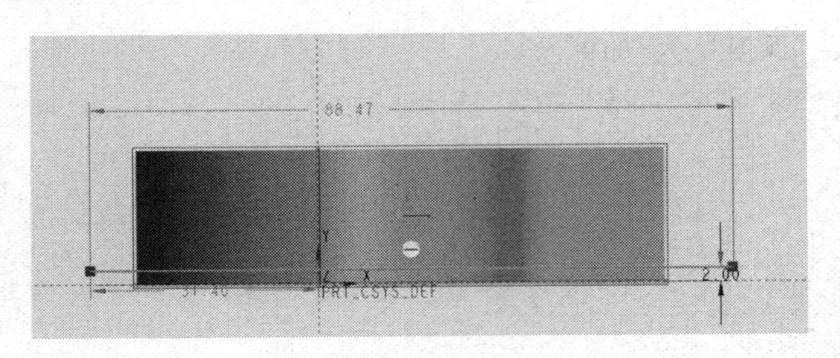

图 3-62

步骤 4 在模型树中选择“拉伸（1）”，单击“镜像”按钮，选择“FRONT”基准平面为镜像平面，如图 3-63 所示。

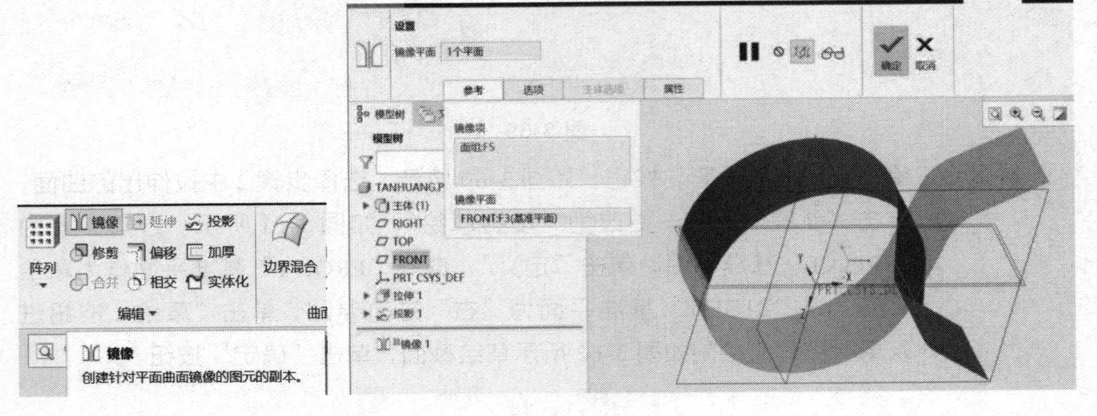

图 3-63

步骤 5 单击“投影”，选择“镜像（1）”曲面，单击“参考”按钮，选择“投影草绘”，方向参考为“FRONT”基准平面；单击“定义”按钮，选择“FRONT”基准平面，绘制如图 3-64 所示截面，单击“确定”按钮。

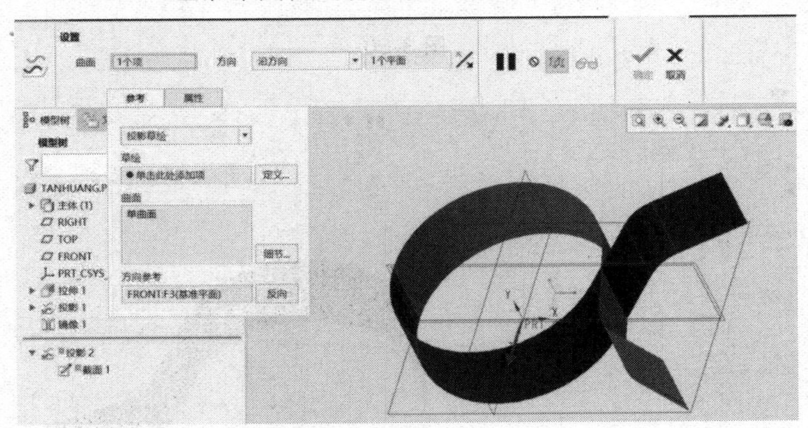

图 3-64

步骤 6 在模型树中按住 Ctrl，选择“投影（1）”“投影（2）”，如图 3-65 所示。单击“镜像”按钮，选择“TOP”基准平面为镜像平面，如图 3-66 所示。

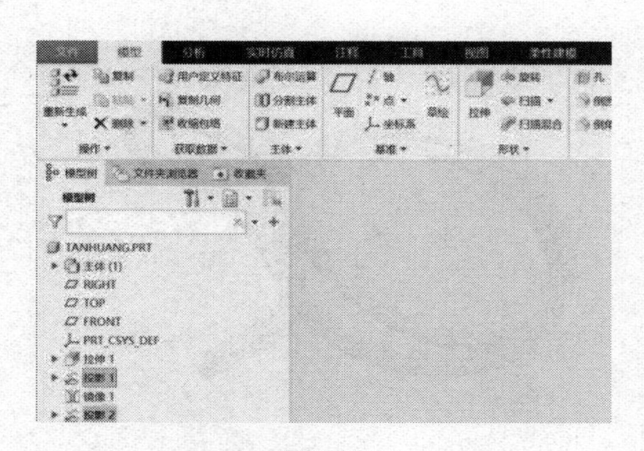

图 3-65

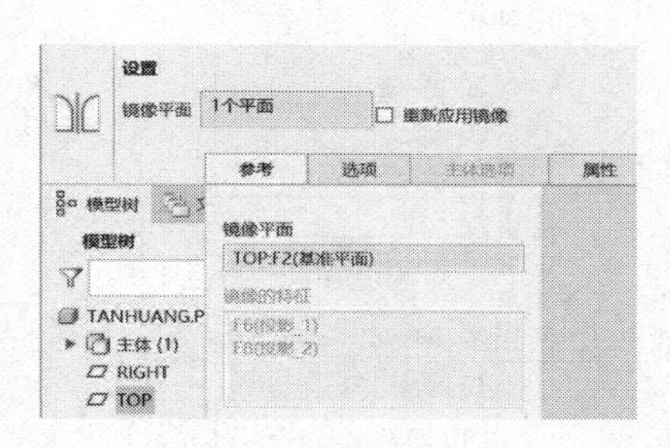

图 3-66

步骤 7　单击菜单栏中“扫描”按钮，按住 Shift 键，依次选择如图 3-67 所示曲线，单击“草绘”按钮进入草绘视图，绘制如图 3-68 所示草图截面，更改图示参数。

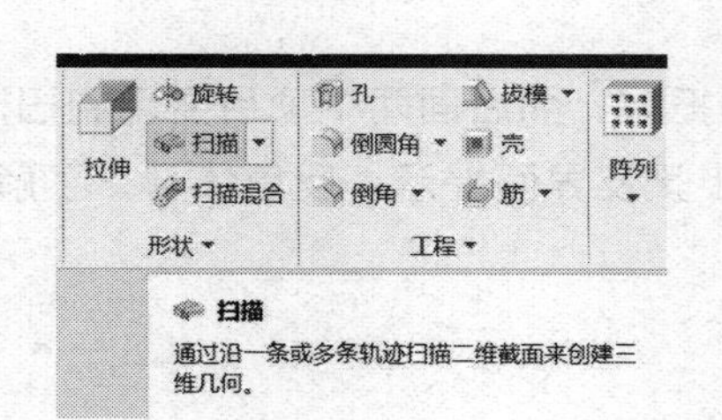

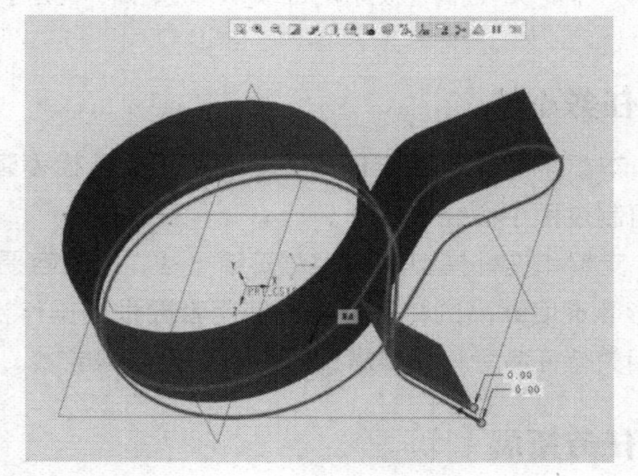

图 3-67

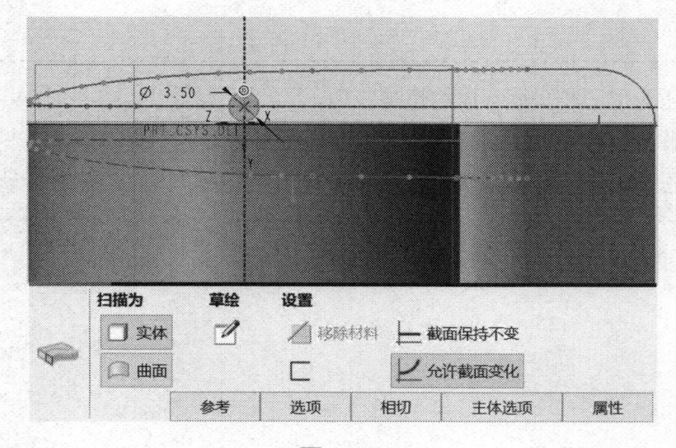

图 3-68

步骤 8　在模型树中按住 Ctrl 键，选择“拉伸（1）”“镜像（1）”，隐藏该特征，如图 3-69 所示。完成后效果如图 3-70 所示。

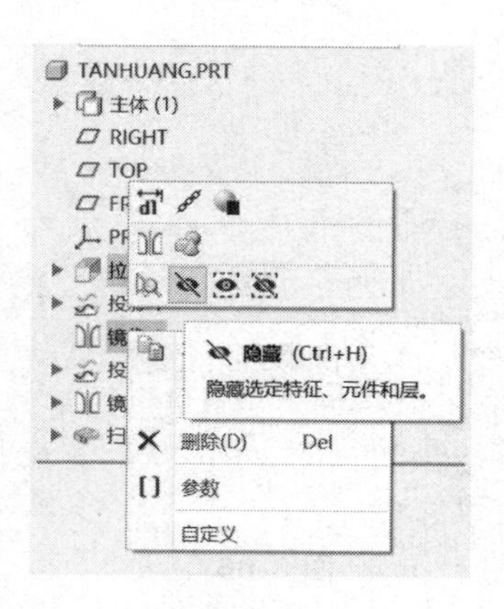

图 3-69

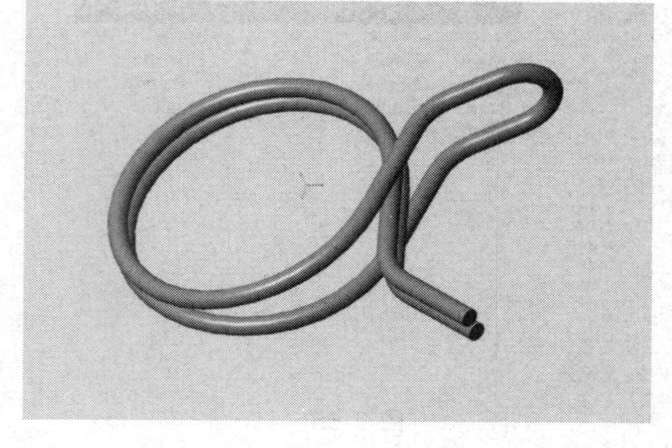

图 3-70

说明:

卡簧零件结构看似简单，但建模难度较高，设计过程用到投影、镜像、扫描等特征命令。

任务小结

本章学习支架、连杆、涡轮叶片和卡簧模型建构，上述零件在一般工业产品设计及研制过程中会经常用到。

支架和连杆模型建构相对简单一些，比较容易把握，而后面两个项目要用到扫描、投影等难度略高的特征命令。使用者要根据操作步骤及界面提示，反复练习，了解知晓相关特征命令，初步掌握复杂模型的建构能力。

任务拓展

参考示范案例，使用者可尝试建构竹筒、竹筷、压簧、活塞等模型特征。

课程思政:

1. 弹簧有抗压、耐压和坚韧不拔的超强毅力。
2. 你怎么理解专业技能？学习三维操作软件，要具备怎样的基本条件？
3. 师生共同思考：如何在课程学习中培养学生坚韧不拔、持之以恒的行动能力？

第4章　复杂产品设计

通过基础几何、简单零件模型建构学习后，我们基本掌握了软件绘图的一些基本命令，能够了解立体空间里的一些模型特征，能够完成一些模型特征的建构任务，包括单个复杂的产品部件。

本章开始接触基本组件设计，学习组件相关知识，在组件环境下，完成组件模型建构任务。

学习目标

☆ 了解螺丝刀建模知识

☆ 了解莫比乌斯环建模知识

☆ 了解羽毛球建模知识

理论实践

4.1　螺丝刀

螺丝刀是一件日常用品，与“工业之米”螺丝一样，随处可见。伴随着工业产品的不断发展，各类非标螺丝层出不穷，相应的螺丝刀也是同步跟进。

如今，市场上各类手动、电动、机动螺丝刀琳琅满目，应有尽有。通过螺丝刀，认识了解相关机械配件，提高模型认知能力，促进模型建构能力。

4.2　莫比乌斯环

莫比乌斯环造型别致、设计精美，体现了现代设计技术及加工技术的较高水平，也是实现技术与艺术完美结合的现代制成品。

4.3　羽毛球

羽毛球是一件日常使用品，是一件比较小的运动用物件。羽毛球由中间的球体及周围的羽毛组成，结构看似简单，但其设计难度一点也不低，设计步骤也比较繁琐。对一般使用者，尤其是学生，可以练习此项目，能够迅速提高模型建构水平和操作能力。

案例应用

（1）螺丝刀建模设计

步骤 1 新建文件，单击“类型”下“装配”命令，取消选中“使用默认模板”，完成后如图 4-1 所示。

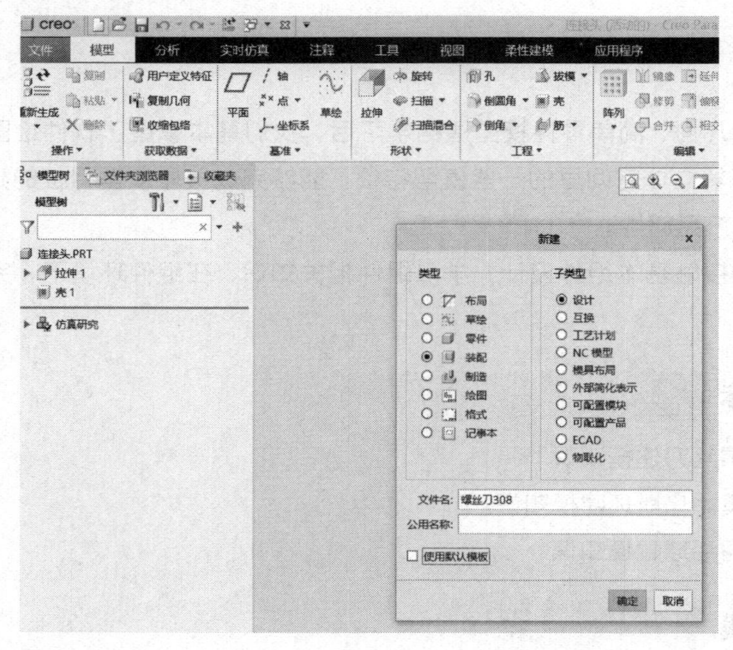

图 4-1

步骤 2 选择“MMKG_DESIN_ASM”，单击“确定”进入总装图建模界面。此界面与“零件”界面不同，完成后如图 4-2 所示。

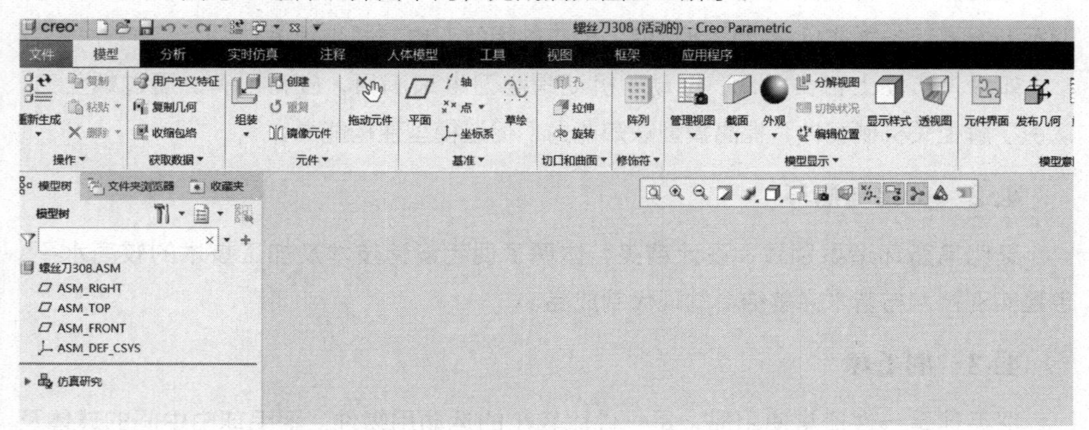

图 4-2

步骤 3 在装配图里，选择“创建”，跳出“创建元件”对话框，再单击“零件”，在“文件名”中输入“螺丝刀手把”，完成后如图 4-3 所示。

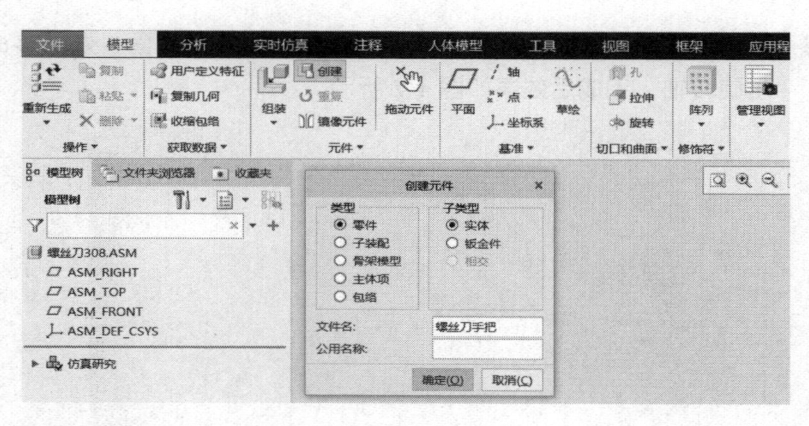

图 4-3

步骤 4　单击“确定”后，跳出“创建选项”对话框，选择“创建特征”，完成后如图 4-4 所示。

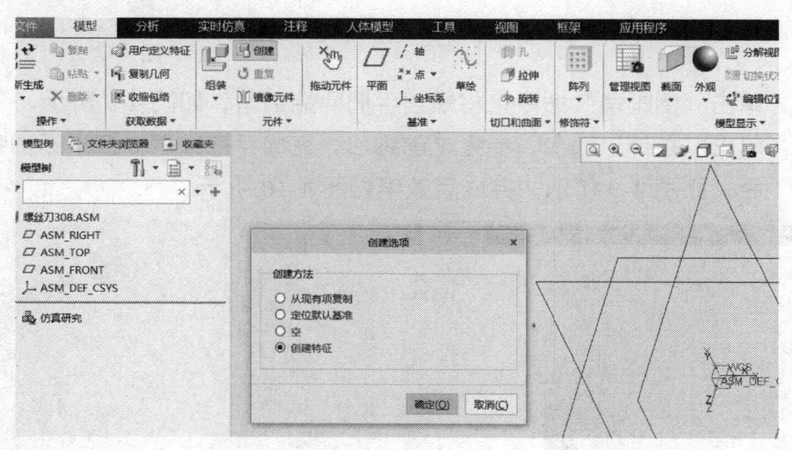

图 4-4

步骤 5　单击“确定”后，跳出绘图界面，此界面与之前零件界面一致，只是在模型树下，有“激活”的螺丝刀手把图标，完成后如图 4-5 所示。

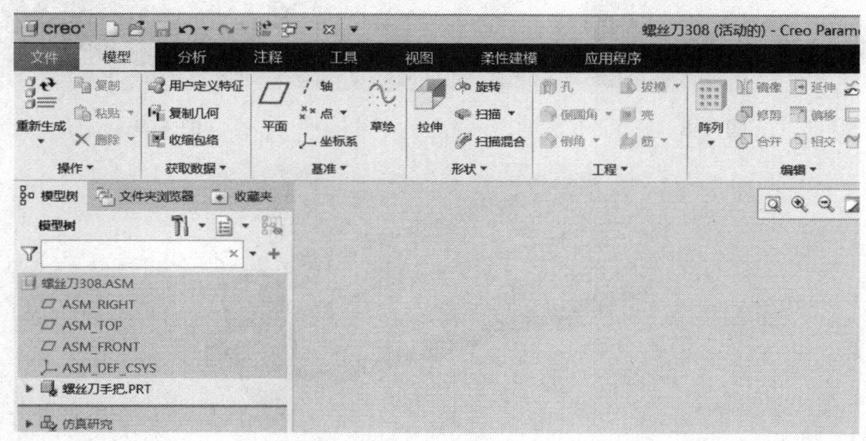

图 4-5

步骤 6 单击“旋转”命令，在“草绘”状态下完成草绘截面，如图 4-6 所示。单击旋转轴，完成后效果如图 4-7 所示。

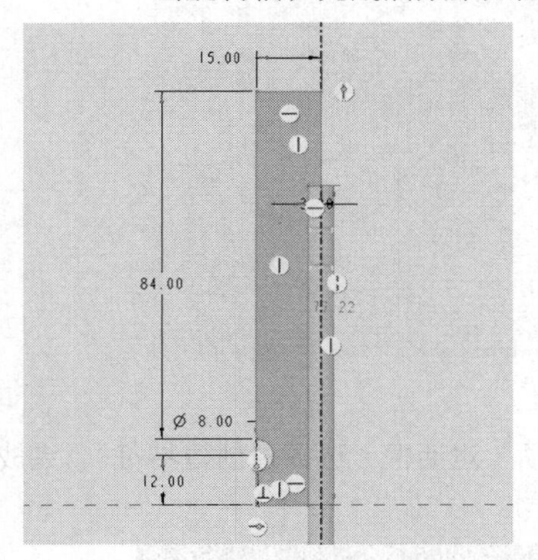

图 4-6

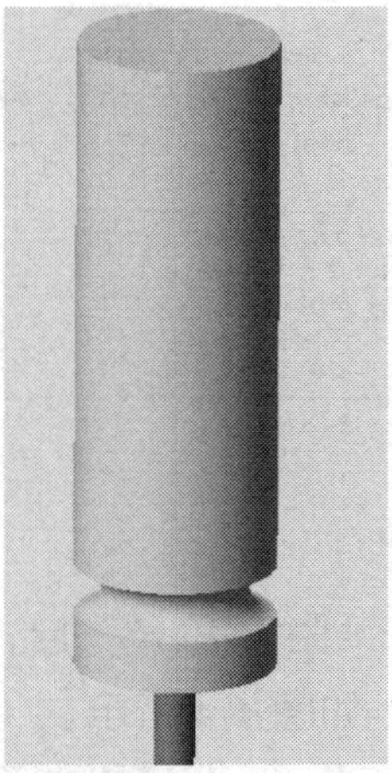

图 4-7

步骤 7 单击“倒圆角”命令，将螺丝手把两端倒角，如图 4-8 所示。

步骤 8 单击“拉伸”命令，参考之前练习，完成手把外围 8 条半圆槽特征草绘截面，如图 4-9 所示。完成后效果如图 4-10 所示。

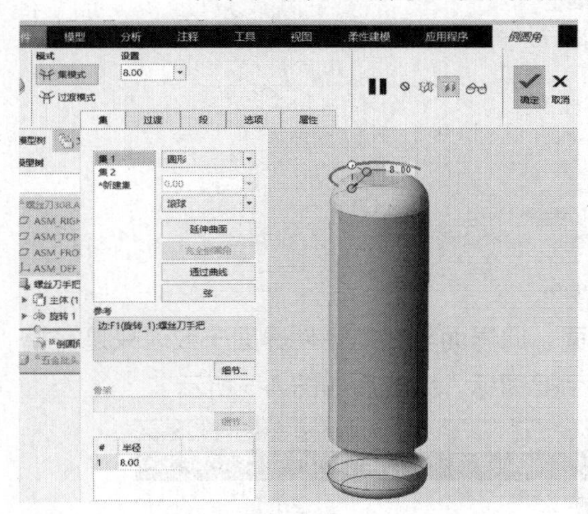

图 4-8

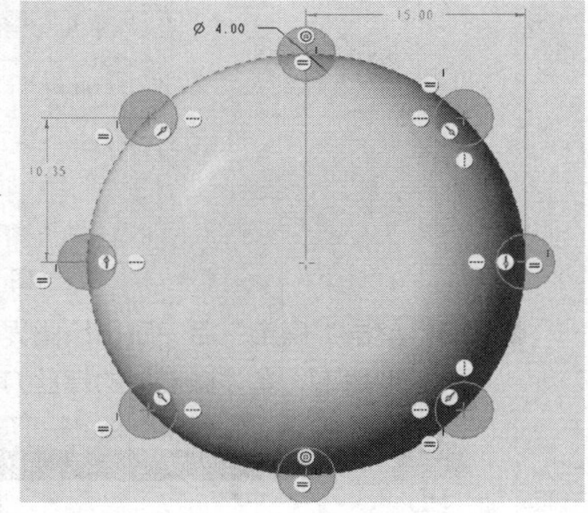

图 4-9

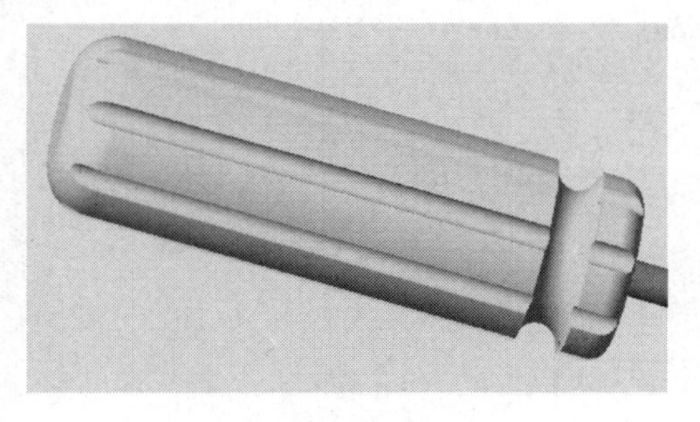

图 4-10

步骤 9　单击“确定”命令，再接着画螺丝刀五金批头部分。在绘图区左侧，单击“模型树”下“螺丝刀 308ASM”，跳出“激活亮光”按钮，如图 4-11 所示。

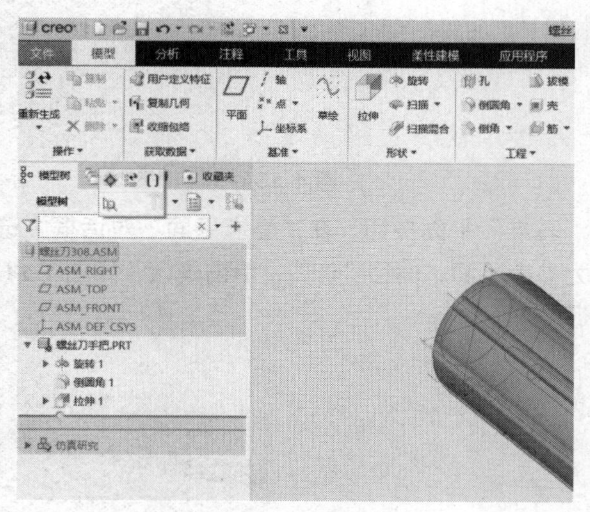

图 4-11

步骤 10　单击“激活亮光”按钮后，在总装图界面下单击“零件”“实体”，在“文件名”中输入“螺丝刀五金批头”，如图 4-12 所示。

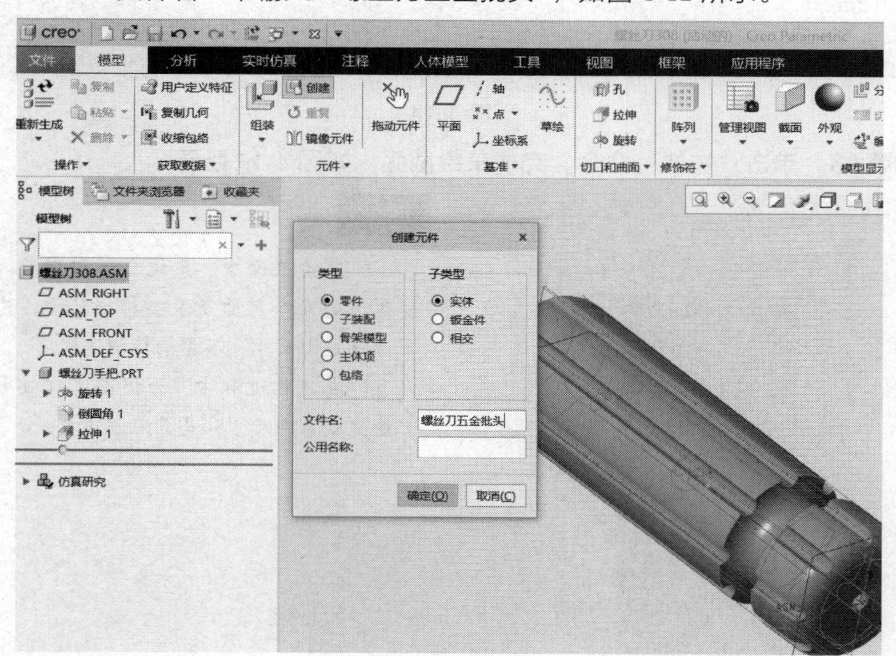

图 4-12

步骤 11　单击“确定”按钮，单击“旋转”命令，绘制如图 4-13 所示草绘截面。

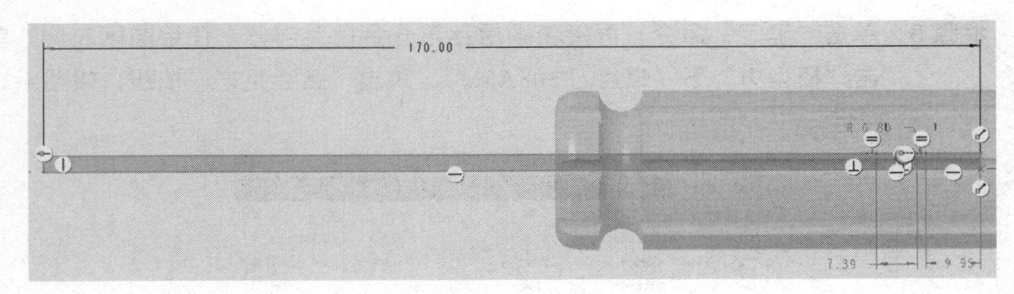

图 4-13

步骤 12 单击“基准”平面按钮，在“基准平面”对话框中选择 ASM_TOP 基准面作为参考平面，偏移“0.5”，单击确认，如图 4-14 所示。

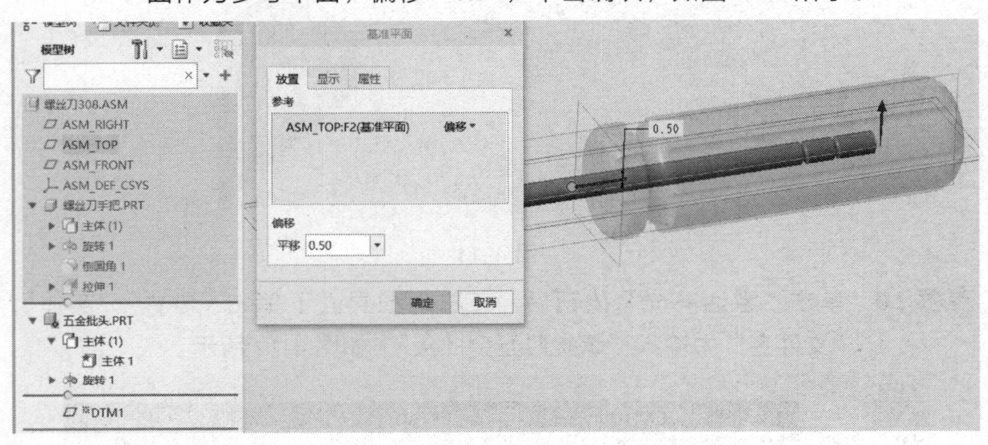

图 4-14

步骤 13 单击“拉伸”命令，完成草绘截面，如图 4-15 所示。

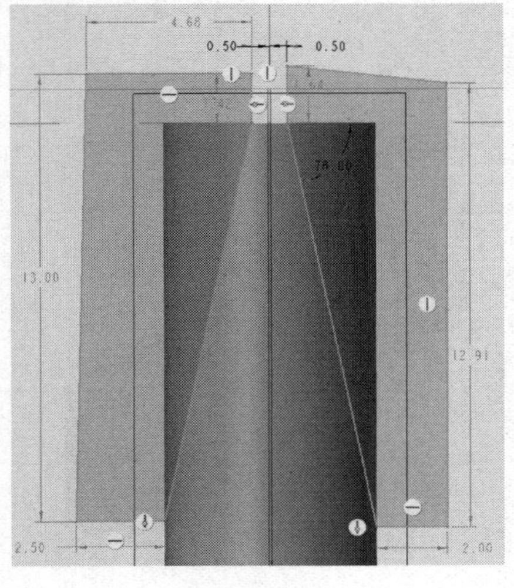

图 4-15

说明：

草绘截面中，系统自动识别后，显示黑色的几个尺寸是主要特征尺寸，其他尺寸是自由尺寸，不影响特征建构。

在建构过程中，为提高工作效率，快速完成自由尺寸，是常用方法之一。

步骤 14 单击“拉伸至所有曲面”命令，完成后如图 4-16 所示。

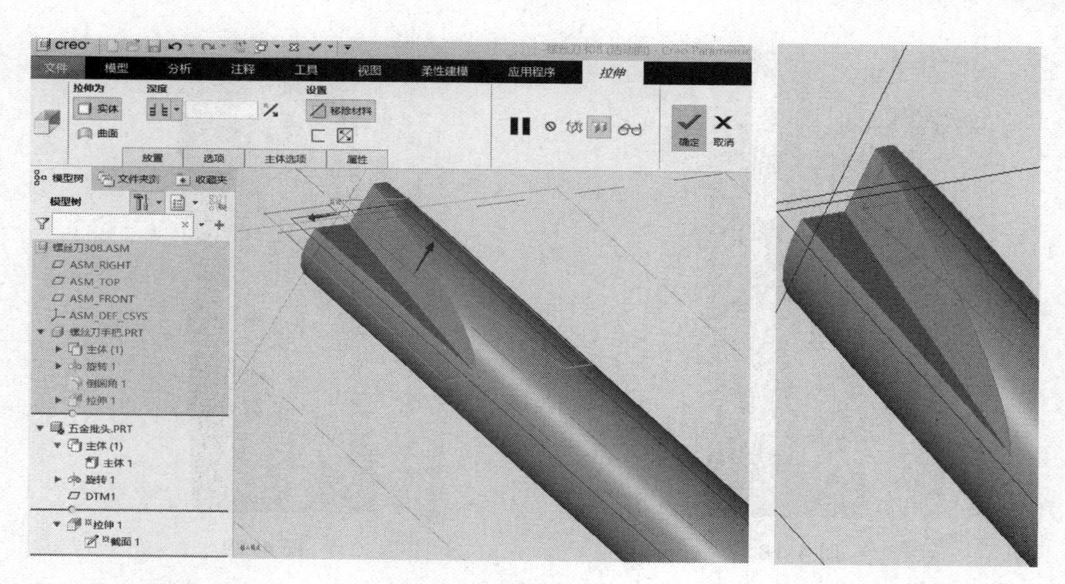

图 4-16

步骤 15 单击“基准”平面，在“基准平面”对话框中选择 DTM1 作为参考平面，偏移“1.0”，创建 DTM2 基准面，单击“确认”按钮，如图 4-17 所示。

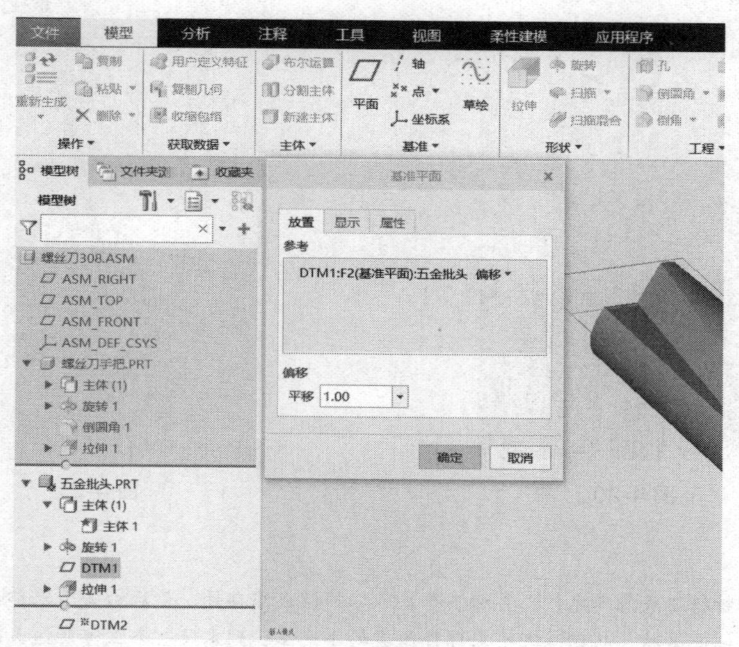

图 4-17

步骤 16 单击“拉伸”命令，完成草绘截面，如图 4-18 所示。

步骤 17 单击“拉伸至所有曲面”命令，完成后如图 4-19 所示。

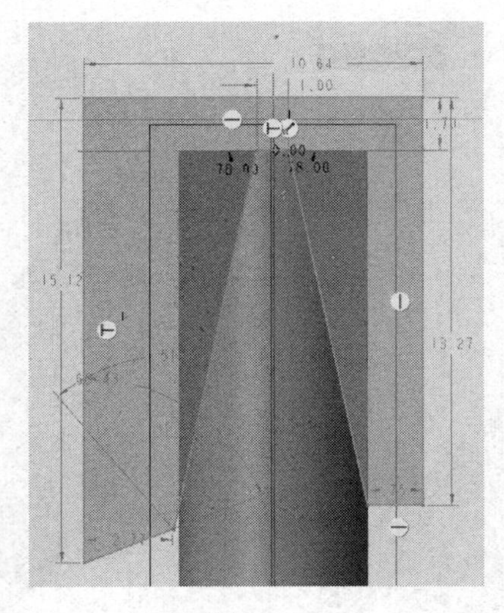

图 4-18

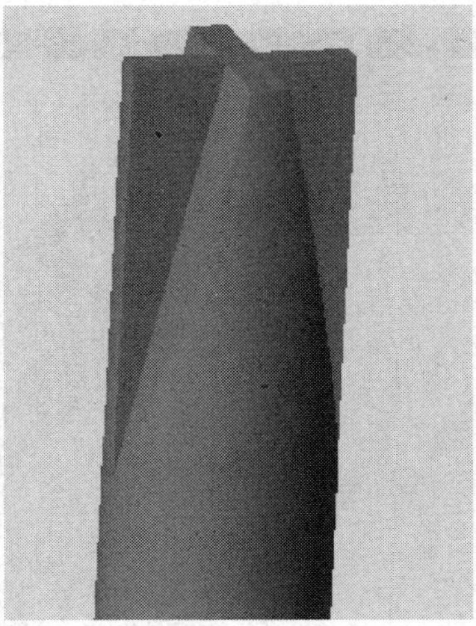

图 4-19

步骤 18 单击“旋转”命令，在草绘对话框中完成如图 4-20 所示草绘截面。单击“确认”按钮，完成后效果如图 4-21 所示。

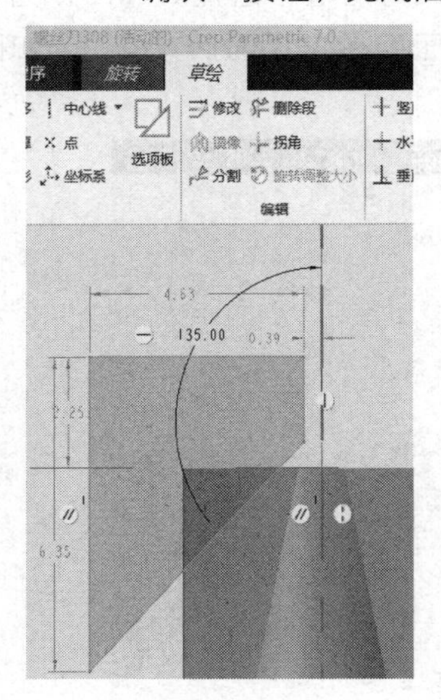

图 4-20

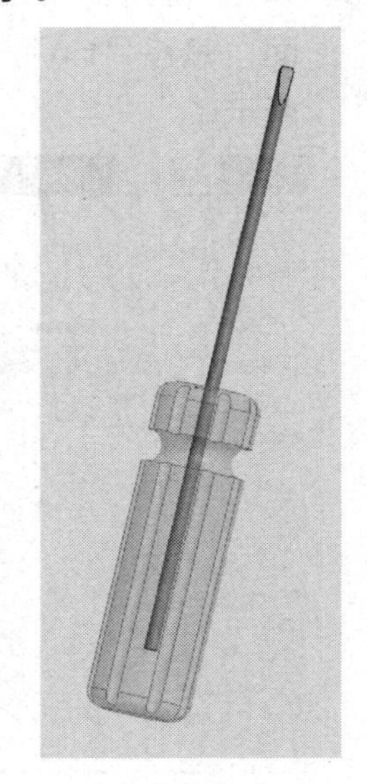

图 4-21

说明:

由基本特征组成基本零件，再由多个基本零件组成零部件，最后由若干零部件总装后组成产品整机。以此类推，从约 3 万个零部件组成的小汽车，到本节 2 个零件所组成的螺丝刀，模型建构原理是一样，只是操作建构难度和工作量不同。

我们从基本造型建构开始，到复杂零部件建构，需要与时俱进，充分学习和了解零部件各功能模块作用和性能，才能有的放矢地开展相关工作。

课程育人:

1. 螺丝刀跟螺栓一样，小物件，作用大。

2. 学生从菜鸟蜕变到熟手状态，也要脚踏实地地从使用螺丝刀、打螺丝开始。在学习中应引导学生积极参与劳动，动手实操，解决学习和工作中的问题。培育学生爱岗敬业、勇于奉献的螺丝刀精神。

（2）莫比乌斯环建模设计

步骤 1　打开“新建”对话框，创建莫比乌斯环实体零件文件。

步骤 2　单击菜单栏“草绘”按钮，绘制如图 4-22 所示截面。

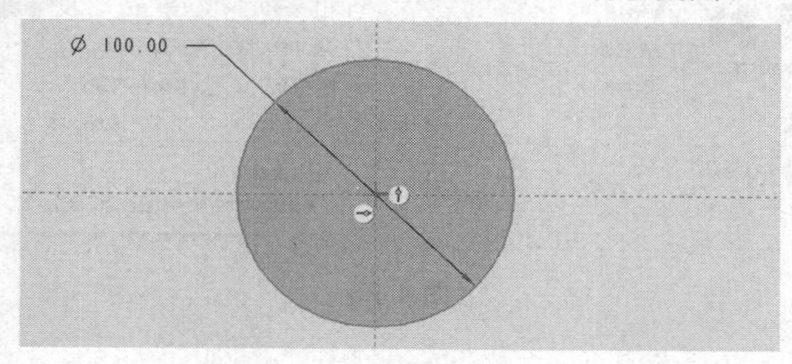

图 4-22

步骤 3　单击菜单栏“扫描”按钮，按住 Shift 键，选择如图 4-23 所示曲线，单击“草绘”按钮，进入草绘视图，绘制如图 4-24 所示截面，切换为构造线。绘制一条如图 4-25 所示曲线，并约束其尺寸，单击菜单栏中“工具”，选择“关系”按钮，如图 4-26 所示。单击尺寸（图中 sd5 为可变尺寸名称），如图 4-27 所示，输入公式“sd5＝135*trajpar”，如图 4-28 所示，单击“确定”按钮，完成后如图 4-29 所示。

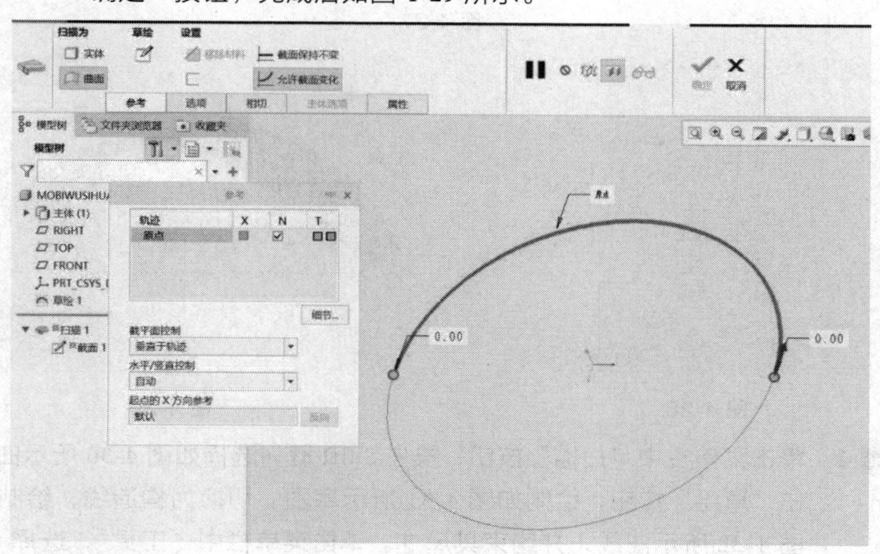

图 4-23

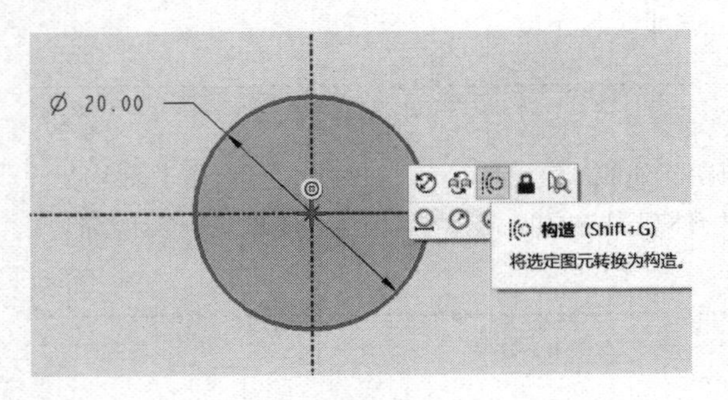

图 4-24

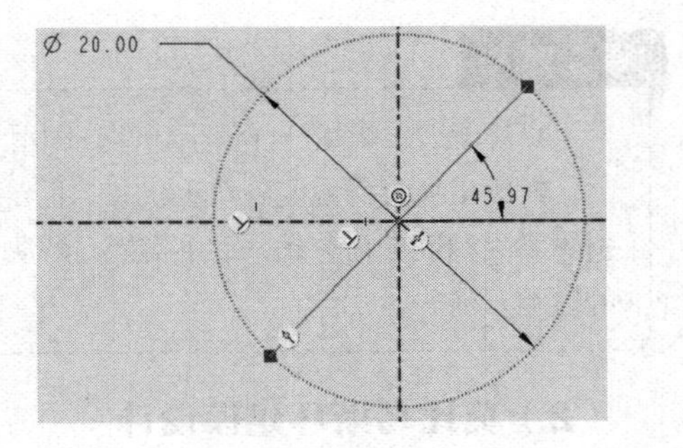

图 4-25

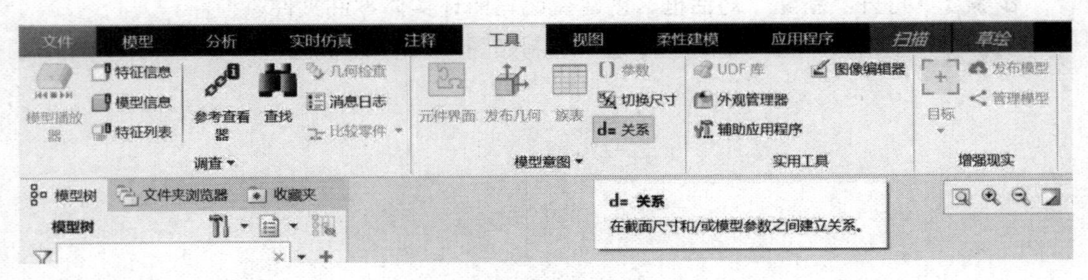

图 4-26

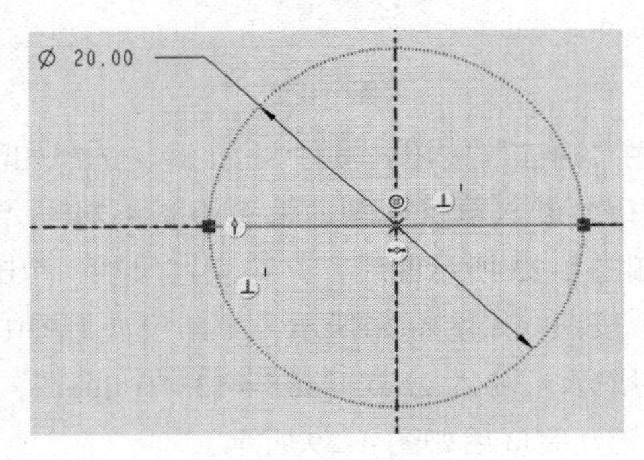

图 4-27

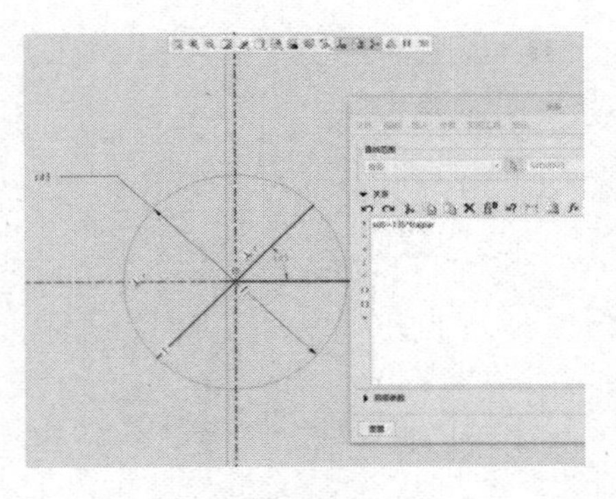

图 4-28

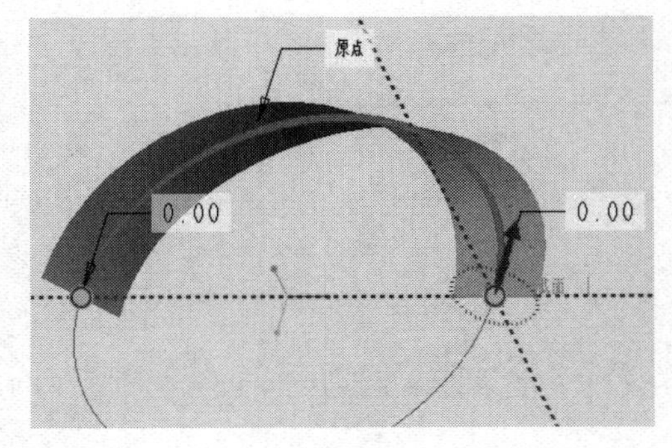

图 4-29

步骤 4 单击菜单栏中“扫描”按钮，按住 Shift 键，选择如图 4-30 所示曲线，单击“草绘”按钮，绘制如图 4-31 所示草图。切换为构造线，绘制一条如图 4-32 所示曲线，并约束其尺寸。单击菜单栏中“工具”，选择“关系”

按钮，单击如图 4-33 所示尺寸（图中 sd8 为可变尺寸名称），输入公式“sd8＝45＋135*trajpar”，单击“确定”按钮。

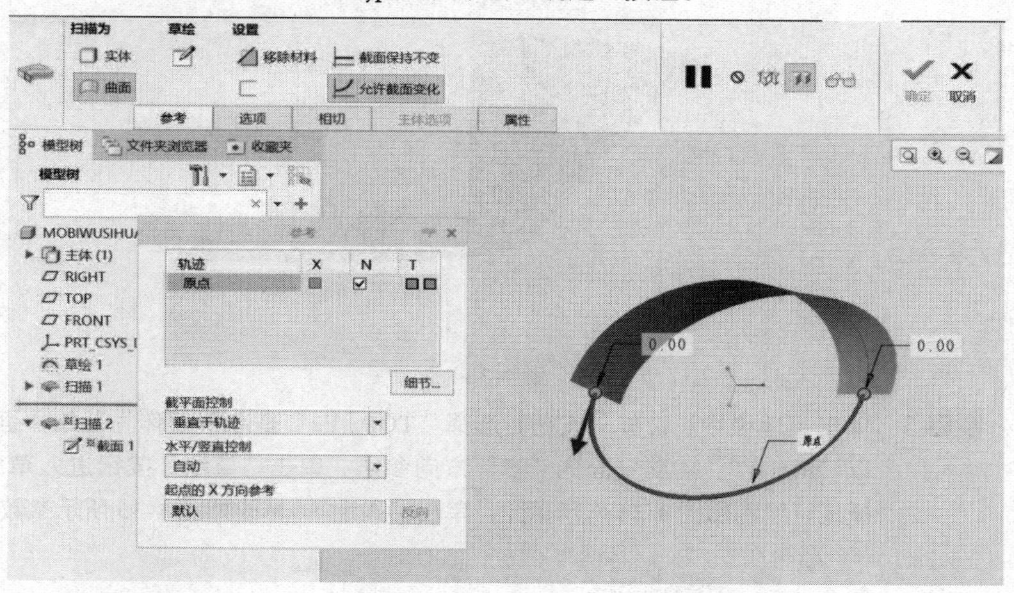

图 4-30

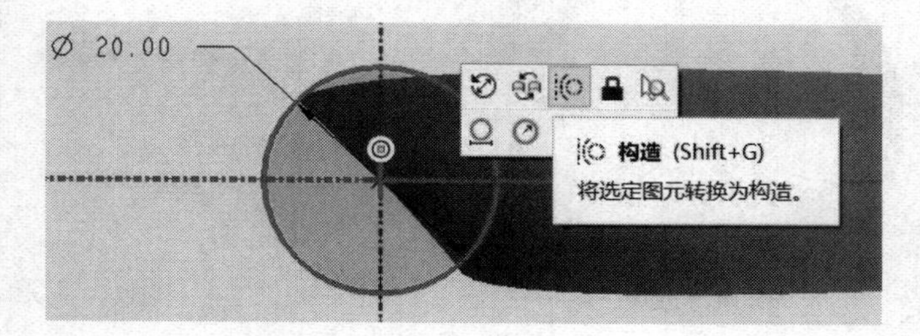

图 4-31

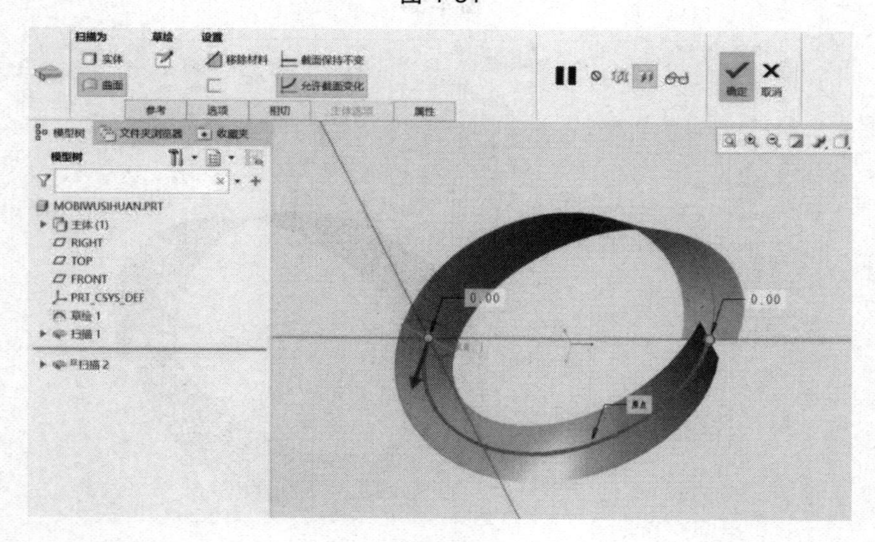

图 4-32

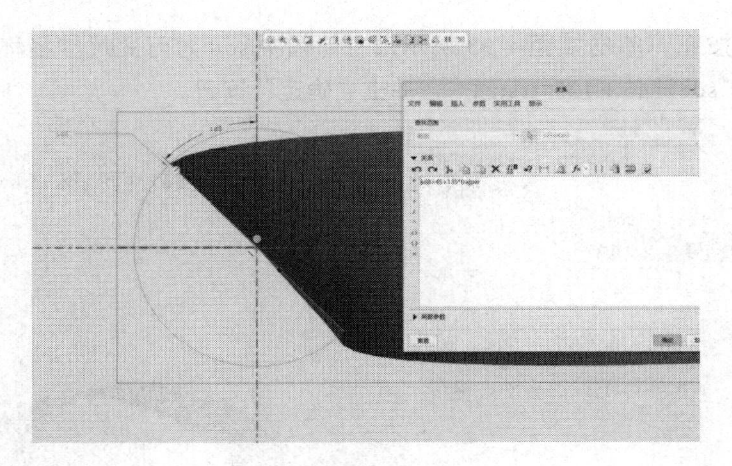

图 4-33

步骤 5 单击菜单栏中“拉伸”按钮，选择“TOP：F2”基准平面作为草绘平面，以“RIGHT”基准平面为“右”方向参照，单击“草绘”按钮进入草绘模式，绘制如图 4-34 所示草图，单击“确定”，修改如图 4-35 所示参数。

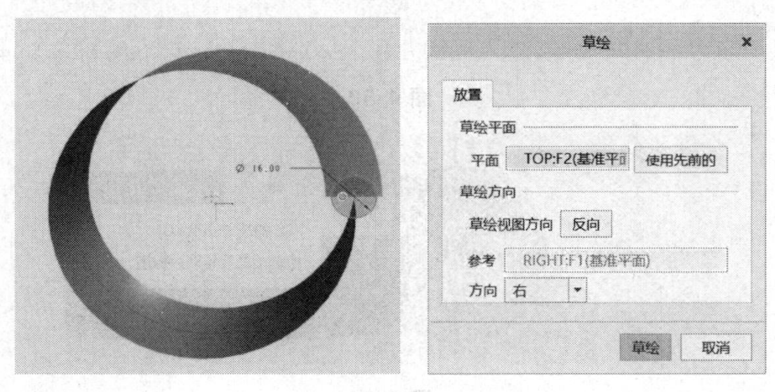

图 4-34

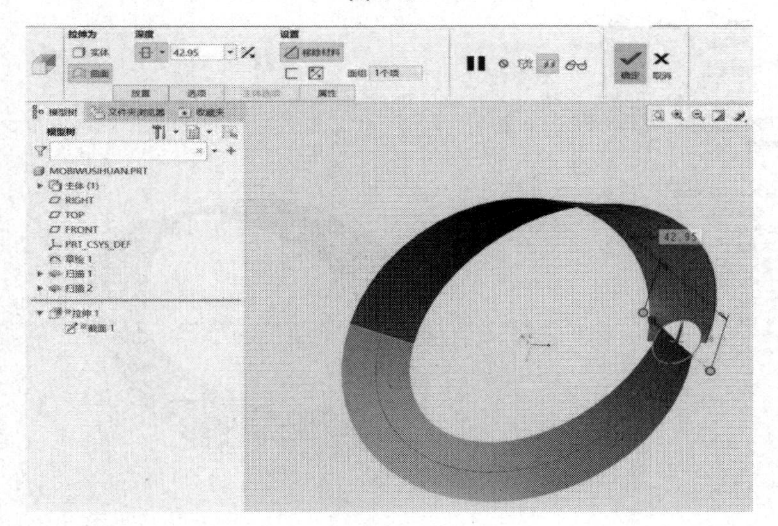

图 4-35

步骤 6　选择如图 4-36 所示面组，单击菜单栏“合并”按钮，单击“确定”按钮。

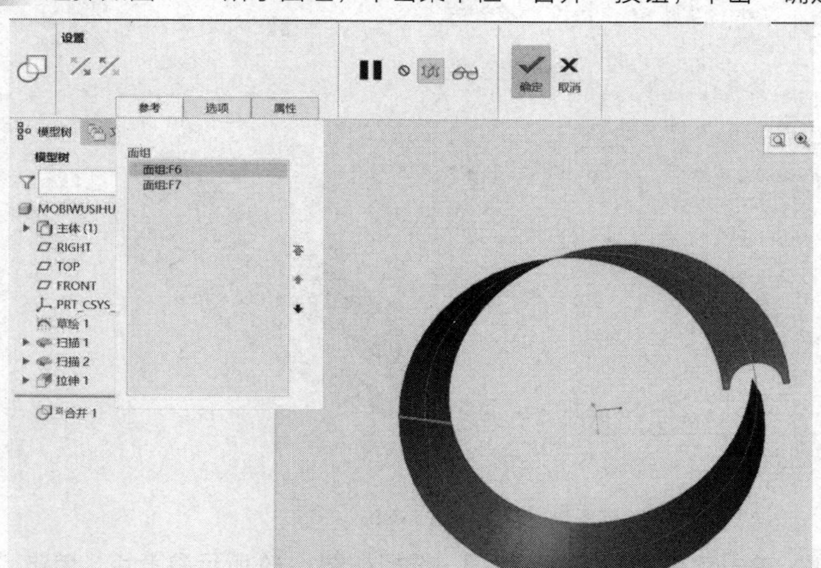

图 4-36

步骤 7　单击菜单栏“拉伸”按钮，选择曲面，选择“TOP：F2”基准平面作为草绘平面，以“RIGHT”基准平面为“右”方向参照，单击“草绘”按钮进入草绘模式，绘制如图 4-37 所示草图，修改如图 4-38 所示参数，单击“确定”按钮。

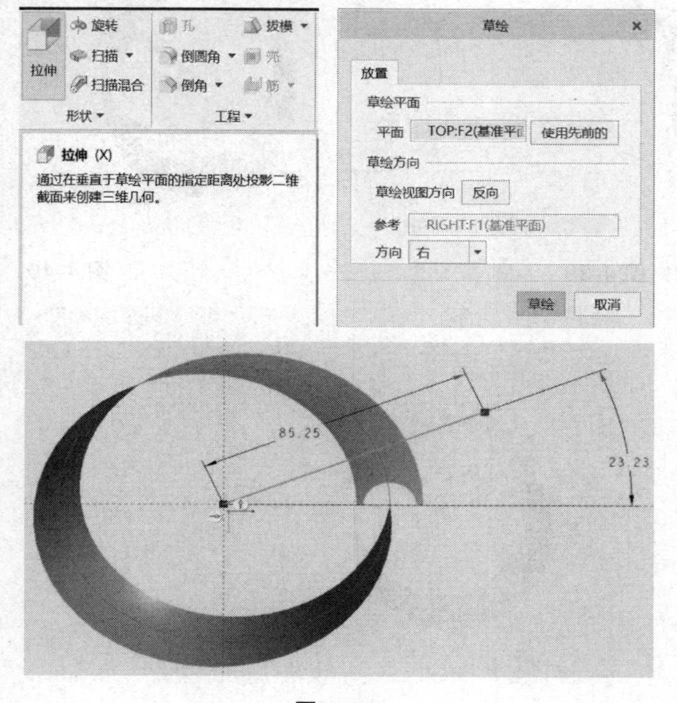

图 4-37

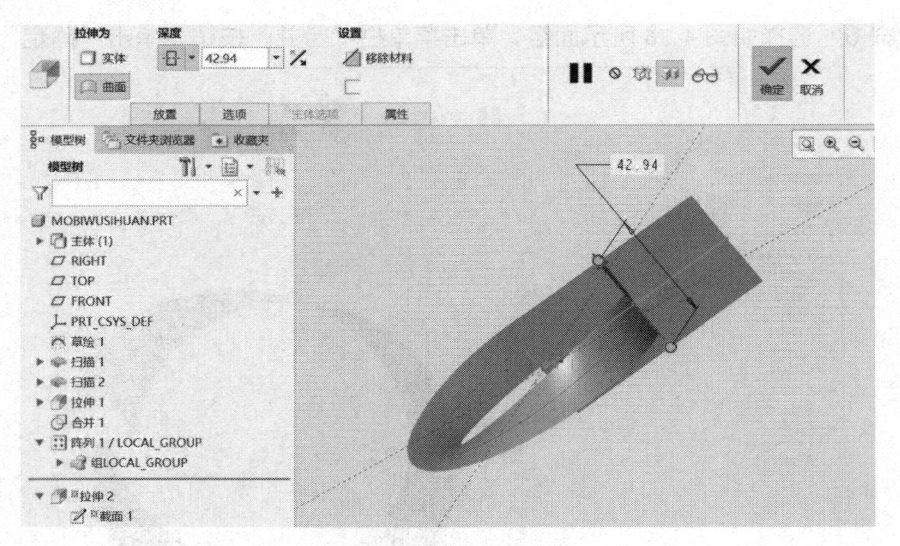

图 4-38

步骤 8 单击菜单栏中“点”按钮，选择如图 4-39 所示参考点，单击“确定”按钮。单击菜单栏中“轴”按钮，选择如图 4-40 所示参考轴。单击“平面”按钮，选择如图 4-41 所示参考平面。

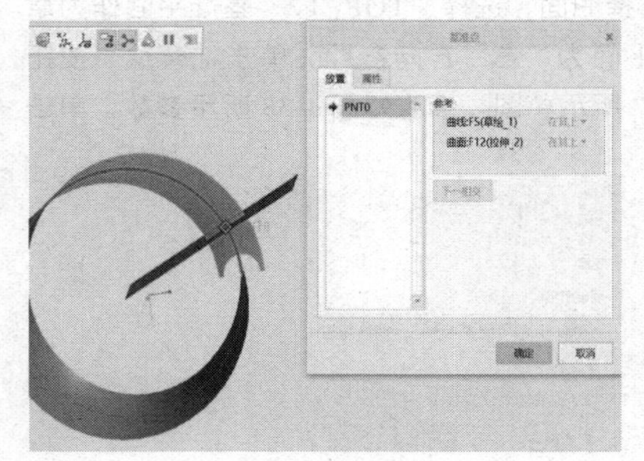

图 4-39

图 4-40

图 4-41

步骤 9　单击菜单栏“拉伸”按钮，选择“DTM1”基准平面作为“草绘”平面，单击“草绘”按钮进入草绘模式，绘制如图 4-42 所示草图，修改如图 4-43 所示参数，单击“确定”按钮。

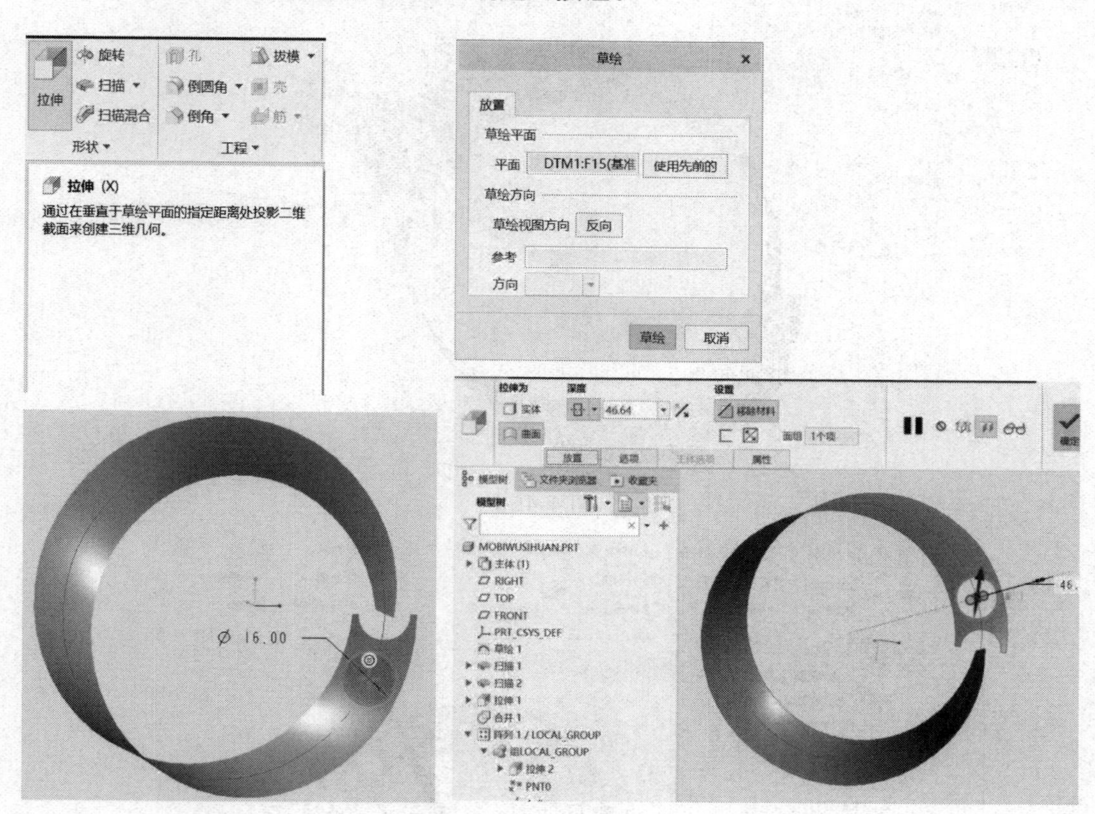

图 4-42　　　　图 4-43

步骤 10　在模型树中进行分组，如图 4-44 所示。

图 4-44

步骤 11　在模型树中选择步骤 10 的分组，进行阵列，修改如图 4-45 所示参数，单击“确定”按钮。

步骤 12　选择如图 4-46 所示面组，单击菜单栏“复制”按钮，单击“选择性粘贴”，选择如图 4-47 所示参数，单击“确定”按钮。

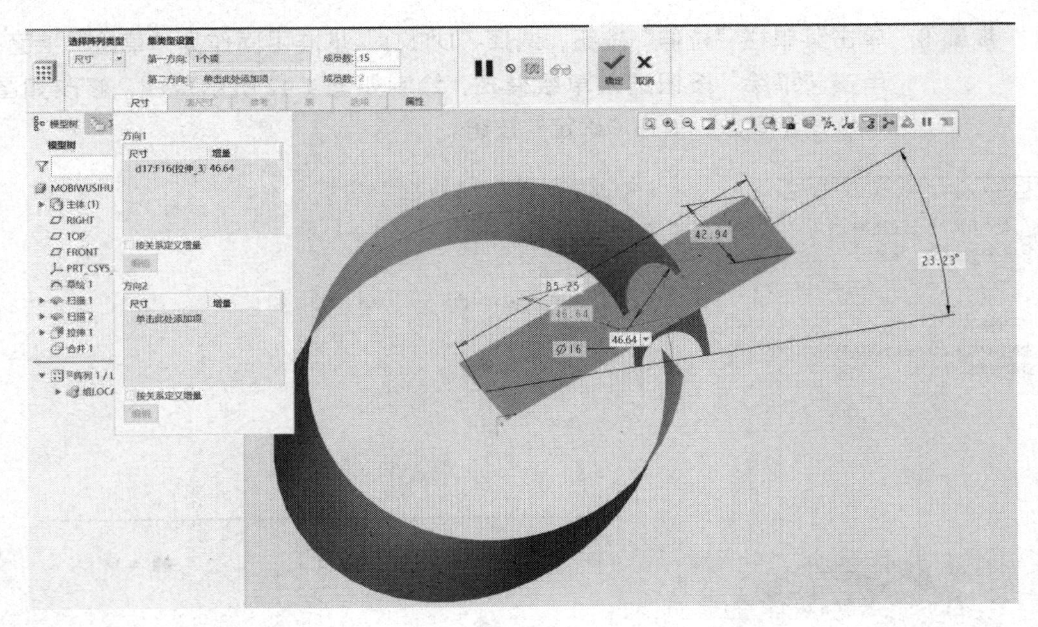

图 4-45

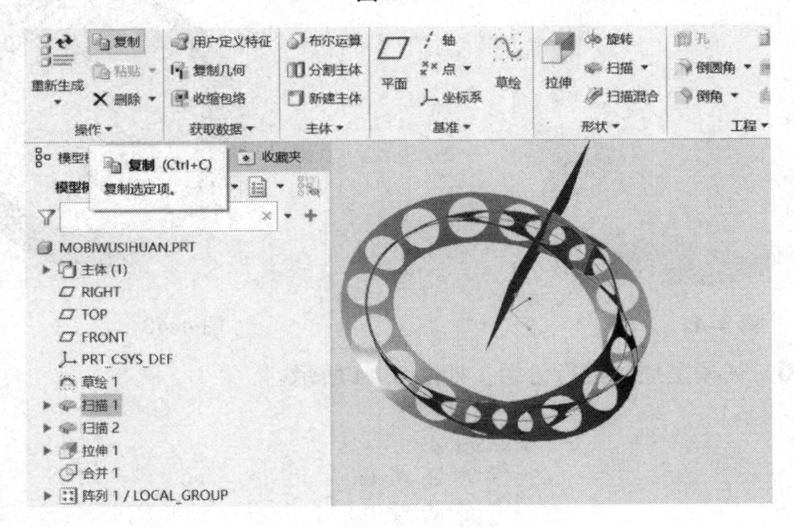

图 4-46

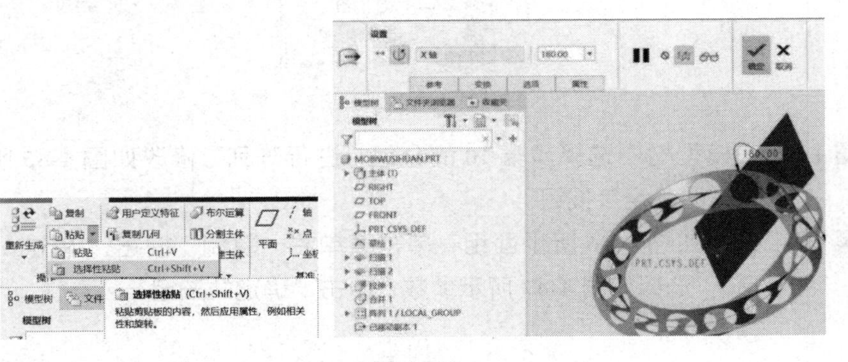

图 4-47

步骤 13　将复制得到的面组与原面组进行合并，如图 4-48 所示，合并后如图 4-49 所示，单击“确定”按钮。

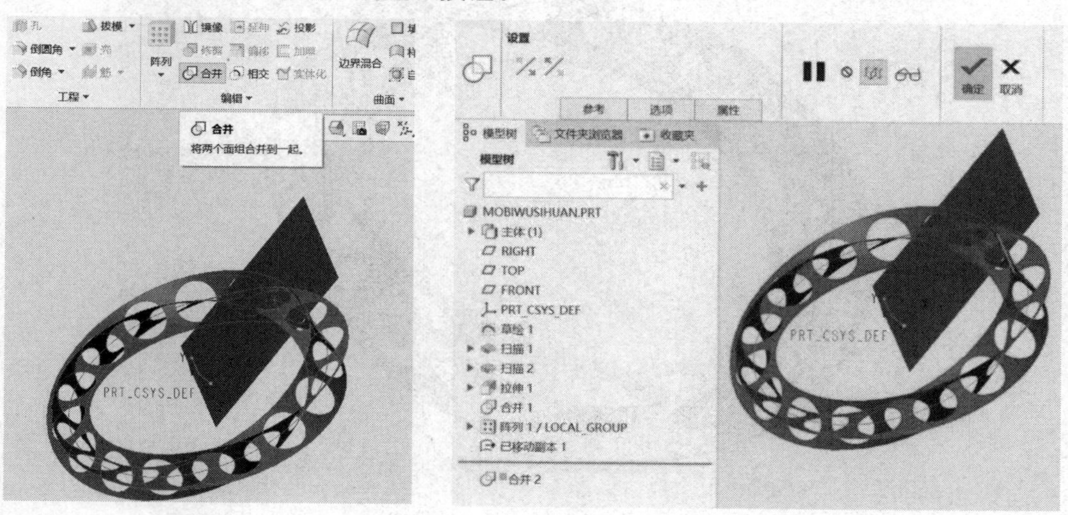

图 4-48　　　　图 4-49

步骤 14　选择步骤 13 中合并的面组，进行加厚，修改尺寸值为“2”，双击“反转结果几何的方向”，单击“确定”按钮，如图 4-50 所示。隐藏曲面后如图 4-51 所示。

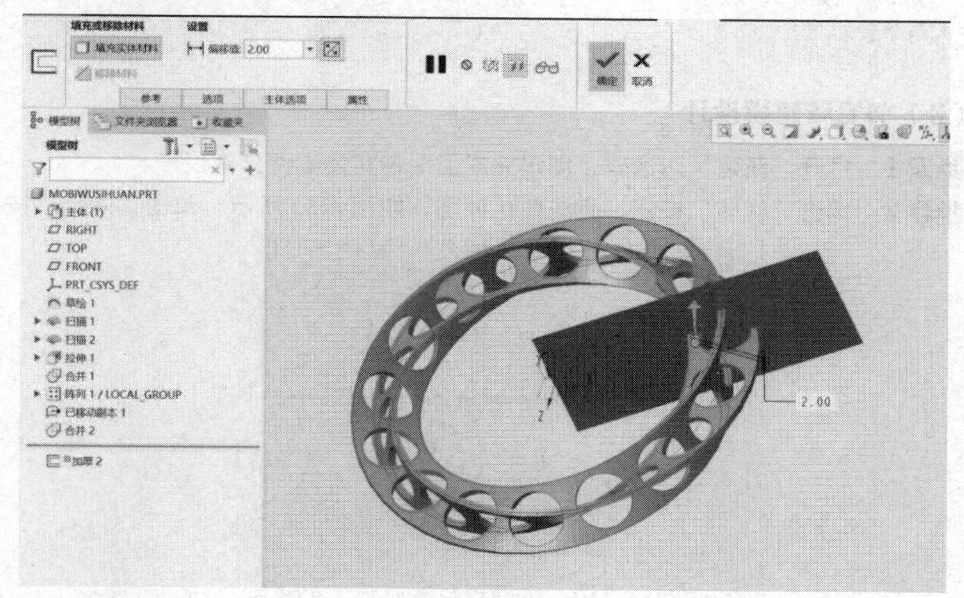

图 4-50

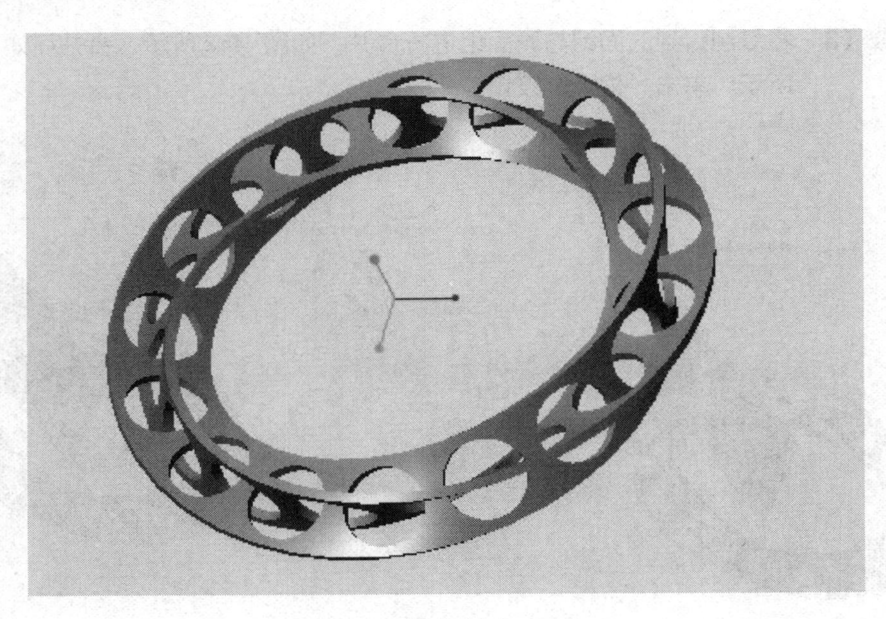

图 4-51

说明:

该产品用到关系式及曲面混合高级命令，模型建构难度较高，工作量也较大。

参考点、参考轴及参考面的运用，组成零件各个参考特征，对全面提高使用者建模水平有较大参考意义。

(3) 羽毛球建模设计

步骤 1 打开“新建”对话框，创建完成羽毛球实体零件文件。

步骤 2 单击“旋转”按钮，完成草绘截图，如图 4-52 所示。单击“确定”按钮。

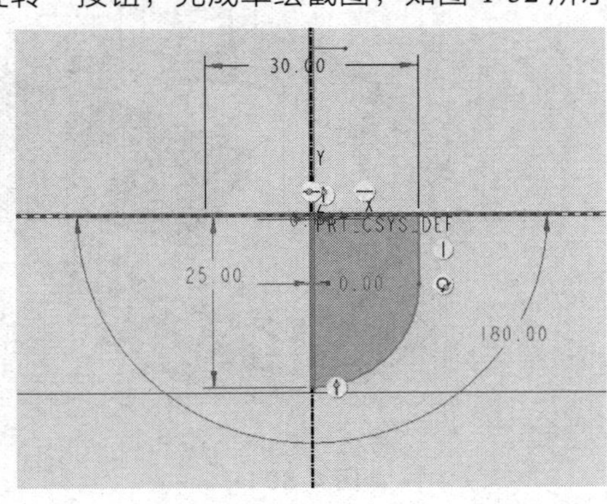

图 4-52

步骤 3 单击菜单栏中“草绘”按钮，单击“放置”按钮，单击“定义”，弹出“草绘”对话框，选择“FRONT”基准平面作为草绘平面，以“RIGHT”基准平面为“右”方向参照，草绘截图如图 4-53 所示。

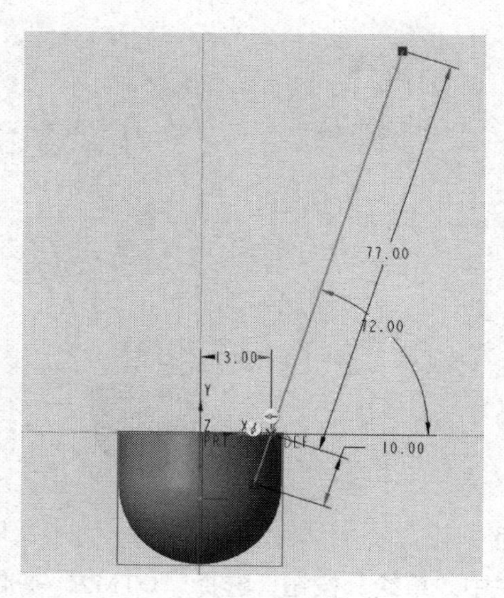

图 4-53

步骤 4　单击菜单栏中“点”按钮，如图 4-54 所示 。单击如图 4-55 所示曲线，创建“PNT0”基准点。重复上一步骤，创建“PNT1”基准点。

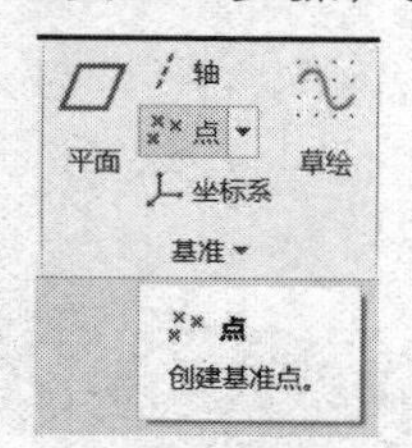

图 4-54

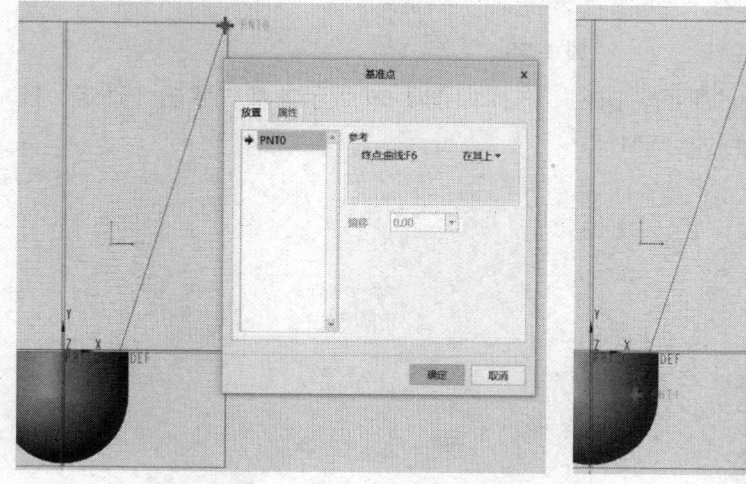

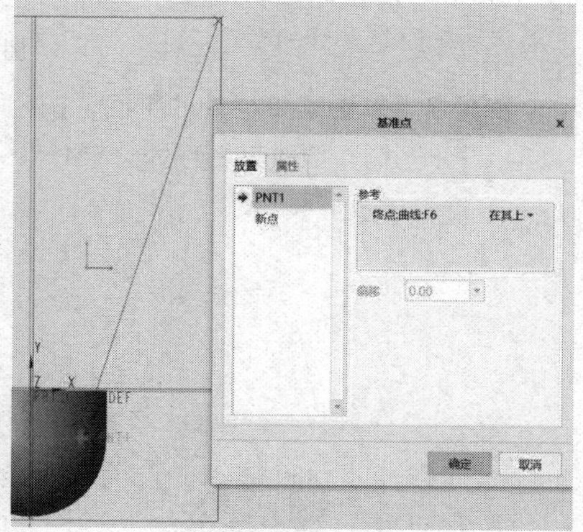

图 4-55

步骤 5　单击菜单栏“平面”按钮，选择参数，如图 4-56 所示。重复上一步骤，选择如图 4-57 所示。

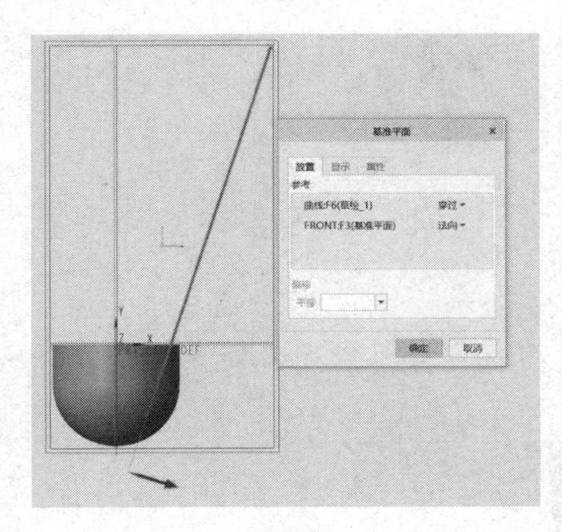

图 4-56

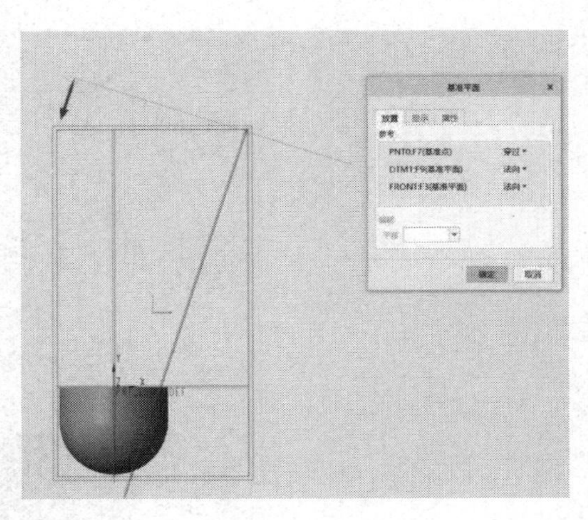

图 4-57

步骤 6 单击菜单栏中“草绘”按钮，选择“DTM2”基准平面作为草绘平面，以“DTM1”基准平面，“下”方向为参照，绘制如图 4-58 所示截面。

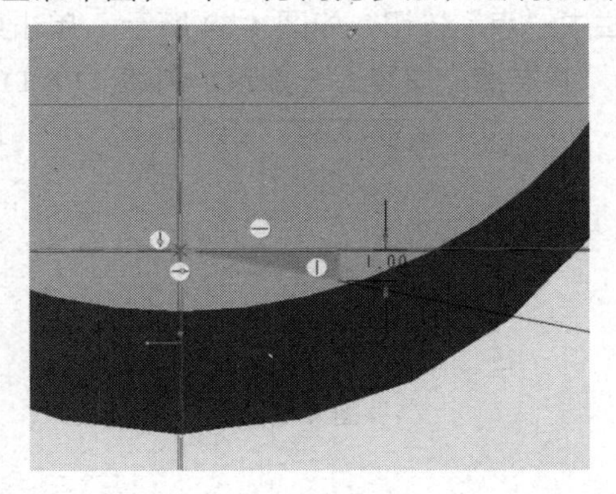

图 4-58

步骤 7 单击菜单栏中“平面”按钮，选择如图 4-59 所示参数，单击“确定”按钮，更改其名称为“YM”。

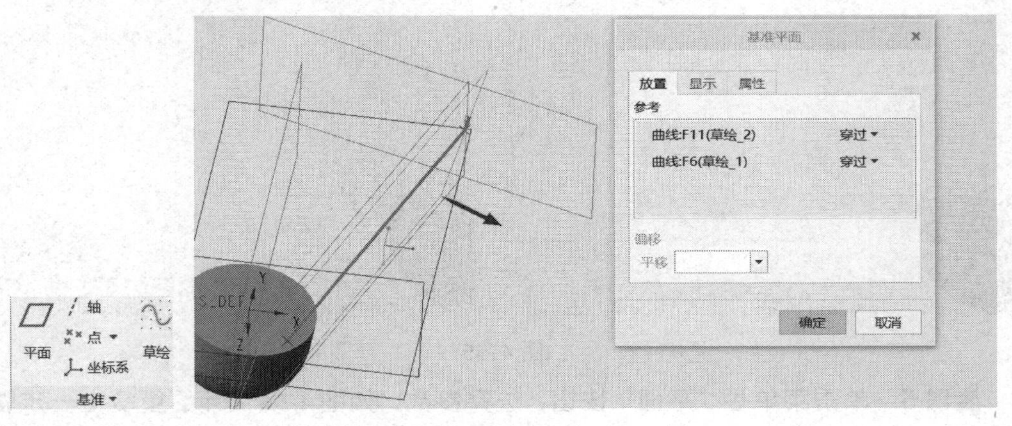

图 4-59

步骤 8　单击菜单栏中“草绘”按钮，选择“YM”进行草绘，绘制如图 4-60 所示截面。

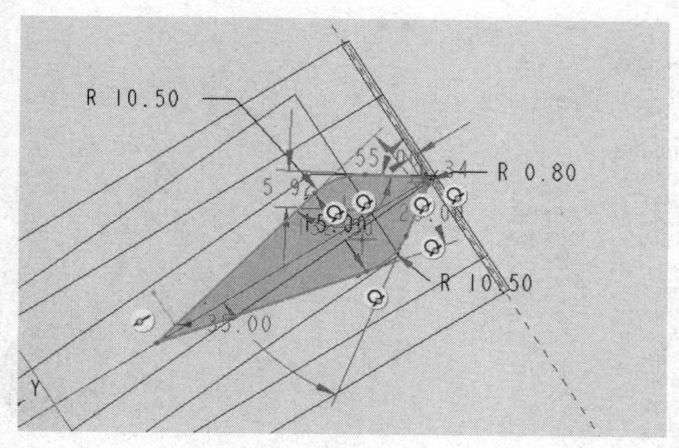

图 4-60

步骤 9　单击菜单栏中“拉伸”按钮，在模型树中选择“草绘 3”，接受默认参数，将深度值改为“0.2”。单击“确定”按钮，如图 4-61 所示。

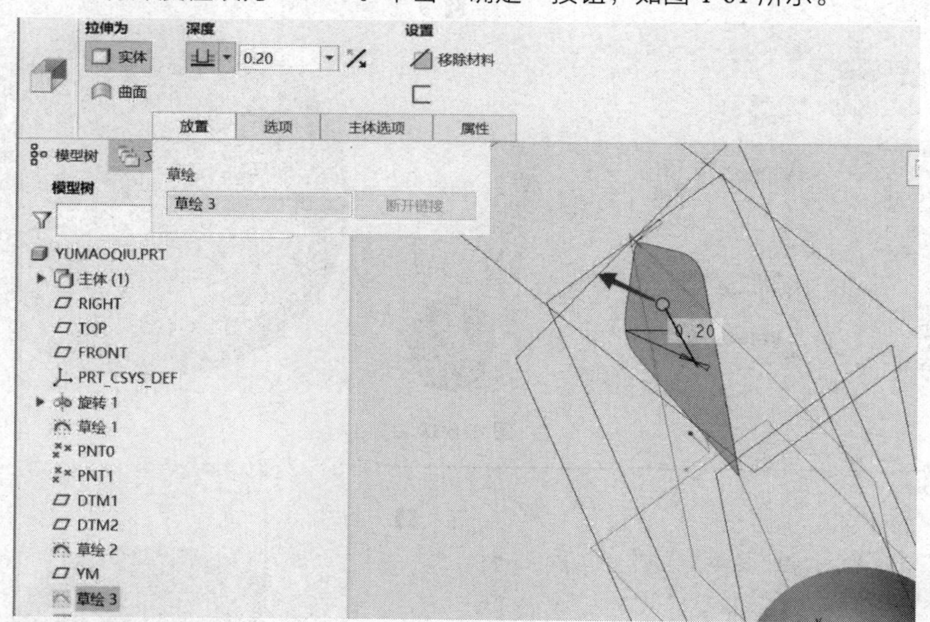

图 4-61

步骤 10　单击菜单栏中“扫描”按钮，单击“曲面”按钮，选择如图 4-62 所示曲线，接受默认参数。单击“截面”，插入“截面 1”，单击“草绘”按钮，绘制如图 4-63A 所示草绘截面。插入“截面 2”，单击“草绘”按钮，绘制如图 4-63B 所示草图。

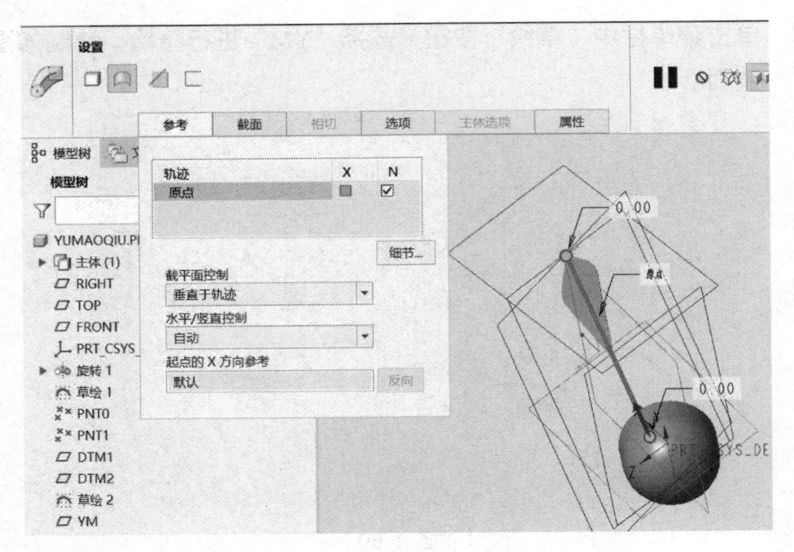

图 4-62

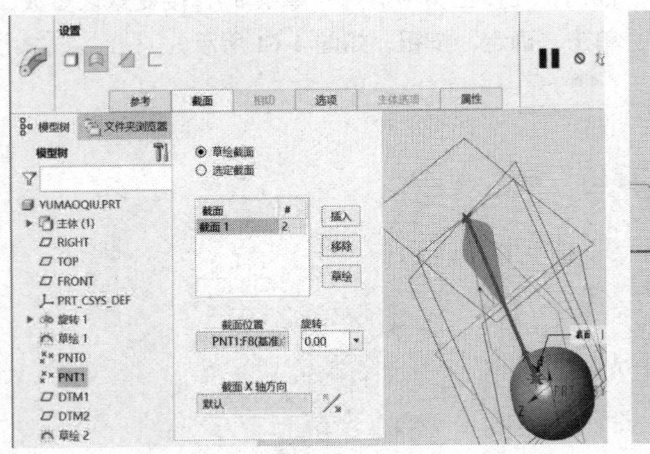

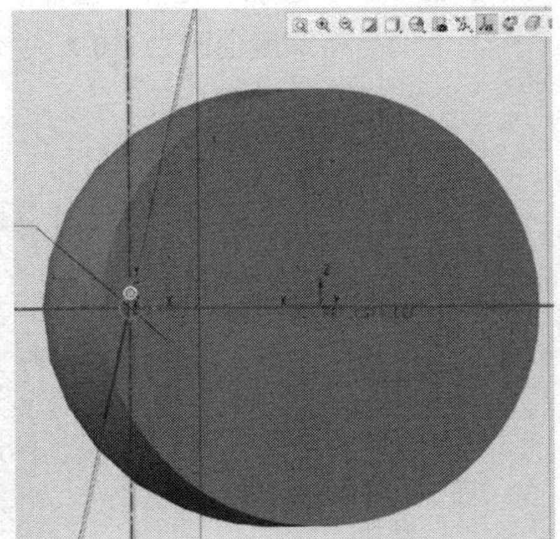

图 4-63A

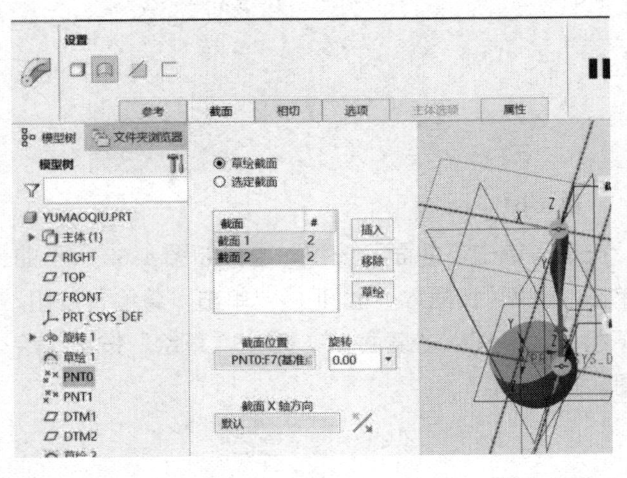

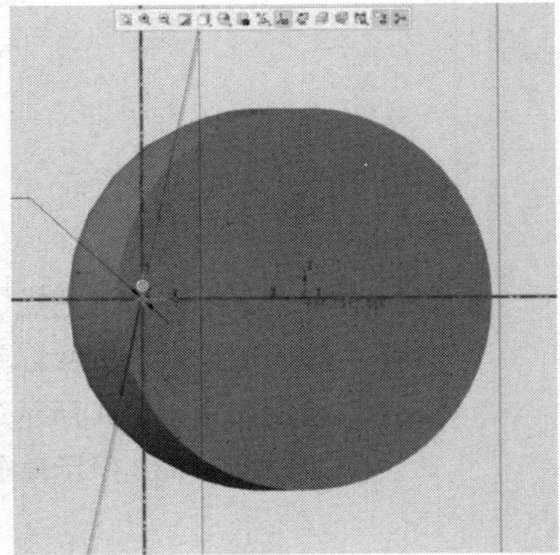

图 4-63B

步骤 11　按住“CTRL”键同时选择“拉伸 1”“草绘 1”对其进行分组。单击菜单栏中“阵列”按钮，如图 4-64 所示。选择“轴”阵列，更改如图 4-65 所示参数。

图 4-64

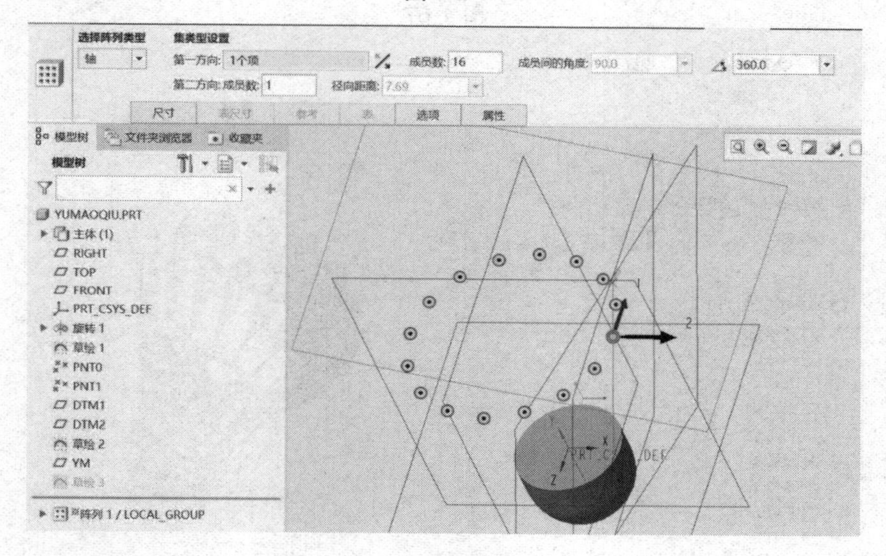

图 4-65

步骤 12　单击菜单栏中“旋转”按钮，单击“定义”弹出“草绘”对话框，选择“FRONT”基准平面作为草绘平面，以“RIGHT”基准平面为“上”方向参照，单击“草绘”按钮进入草绘模式，绘制如图 4-66 所示。接受默认参数，单击“确认”按钮。

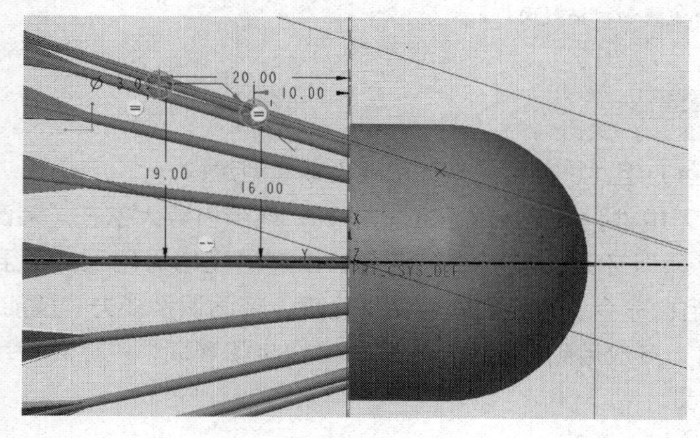

图 4-66

步骤 13 单击菜单栏中“倒圆角”按钮，如图 4-67 所示。设置圆角尺寸为“2”，选择如图 4-67 所示边，单击“确定”按钮，完成后效果如图 4-68 所示。

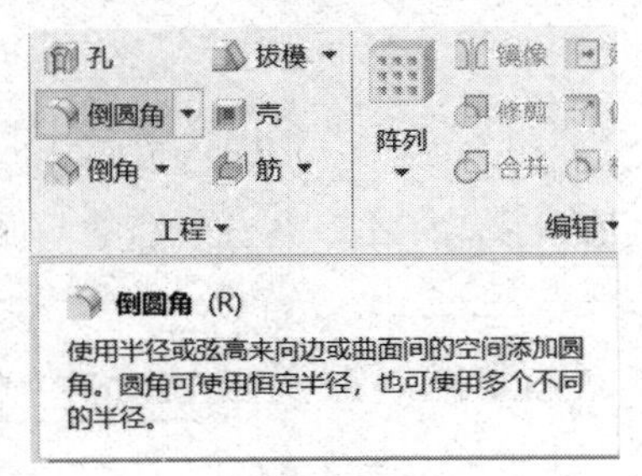

图 4-67

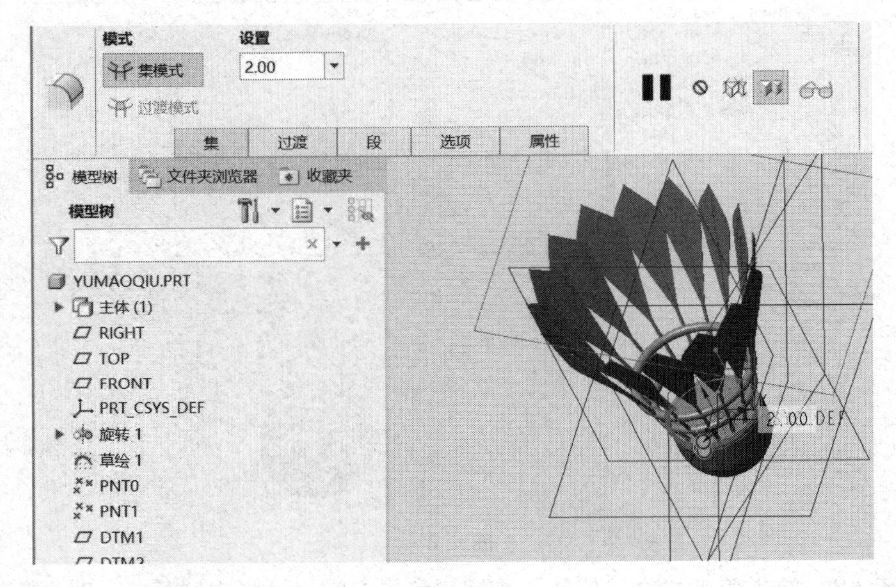

图 4-68

说明：

羽毛球主要特征由扫描特征组成，有一定的建构难度。在操作过程中，应把握“扫描”特征两个重点：轨迹线和扫描截面。

任务小结

本章学习螺丝刀组件、莫比乌斯环和羽毛球模型建构。

其中，螺丝刀组件，以简单装配形式呈现，逐步引导大家在“装配”情景下展开模型建构。莫比乌斯环是一款新奇特产品，该产品建构时用到曲面混合、关系式等“高难度”特征组合命令，对我们软件熟练程度、空间识别能力、技能操作要求较高。羽毛球建构任务，多次用到“扫描”命令，操作步骤繁琐，对提高使用者软件操作能力有一定参考意义。

任务拓展

参考示范案例，我们可尝试完成活动扳手组件、篮球、足球、节能灯等其他产品零部件模型特征建构任务。

课程育人:

1. 螺丝刀、扳手、电烙铁、工具箱等辅助工具，是为产品总装服务的，虽然不是产品中的一部分，但它们默默无闻地做好本职工作、成就产品。

2. 羽毛球是一项体育运动活动，深受学生喜爱。师生们要积极走出户外，参与竞技活动，培育参与体育活动的热情，提高竞技精神，培养敢于挑战、能够接受挑战的勇气。

3. 挑战意味着成功，挑战意味着可能失败！失败是成功之母，失败在所难免。试错纠错就是从失败走向成功的路径。

4. 在学技成才的路上，会遇到软件安装解密、操作卡顿诸多问题，要克服畏难情绪，不断专心、耐心、细心地琢磨研究，解决学习过程中遇到的一些艰难险阻。

5. 师生共同思考：软件装不上怎么办？特征操作不了怎么办？寻求外援帮助，还是调整目标，坚持前行？

6. 书上得来终觉浅，绝知此事要躬行。要充分理解设计过程中的“实训”活动，这是检验设计成果、展示自我的活动，是体验坚守岗位、反复研究的活动。要牢记初心，不辱使命，树立真理知识与实践项目或活动相结合的信念，创造性地开展各项活动。

第5章　装配组合设计

通过前面四章的学习，使用者已经掌握软件绘图的一些操作命令，能够认识立体空间里的一些模型特征，能够完成一些复杂模型特征的建构任务，包括单个复杂的产品部件。

本章开始学习组件设计，学习组件相关知识，在组件操作环境下，完成组件模型的建构任务。

学习目标

☆ 了解手机套产品三维建模知识

☆ 了解加湿器产品三维建模知识

☆ 了解千斤顶产品三维建模知识

☆ 了解袖珍充电小风扇产品三维建模知识

理论实践

5.1　手机套

手机套由塑料外壳、橡胶内壳和塑料支架，共3件零件组成的一种复合型产品结构。示范案例采用的是OPPO A9型号。

产品结构形态可分为单一造型的单体型结构模式，壳体或箱体模式，传动机构型模式、模块式模式以及复合型模式。该产品结构件不多，之所以称为复合模式，源于它不像其他模式，比较容易区别。另外，相比于复合模式，在设计上还是有些难度。

手机套外壳与内壳、手机之间有装配关系，设计时要重复参照相关特征，对提高设计者三维空间建构能力有一定的作用。

5.2　加湿器

加湿器由壳体、底座、超声波发生器、电子板等组件组成，零件较多，是典型的壳体结构。

产品外观造型，参照“米家”风范，以简约、大方为主，壳体本体呈扁平方块状。水瓶、超声波发生器，采用通用模块设计。其中，供水用的水瓶，产品本身不提供，使用时，用户借用日常小口径矿泉水瓶即可。

5.3　千斤顶

千斤顶由壳体、底座、螺杆、齿轮组、棘轮组等零部件组成。

壳体、底座首先使用生铁铸造工艺，再经过精密车、铣工艺加工，最后表面喷漆，完成组装。壳体厚度不低于 5 mm，保证整机在有效载荷范围内有足够的强度，能顶持重物。

齿轮组和棘轮组，采用 45# 钢经机床精密加工、热处理工艺处理，机构件及传动处都有黄油覆盖，保证不生锈的同时，确保运行平稳，不会卡滞。

套筒使用黄铜材料，与螺杆连接，运行平滑。产品中还用到卡簧、螺钉、销钉、轴承等标准件，对了解机械传动知识、提高机械设计水平、掌握机械类产品设计技能有一定帮助。

5.4　袖珍充电小风扇

该产品由前壳、后壳、扇叶、马达、底座、电池盖、按钮、电子板等组成，是以塑料零件为主的复合型产品。

随着人们生活水平的不断提高，各种袖珍移动型小产品层出不穷。袖珍充电小风扇，采用低电压充电电池供电，使用时实时供风，降温降噪，安全可靠，灵活方便，满足人们出行、上班、居家、学习等需要。

袖珍充电小风扇的前、后壳等都采用塑料成型，整机质量轻。分离式底座，可以与手把一起使用，也可分离后手持使用，满足不同人群及场景使用。其动力源是一款直流 4.2 V 马达，性能可靠，可以长时间连续工作。扇叶是塑料的，采用三瓣式曲线涡轮设计，质量轻、效率高、风阻小。

课程思政:

1. 书上得到的知识毕竟比较肤浅，要透彻地认识事物还必须亲自实践，实践是检验真理的唯一标准。
2. 设计工作来源于生活，但又高于生活，设计是为生活服务的，也要回到生活中去。
3. 在生活中找寻设计灵感，体会设计感悟。
4. 师生要有爱岗敬业、坚守岗位的优良品质及积极生活、健康向上的心态，认真参与项目设计研究、展开项目设计创意、完成项目设计表达和项目实践。

案例应用

（1）手机套建模设计

1）创建组件

步骤 1　点选“新建”“装配”，去除“使用默认模板”中“√”符号，在文件名中输入“手机套结构设计 720”，如图 5-1 所示。

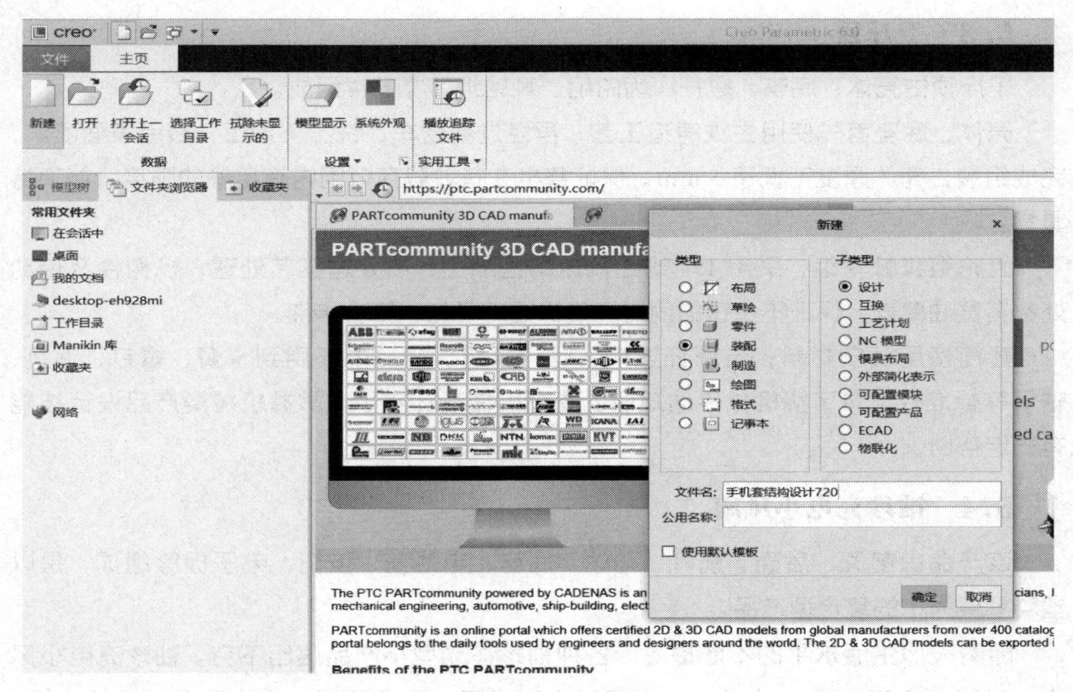

图 5-1

步骤 2 如前面所述，设定“mmks-asm-design”单位，确定后进入绘图状态，如图 5-2 所示。

步骤 3 在绘图状态中点选“创建”“子装配”，如图 5-3 所示。

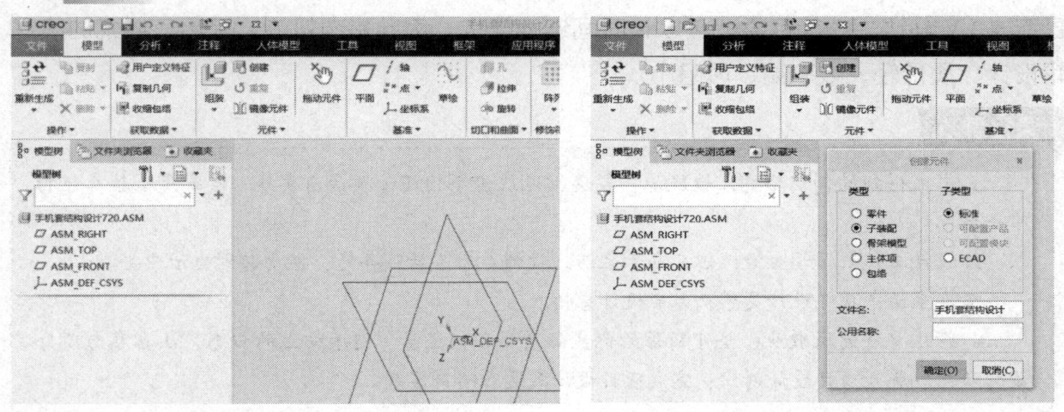

图 5-2　　　　图 5-3

步骤 4 单击“确定”，跳出创建方法对话框，该框默认模式是第一项“从现有项复制”，要勾选“创建特征”，单击“确定”后进入绘图状态，如图 5-4 所示。

步骤 5 在创建元件下，单击“零件”，文件名输入“塑料外套”，单击“确认”，单击“创建特征”，如图 5-5 所示。

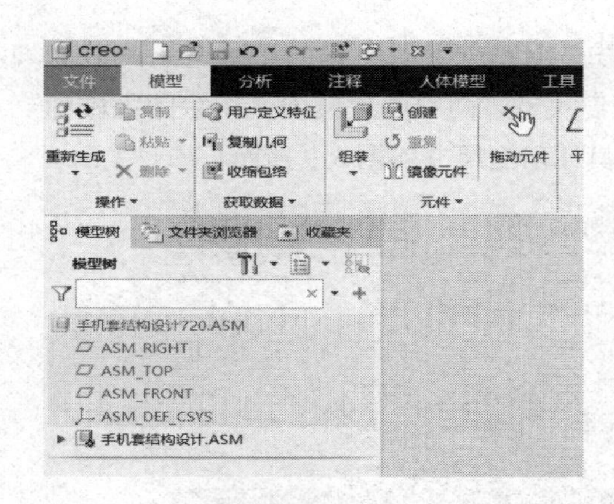

图 5-4

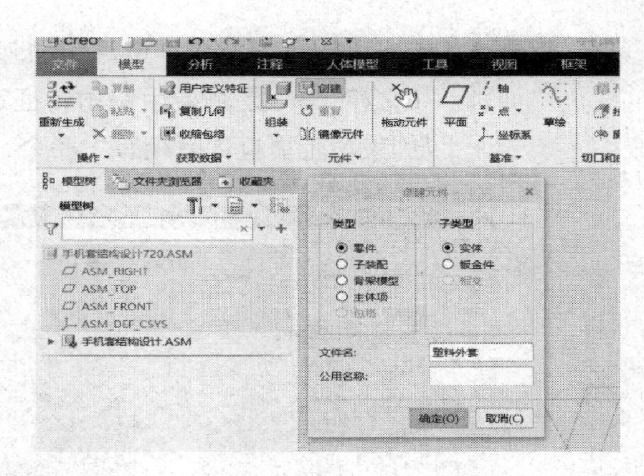

图 5-5

2）塑料外套建模设计

步骤 1　根据测绘及徒手绘图，创建 168 mm × 81 mm × 11 mm 的手机套外部最大模型轮廓基本体，如图 5-6 所示。

步骤 2　在绘图状态下，选择“偏移”命令，输入橡胶内套尺寸 5 mm，在四周倒 12 mm 的圆角，如图 5-7 所示。

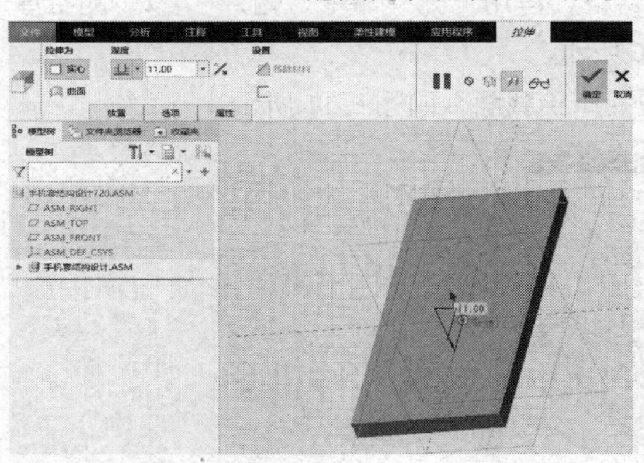

图 5-6

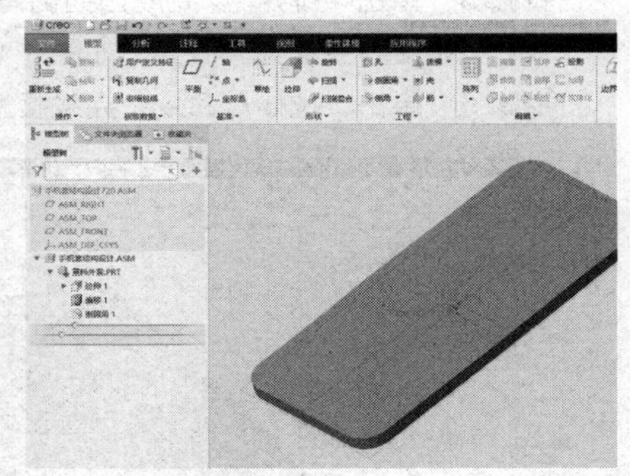

图 5-7

步骤 3　单击“扫描”命令，选轨迹线时要按住“Ctrl”键后点选外套边线，如图 5-8 所示。

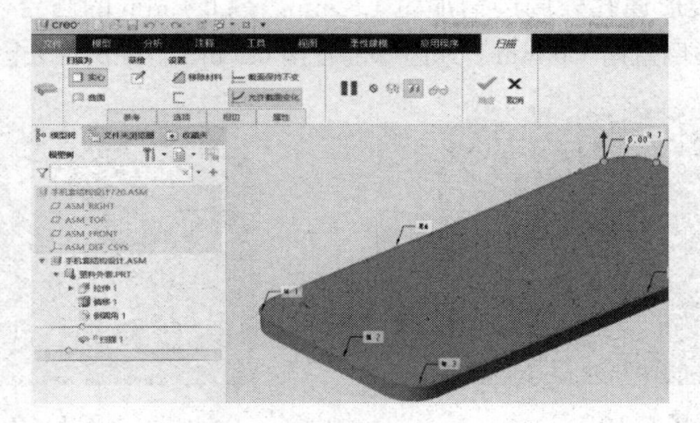

图 5-8

步骤 4 单击“扫描”命令，选草绘轨迹线，绘制外套双倒角特征尺寸，此截面“6”和“3”是测绘后倒角特征定位尺寸，两斜面尺寸要选用绘图区域内“约束”工具框内“相等”命令，其他自由尺寸如图 5-9 所示。

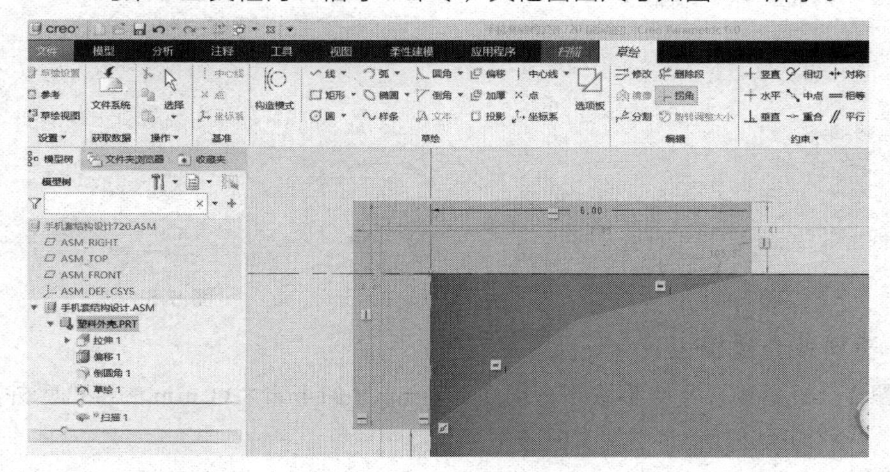

图 5-9

步骤 5 单击“确定”，完成扫描倒角特征；再用“壳”命令，输入“1.2”测绘厚度，完成外壳脱壳，如图 5-10 所示。

步骤 6 单击“拉伸”命令，完成腰型孔草绘截面，如图 5-11 所示。

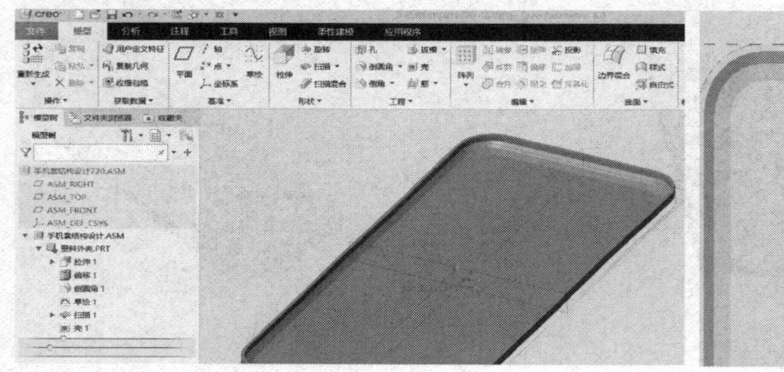

图 5-10

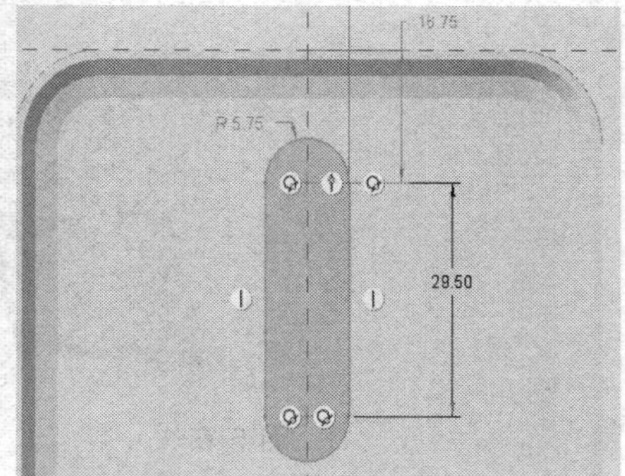

图 5-11

步骤 7 在腰形通孔外周边增加宽 1.5 mm、高 0.4 mm 的凸台，如图 5-12 所示。内边倒直角 1.0 mm，外边缘倒圆角 0.3 mm，完成后如图 5-13 所示。

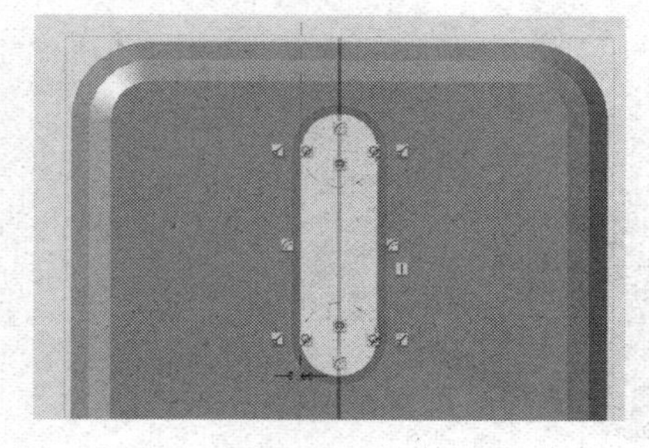

图 5-12

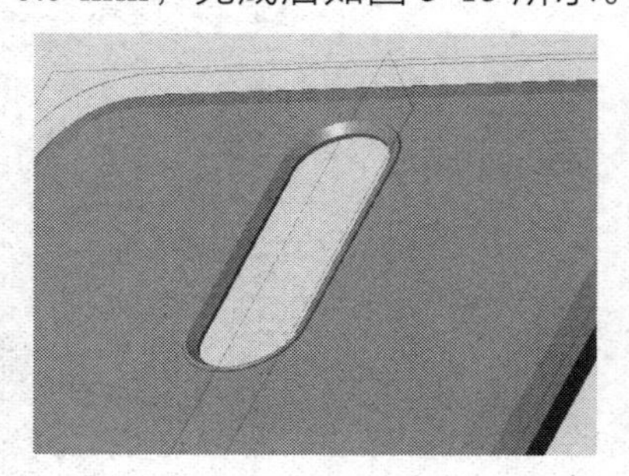

图 5-13

步骤 8　单击“拉伸”命令，在“绘图”—“截面”操作中，在水平线上画上中心线，先画出左侧边 5 小孔和梯形孔。以左上角为基准，标注尺寸。再“镜像”完成右边孔位。画出底部、顶部孔位，截面完成后如图 5-14 所示。

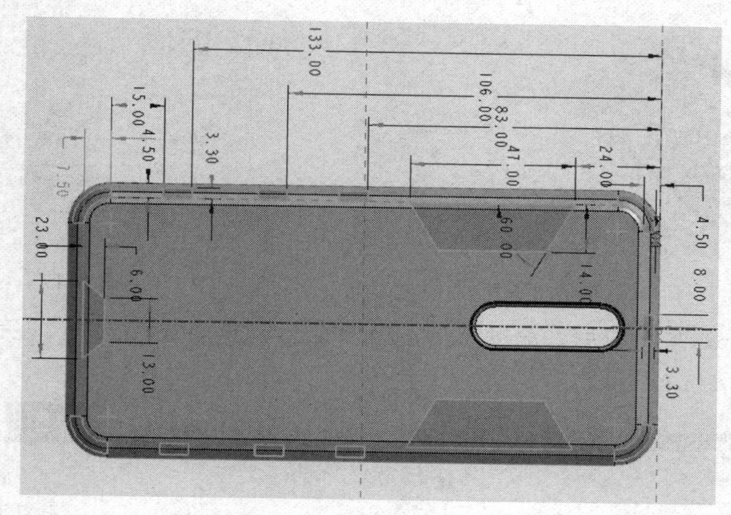

图 5-14

步骤 9　完成通孔后，在画出 3 个梯形孔处安装橡胶内套的沉台和卡扣；先画底平面沉台截面，如图 5-15 所示。

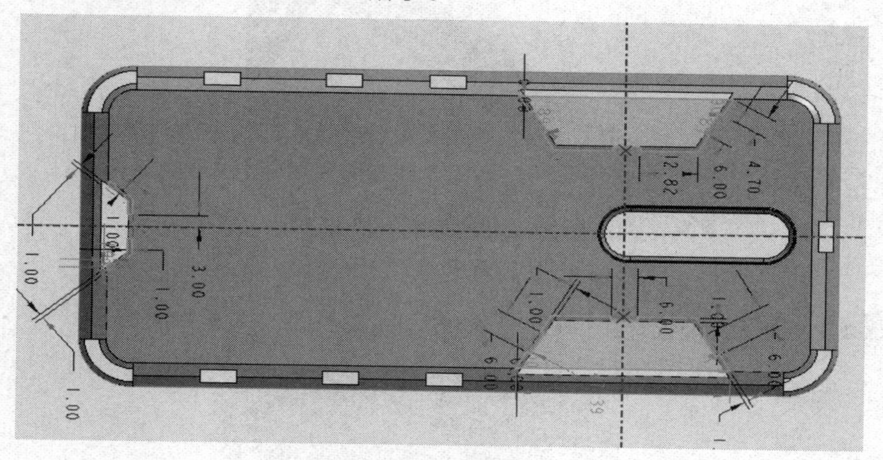

图 5-15

步骤 10　完成底平面沉台后，再画侧斜面沉台，在 3D 绘图区域内，先做参考面，单击“平面”图标，选“top 基准面”，按住“Ctrl”键选左侧梯形孔左上角落里垂直线，将旋转尺寸改“0”，完成截面如图 5-16 所示。

步骤 11　以“DTM1”为基准面，用“拉伸”命令，完成侧斜面沉台截面尺寸，如图 5-17 所示。

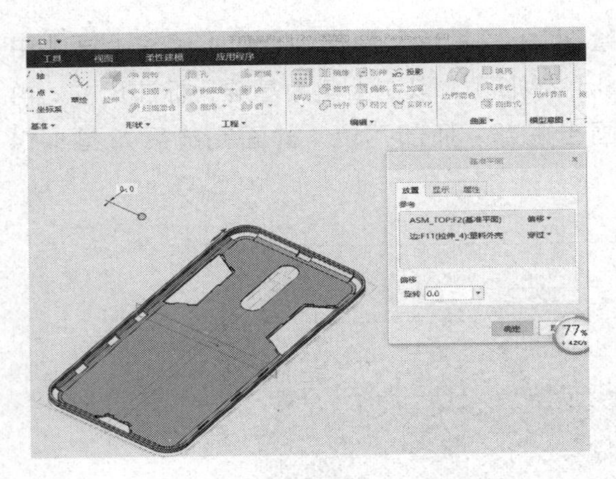

图 5-16

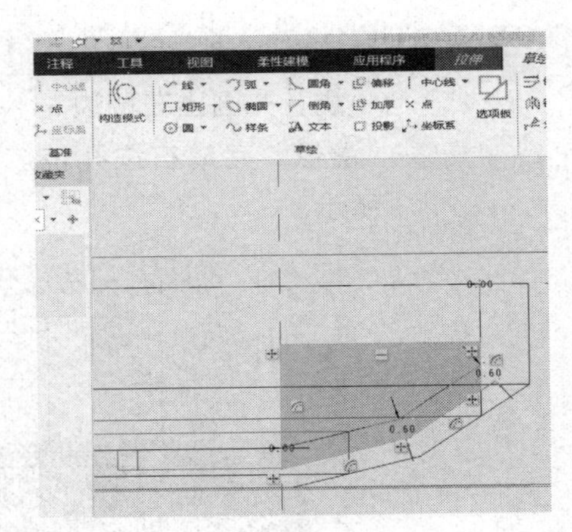

图 5-17

步骤 12 截面完成后，深度选择“拉伸至上边垂直线边界处”，完成截面如图 5-18 所示。

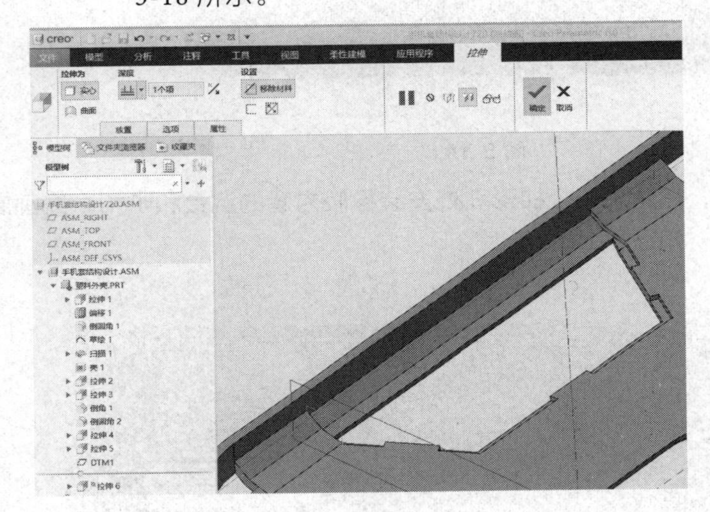

图 5-18

说明:

底部梯形孔沉台同上述步骤一样操作生成。

步骤 13 梯形孔扣位，用“拉伸”命令，完成截面如图 5-19 所示。

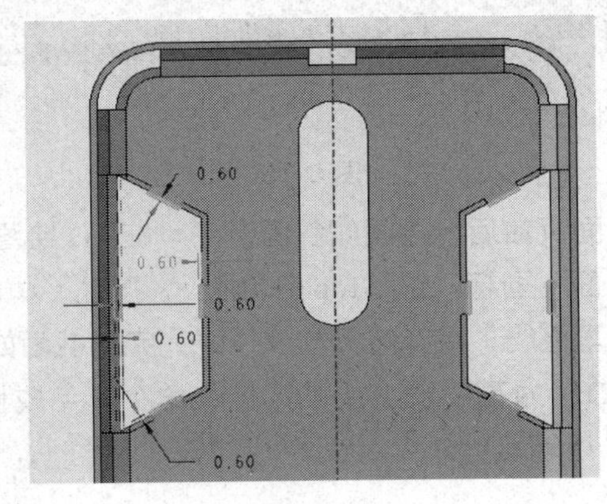

图 5-19

步骤 14 单击“平面”，从底部偏移 43.5 mm，创建支架位中心参考面“DTM2”，完成后效果如图 5-20 所示。

步骤 15 在外表面用“拉伸”命令，完成截面后，向外拉伸 1.5 mm，向内拉伸 1.2 mm，完成后效果如图 5-21 所示。

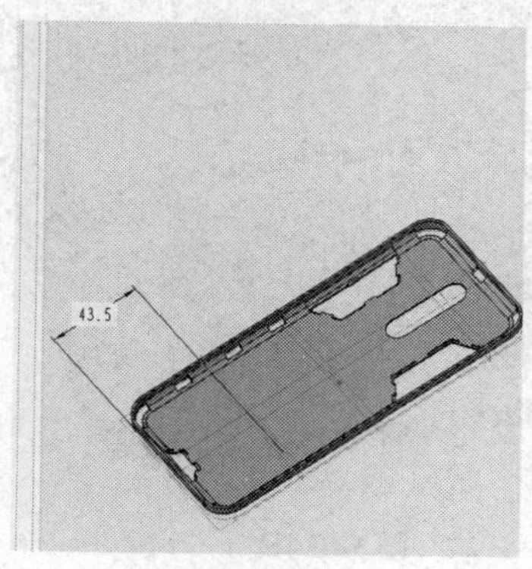

图 5-20

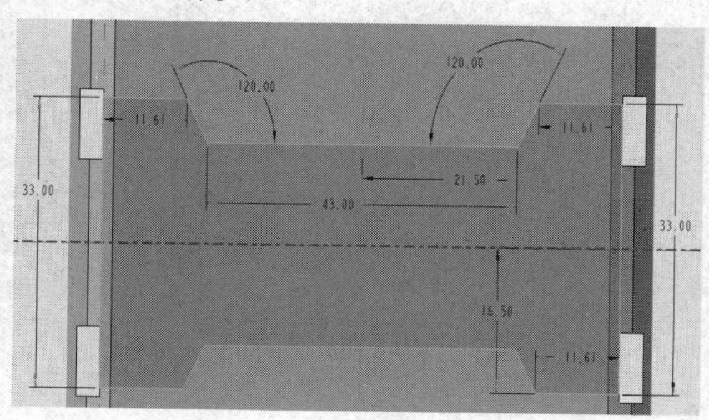

图 5-21

步骤 16 单击“拉伸”命令，选取内表面，绘制草绘截面，如图 5-22A 所示。向外去材料拉伸 1.5 mm，完成后效果如图 5-22B 所示。

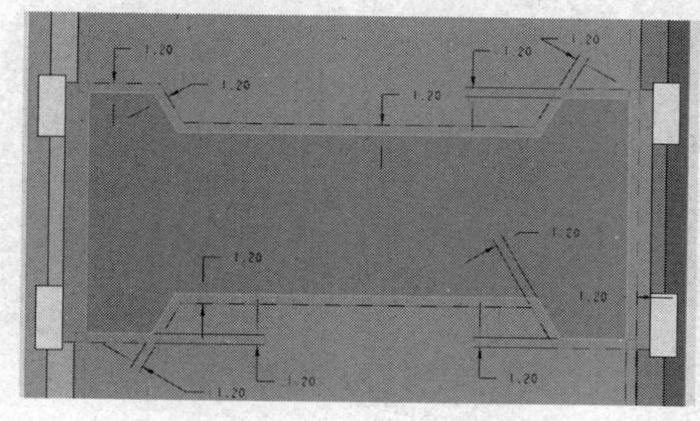

图 5-22A

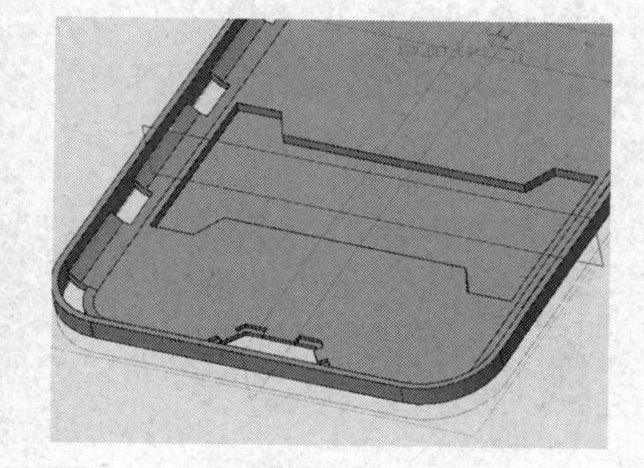

图 5-22B

步骤 17 凸台内外表面“拔模”：先选择“拔模”命令，弹出对话框，再按住“Ctrl”键逐个依次点选要拔模的面，在对话框内单击“拔模”按钮，输入 30°，完成外表面拔模。同理，完成内表面周边拔模，完成后效果如图 5-23 所示。

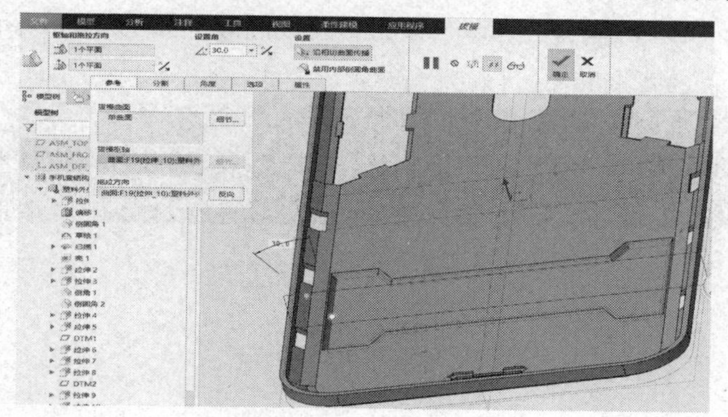

图 5-23

步骤 18 将凸台外表面，用“拉伸”命令挖出支架安装位特征，完成截面特征如图 5-24A、图 5-24B 所示。

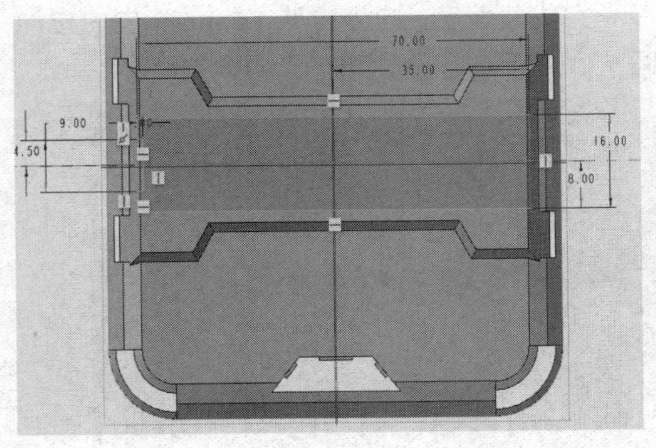

图 5-24A

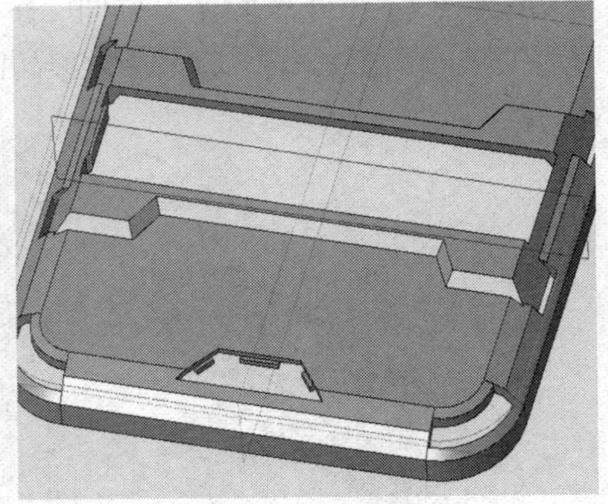

图 5-24B

步骤 19 将凸台内外表面，用“拉伸”命令完成支架安装位特征，完成截面特征如图 5-25A、图 5-25B 所示。

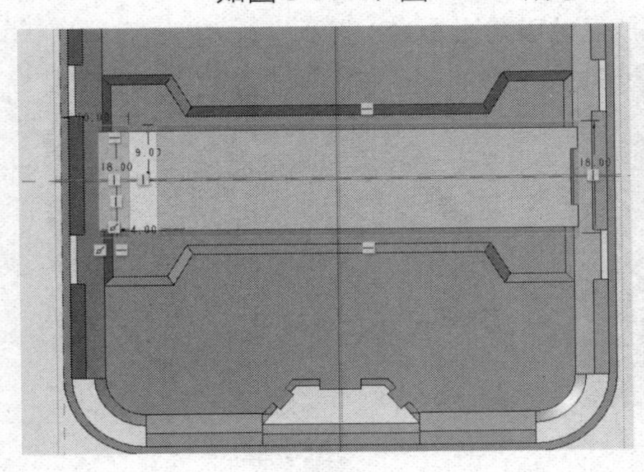

图 5-25A

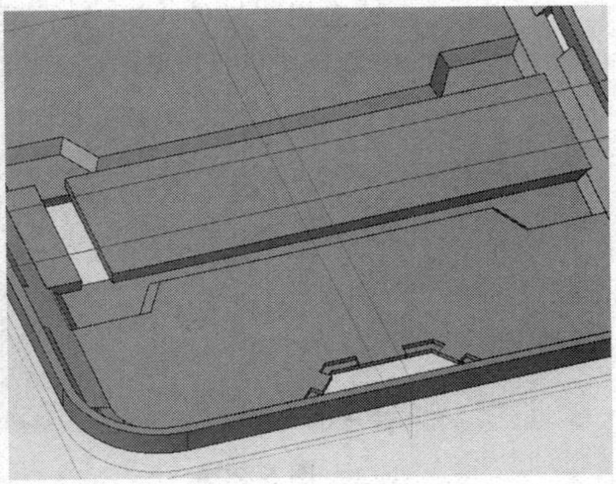

图 5-25B

步骤 20 凸台外两侧表面补缺：单击“拉伸”命令，在草绘对话框中选择“DTM2”为草绘截面，完成草绘截面，如图 5-26A 所示。单击“对称拉伸”，输入“19”，单击“确认”按钮，完成后效果如图 5-26B 所示。

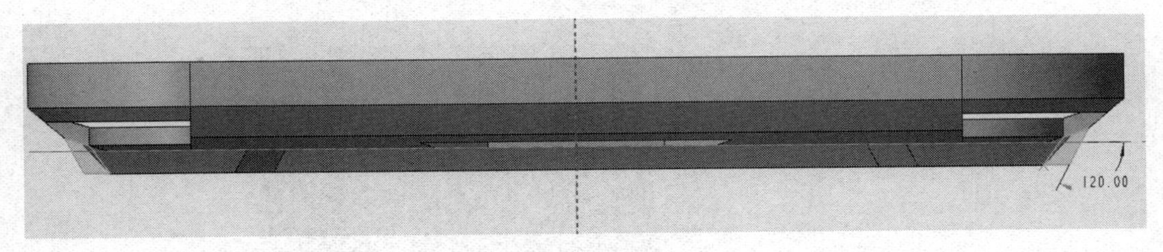

图 5-26A

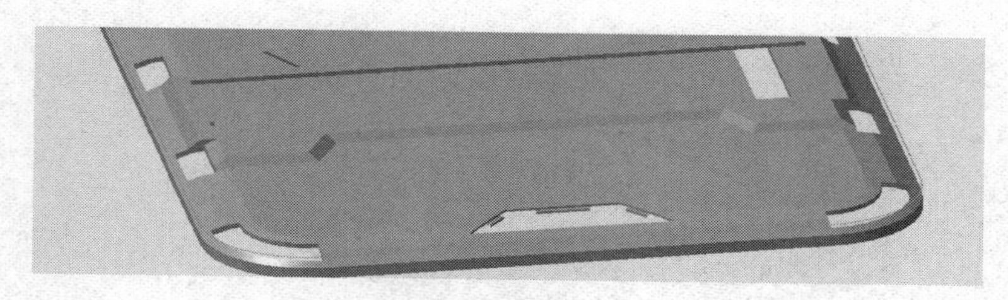

图 5-26B

说明：

该两侧对称，主要作用是加强支架处强度，保证支架开合牢固可靠。

步骤 21　做装配支架特征：单击“拉伸”命令，在草绘对话框中选择“DTM2”为草绘截面，完成如图 5-27A 所示草绘截面。选“对称拉伸”，输入“16”，单击“确认”按钮，完成后如图 5-27B 所示。

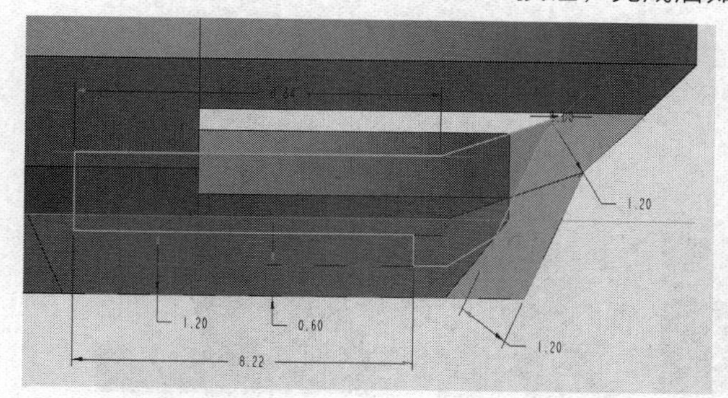

图 5-27A

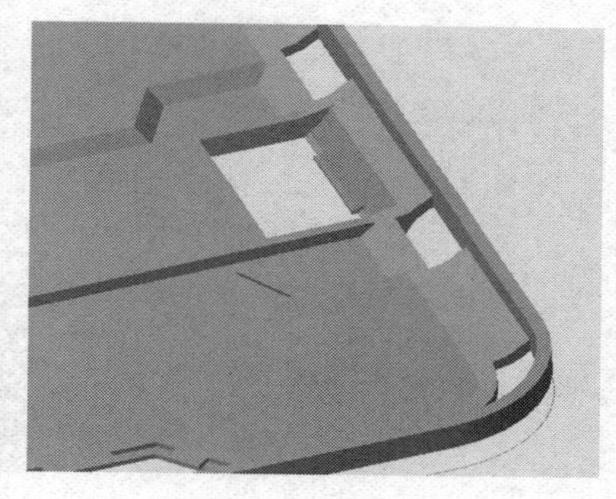

图 5-27B

步骤 22　做装支架处轴位特征：单击“拉伸”命令，在草绘对话框中选择“DTM2”为草绘截面，完成如图 5-28A 所示草绘截面。选“对称拉伸”，输入“21”，单击“确认”按钮，完成后如图 5-28B 所示。

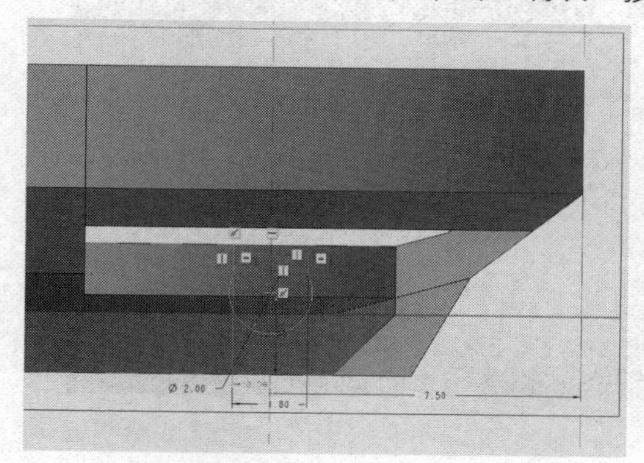

图 5-28A

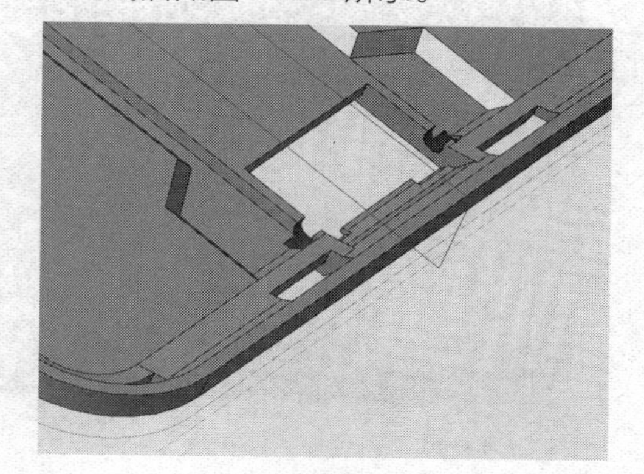

图 5-28B

步骤 23　单击支架装配处内表面，在标题栏选择“偏移”命令，在对话框中输入“0.3”，完成特征，如图 5-29 所示。

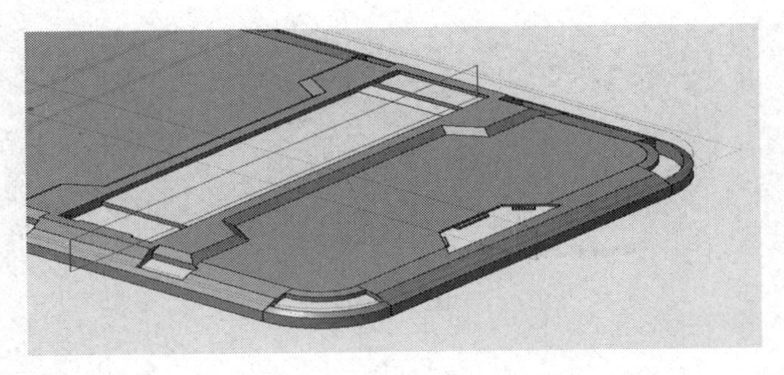

图 5-29

步骤 24 单击“拉伸”命令，选取顶部作为草绘截面，完成草绘特征，如图 5-30 所示，在对话框输入深度“3”，单击“确认”按钮。

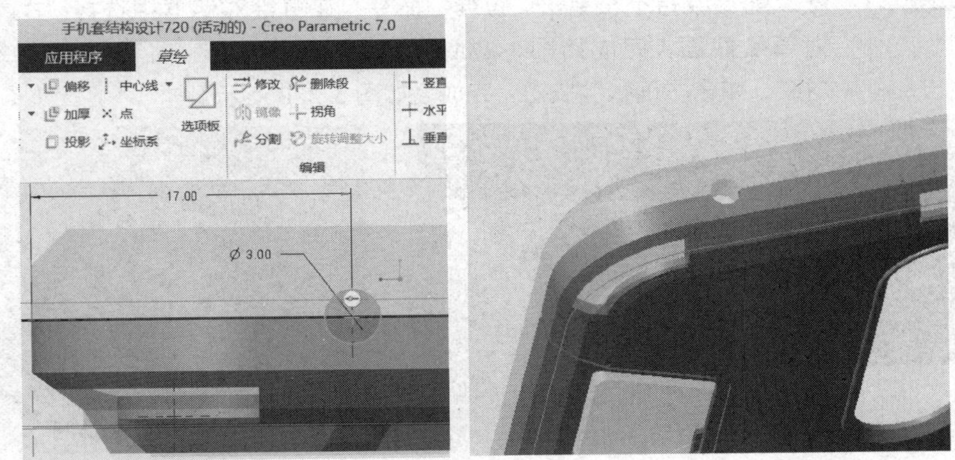

图 5-30

步骤 25 单击“拉伸”命令，选取左侧面作为草绘截面，完成草绘特征，如图 5-31 所示，在对话框输入深度“3”，单击“确认”按钮。

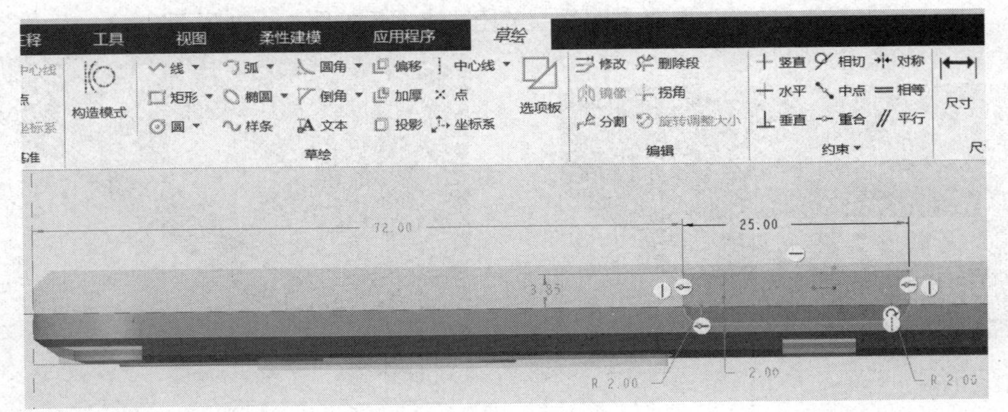

图 5-31

步骤 26 单击“拉伸”命令，选取右侧面作为草绘截面，完成草绘特征，如图 5-32 所示，在对话框输入深度“3”，单击“确认”按钮。

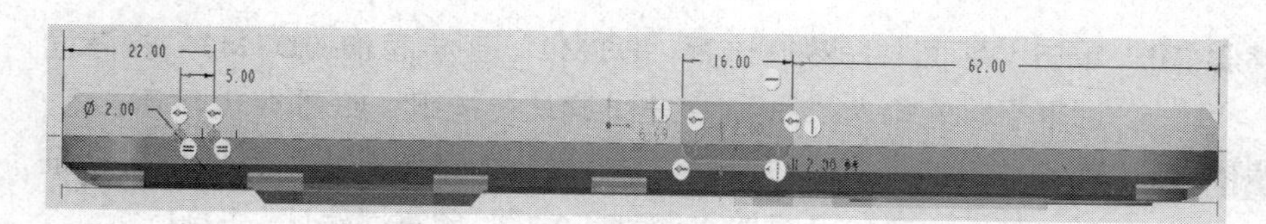

图 5-32

步骤 27　单击“拉伸”命令，选取底部作为草绘截面，完成草绘特征，如图 5-33 所示，在对话框输入深度“3”，单击“确认”按钮。

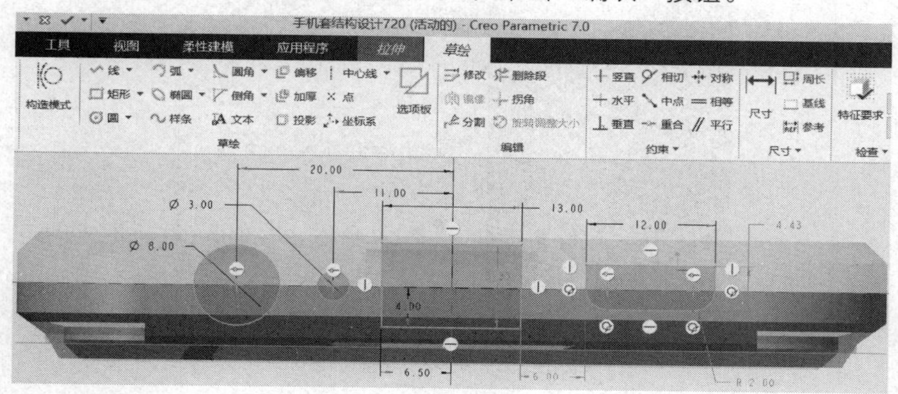

图 5-33

步骤 28　单击“拉伸”命令，选取外壳外表面为草绘截面，完成草绘特征，如图 5-34 所示，在对话框输入“拉伸至所有曲面”，单击“确认”按钮。

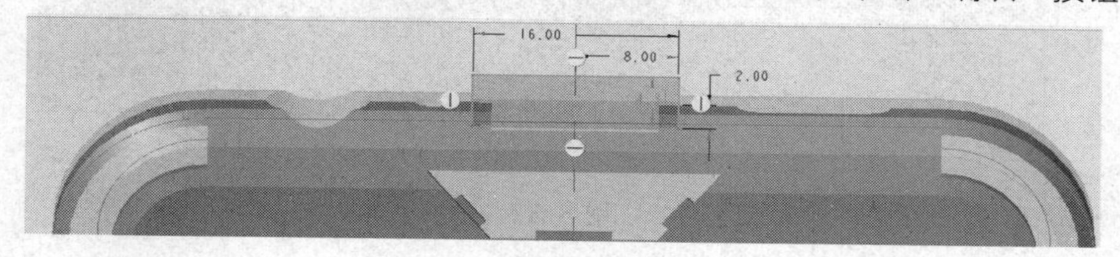

图 5-34

步骤 29　单击“拉伸”命令，选取外壳外表面为草绘截面，完成草绘特征，如图 5-35A 所示。在对话框输入深度“0.3”，单击“确认”按钮，效果如图 5-35B 所示。

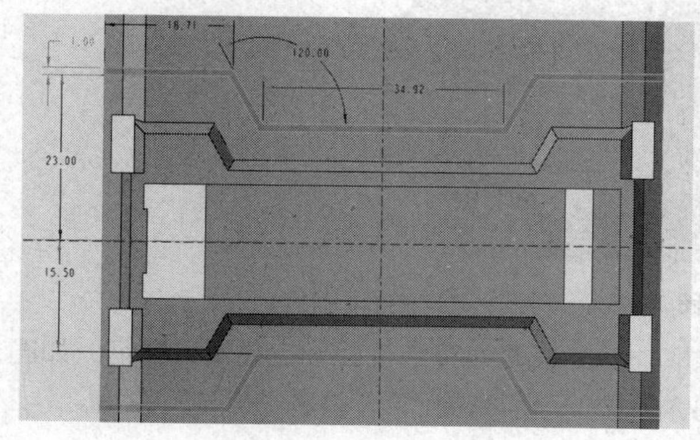

图 5-35A

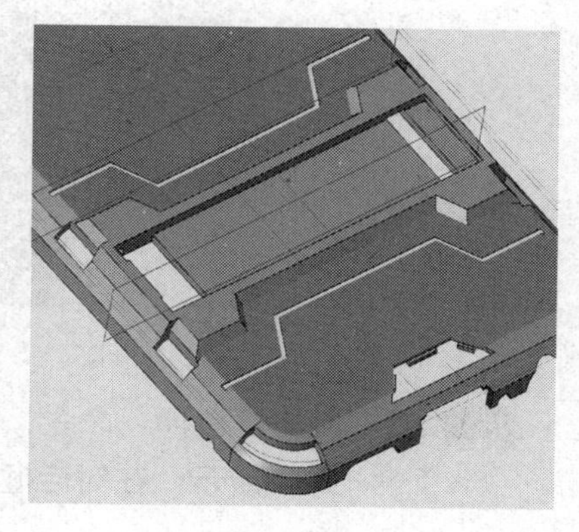

图 5-35B

步骤 30 单击“平面”命令，选择“DTM2”基准面作“DTM3”参考面，在对话框平移处输入“23”，单击“确认”按钮，如图 5-36 所示。

步骤 31 单击“拉伸”命令，选取“DTM3”为草绘截面，完成草绘特征，如图 5-37 所示。在对话框输入深度“0.3”，单击“确认”按钮。

步骤 32 单击“镜像”命令，选择镜像特征，选“DTM2”基准面作为镜像平面，单击“确认”按钮，如图 5-38 所示。

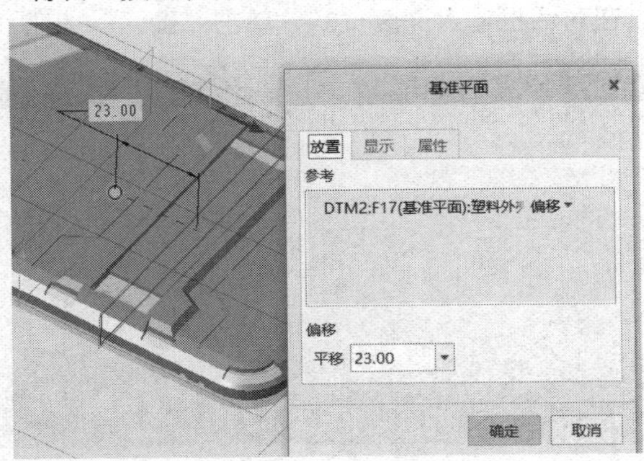

图 5-36

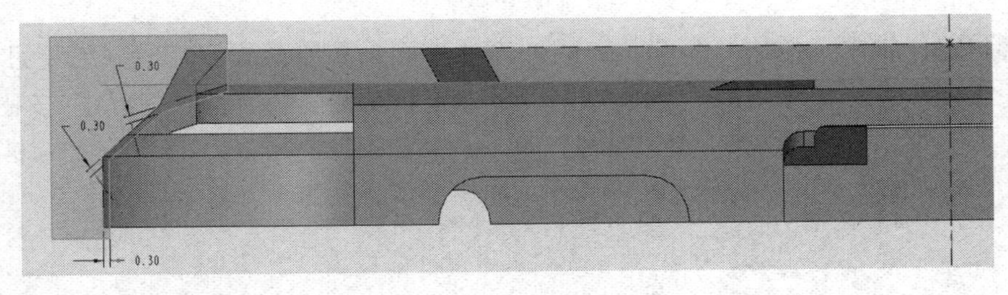

图 5-37

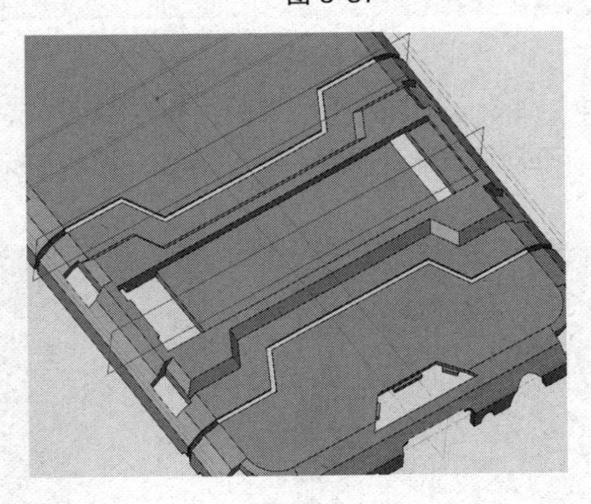

图 5-38

说明：

两边完全对称，图示仅一边。

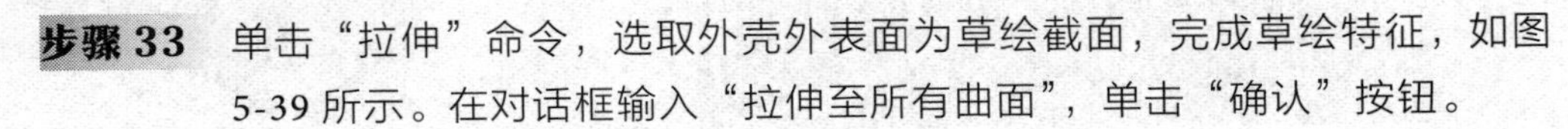

步骤 33 单击“拉伸”命令，选取外壳外表面为草绘截面，完成草绘特征，如图 5-39 所示。在对话框输入“拉伸至所有曲面”，单击“确认”按钮。

步骤 34　单击“拉伸”命令，选取外壳内表面为草绘截面，完成草绘特征，如图 5-40 所示。在对话框输入深度“0.9”，单击“确认”按钮。

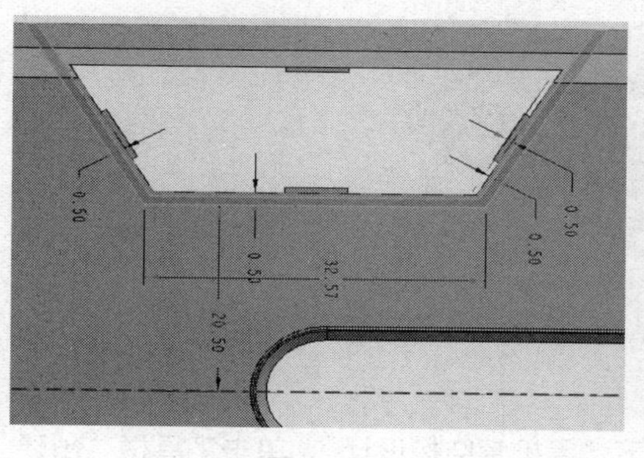

图 5-39

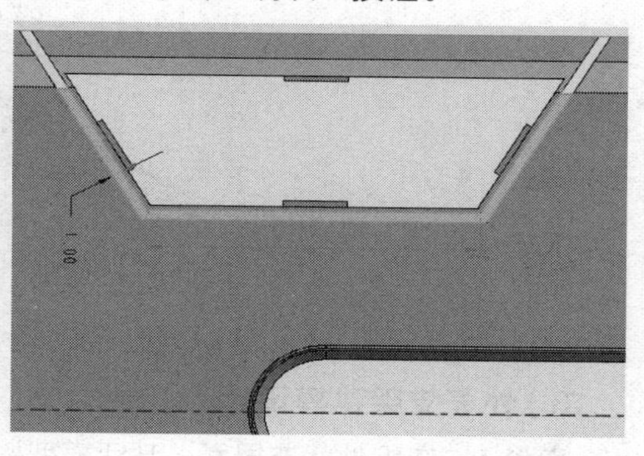

图 5-40

说明:

图 5-39 至图 5-41 草图截面都是完全对称的，此处仅绘一半。

步骤 35　单击“拉伸”命令，选取“DTM1”为草绘截面，完成草绘特征，如图 5-41 所示。在对话框输入深度“5”，单击“确认”按钮。

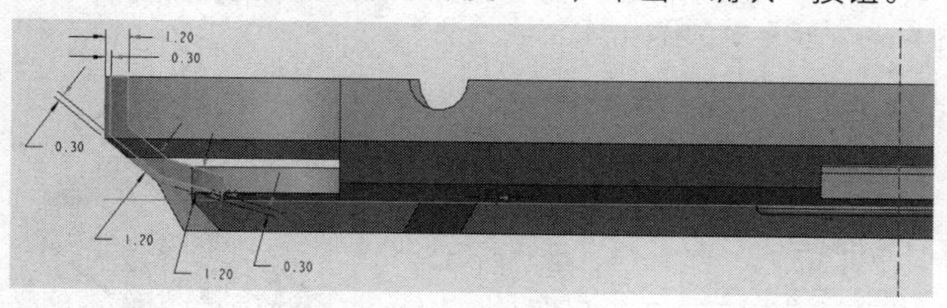

图 5-41

步骤 36　单击“平面”命令，按住 Ctrl 键点选“DTM1”基准面，设“偏移”，点选“边: 41（拉伸 –25）”，设“穿过”旋转“0”，作出“DTM4”参考面，如图 5-42 所示。

步骤 37　单击“拉伸”命令，选取“DTM4”为草绘截面，完成草绘特征，如图 5-43 所示。在对话框输入深度“4.6”，单击“确认”按钮。

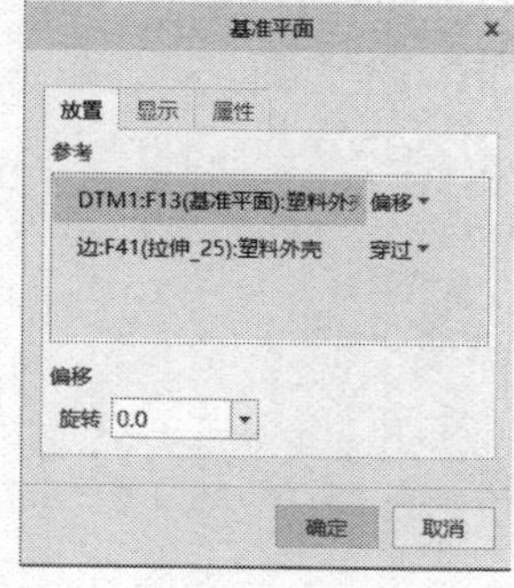

图 5-42

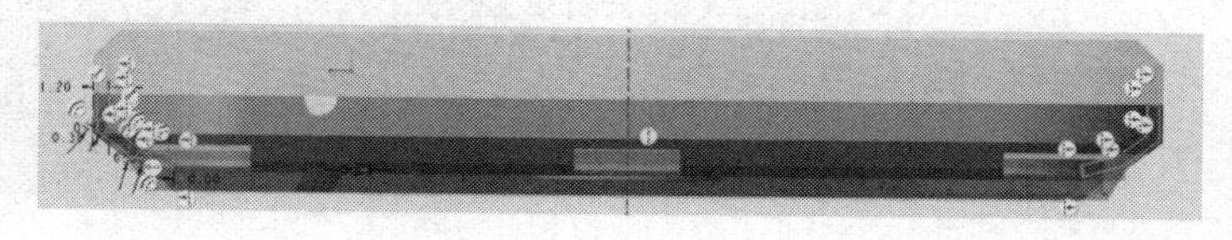

图 5-43

步骤 38 选择“倒圆角”命令，完成两梯形孔周边、底部梯形孔圆角，完成后如图 5-44 所示。

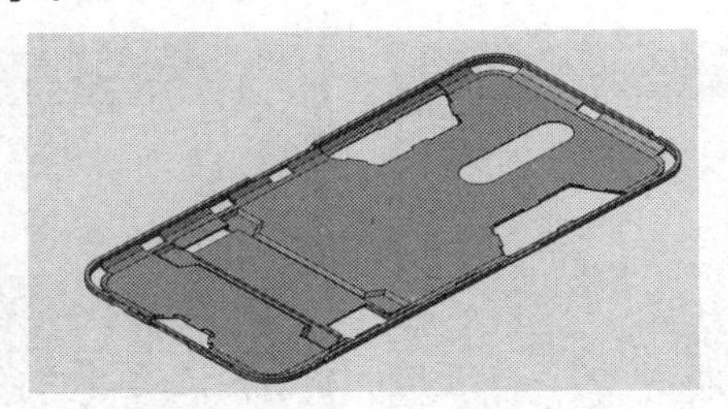

图 5-44

3）外壳支架建模设计

步骤 1 在组件状态界面，激活模型树下“手机套结构设计”，单击工具栏“创建”命令，弹出“创建元件”对话框，输入“外壳支架”，单击“确认”按钮，完成后如图 5-45A 所示。

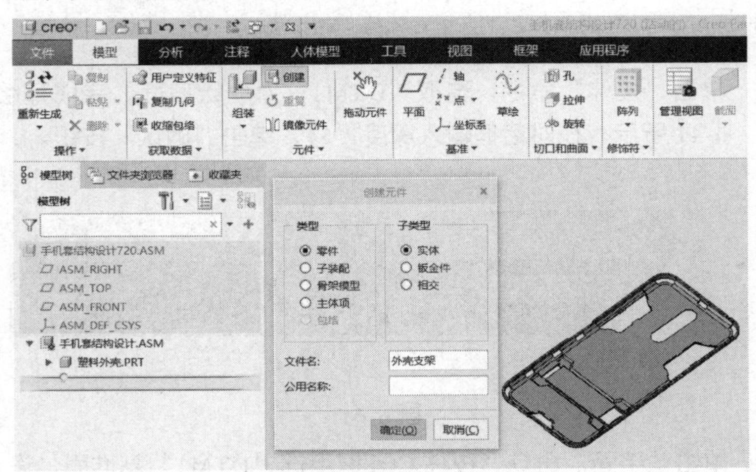

图 5-45A

步骤 2 单击“拉伸”命令，选取塑料外壳装配支架处内表面为草绘面，完成如图 5-45B 所示草绘截面，支架与塑料外壳周边装配间隙设定为“0.2”，拉伸尺寸“1.7”。

图 5-45B

步骤 3　单击“拉伸”命令，选取“DTM2”为草绘面，完成支架转轴草绘截面，如图 5-46A 所示（直径 1.95，与孔径 2.0 形成间隙装配关系），单击“对称拉伸”，输入尺寸“20”，完成后如图 5-46B 所示。

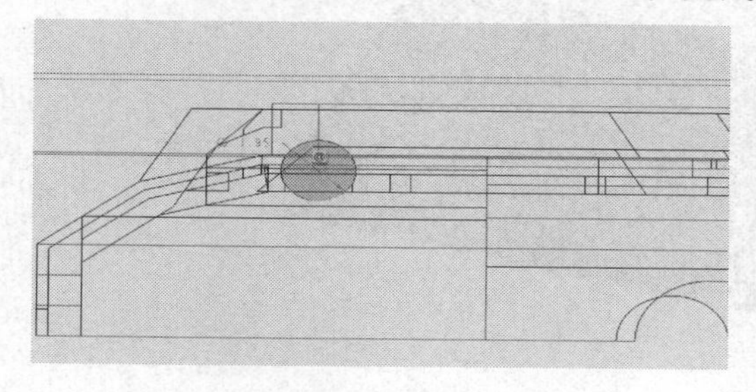

图 5-46A

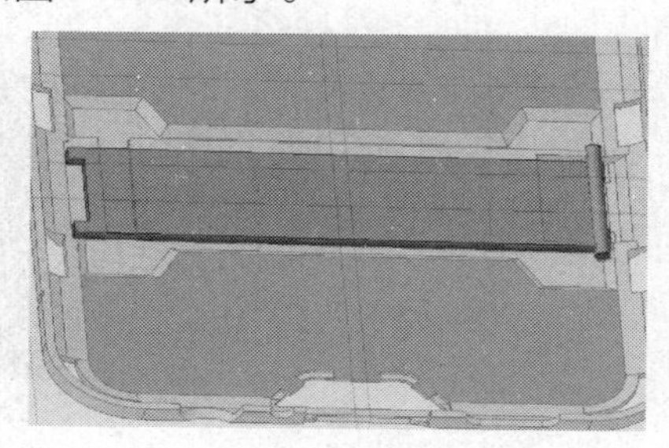

图 5-46B

步骤 4　单击“拉伸”命令，选取塑料外壳装配支架处内表面为草绘面，完成如图 5-47 所示草绘截面，单击“拉伸至”支架内表面，单击“确认”按钮。

步骤 5　单击“倒圆角”命令，完成后如图 5-48 所示。

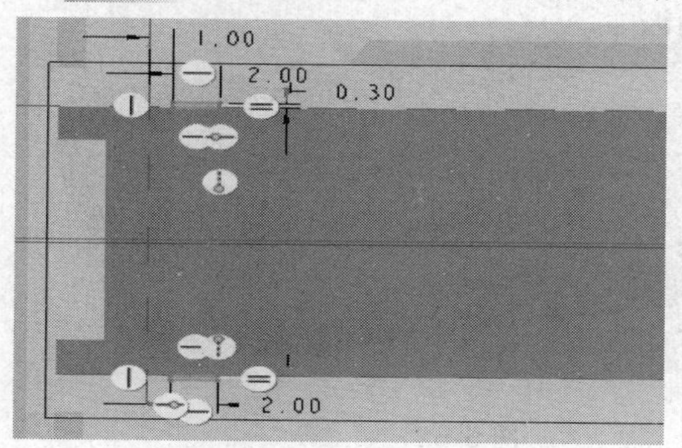

图 5-47

图 5-48

4）橡胶内壳建模设计

步骤 1　在组件状态界面，激活模型树下“手机套结构设计”，单击工具栏“创建”命令，弹出“创建元件”对话框，输入“橡胶内壳”，单击“确认”按钮。

步骤 2　激活“橡胶内壳”命令，选择“拉伸”命令，选取塑料外壳外表面为草绘面，完成如图 5-49 所示草绘截面。在“拉伸”对话框，深度输入“11”，单击“确认”按钮。

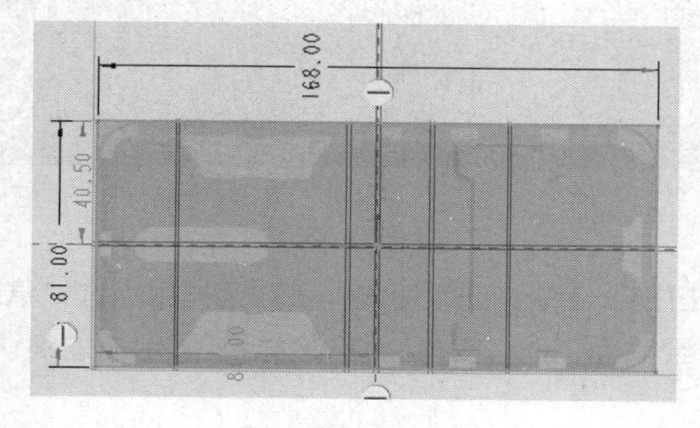

图 5-49

步骤 3 选择“倒圆角”命令，选取 4 角，在对话框输入“12”，选“倒角”命令，选取表面棱边，输入“2”，单击“确认”按钮。完成后如图 5-50 所示。

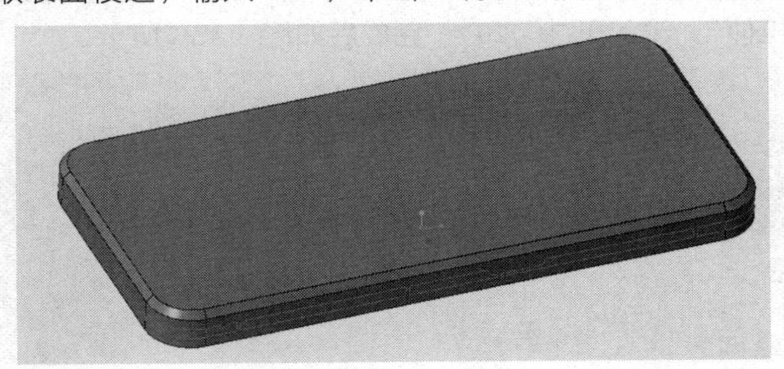

图 5-50

步骤 4 单击“草绘”命令，选取表面为草绘面，输入“2”，完成如图 5-51 所示草绘截面。点“拉伸”，拉伸至所有面，完成后如图 5-52 所示。

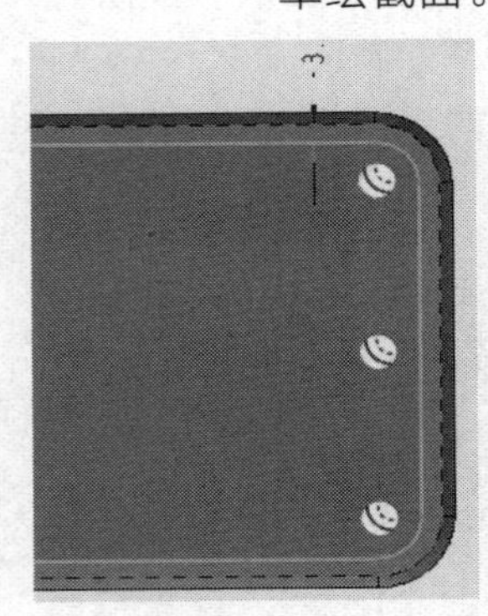

图 5-51

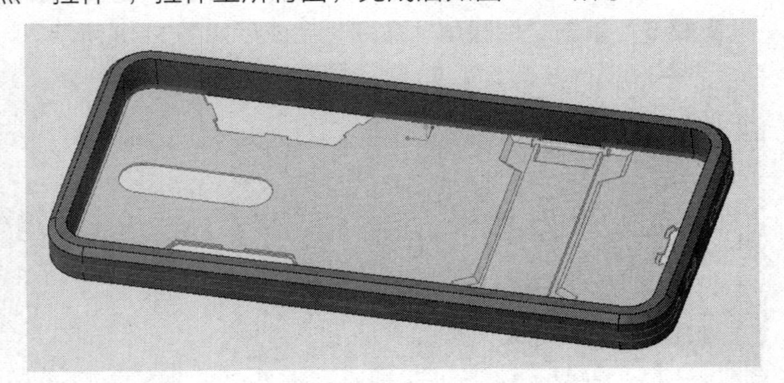

图 5-52

步骤 5 单击“平面”命令，点选表面为参考面，设偏移值“5”，作出“DTM7”参考面。单击“草绘”命令，完成如图 5-53 所示草绘截面。

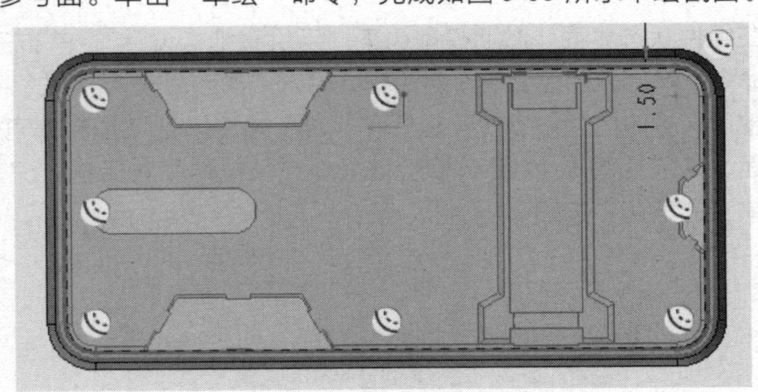

图 5-53

步骤 6 单击“扫描”命令，选取曲线，在对话框里点选“草绘”，完成如图 5-54 所示草绘截面。选“实体”“移除材料”，单击“确认”按钮，如图 5-55 所示。

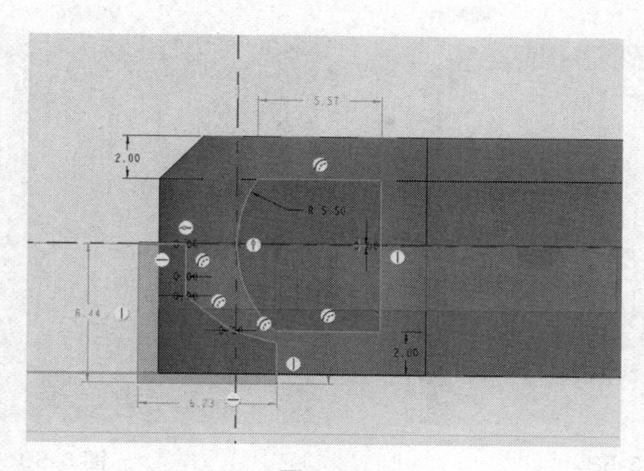

图 5-54

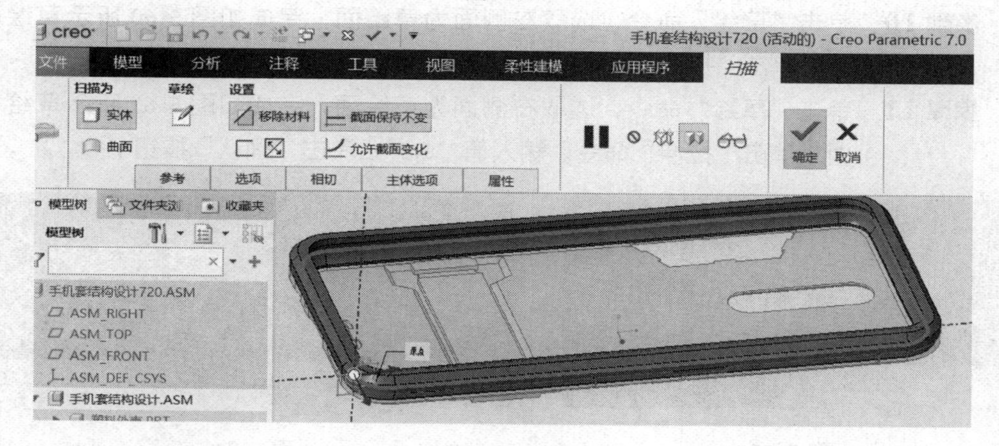

图 5-55

步骤 7　单击“草绘”命令，选取“塑料外壳”背面为草绘面，完成如图 5-56 所示草绘截面。点“拉伸”，输入值“4”，完成后如图 5-57 所示。

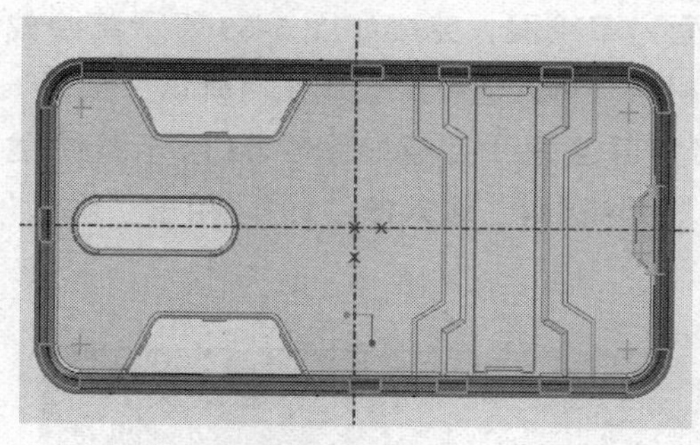

图 5-56

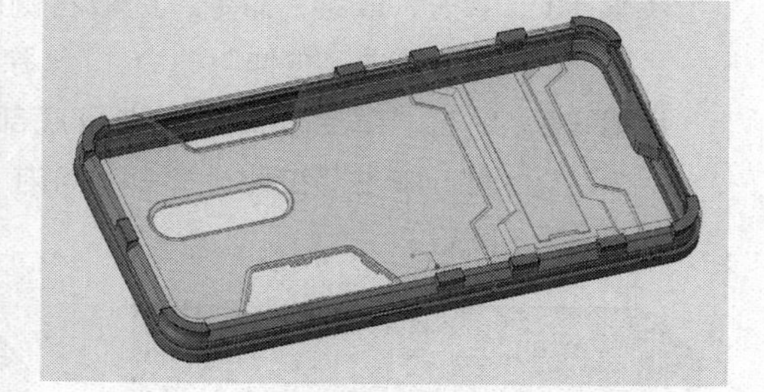

图 5-57

步骤 8　单击“草绘”命令，选取“塑料外壳”背面为草绘面，完成如图 5-58 所示草绘截面。点“拉伸”，输入值“2”，单击“确认”按钮。

步骤 9　单击“草绘”命令，选取凸耳外表面为草绘面，完成如图 5-59 所示草绘截面。点“拉伸”，输入值“1”，单击“确认”按钮。

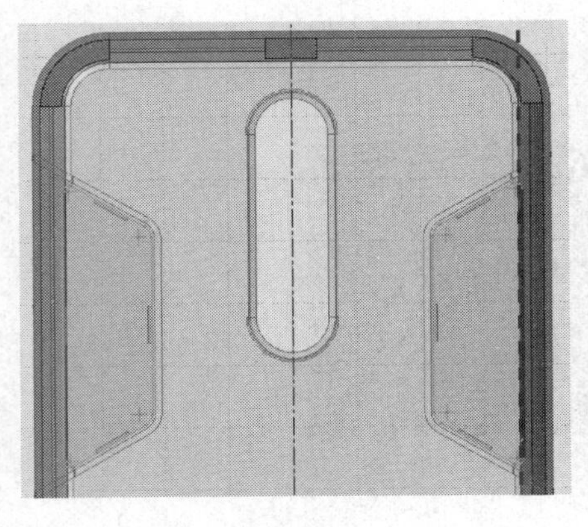

图 5-58

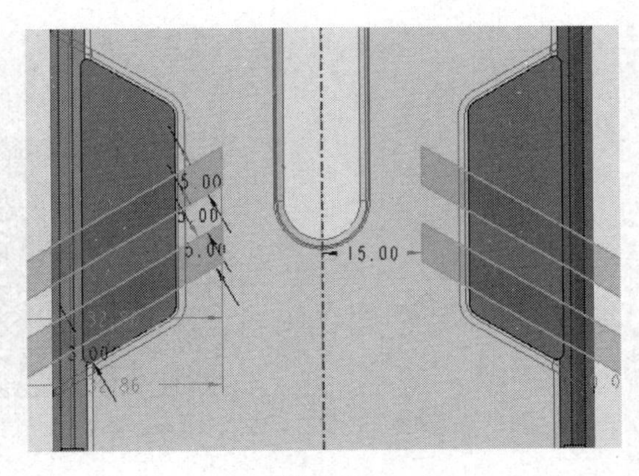

图 5-59

步骤 10 单击“草绘”命令，选取左侧面为草绘面，完成如图 5-60 所示草绘截面。单击“拉伸”命令，输入值“2”，单击“确认”按钮。

步骤 11 单击“草绘”命令，选取右侧面为草绘面，完成如图 5-61 所示草绘截面。单击“拉伸”命令，输入值“1.5”，单击“确认”按钮。

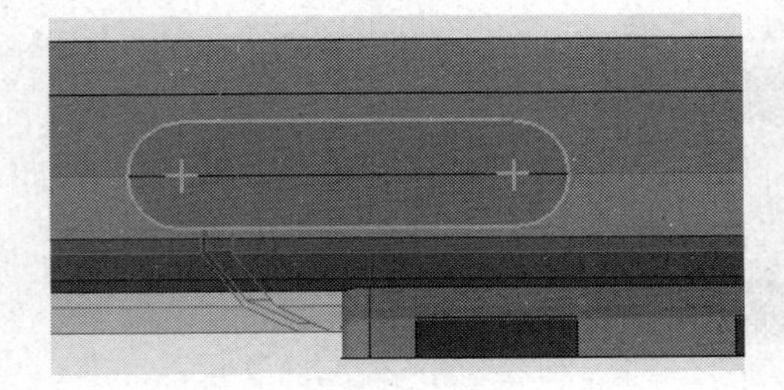

图 5-60

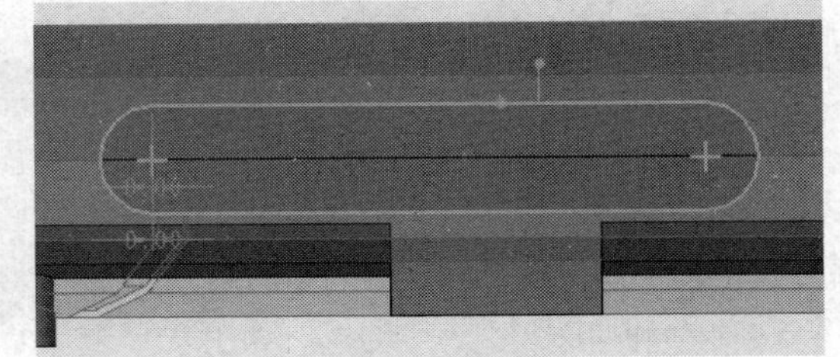

图 5-61

步骤 12 单击“草绘”命令，选取顶面为草绘面，完成如图 5-62 所示草绘截面。单击“拉伸”命令，输入值“5”，单击“确认”按钮。

步骤 13 单击“草绘”命令，选取右侧面为草绘面，完成如图 5-63 所示草绘截面。单击“拉伸”命令，“移除材料”输入值“5”，单击“确认”按钮。

步骤 14 单击“草绘”命令，选取底部为草绘面，完成如图 5-64 所示草绘截面。单击“拉伸”命令，向内“移除材料”输入值“15”，单击“确认”按钮。

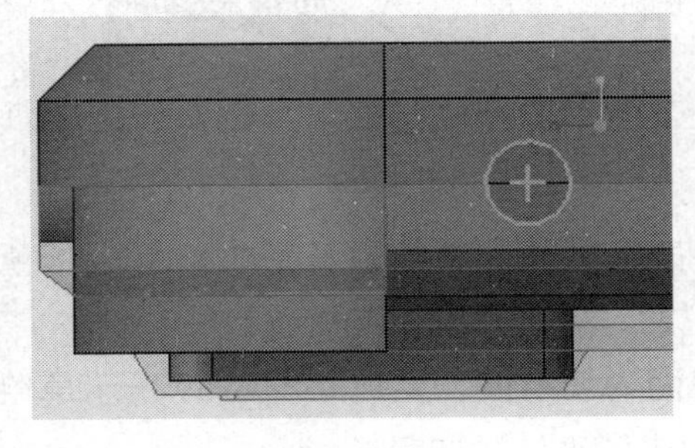

图 5-62

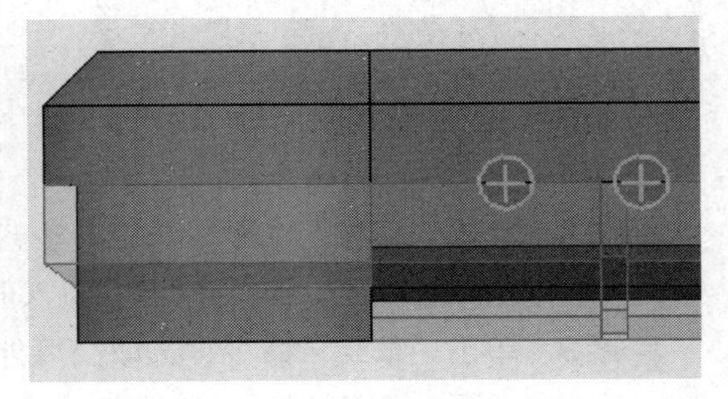

图 5-63

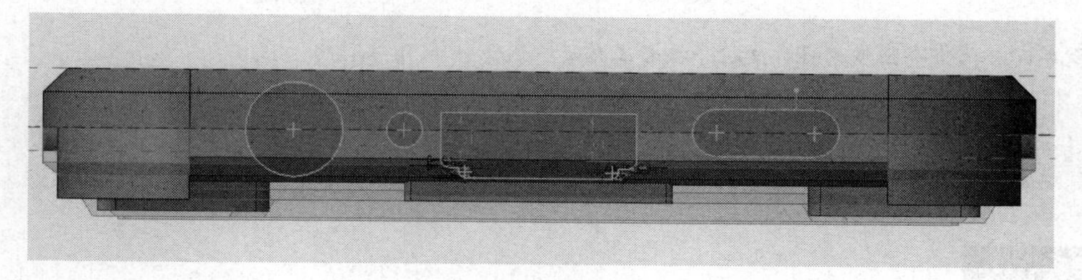

图 5-64

步骤 15　完成特征如图 5-65 所示。

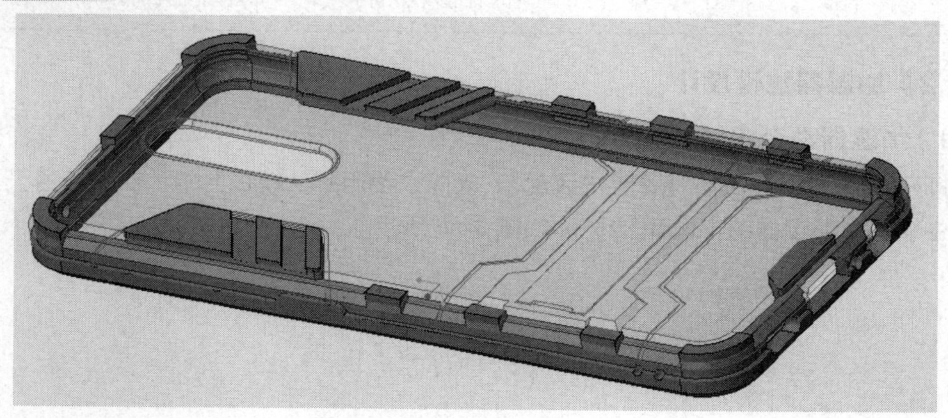

图 5-65

课程育人:

1. 作为手机附件之一的手机套，其主要功能是防止手机受损，不同造型的手机壳还具有一定的分辨意义。

2. 师生共同思考：如何设计出美观性与实用性相结合的手机套?

说明:

1. 装配关系

手机套结构设计组件中有塑料外壳、橡胶内壳和支架 3 个零件，其中支架安装在塑料外壳背面，橡胶内壳通过爪位卡扣在塑料外壳，内壳里面包裹手机，使用时可有效保护手机，有防摔防爆功能。

支架通过转轴和卡扣安装在外壳背部，使用时可倾斜支持手机。转轴位采用过渡配合，支架轴卡到位后，有 0.05 mm 间隙；支架周边与外壳安装位周边间隙配合，单边留 0.2 mm 间隙。产品在设计及研制过程中，涉及各方面尺寸链误差，此处预留 0.25 ~ 0.15 mm。该零件不复杂，易控制，不宜留更大间隙。

塑料外壳与橡胶内壳之间的装配，可以全部选用“0”间隙配合，橡胶材料有弹性作用，便于安装。

2. 材料

塑料外壳和支架选用优质高强度工程 PC 塑料，PC 料俗称“防弹胶”，保证外套 1.2 mm 的壁厚时，仍有高强度韧性，支持手机套工作。

橡胶内壳采用的是优质硅胶料，防摔抗震抗老化。

3. 工艺

外壳和支架采用塑料模具，通过注射成型工艺加工；橡胶内壳采用橡胶成型工艺加工。

课程育人:

1. 通过产品更新“迭代”概念，引导师生思考，培育勤俭节约、适可而止的优良品质。
2. 倡导国货、支持国产，引导树立正确的价值观、消费观，培育爱国主义情怀。

（2）加湿器建模设计

1）加湿器总装设计

打开 Creo 7.0，点选“新建”“装配”，去除“使用默认模板”中“√”符号，在文件名中输入“加湿器结构设计 825”，如图 5-66 所示。

图 5-66

2）壳体结构建模设计

步骤 1 在工具栏，创建“壳体”零件。在“草绘”状态下，完成如图 5-67 所示草图截面。

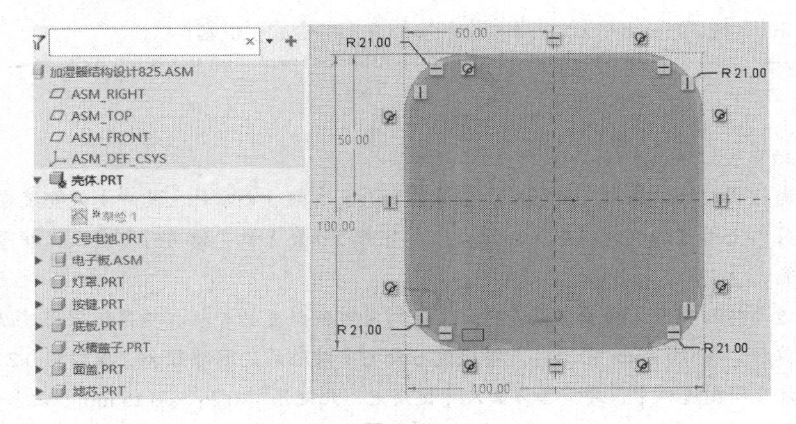

图 5-67

步骤 2 点“拉伸”，向上拉伸“20”，完成壳体“拉伸 1”特征；点“草绘”，选取端面，完成“草绘 2”截面，如图 5-68 所示。

步骤 3 点“拉伸”，向下移除材料“10”，完成“拉伸 2”特征；点“草绘”，选凸台端面，完成“草绘 3”截面，如图 5-69 所示。

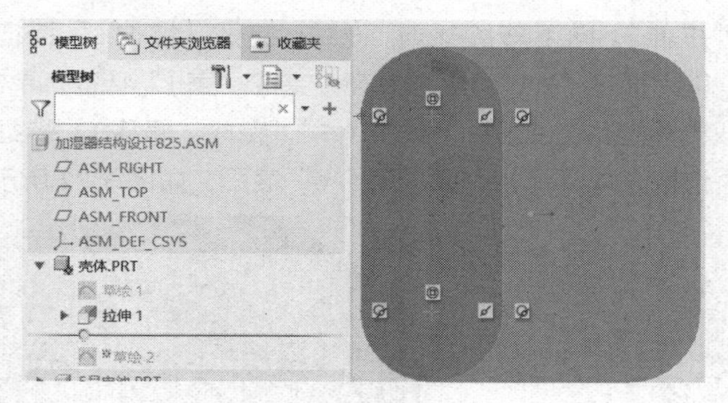

图 5-68

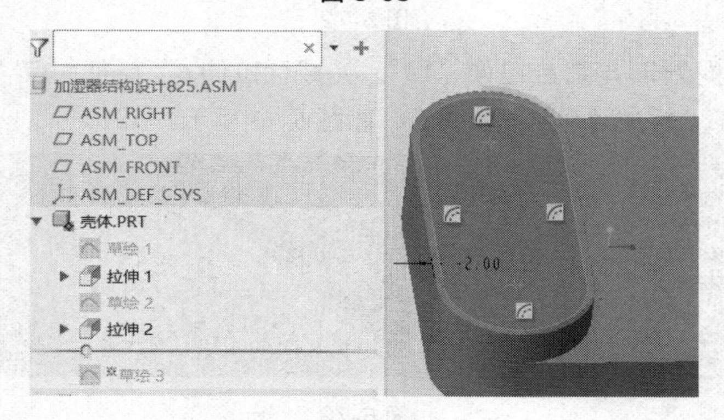

图 5-69

步骤 4　点“拉伸”，向下移除材料“7.2”，完成“拉伸 3”特征。点“草绘”，选“top”基准面，完成“草绘 4”截面，如图 5-70 所示。

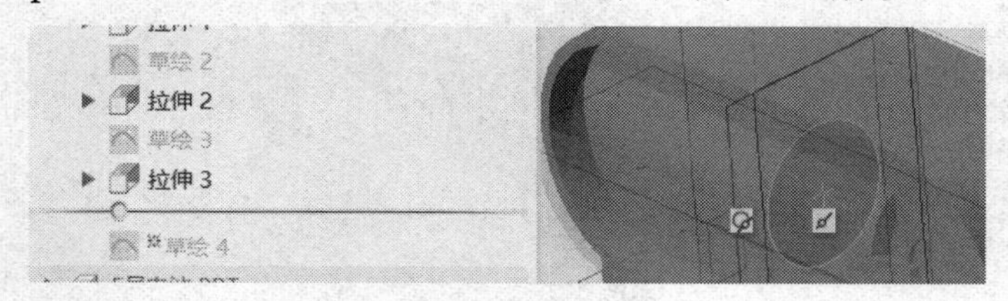

图 5-70

步骤 5　点“拉伸”，一边为“穿透”，另一边长为“24”，如图 5-71A 所示，完成“拉伸 4”特征。点“草绘”，选壳体表面，完成“草绘 5”截面，如图 5-71B 所示。

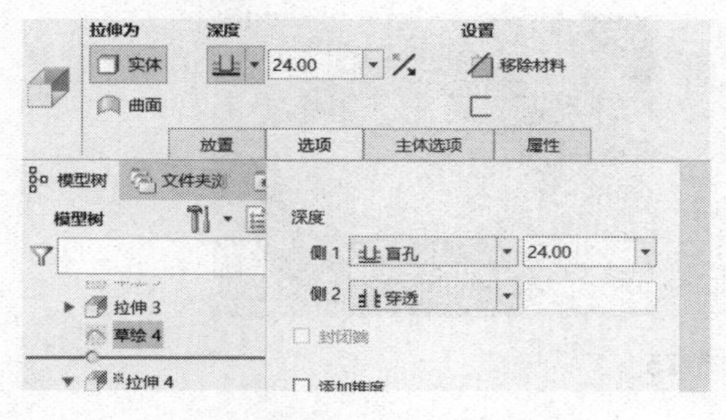

图 5-71A

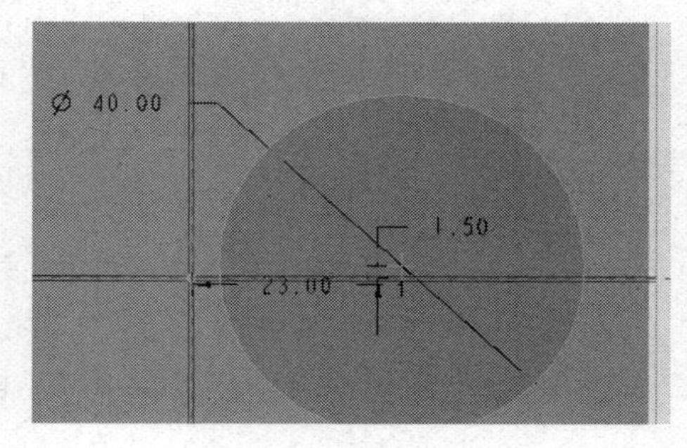

图 5-71B

步骤6 点“拉伸”，向下移除材料“0.5”，完成“拉伸5”特征。单击“壳”命令，输入厚度“2.1”，移除底壳，完成“壳1”特征。单击“偏移”特征，选取壳体电池处曲面，偏移“0.5”，完成“偏移1”特征。点“草绘”命令，选取壳体沉台，完成“草绘6”截面，如图5-72所示。

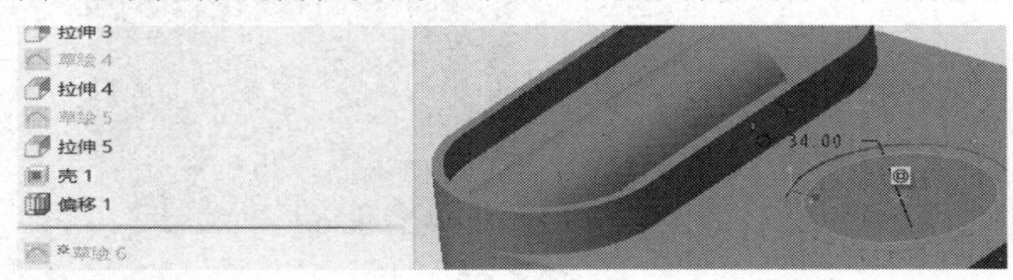

图5-72

步骤7 点“拉伸”，圆台拉伸“13”，完成“拉伸6”特征；点“草绘”，选圆台顶部，完成“草绘7”截面，如图5-73所示。

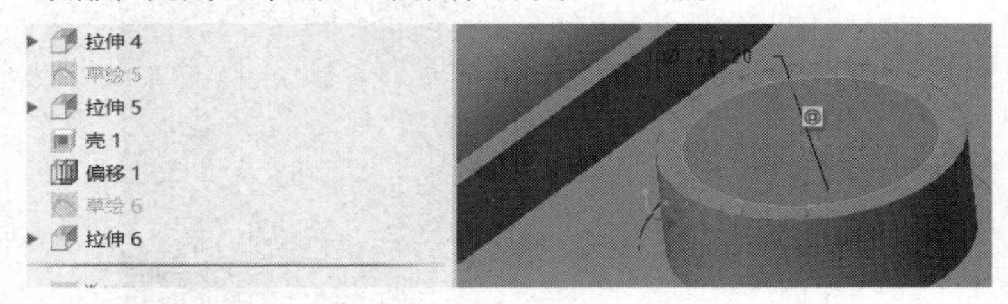

图5-73

步骤8 点“拉伸”，向内移除材料“8.4”，完成“拉伸7”特征；点“草绘”，选凸台底部，完成“草绘8”截面，如图5-74所示。

图5-74

步骤9 点“拉伸”，向内拉伸“2.0”，完成“拉伸8”特征；点“草绘”，选壳体外表面，完成“草绘9”截面，如图5-75所示。

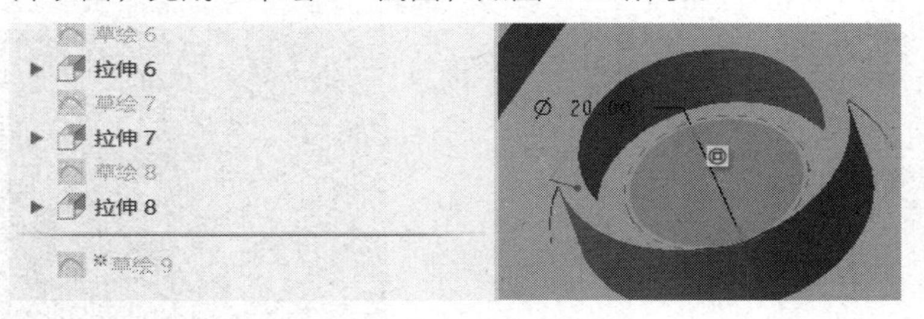

图5-75

步骤 10 单击“拉伸”，向内拉伸“3”，拉伸完成“拉伸 9”特征；点“草绘”，选壳体内表面，完成“草绘 10”截面，如图 5-76 所示。

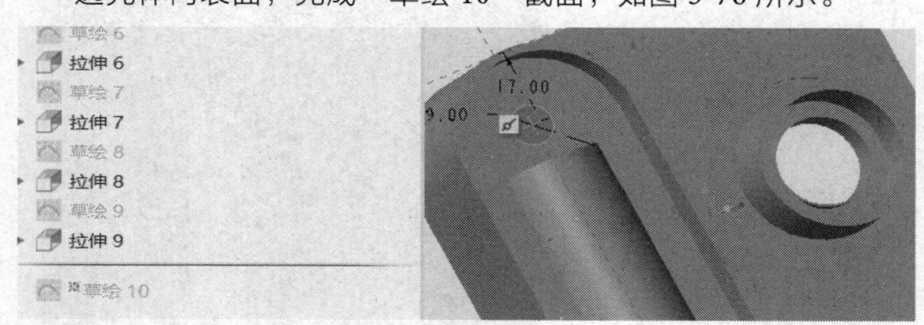

图 5-76

步骤 11 单击“拉伸”，向内拉伸“3.0”，完成“拉伸 10”特征；点“平面”，按住“Ctrl”键，选“穿过壳体”“穿过 ASM”，建“DTM1”参考面。点“草绘”，完成“草绘 11”截面，如图 5-77 所示。

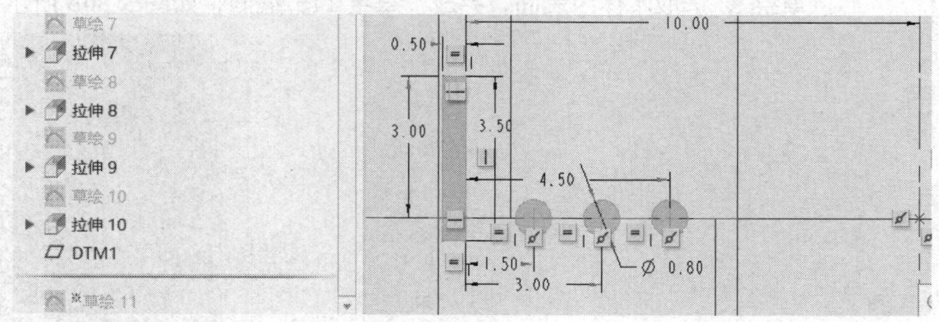

图 5-77

步骤 12 点“旋转”，完成“旋转 1”，点“草绘”，选“DTM1”作为参考面，完成“草绘 12”截面，如图 5-78 所示。

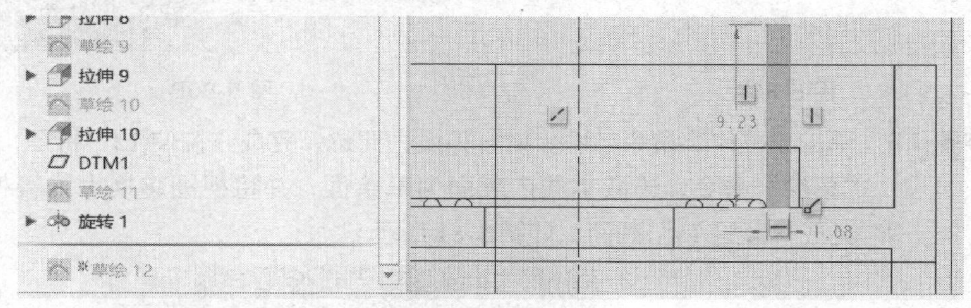

图 5-78

步骤 13 单击“旋转”命令，完成“旋转 2”特征。单击“平面”基准，选本体 1 内表面，偏移“15.5”，创建“DTM2”参考面；点“草绘”，完成“草绘 13”截面，如图 5-79 所示。

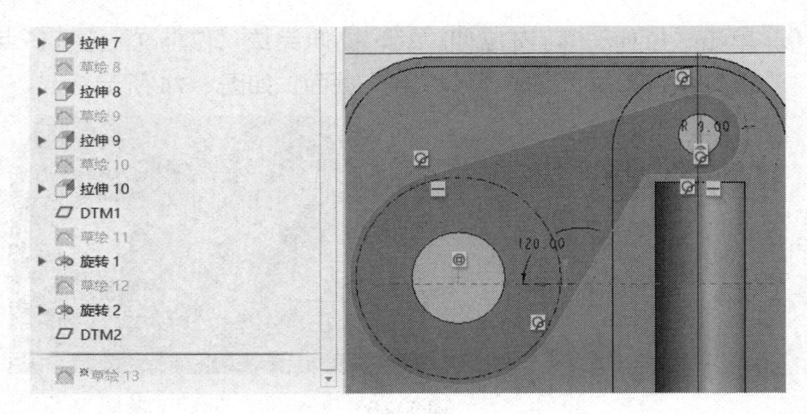

图 5-79

步骤 14 单击“拉伸”，选“实体”“薄壁”，输入“1.45”，如图 5-80A 所示。“拉伸至所有曲面相交”，完成“拉伸 11”特征。完成“倒圆角 1、2”，点“草绘”，选取本体内表面，完成“草绘 14”截面，如图 5-80B 所示。

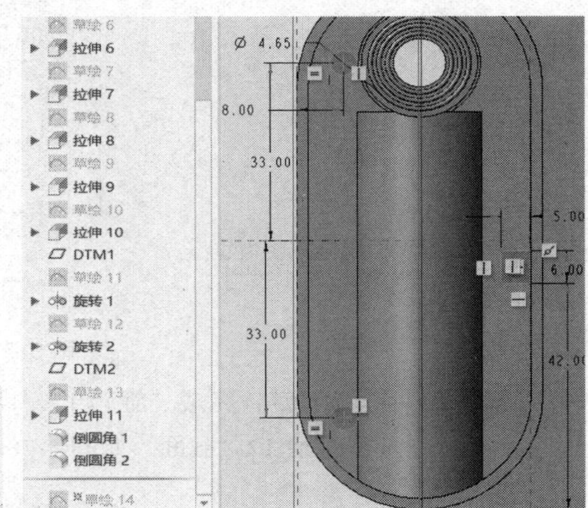

图 5-80A　　　　图 5-80B

步骤 15 单击“拉伸”命令，移除材料并设为穿透，完成“拉伸 12”特征；单击“草绘”命令，选取本体内表面为草绘面，并将视图转换为线稿模式，完成“草绘 15”截面，如图 5-81 所示。

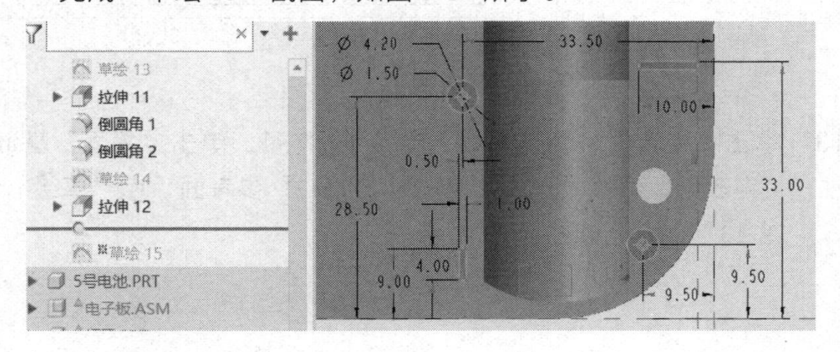

图 5-81

步骤 16 单击“拉伸”命令，拉伸值“13”，完成“拉伸 13”特征，单击“平面”，选本体内表面，在对话框中“平移”处输入尺寸“8”，创建“DTM3”基准面，点“草绘”，完成“草绘 16”，如图 5-82 所示。

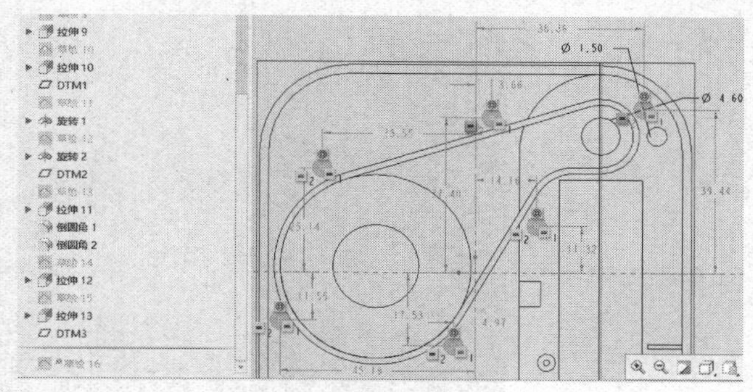

图 5-82

步骤 17 单击“拉伸”命令，选“拉伸至所有曲面相交”，完成“拉伸 14”特征。点“草绘”，选取本体内表面为草绘面，完成“草绘 17”，如图 5-83 所示。

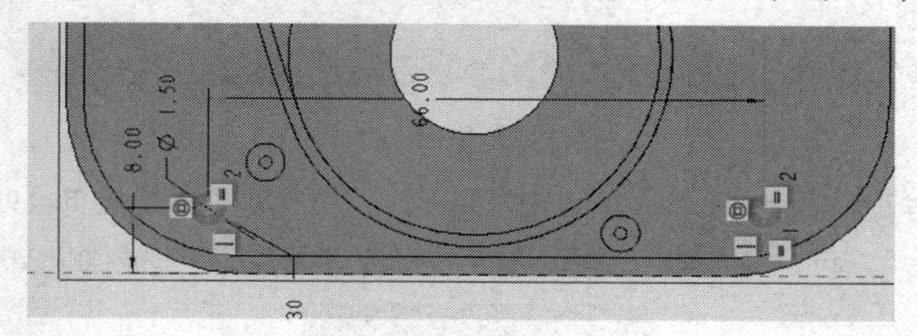

图 5-83

步骤 18 单击“拉伸”命令，向外伸长材料“11”，完成“拉伸15”特征。单击“草绘”，选本体外表面为草绘面，向内移除材料“3”，完成“拉伸 16”特征。点“草绘”，选外表面为草绘面，完成“草绘 18”截面，如图 5-84 所示。

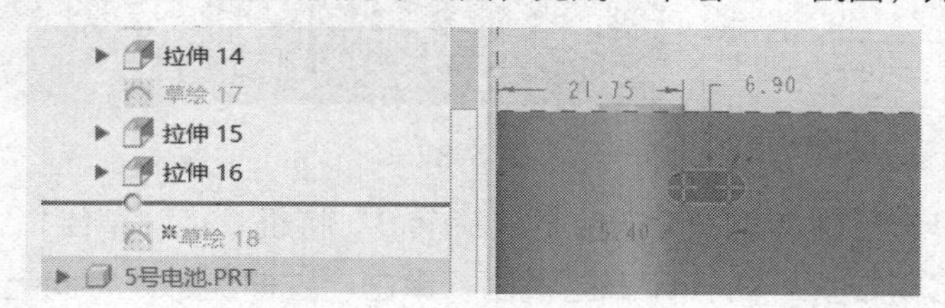

图 5-84

步骤 19 单击“拉伸”命令，向内移除材料“11”，完成“拉伸 17”特征，点“草绘”，选外表面为草绘面，完成“草绘 19”截面，如图 5-85 所示。

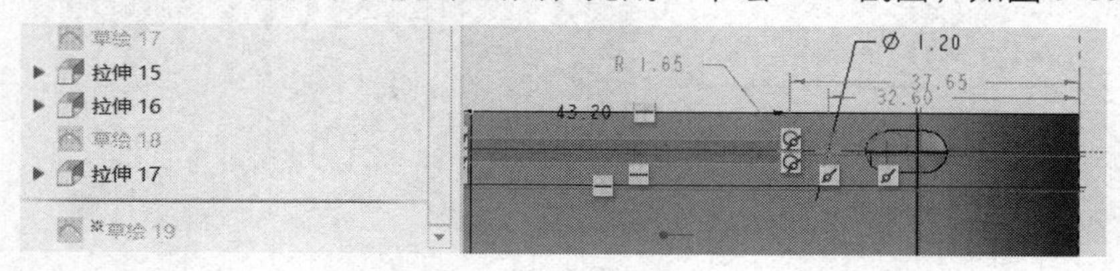

图 5-85

步骤 20 单击“拉伸”命令，向内移除材料“3”，完成“拉伸 18”特征，点“草绘”，选壳体底部为草绘面，完成“草绘 20”截面，如图 5-86 所示。

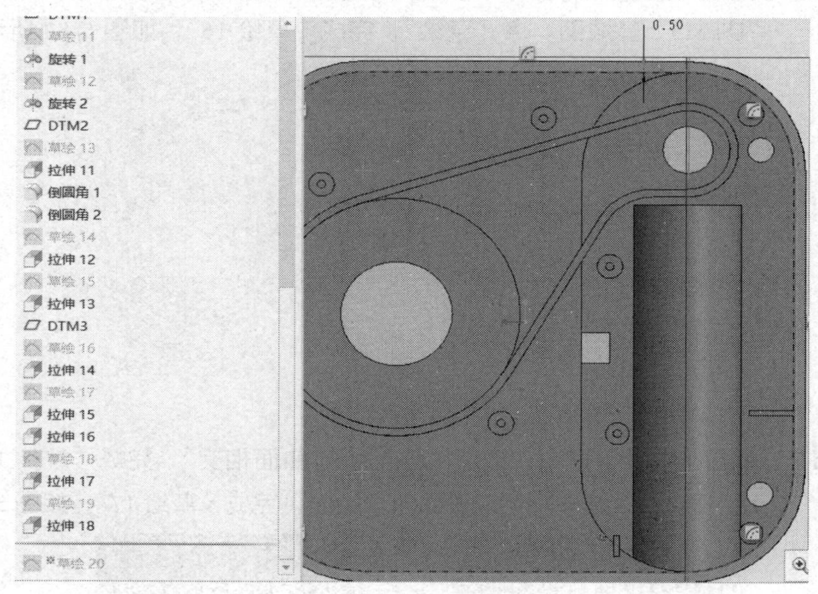

图 5-86

步骤 21 单击“拉伸”命令，向内移除材料“2”，完成“拉伸 19”特征，点“草绘”，选“DTM1”为草绘面，完成“草绘 20”截面，如图 5-87 所示。

图 5-87

步骤 22 单击“旋转”命令，完成“旋转 3”特征。点“草绘”，选壳体内表面，完成如图 5-88 所示草绘截面。单击“拉伸”命令，向上伸长材料“12”，完成“拉伸 20”特征。单击“阵列”，选“轴”、输入成员数“8”，角度“45”，完成“阵列 1/ 拉伸 20”特征，如图 5-89 所示。

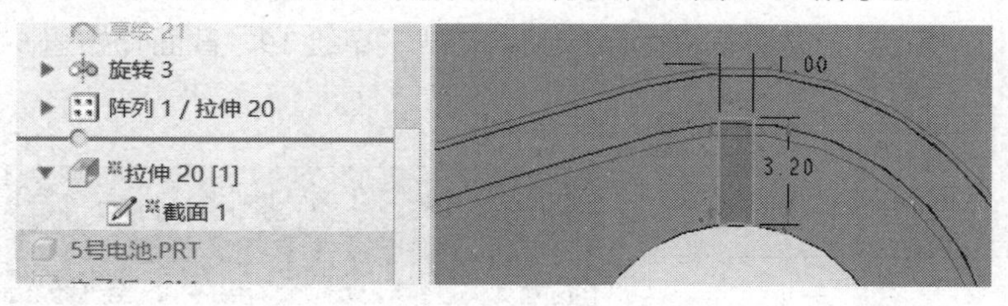

图 5-88

图 5-89

步骤 23　单击“平面”命令，在基准平面对话框中选取“ASM_RIGHT：F1（基准平面）”，平移“0”，完成“DTM4”特征，如图 5-90 所示。单击“平面”命令，在基准平面对话框中选取“ASM_TOP：F2（基准平面）”，平移“0”，完成“DTM7”特征，如图 5-91 所示。单击“平面”命令，在基准平面对话框中，按住 Ctrl 键，选取“曲面：F14（拉伸 6）”为“穿过壳体”，选取“DTM7：F61（基准平面）”为“法向”垂直壳体，完成创建“DTM8”特征，如图 5-92 所示。

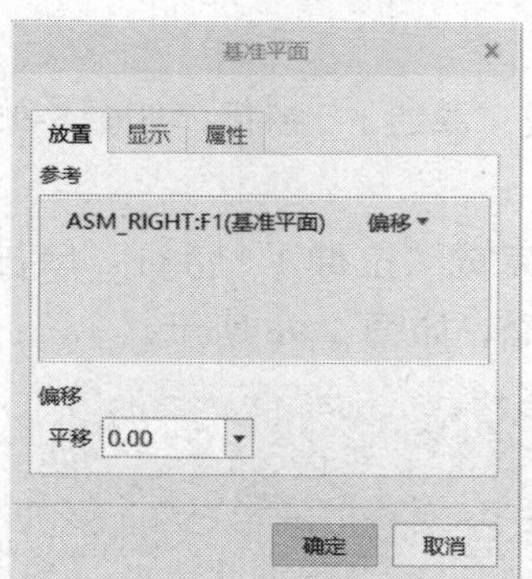

图 5-90

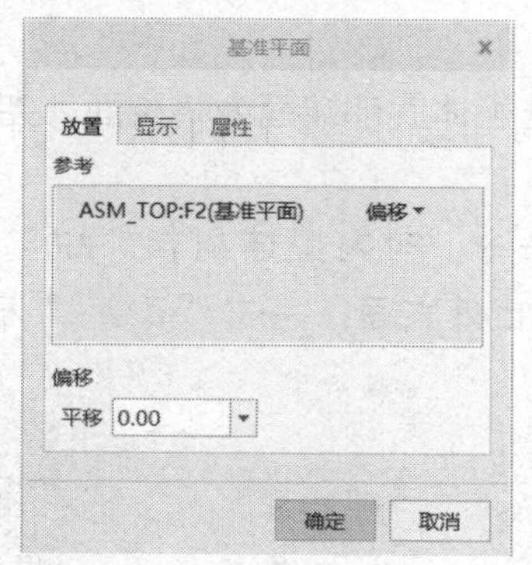

图 5-91

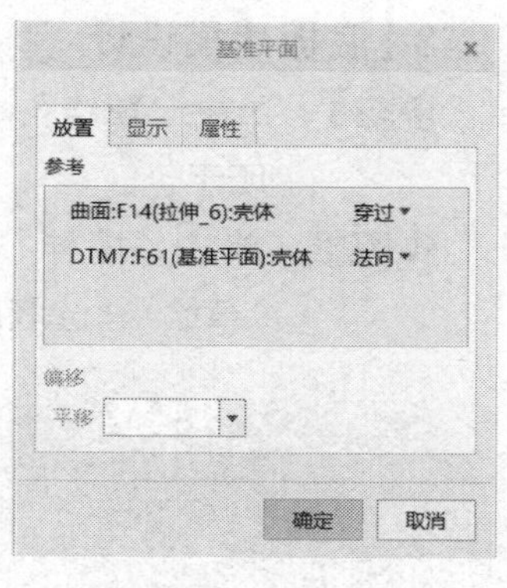

图 5-92

步骤 24　单击“螺旋扫描”，在对话框中完成草绘截面、轴，完成“螺旋扫描 1”特征，如图 5-93 所示。效果如图 5-94 所示。

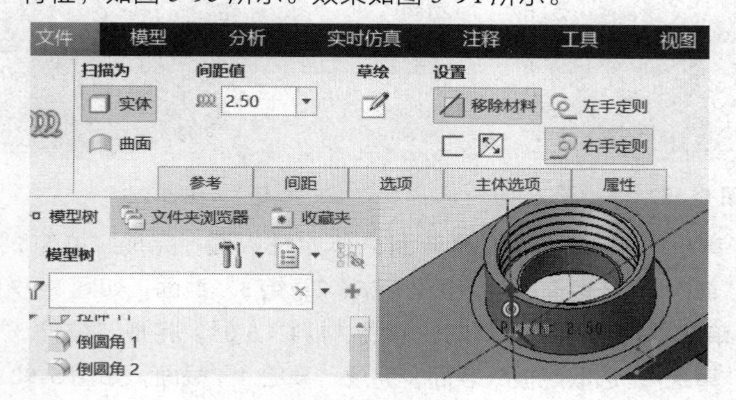

图 5-93

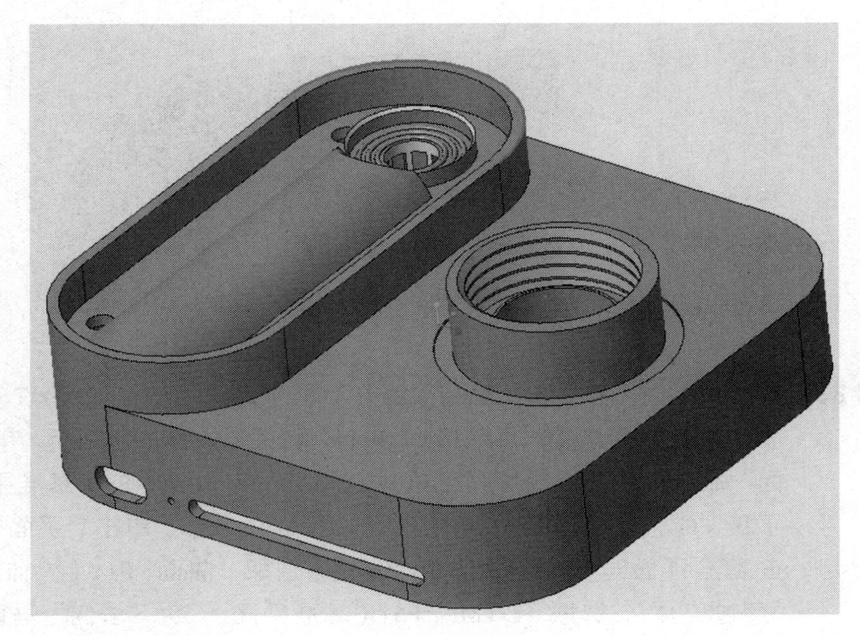

图 5-94

3）底板建模设计

步骤 1 单击“草绘”，选壳体底部端面为草绘面，完成“草绘 1”特征，如图 5-95 所示。

步骤 2 单击“拉伸”命令，向内拉伸材料“2.0”，完成“拉伸 1”特征。单击“草绘”，选取底板外表面，完成“草绘 2”截面，如图 5-96 所示。

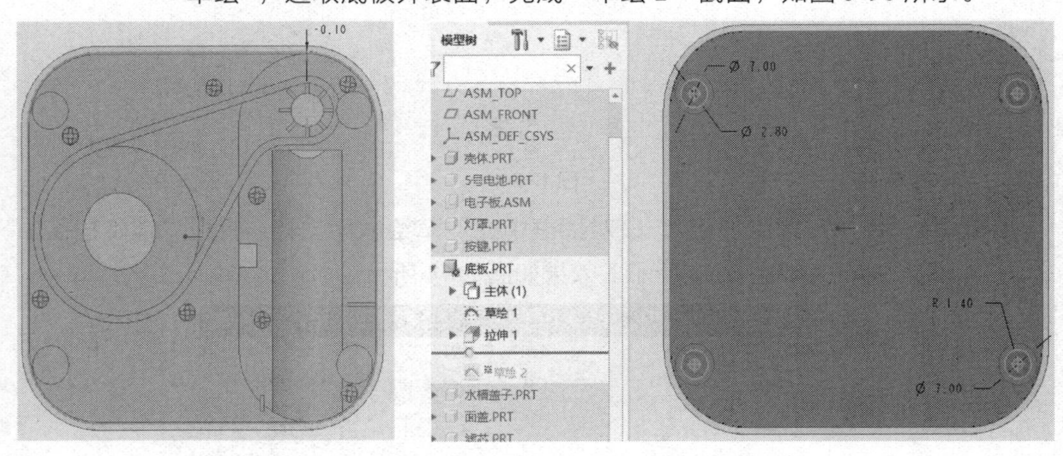

图 5-95　　图 5-96

步骤 3 单击“拉伸”命令，延伸到壳体螺柱端面，完成“拉伸 2”特征，单击“草绘”，选取底板外表面，完成“草绘 3”截面，如图 5-97 所示。

步骤 4 单击“拉伸”命令，向内移除材料“5.0”，完成“拉伸 3”特征，单击“草绘”，选取底板外表面，完成“草绘 4”截面，如图 5-98 所示。

图 5-97

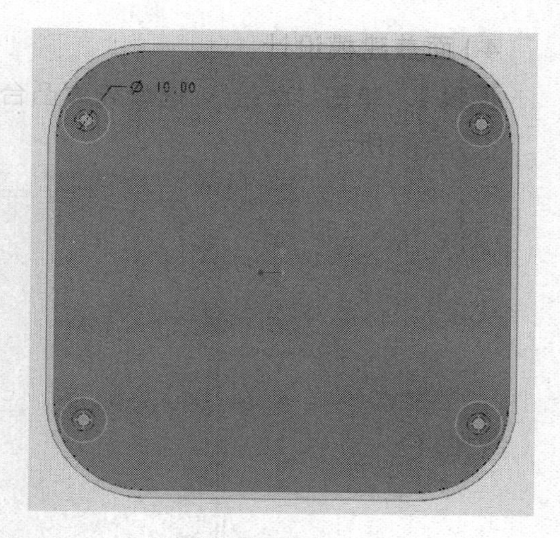

图 5-98

步骤 5 单击“拉伸”命令，选薄壁特征，输入“0.4”，拉伸材料“0.5”，完成“拉伸4”特征，单击“草绘”，选取底板外表面，完成“草绘 5”截面，如图 5-99 所示。

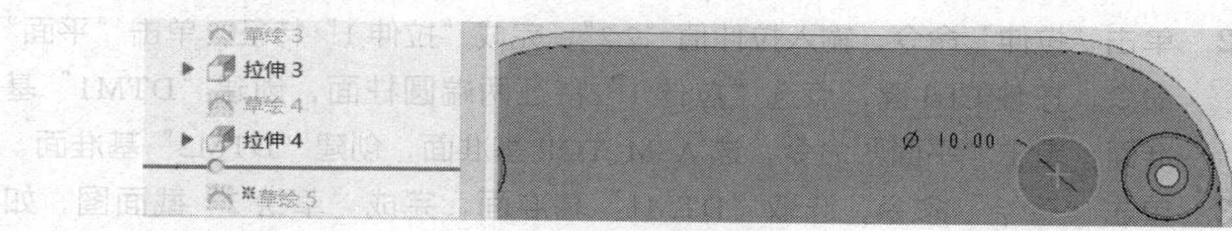

图 5-99

步骤 6 单击“拉伸”命令，移除所有材料，完成“拉伸 5”特征，如图 5-100 所示。

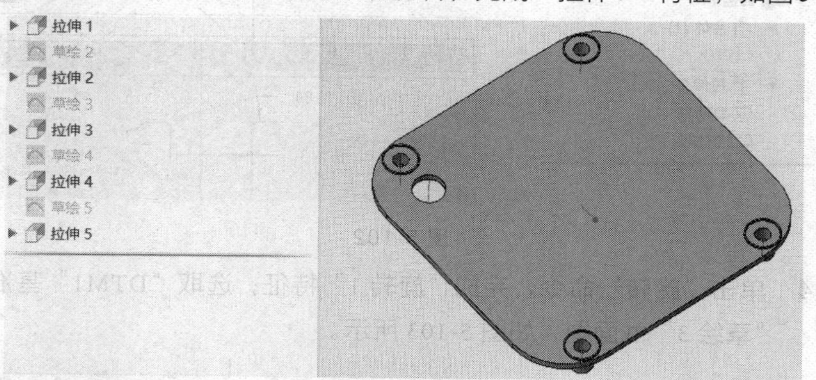

图 5-100

说明:

底板有的也叫“底盖”“底座”，是壳体状产品主要结构件之一。它与壳体或本体连接，有支持、封装、定位等作用。底板上一般装有与壳体连接的螺丝孔以及起绝缘和减震作用的橡胶地脚。

此产品底板包裹在壳体内部，各定位孔等都有参考尺寸，设计难度不高，平板式结构比较容易实现。

4）面盖建模设计

步骤 1 单击“草绘”，选取壳体凸台端面，完成“草绘 1”截面图，如图 5-101 所示。

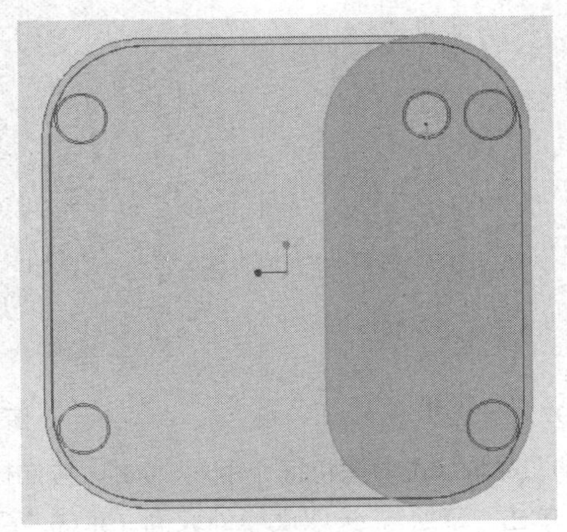

图 5-101

步骤 2 单击“拉伸”命令，输入拉伸值“2.2”，完成“拉伸 1”特征。单击“平面”命令，按住 Ctrl 键，点选“拉伸 1”特征两端圆柱面，创建“DTM1”基准面。单击“平面”命令，选 ASM_TOP 基准面，创建“DTM2”基准面。

步骤 3 单击“草绘”命令，选取“DTM1”基准面，完成“草绘 2”截面图，如图 5-102 所示。

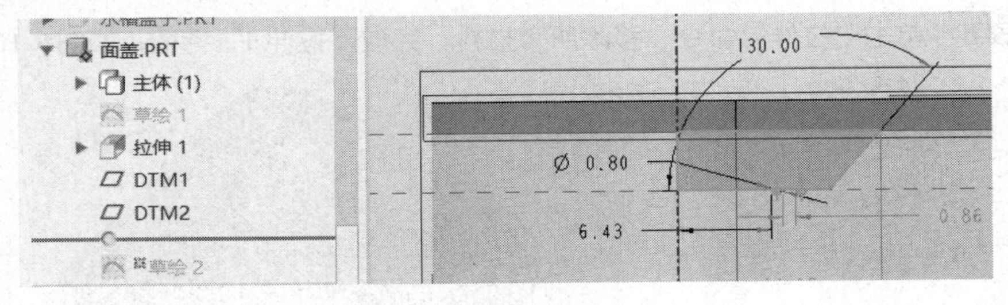

图 5-102

步骤 4 单击“旋转”命令，完成“旋转 1”特征，选取“DTM1”基准面，完成“草绘 3”截面图，如图 5-103 所示。

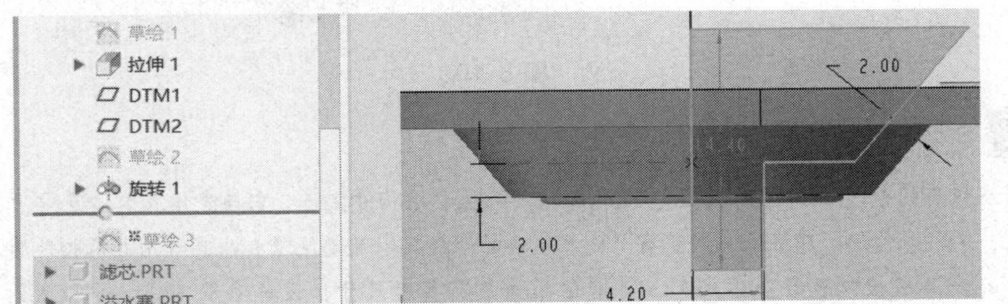

图 5-103

步骤 5　单击“旋转”命令，完成“旋转 2”特征，单击“草绘”命令，选取面盖基准面，完成“草绘 4”截面图，如图 5-104 所示。

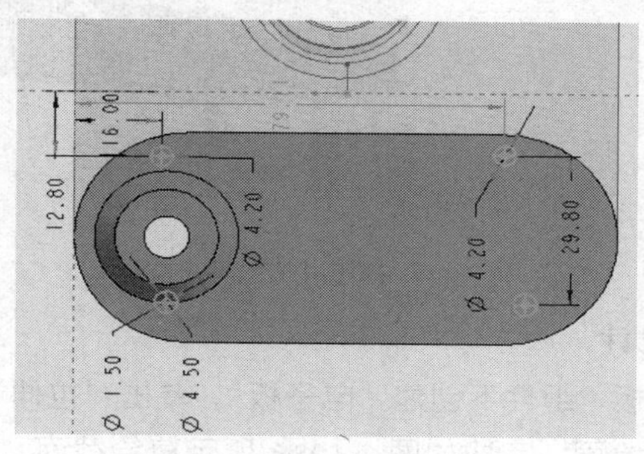

图 5-104

步骤 6　单击“拉伸”命令，选择“拉伸至指定曲面”，再选壳体螺柱位端面，完成“拉伸 2”特征，点“草绘”，选取面盖螺柱位端面，完成“草绘 5”截面，如图 5-105 所示。

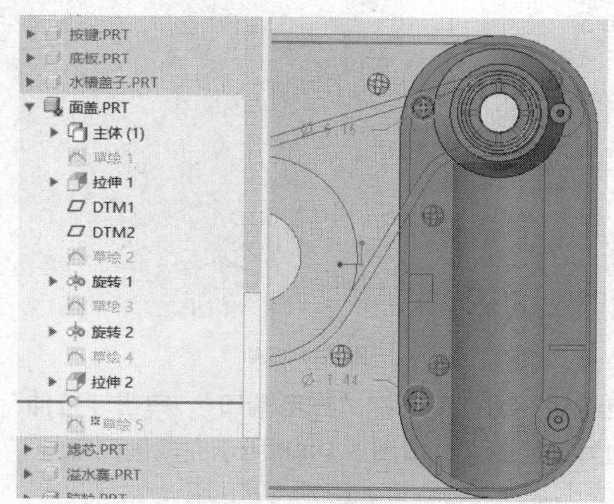

图 5-105

步骤 7　单击“拉伸”命令，移除材料“14.7”，完成“拉伸 3”特征。点“草绘”，选取“DTM1”基准面，完成“草绘 6”截面，如图 5-106 所示。

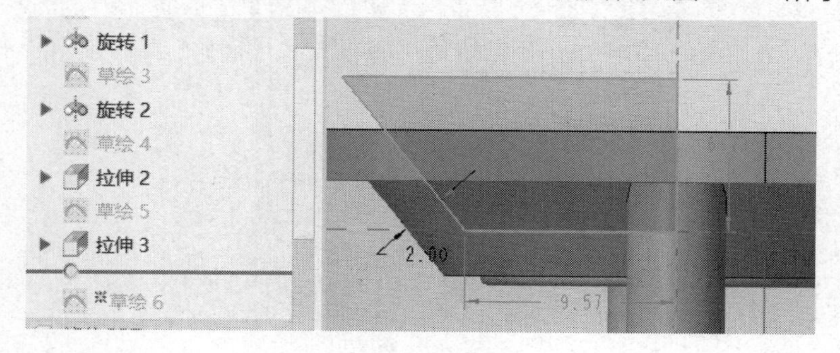

图 5-106

步骤 8 单击“旋转”，移除材料，完成“旋转 4”特征，如图 5-107 所示。

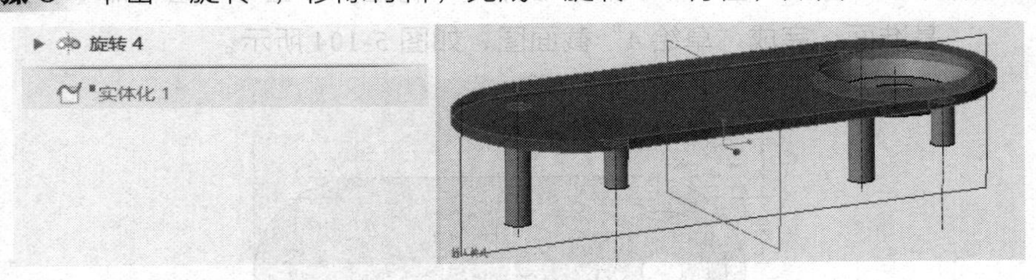

图 5-107

5）电子板建模设计

步骤 1 在“电子板”组件下创建“电子板”，单击“拉伸”命令，选择壳体螺柱端面为草绘面，完成如图 5-108A 所示草绘截面，拉伸“0.7”，完成“拉伸 1”特征。

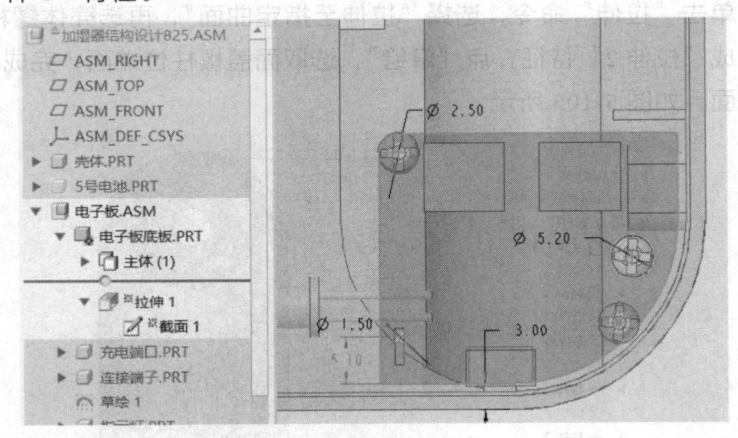

图 5-108A

步骤 2 在“电子板”组件下创建“充电端口”，单击“拉伸”命令，选取在电子板侧边为草绘截面，按图 5-108B 所示完成截面草绘。

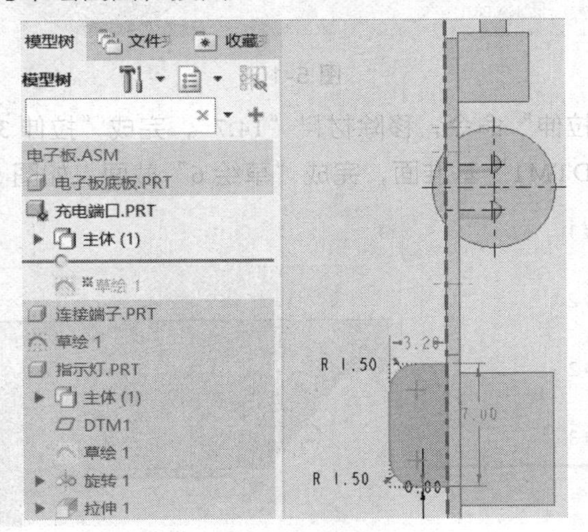

图 5-108B

步骤 3 单击“拉伸”命令，向外侧拉伸“2.0”，向内拉伸“5.4”，单击“确认”按钮，完成“拉伸 1”特征，如图 109 所示。点选端口外侧边为草绘截面，按图 5-110 所示完成“截面 2”草绘。

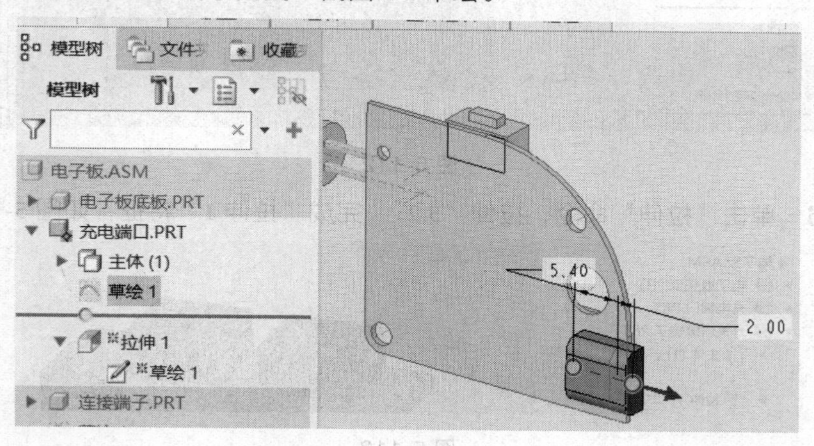

图 5-109

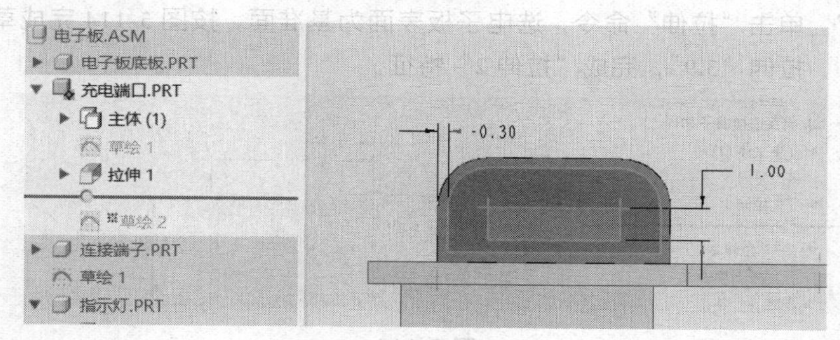

图 5-110

步骤 4 单击“拉伸”命令，向内移除材料“7.0”，单击“确认”按钮，完成“拉伸 2”特征，如图 5-111 所示。

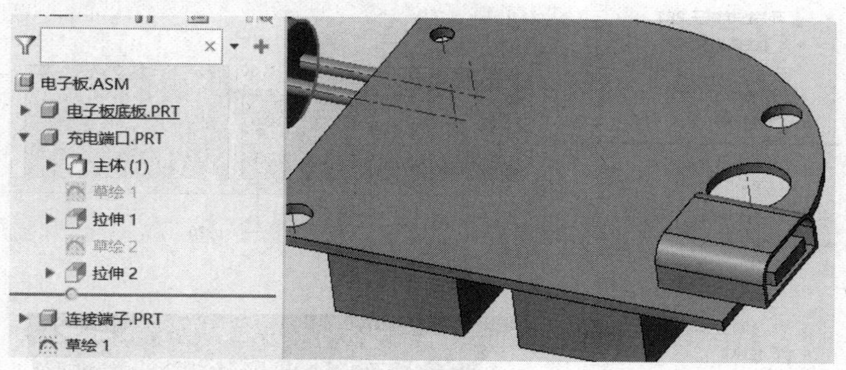

图 5-111

步骤 5 在“电子板”组件下创建“开关连接端子”，单击“草绘”，选电子板表面，画出测绘端子“草绘 1”截面，如图 5-112 所示。

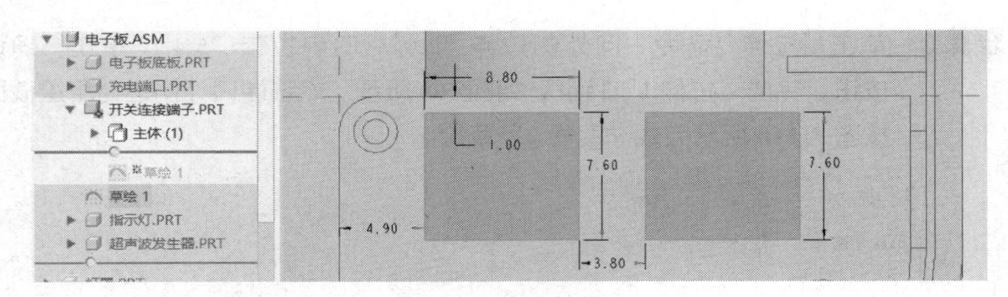

图 5-112

步骤 6 单击“拉伸”命令，拉伸“5.2”，完成“拉伸 1”特征，如图 5-113 所示。

图 5-113

步骤 7 单击“拉伸”命令，选电子板表面为基准面，按图 5-114 完成草图截面，拉伸“3.9”，完成“拉伸 2”特征。

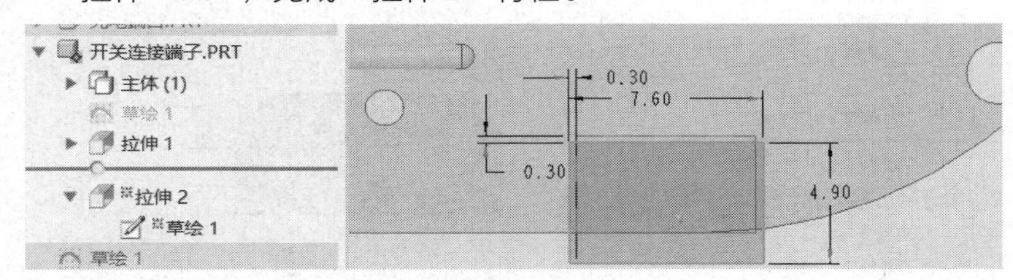

图 5-114

步骤 8 单击“草绘”命令，选开关端面作基准面，按图 5-115 所示完成草图截面。单击“拉伸”命令，向内移除材料“1.0”，完成后如图 5-116 所示。

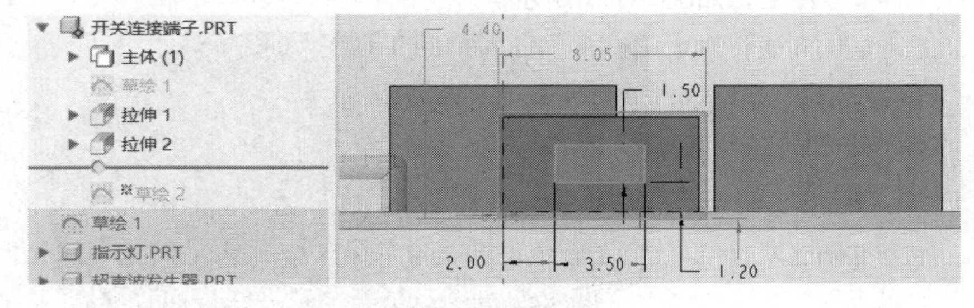

图 5-115

图 5-116

步骤 9　在“电子板”组件下创建“指示灯”，点选“平面”，选取壳体外表面作为参考面，偏移“11.9”，创建“DTM1”基准面。单击“草绘”，选壳体孔位中心线为“草绘”旋转用中心线，完成“草绘 1”截面，如图 5-117 所示。

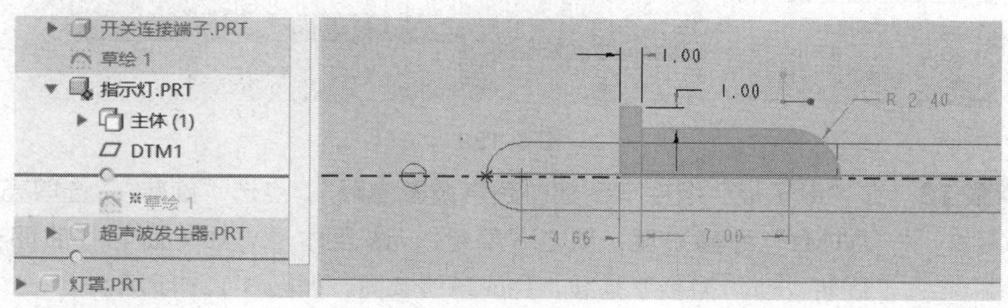

图 5-117

步骤 10　单击“旋转”命令，完成“旋转 1”特征。单击“拉伸”命令，选取指示灯端面，“草绘”旋转用中心线，完成“截面 1”草绘，如图 5-118 所示。

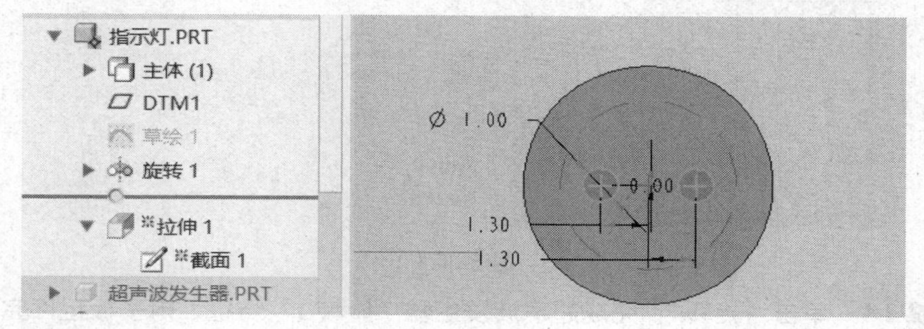

图 5-118

步骤 11　单击“拉伸”命令，拉伸“12.3”，完成“拉伸 1”灯脚特征。单击“倒圆角”命令，选取指示灯灯脚，输入“0.5”，完成倒圆角特征，如图 5-119 所示。

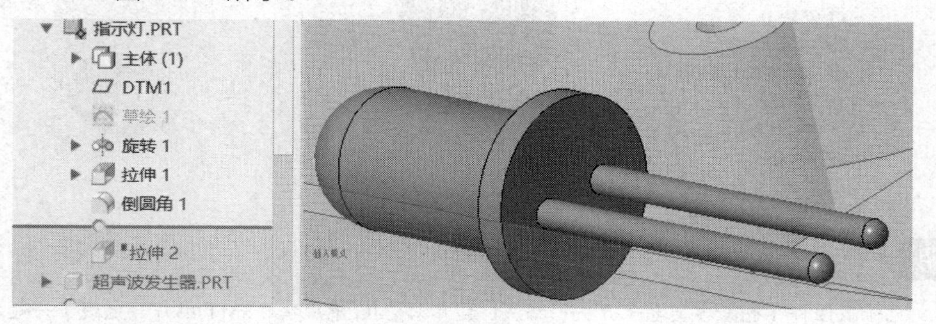

图 5-119

步骤 12　单击“拉伸”命令，选取电子板板面作为基准面，绘制如图 5-120 所示草图截面，点“确认”，拉伸至灯脚中心线，单击“确认”按钮。

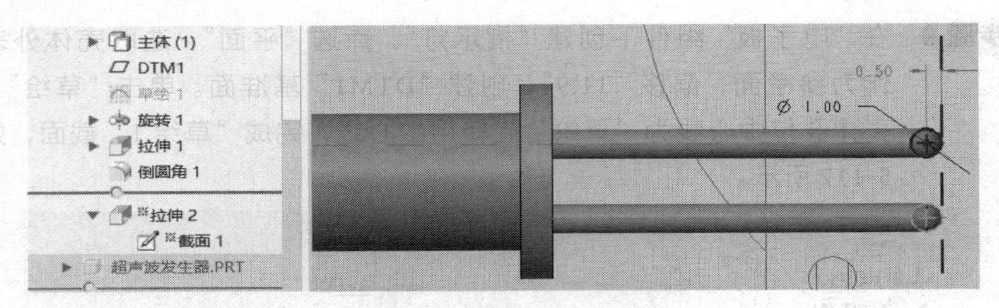

图 5-120

步骤 13 在“电子板”组件下创建“超声波发生器”，点选“旋转”，选取壳体外“DTM1”为基准面。单击“草绘”，选壳体“A_10（轴）”“曲面：F25（旋转 _1）”为参考基准，完成草绘截面，如图 5-121 所示。

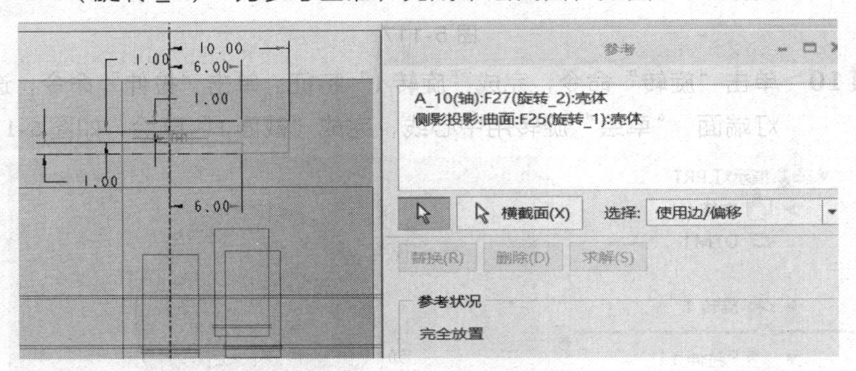

图 5-121

步骤 14 单击“旋转”，完成超声波发生器“旋转 1”特征，电子板组件完成如图 5-122 所示。

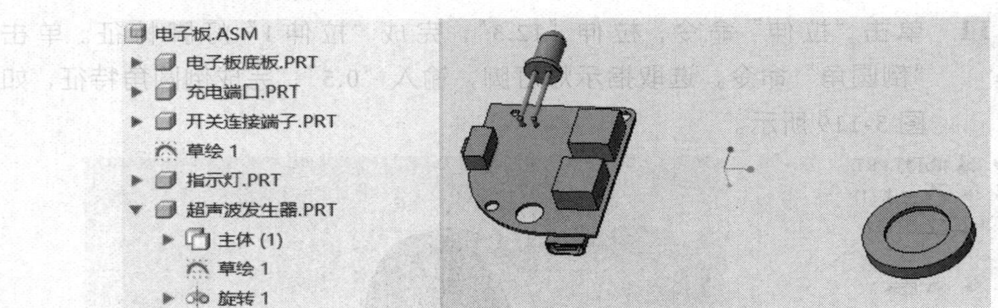

图 5-122

说明：

电子板组件（包括各类电子开关、插头、指示灯、IC 集成块、SMT 贴片、电线）一般定义为关键零部件或核心部件，一般与壳体、按钮、灯罩等外观结构件，通过柱孔位、扣位、螺丝、胶粘、捆扎等形式装配。尺寸配合比较紧凑，装配要求较高。

在产品结构设计过程中，一般可完整准确绘画出电子板组件特征形状。在造型设计时，也要充分考虑“关键”零部件影响，避免“画得出、做不出”的现象。

6）水槽盖子建模设计

步骤 1　在组件界面创建“水槽盖子”。单击“草绘”命令，选取壳体水槽处端面，完成“草绘 1”，如图 5-123 所示。

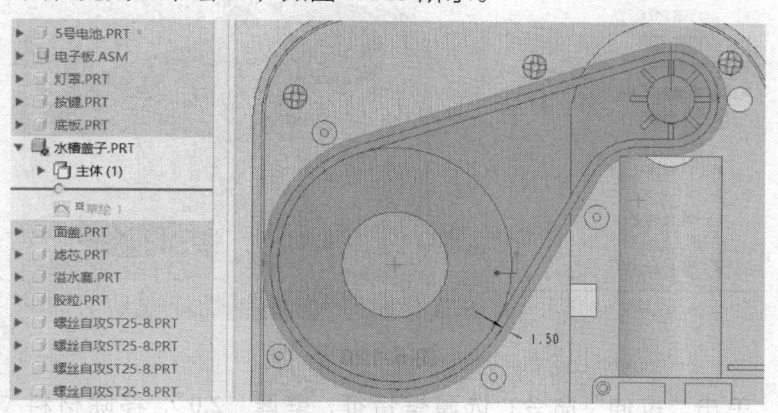

图 5-123

步骤 2　单击“拉伸”命令，向外侧拉伸“2.0”，内侧拉伸“1.0”，完成“拉伸 1”特征。单击“草绘”，选端面，完成“草绘 2”，如图 5-124 所示。

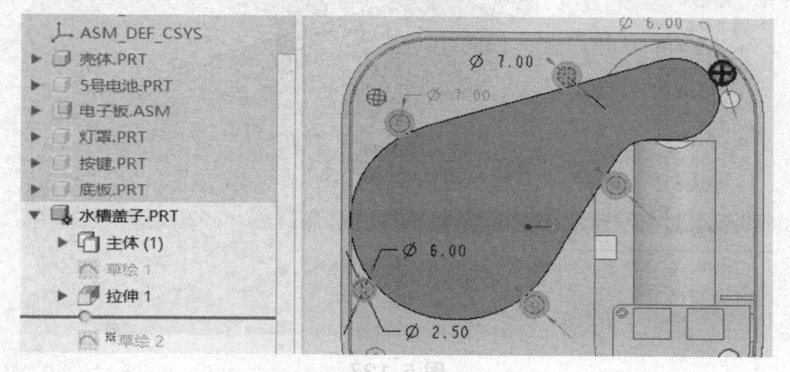

图 5-124

步骤 3　单击“拉伸”命令，拉伸至螺柱端面，完成“拉伸 2”特征。单击“草绘”，选端面，完成“草绘 3”，如图 5-125 所示。

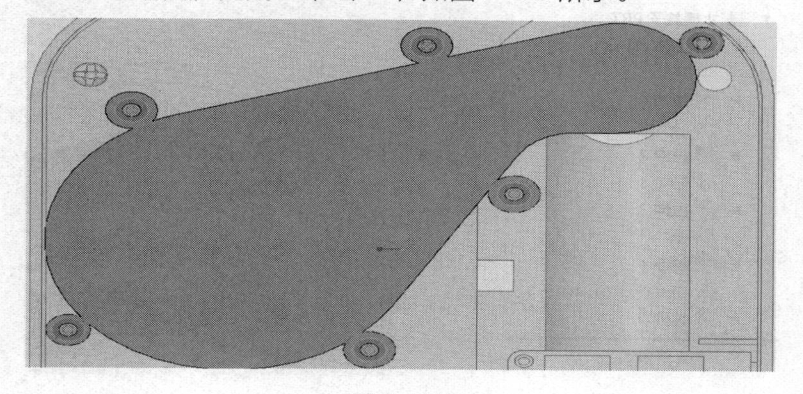

图 5-125

步骤 4 单击“拉伸”命令，移除材料“5.5”，完成“拉伸 3”特征。单击“草绘”，选端面，完成“草绘 4”，如图 5-126 所示。

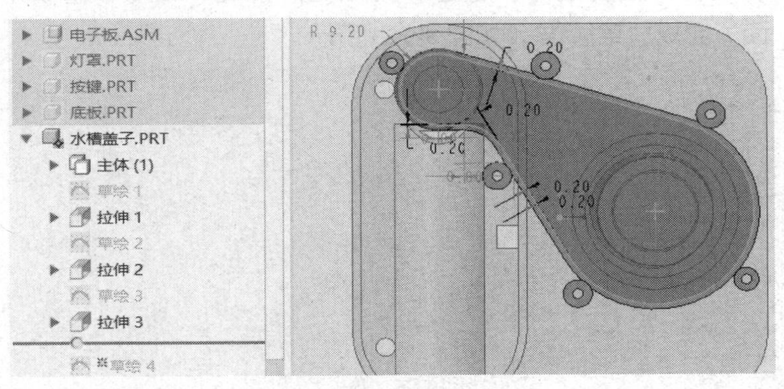

图 5-126

步骤 5 单击“拉伸”命令，选薄壁特征，壁厚“2.0”，移除材料“1.5”，完成“拉伸4”特征。单击“草绘”，选端面，完成“草绘5”，如图5-127所示。

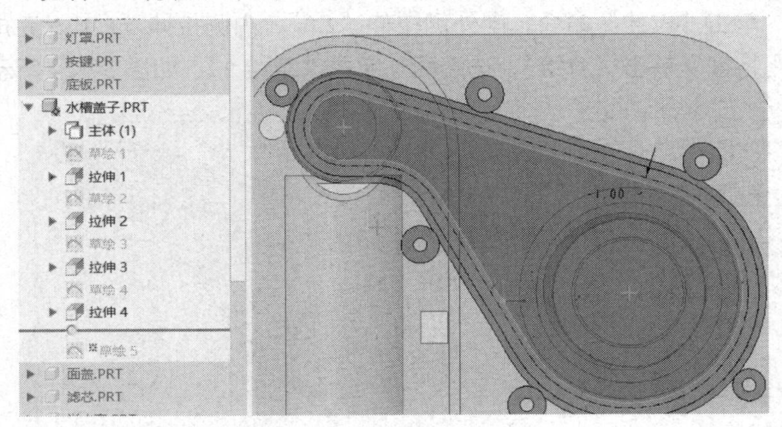

图 5-127

步骤 6 单击“拉伸”命令，移除材料“1.0”，完成“拉伸 5”特征。单击“草绘”，选盖子端面，完成“草绘 6”，如图 5-128 所示。

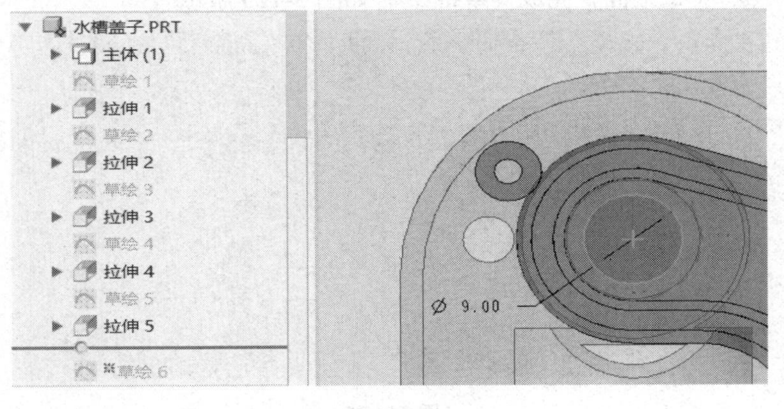

图 5-128

步骤 7　单击“拉伸”命令，移除材料，完成“拉伸 7”特征，完成后如图 5-129 所示。

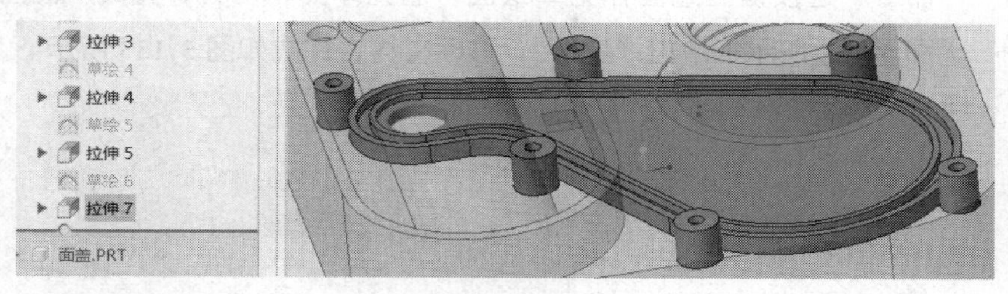

图 5-129

课程育人:

1. 本构件呈扁平状，小巧精致。想用户之所想，节约资源和使用空间。
2. 就地取材，储水瓶采用的是普通矿泉水水瓶，引导学生理解资源概念，培养节约意识。

课程思政:

1. 加湿器是健康类产品，可为人民身体健康提供支持。
2. 在生活工作中多开发类似的民生产品，建设富强、民主、文明、和谐的新中国。

7）按键建模设计

步骤 1　在组件下创建“按键”。单击“草绘”，选壳体按键装配处外表面作为基准面，选孔位尺寸偏移“0.1”（作为装配间隙），完成“草绘 1”，如图 5-130 所示。

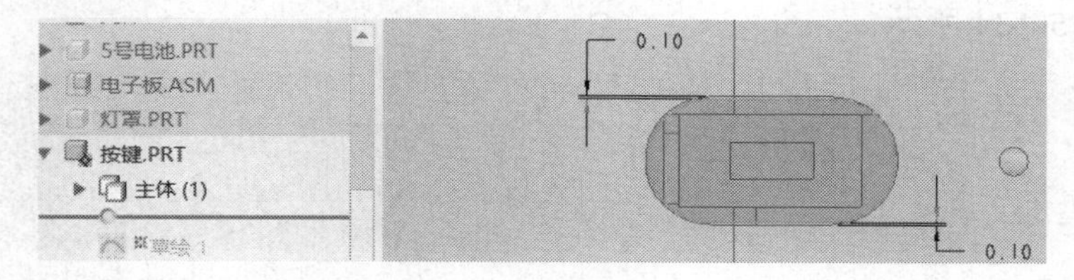

图 5-130

步骤 2　单击“拉伸”命令，向内拉伸至按键端面，完成“拉伸 1”特征。单击“草绘”命令，选按键内表面作为草绘面，完成“草绘 2”，如图 5-131 所示。

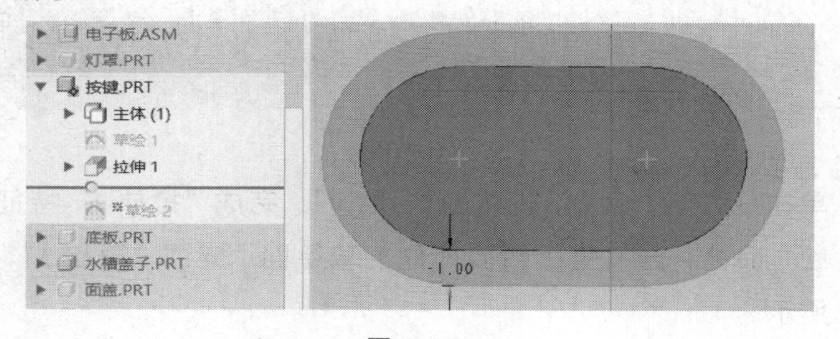

图 5-131

步骤 3 单击“拉伸”命令，向外拉伸“0.5”，完成“拉伸 2”特征。单击“拉伸”命令，选按键上端面作为草绘面，选壳体外轮廓线，完成“截面 1”，如图 5-132 所示。单击“拉伸”，移除材料，完成如图 5-133 所示。

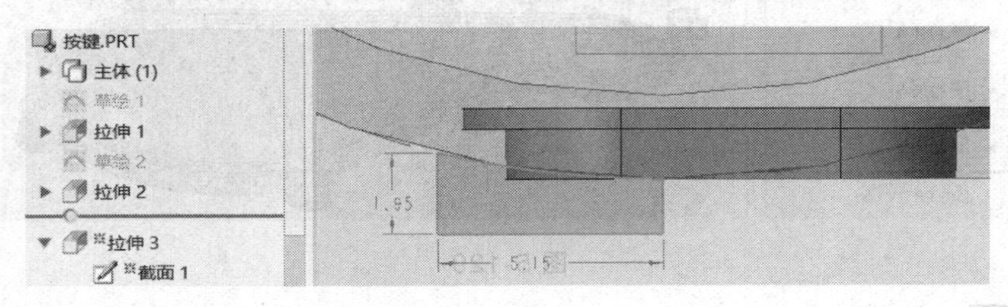

图 5-132

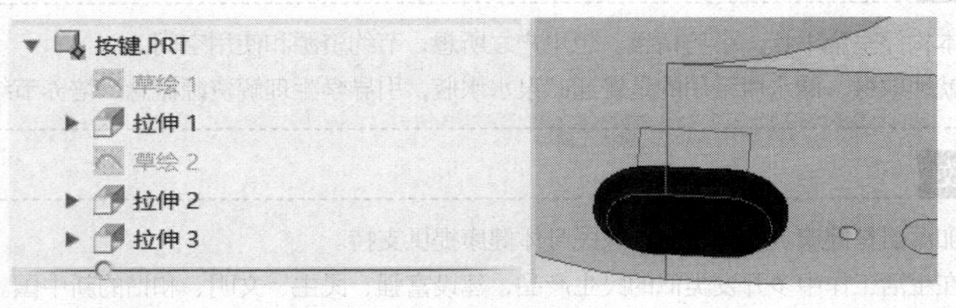

图 5-133

8）灯罩建模设计

步骤 1 在组件下创建“灯罩”。单击“草绘”，选壳体灯罩装配处外表面作为基准面，选孔位尺寸偏移“-0.1”（作为装配间隙），完成“草绘 1”，如图 5-134 所示。

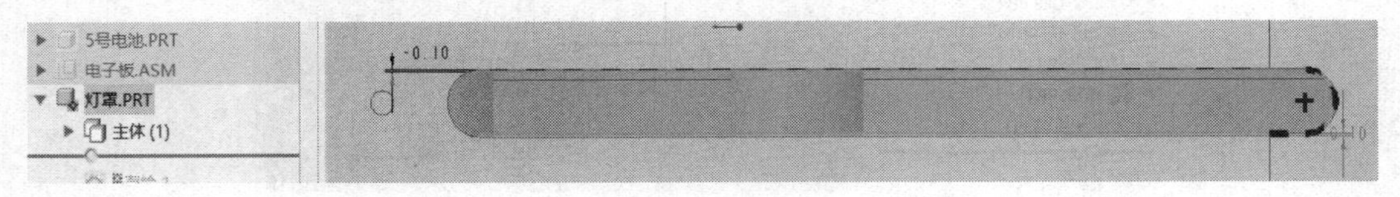

图 5-134

步骤 2 单击“拉伸”命令，向内拉伸“3.0”，完成“拉伸 1”特征。单击“草绘”命令，选按键内表面作为草绘面，完成“草绘 2”，如图 5-135 所示。

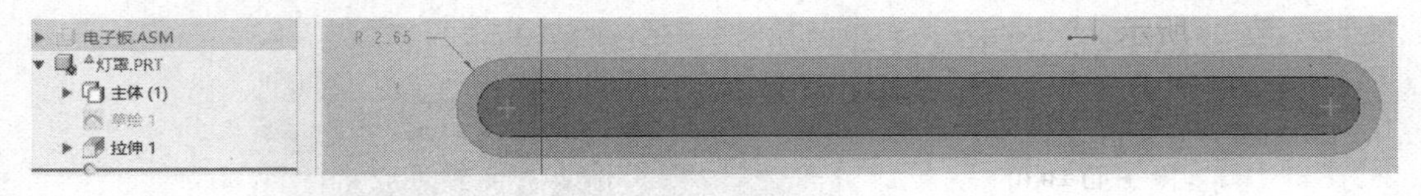

图 5-135

步骤 3 单击“拉伸”命令，向内拉伸“1.0”，完成“拉伸 2”特征。单击“草绘”命令，选按键上台肩部作为草绘面，完成“草绘 3”，如图 5-136 所示。

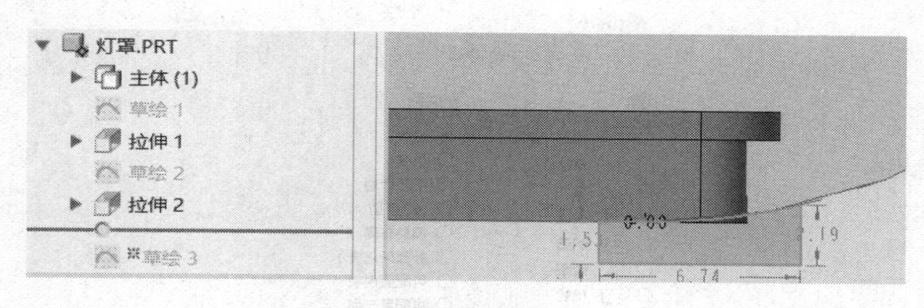

图 5-136

步骤 4　单击“拉伸”命令，移除材料，完成“拉伸 3”特征，完成后如图 5-137 所示。

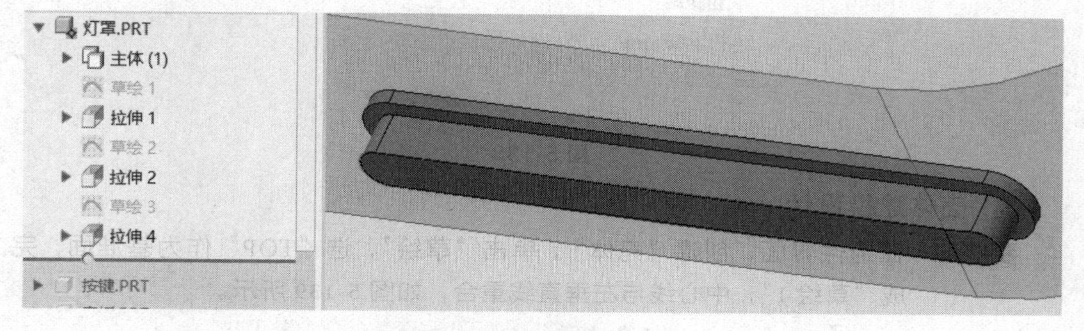

图 5-137

说明:

加湿器结构设计小结

1. 装配关系设计说明

加湿器结构设计由壳体、面盖、底板、水槽盖子、电子板、电池、胶圈等组成，通过超声波发生器激发，形成水雾，达到工作功能目的。水箱选用通用的小口径矿泉水瓶，方便取材，节约成本。

产品项目体积小，带有充放电功能，适合各种场所及人员使用。电子板组成做工精巧，电子板定位、卡扣准确，且方便安装，达到行业卓越级水平。壳体、底板及面盖都呈扁平状特征。该特征设计建构简单，但零件表面比较容易出现缩水、气孔、流痕等外观不良缺陷，除了对模具要求较高外，也容易造成零件管理成本高、材料加工成本高的问题。

2. 材料

本项目塑料为主，使用 ABS 工程塑料，保证该项目强度外，表面工艺感也较强。

（3）千斤顶建模设计

打开 Creo，点选“新建”“装配”，去除“使用默认模板”中“√”符号，在文件名中输入“千斤顶”，如图 5-138 所示。

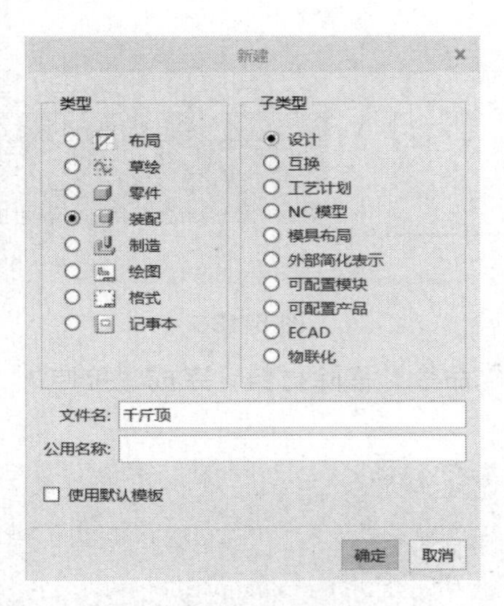

图 5-138

1）壳体建模设计

步骤 1 在组件界面，创建“壳体”。单击“草绘”，选“TOP”作为基准面，完成“草绘 1”，中心线与左垂直线重合，如图 5-139 所示。

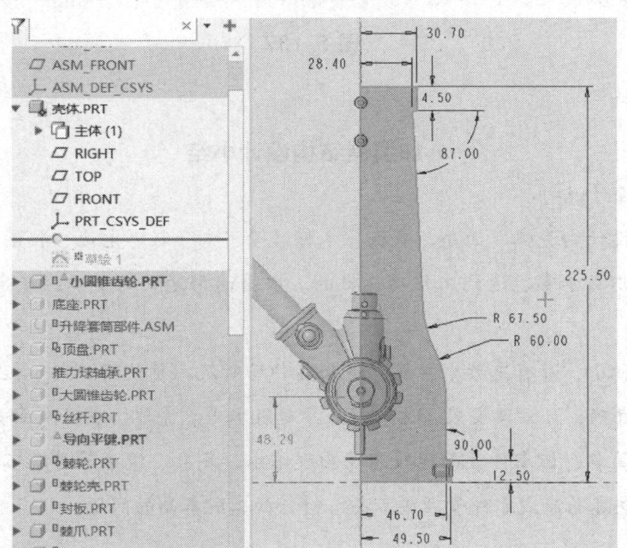

图 5-139

步骤 2 单击“旋转”，完成“旋转 1”特征。单击“草绘”，选“RIGHT”为绘图基准面，绘制“草绘 2”，如图 5-140 所示。

步骤 3 单击“阵列”命令，完成“阵列 1/ 拉伸 1”四个加强筋特征。单击“草绘”，选“RIGHT”为绘图基准面，绘制“草绘 3”，如图 5-141 所示。

步骤 4 单击“旋转”命令，完成“旋转 2”特征。单击“草绘”，选“RIGHT”为绘图基准面，绘制“草绘 4”，如图 5-142 所示。

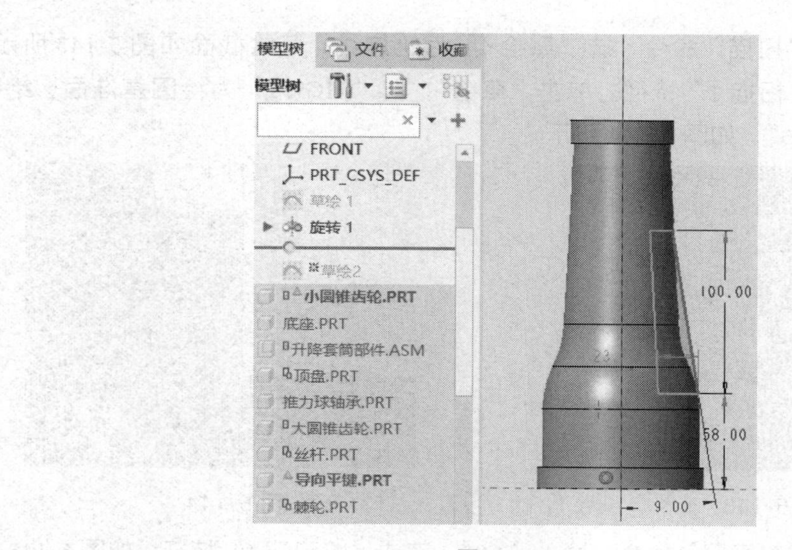

图 5-140

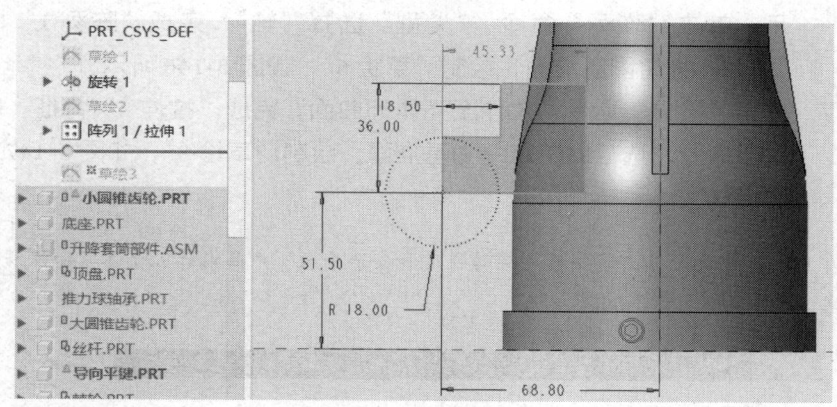

图 5-141

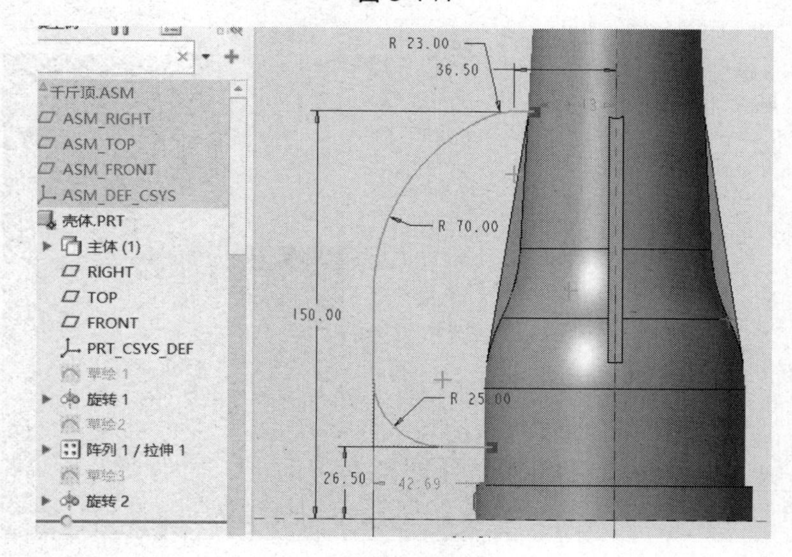

图 5-142

步骤 5 单击“扫描”命令，选“草绘 4”为轨迹线，草绘截面如图 5-143 所示，完成“扫描 1”特征。单击“草绘”，选“RIGHT”为绘图基准面，绘制“草绘 5”，如图 5-144 所示。

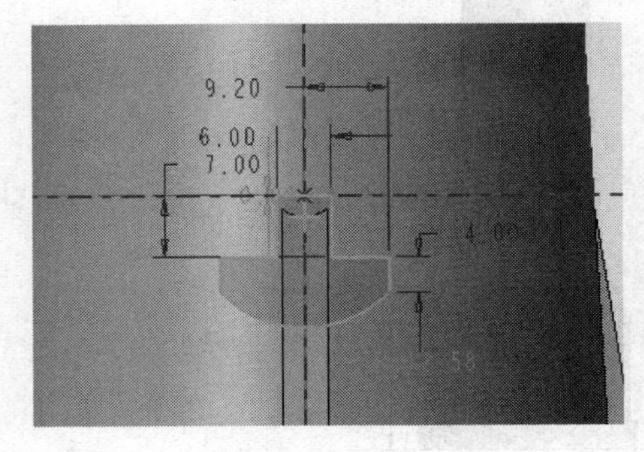

图 5-143

图 5-144

步骤 6 单击“轮廓筋”命令，输入“4.0”，完成“轮廓筋 1”特征，如图 5-145 所示。单击“阵列”命令，“类型”选择“轴”，完成“阵列 1”特征，选“TOP”为绘图基准面，绘制“草绘 6”，如图 5-146 所示。

步骤 7 单击“拉伸”命令，拉伸至壳体外曲面，完成“拉伸 2”特征。单击“草绘”命令，选“RIGHT”为基准面，绘制“草绘 8”，如图 5-147 所示。

说明:

千斤顶是机械类产品，需要有足够的强度和安全系数。产品本体、壳体、加强筋等特征，采用的是金属冶炼铸造技术成型。

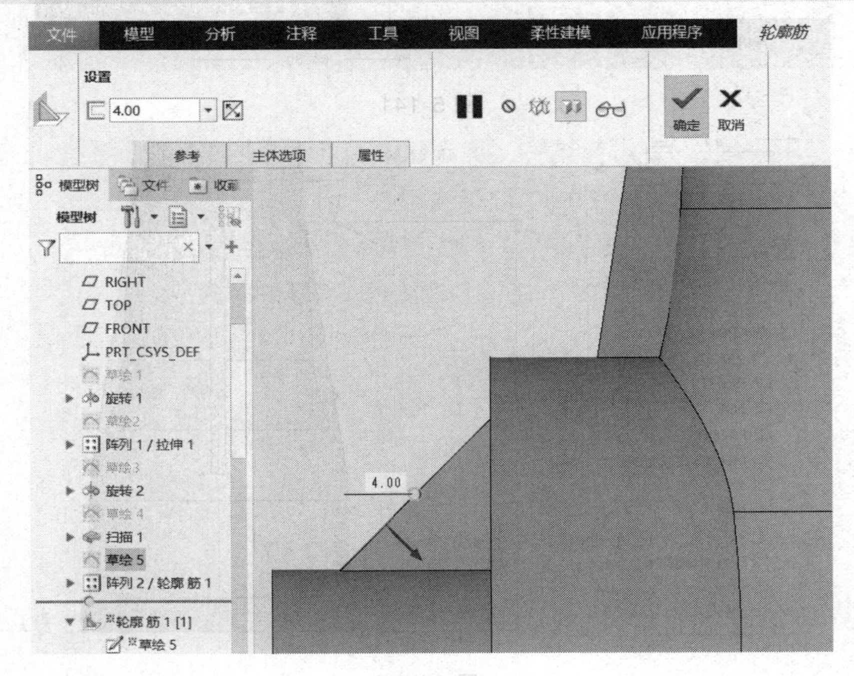

图 5-145

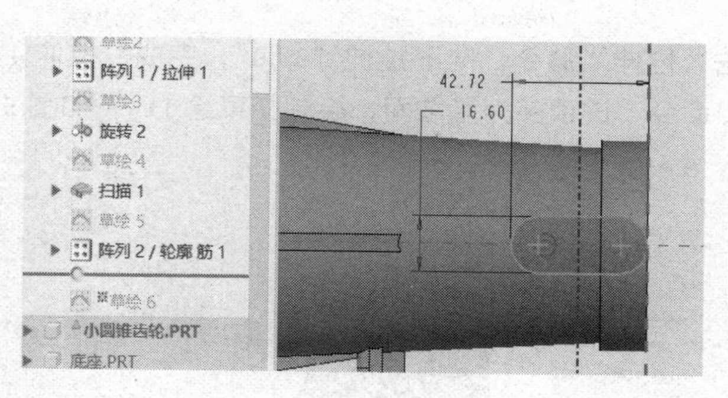

图 5-146

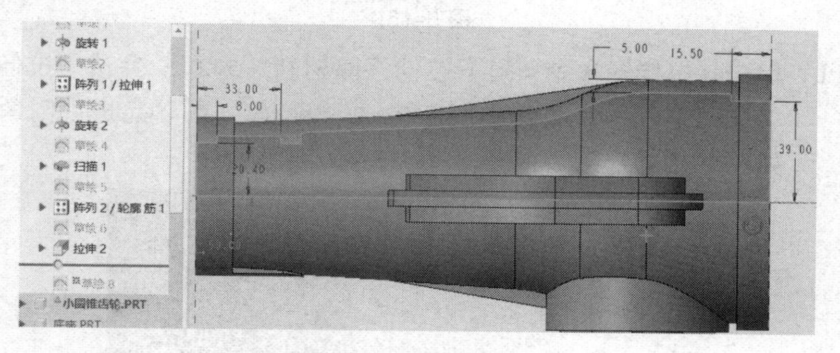

图 5-147

步骤 8　单击“旋转”命令，完成“旋转 3”特征。单击“草绘”命令，选“RIGHT”为基准面，绘制“草绘 9”，如图 5-148 所示。

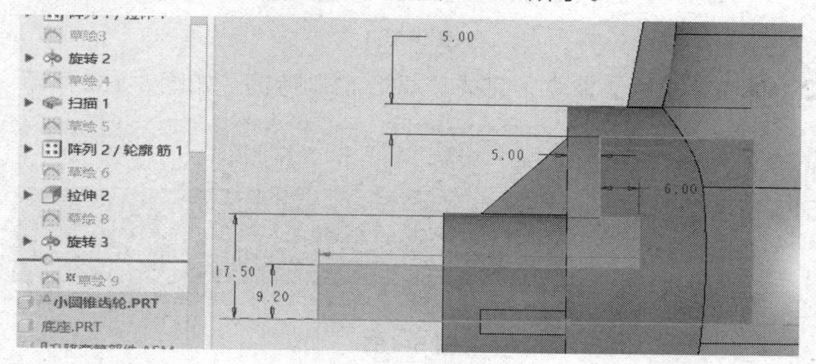

图 5-148

步骤 9　单击“旋转”命令，完成“旋转 4”特征。单击“草绘”命令，选顶部为基准面，绘制“草绘 10”，如图 5-149 所示。

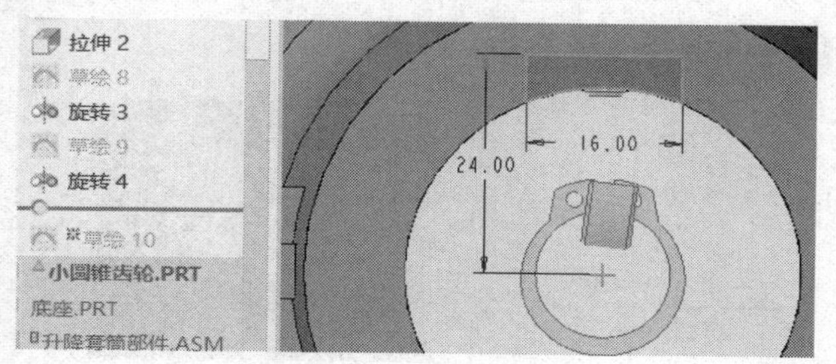

图 5-149

步骤 10 单击“拉伸”命令，向下拉伸“39.0”，完成“拉伸 4”特征。单击“草绘”命令，选顶部为基准面，绘制“草绘 11”，如图 5-150 所示。

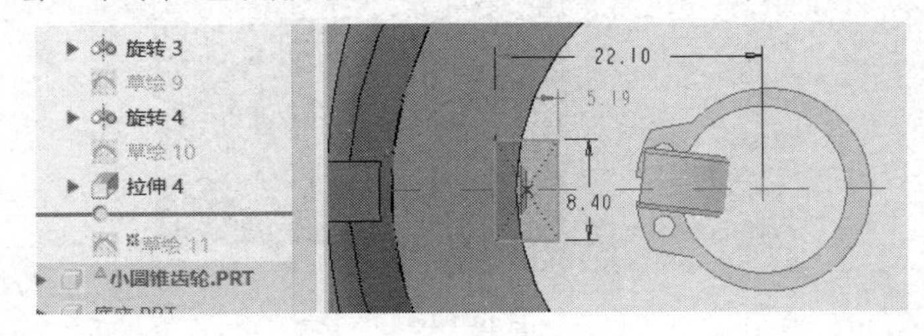

图 5-150

步骤 11 单击“拉伸”命令，向下拉伸移除材料“50.0”，完成“拉伸 5”特征。单击“倒角”命令，选顶部内边，输入“1.0”，完成“倒角 1”特征，如图 5-151 所示。

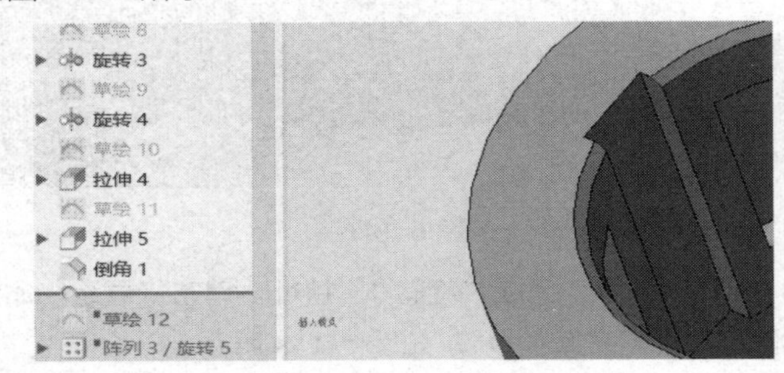

图 5-151

步骤 12 单击“草绘”命令，完成“草绘 12”特征，如图 5-152 所示。

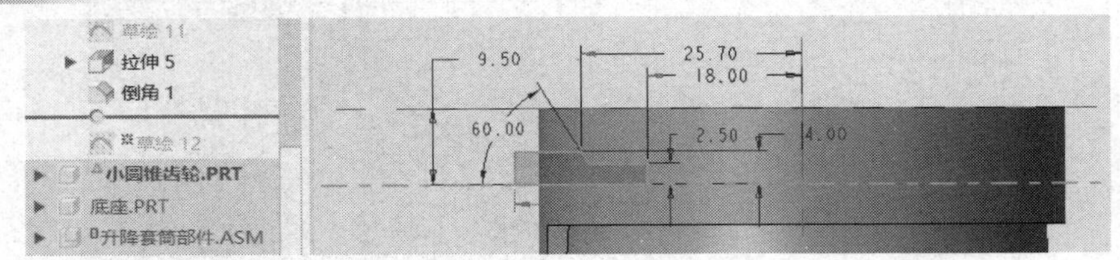

图 5-152

步骤 13 单击“旋转”命令，完成“旋转 5”特征，如图 5-153 所示。单击“阵列”命令，“类型”选择方向，输入成员数“2”、间距“22.5”，完成“阵列 3”特征，如图 5-154 所示。选壳体凸台为绘图基准面，绘制“草绘 13”，如图 5-155 所示。

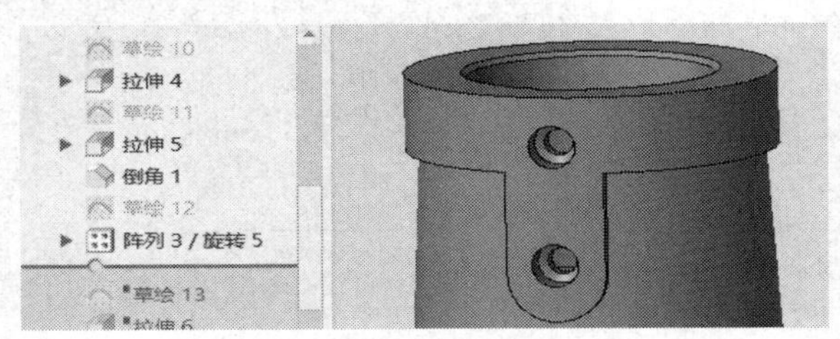

图 5-153

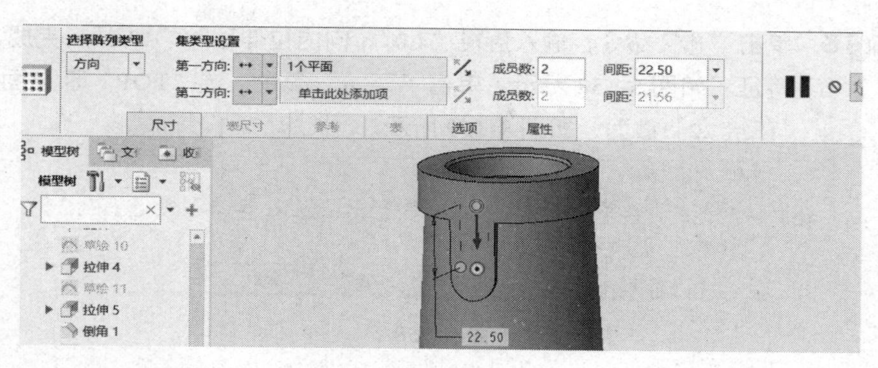

图 5-154

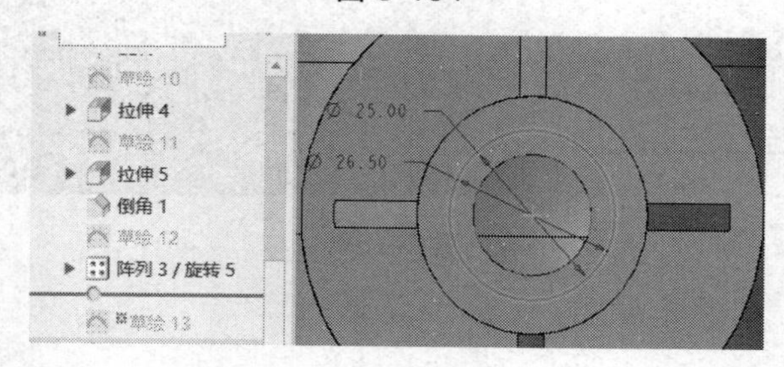

图 5-155

步骤 14　单击“拉伸”命令，移除材料“0.5”，完成“拉伸 6”特征。单击“草绘”命令，选凸台面为基准面，绘制“草绘 14”，如图 5-156 所示。

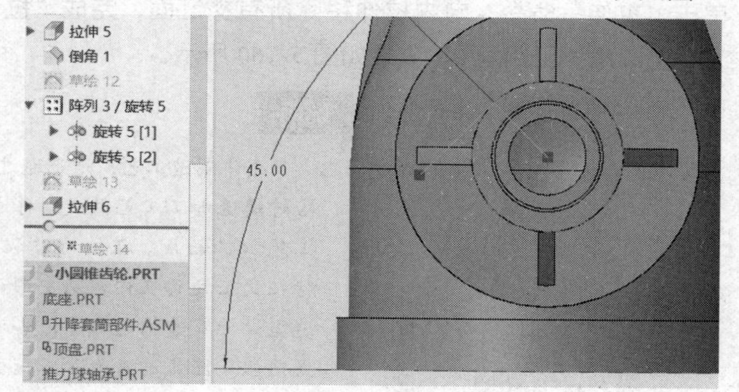

图 5-156

步骤 15　单击“拉伸”命令，选面特征，向内拉伸“6.5”，完成“拉伸 7”特征。单击“草绘”命令，选曲面交汇点，绘制“草绘 15”，如图 5-157 所示。

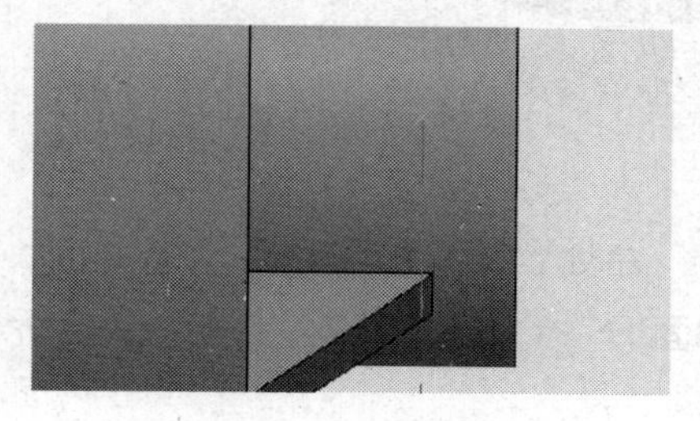

图 5-157

步骤 16 单击“孔”命令，输入直径“4.0”，向内拉伸移除“13.8”，完成“孔 1”特征，如图 5-158 所示。单击“草绘”命令，选“TOP”基准面，绘制“草绘 22”截面，如图 5-159 所示。

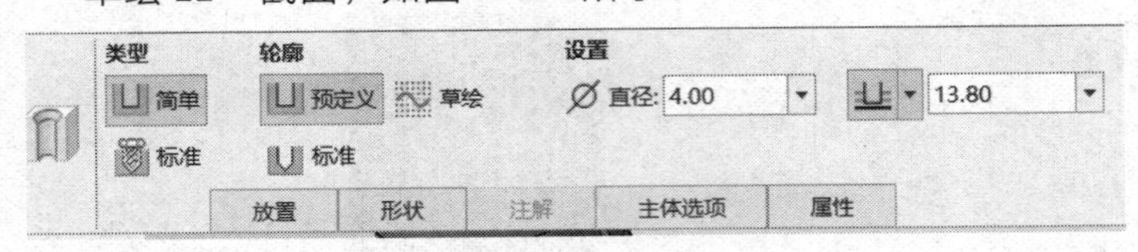

图 5-158

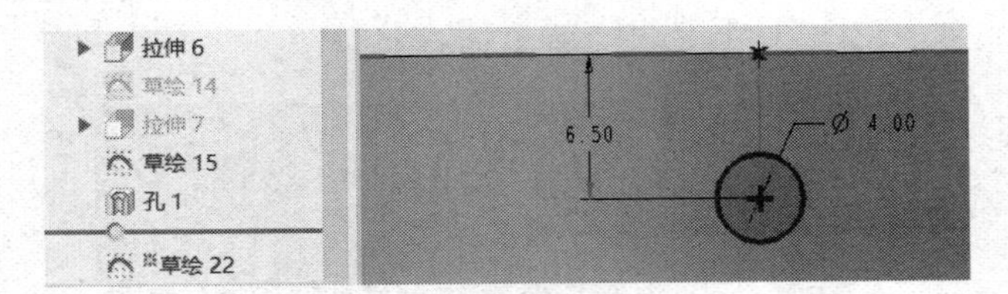

图 5-159

说明:

孔的建构方法有多种形式，其他拉伸、旋转命令也可完成“孔”特征建构，绘图过程视情况灵活运用。

步骤 17 单击“拉伸”命令，向内拉伸移除所有交汇面，完成“拉伸 13”特征。完成倒圆角 3 至倒角 2，效果如图 5-160 所示。

图 5-160

说明:

壳体制造工艺，是先通过金属（生铁）冶炼铸造加工工艺做成，再通过精密加工工艺加工而成。在冶炼过程中，在夹角、特征交汇处存在内应力、形变等问题。在造型设计及建构过程中，尽可能将各处做成圆弧或圆弧过渡形状，减少应力问题带来的潜在质量缺陷。

另外，在操作时，与人手接触的金属外壳外表面也要圆滑，不伤手。

步骤 18 单击“草绘”命令，选“RIGHT”为基准面，完成如图 5-161 所示螺旋扫描轨迹截面。

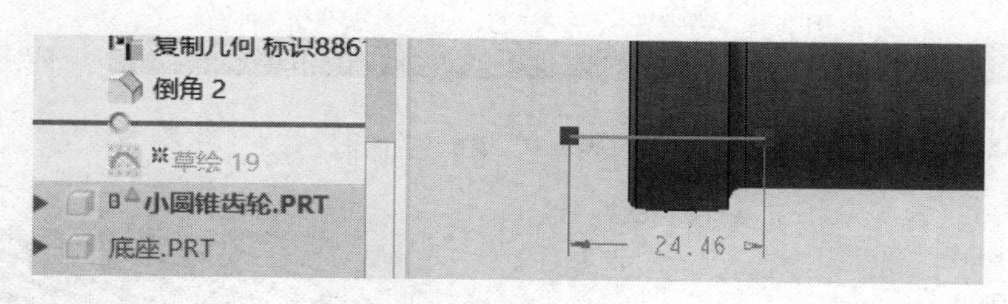

图 5-161

步骤 19　单击“螺旋扫描”命令，绘制扫描截面，完成如图 5-162 所示。在对话框中，间距值（螺距）输入“1.5”，移除材料，如图 5-163 所示。

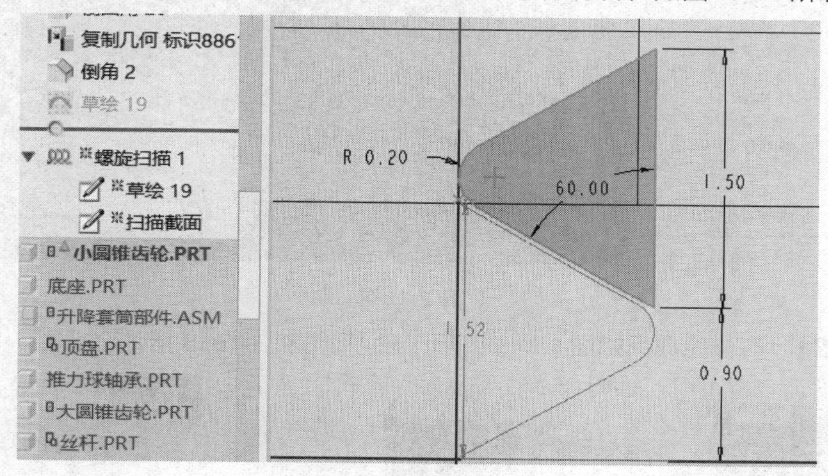

图 5-162

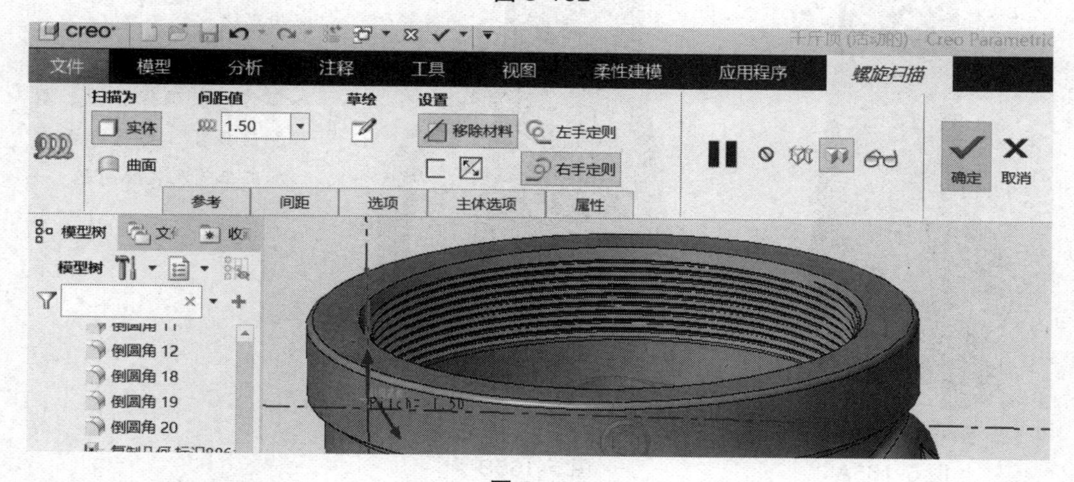

图 5-163

步骤 20　在工具栏中单击“柔性建模”，选择“移除”命令，跳出“移除曲面”对话框。在“参考”选项中选取螺旋“起点”处截面曲面，移除材料，完成柔性建模特征，如图 5-164 所示。

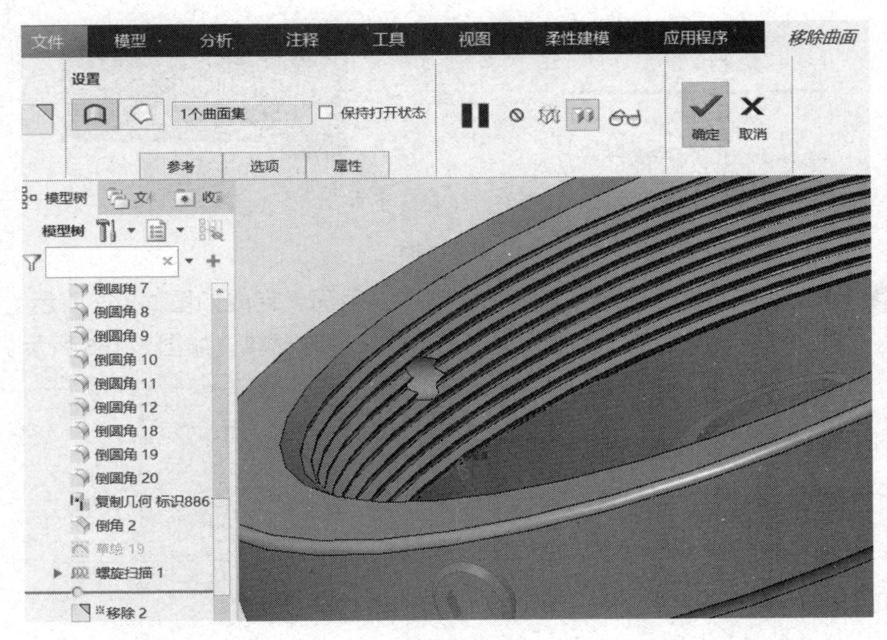

图 5-164

步骤 21 壳体完成后如图 5-165A 所示剖面视图和 5-165B 所示全视图。

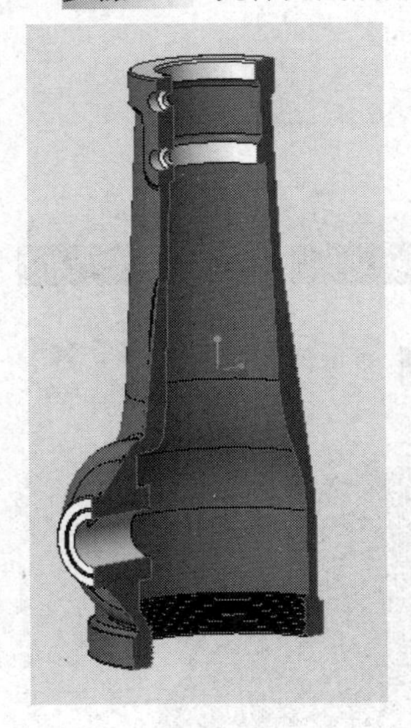

图 5-165A

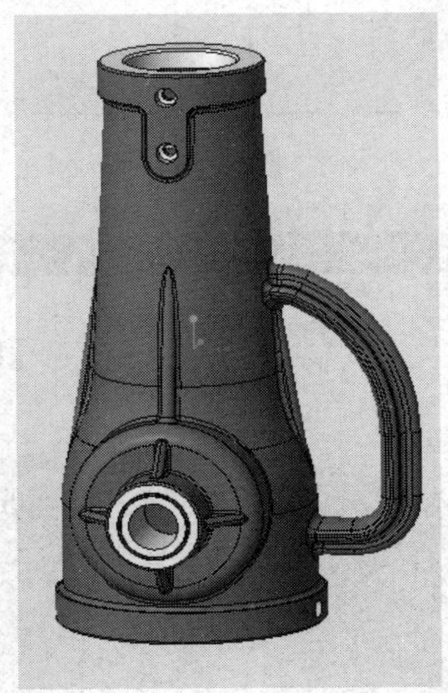

图 5-165B

说明:

千斤顶是机械工程行业典型代表产品，应用广泛。

壳体是该产品重要部件，在确保强度、刚度前提下，要充分考虑加工工艺及装配问题。

课程思政:

1. 产品自重 5 余 kg 多，但能够顶起 750 kg 重压。推而广之，举一反三，参考其抗压能力，培育尊重知识、尊重产品的良好品质。

2. 循环利用，变废为宝，提倡绿色设计。培育环保及节约资源意识心态。

步骤 22　单击“旋转”命令，选“RIGHT”为草绘面，按截图尺寸，完成底座截面图，点“壳体”中心线、底部参考面和底部装配面，如图 5-166 所示。

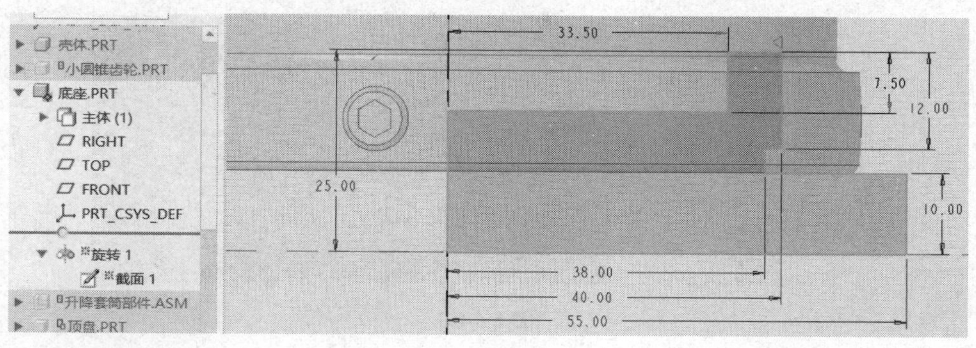

图 5-166

步骤 23　单击“草绘”命令，选取底座端面，绘制如图 5-167A 所示截面，单击“阵列”命令，完成“阵列 1/ 拉伸 2”及 6 个加强筋特征，如图 5-167B 所示。

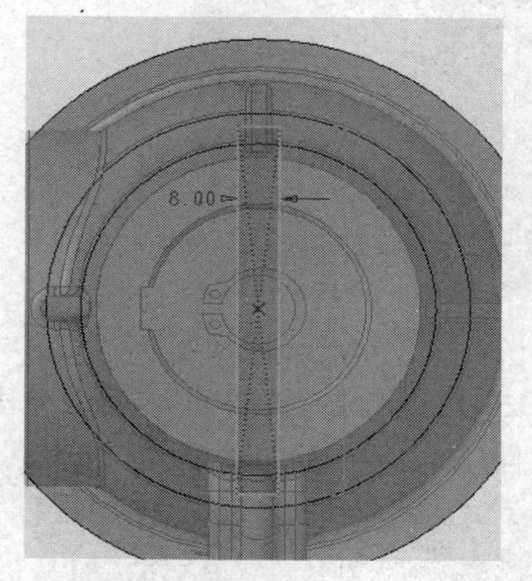

图 5-167A

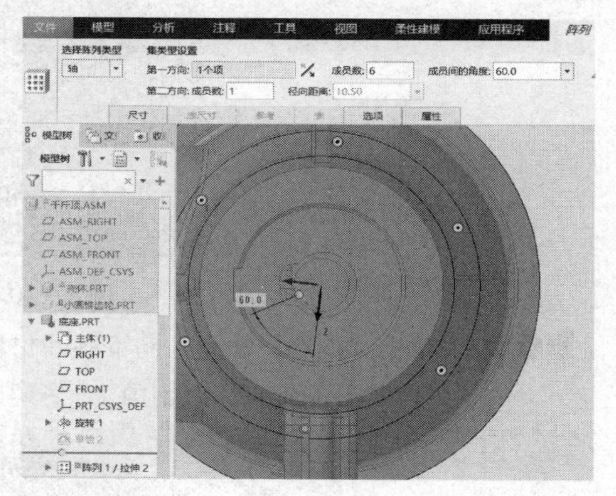

图 5-167B

步骤 24　单击“草绘”命令，选取底座端面，绘制如图 5-168A 所示截面，单击“拉伸”命令，移除材料“9.0”，完成“拉伸 3”特征。单击“草绘”命令，选取底座底部，完成如图 5-168B 所示截面。

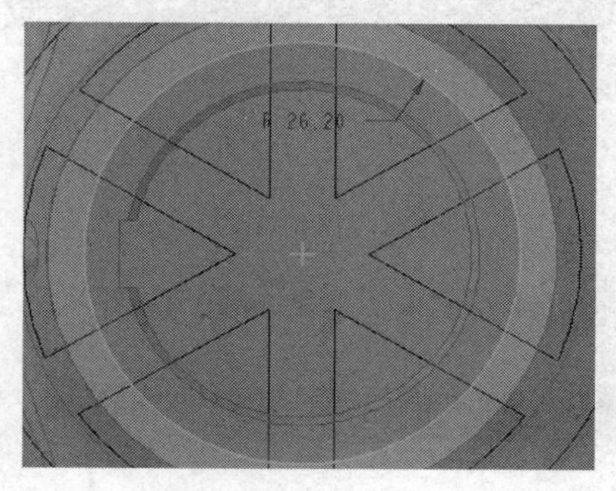

图 5-168A

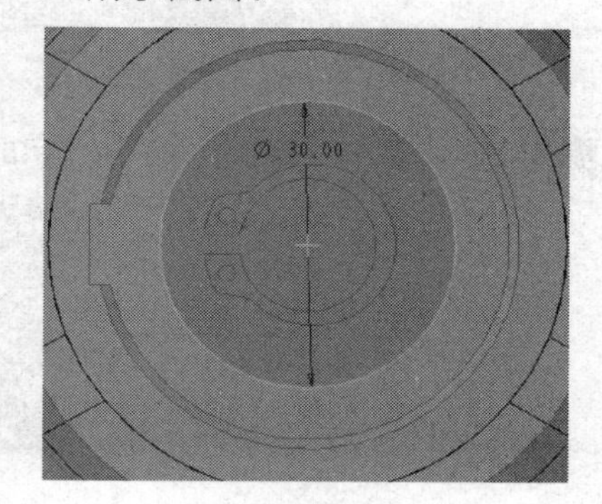

图 5-168B

步骤 25 单击“拉伸”命令，拉伸“5.0”，完成“拉伸 4”特征。单击“拉伸”命令，选取底座凸台部，完成如图 5-169 所示截面。

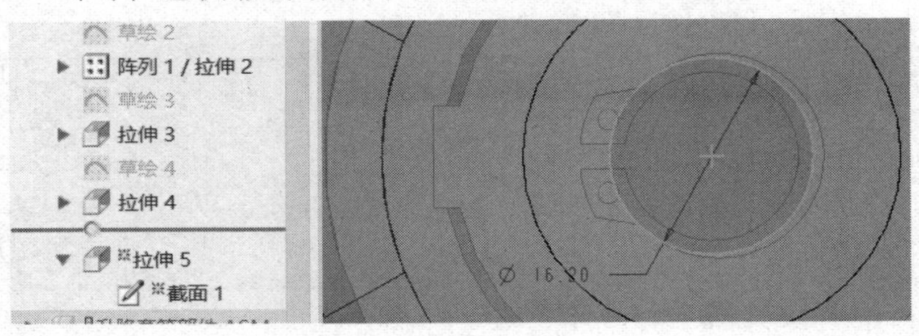

图 5-169

步骤 26 单击“拉伸”命令，移除材料“13.0”，完成“拉伸 5”特征。单击“拉伸”命令，选取底座凸台部，完成如图 5-170 所示截面。

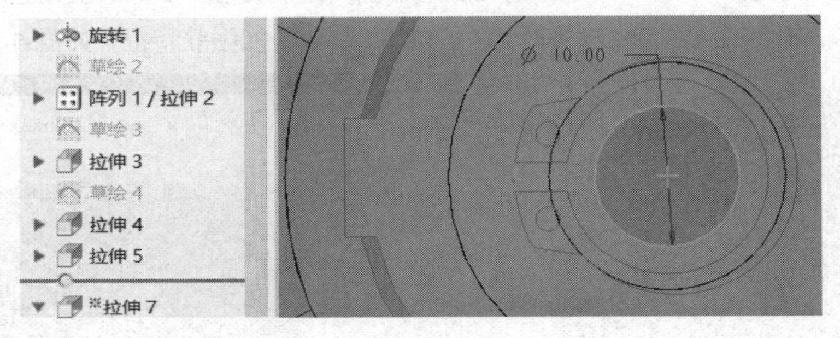

图 5-170

步骤 27 单击“拉伸”命令，向下移除材料“15.0”，完成“拉伸 7”特征。单击“倒角”命令，完成倒角 1、倒角 2、倒角 3，完成后如图 5-171 所示。

图 5-171

步骤 28 单击“草绘”命令，完成“草绘 6”截面，完成后如图 5-172 所示。

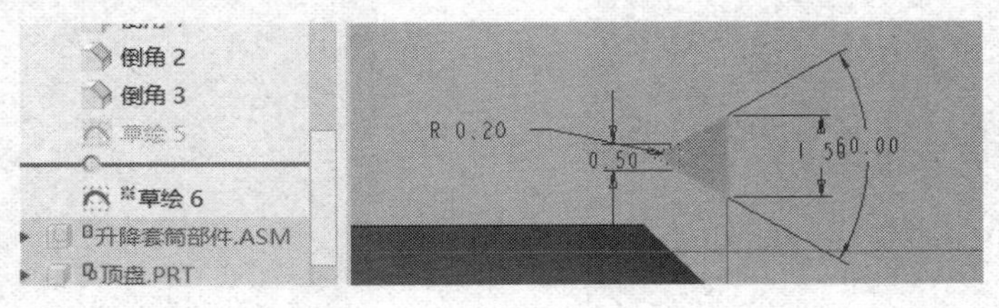

图 5-172

步骤 29 单击“螺旋扫描”命令，根据对话框设置，完成后如图 5-173 所示。

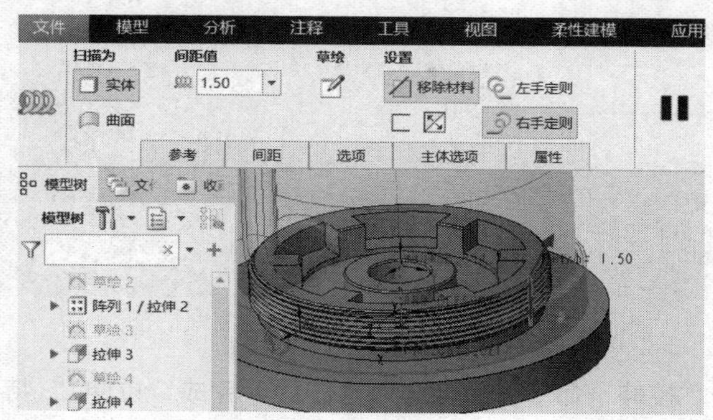

图 5-173

步骤 30 单击“倒圆角”命令，选底部两边，完成后如图 5-174 所示。

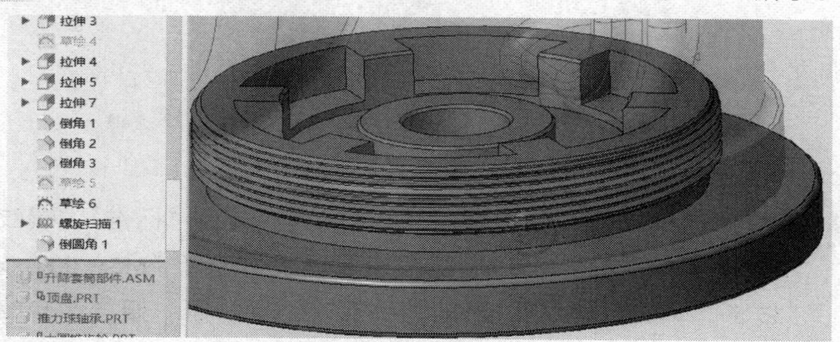

图 5-174

2）升降套筒组件建模设计

步骤 1 激活升降套筒，单击“旋转”命令，选“RIGHT”为基准面，绘画“截面 1”草图，完成后如图 5-175 所示。

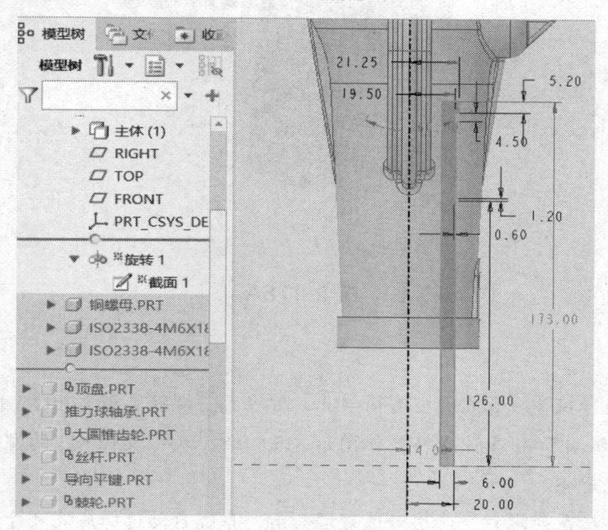

图 5-175

步骤 2 单击“旋转”命令，完成“旋转 1”特征。单击“草绘”命令，创建如图 5-176 所示“截面”。

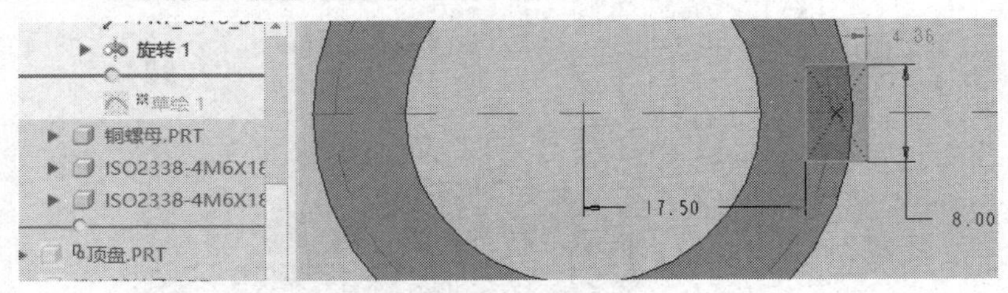

图 5-176

步骤 3 单击“拉伸”命令，拉伸至所有曲面，完成“拉伸 1”特征。单击“草绘”命令，创建如图 5-177 所示“截面”，创建“点”特征。

图 5-177

步骤 4 单击“孔”命令，在对话框中，“类型”选择“标准”，螺纹类型选择“ISO（国标）”，从螺钉尺寸系统配置表里选择“M5×0.8”规格，深度“35.5”，单击“确认”按钮，完成“孔 1”特征，如图 5-178A 所示。单击“草绘”命令，创建如图 5-178B 所示“截面”。

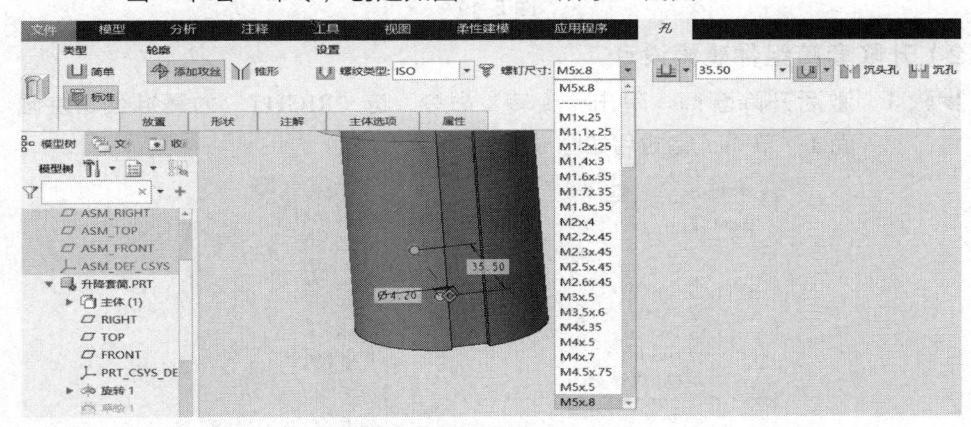

图 5-178A

说明:

孔对话框中内容较多，孔的类型有简单孔，标准孔。螺纹类型有ISO（国标），UNC/F（英标），螺钉尺寸系统自带有各种规格，如图示 M5×0.8，表示直径 M5 的螺钉，螺距是 0.8，那么此处底孔直径就是 4.2。

同理，包括英标系列螺钉，使用者选好螺钉后，系统自动选择底孔尺寸，该功能非常实用。

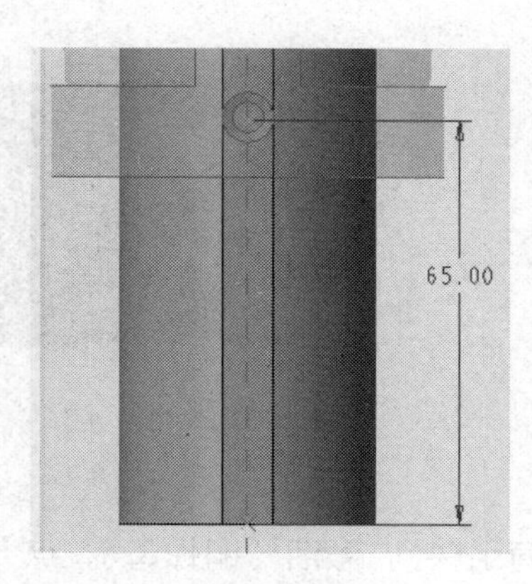

图 5-178B

步骤 5　单击“孔”命令，在对话框中，“类型”选择“简单”，输入直径“5.0”，深度“15.5”，如图 5-178A 所示。单击“确认”按钮，完成“孔 2”特征。

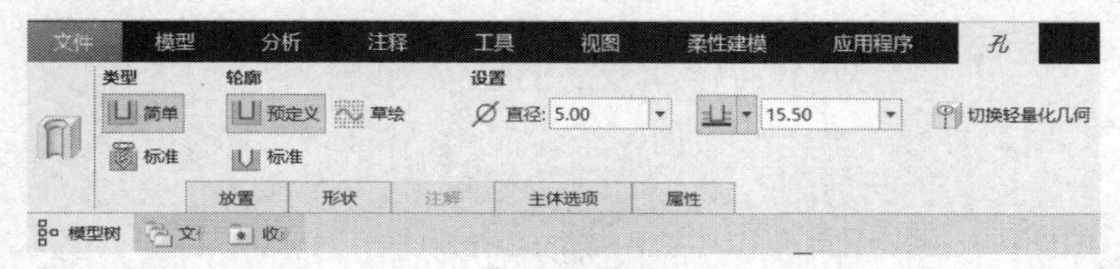

图 5-179

步骤 6　单击“拉伸”命令，选套筒端面为草绘面，输入直径“33.4”，完成“截面 1”，如图 5-180 所示。向内拉伸，移除材料深度“23”，单击“确认”按钮，完成“拉伸 2”特征。

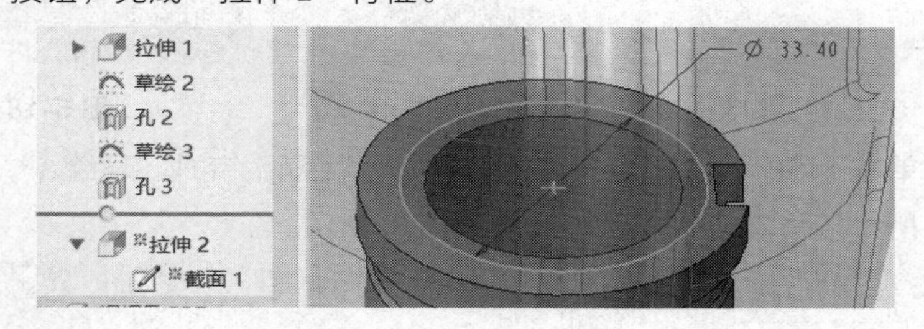

图 5-180

步骤 7　单击“拉伸”命令，选套筒端面为草绘面，在“截面 1”中完成 2 孔位尺寸，如图 5-181 所示。向内拉伸，移除材料深度“23”，单击“确认”按钮，完成“拉伸 3”特征。选择“倒角”命令，选套筒边，完成如图 5-182 所示。

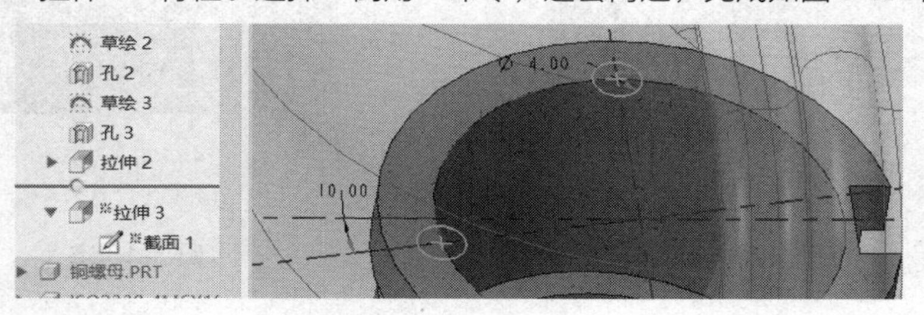

图 5-181

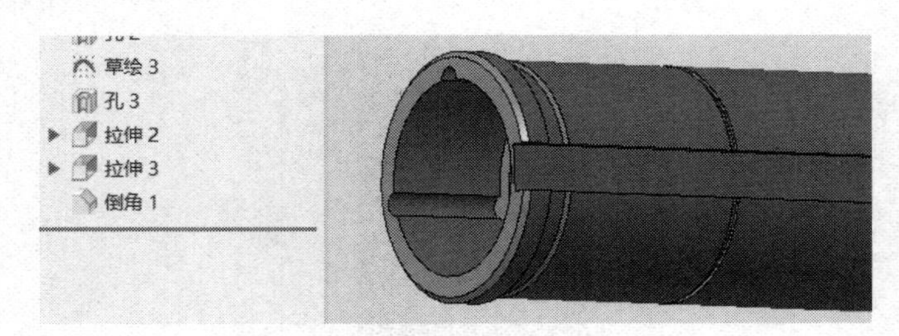

图 5-182

3）铜螺母建模设计

步骤 1 打开“升降套筒组件”，激活“铜螺母”，点“旋转”命令，选“RIGHT”为草绘面，完成“截面 1”，此“截面 1”3 边与套筒参考特征重合，如图 5-183 所示。

步骤 2 点“草绘”命令，选铜螺母端面为草绘面，完成“截面 2”，如图 5-184 所示。

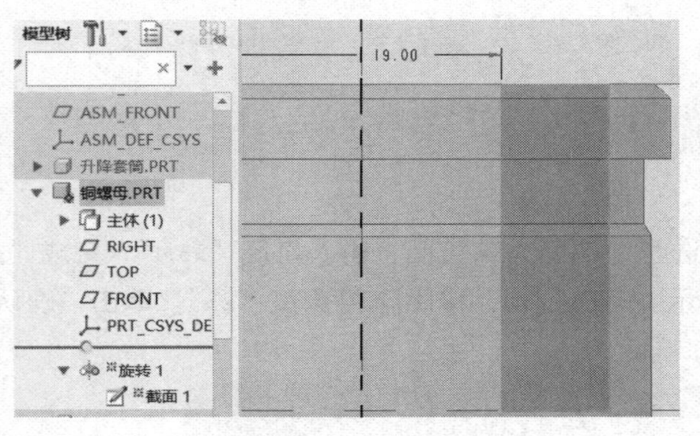

图 5-183

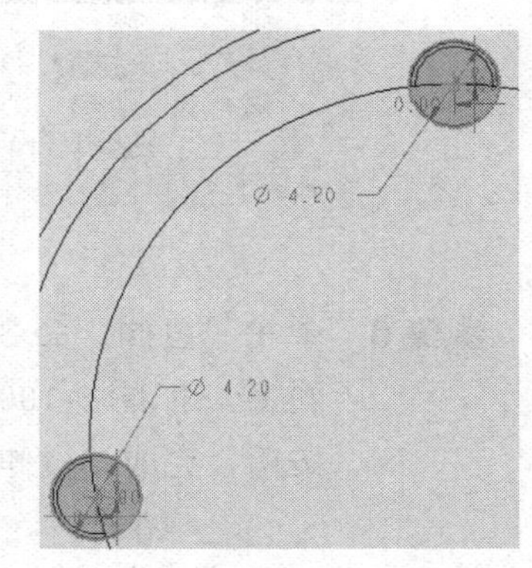

图 5-184

步骤 3 单击“草绘”命令，选“RIGHT”为草绘面，完成“草绘 3”，如图 5-185A 所示。完成“草绘 4”，如图 5-185B 所示。

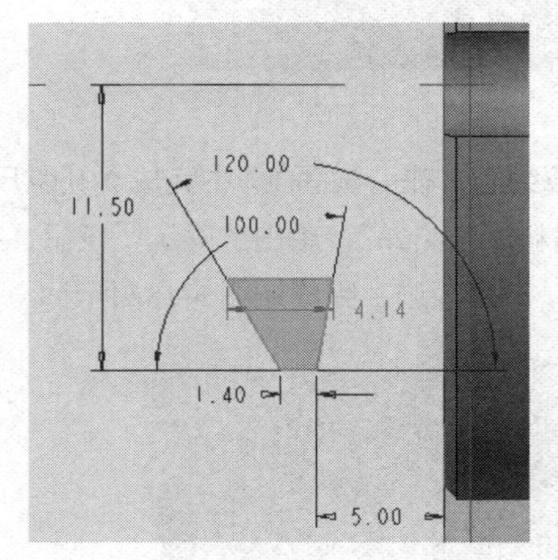

图 5-185A

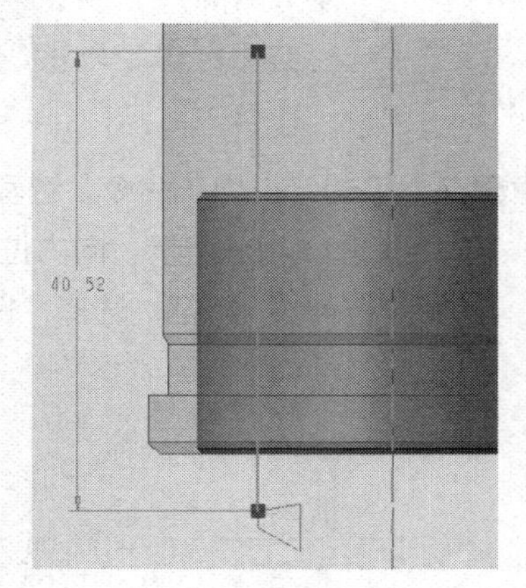

图 5-185B

步骤 4　单击“螺旋扫描”命令，在对话框中（如图 5-186 所示）设置间距值“5.0”，选图 5-185A 截面为扫描截面，图 5-185B 为扫描轮廓轨迹线，单击“确认”按钮。

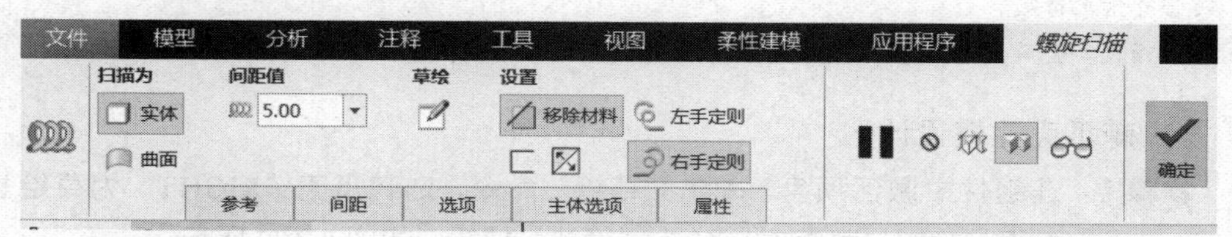

图 5-186

4）顶盘建模设计

步骤 1　在组件中激活顶盘，点“旋转”命令，选“RIGHT”为草绘基准面，绘制“截面 1”，单击“确认”按钮，完成“旋转 1”特征，如图 5-187 所示。

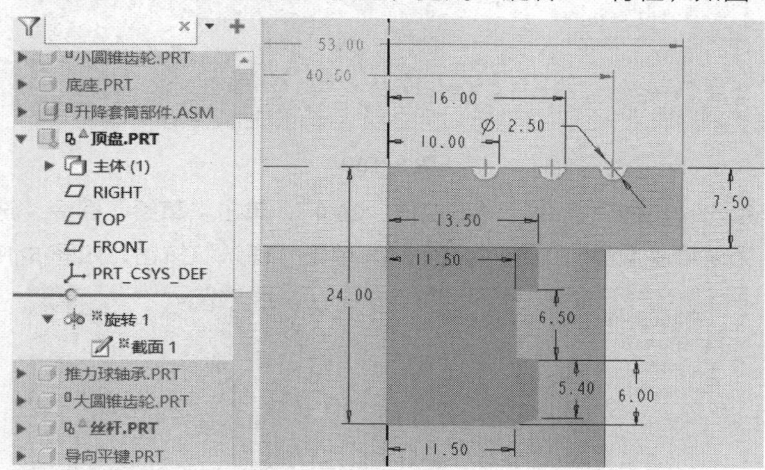

图 5-187

步骤 2　单击“倒角”命令，选取顶盘 2 边，输入值“1.0”，完成“倒角 1”特征，完成后如图 5-188 所示。

图 5-188

说明:

顶盘设计比较简单，旋转后倒角即可，也可以用“旋转”命令一次性完成，使用者视个人习惯等情况待定。

顶盘与套筒，壳体有装配参考关系，设计时要选其相关参考特征。

5）棘爪壳建模设计

步骤 1 在组件中激活顶盘，单击“草绘”命令，选棘爪壳“RIGHT”为草绘基准面，绘制“截面 1”，单击“确认”按钮，如图 5-189 所示。

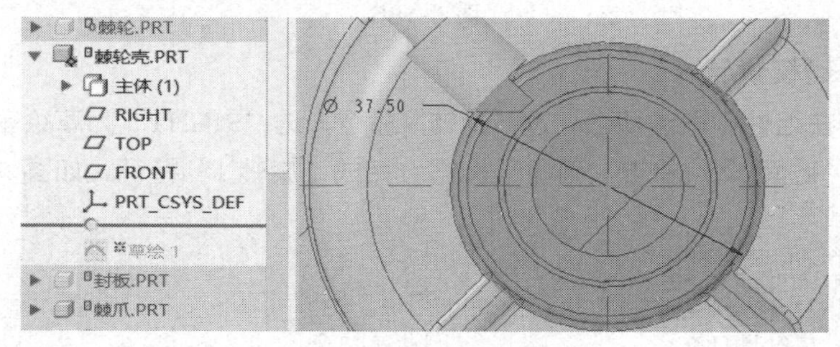

图 5-189

步骤 2 单击“拉伸”命令，对称拉伸“26.0”，单击“草绘”命令，选“RIGHT”为草绘基准面，绘制“截面 2”，单击“确认”按钮，如图 5-190 所示。

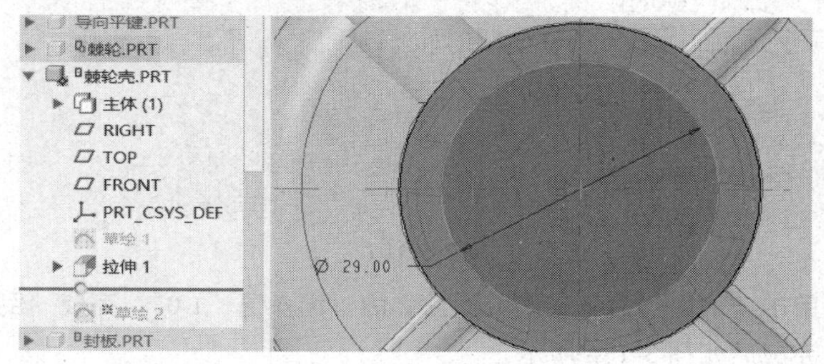

图 5-190

步骤 3 单击“拉伸”命令，对称拉伸“30.0”，单击“草绘”命令，选“RIGHT”为草绘基准面，绘制“截面 3”，单击“确认”按钮，完成后效果如图 5-191 所示。

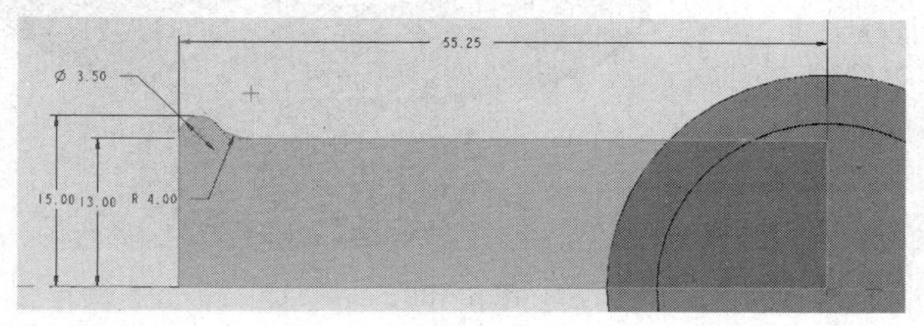

图 5-191

步骤 4　单击“旋转”命令，旋转 360 度，完成“旋转 1”特征，单击“草绘”命令，选“RIGHT”为草绘基准面，绘制“截面 4”，单击“确认”按钮，完成后如图 5-192 所示。

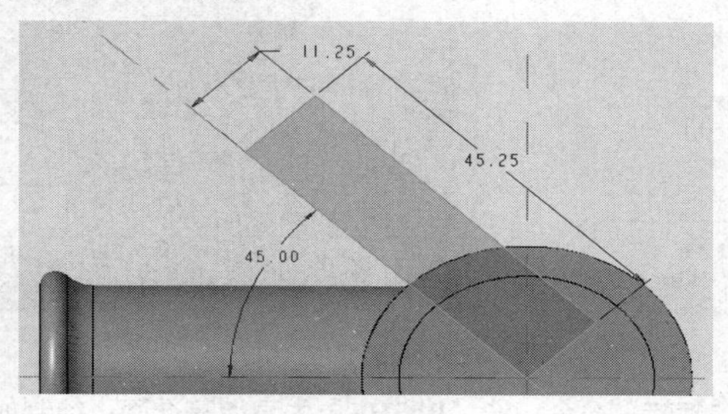

图 5-192

步骤 5　单击“旋转”命令，旋转 360 度，完成“旋转 2”特征。单击“草绘”命令，选“RIGHT”为草绘基准面，绘制“截面 5”，单击“确认”按钮，完成后如图 5-193 所示。

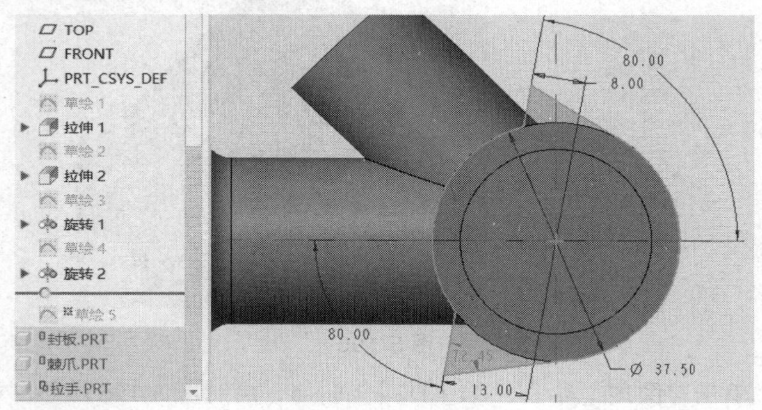

图 5-193

步骤 6　单击“旋转”命令，选“FRONT”为草绘基准面，绘制如图 5-194 所示“截面 1”，单击“确认”按钮，旋转 360 度移除材料，完成“旋转 3”特征。

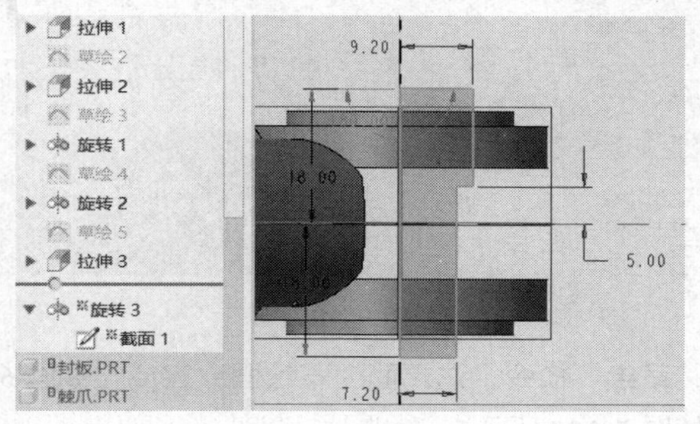

图 5-194

步骤 7 单击“旋转”命令，选“RIGHT”为草绘基准面，绘制如图 5-195 所示“截面 1”，单击“确认”按钮，旋转 360 度移除材料，完成“旋转 4”特征。

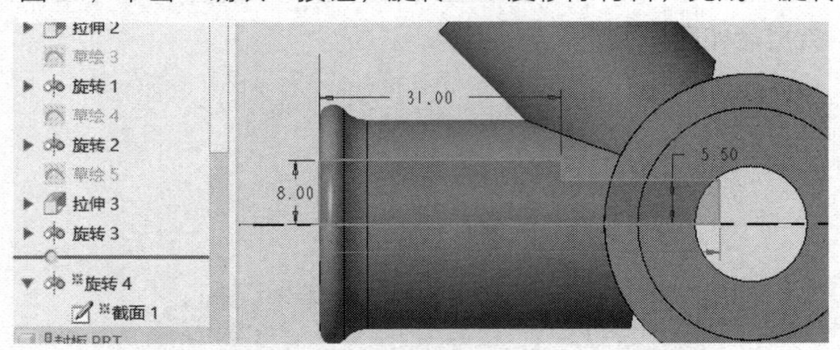

图 5-195

步骤 8 单击“旋转”命令，选“RIGHT”为草绘基准面，绘制如图 5-196 所示“截面 1”，单击“确认”按钮，旋转 360 度移除材料，完成“旋转 5”特征。

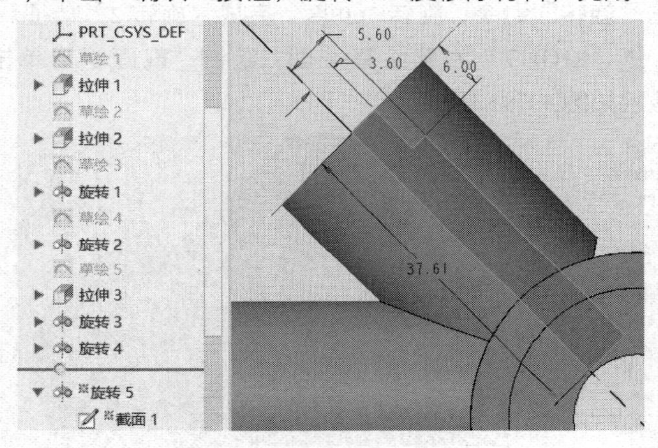

图 5-196

步骤 9 单击“倒角”命令，D1 × D2 = 2.5 × 4，绘制图 5-196 所示“截面 1”，单击“确认”按钮，完成“倒角 1”特征，如图 5-197 所示。

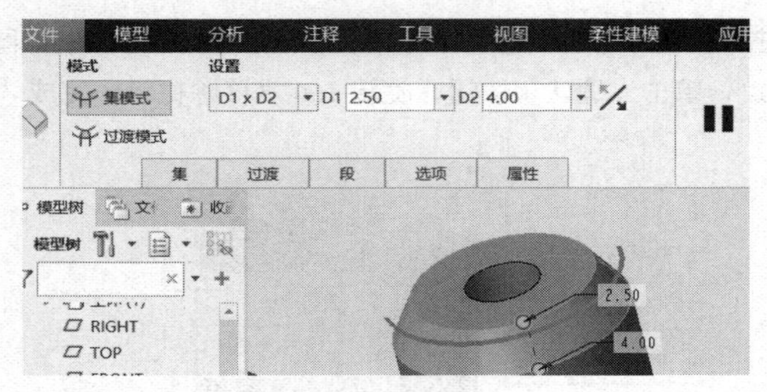

图 5-197

步骤 10 单击“草绘”命令，选端面为草绘面，完成“截面 6”，单击“确认”按钮，如图 5-198 所示。

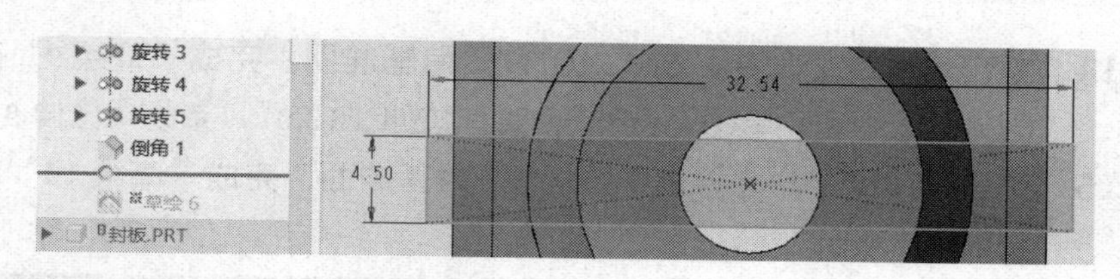

图 5-198

步骤 11 单击“拉伸”命令，向内移除材料“4.5”，完成“拉伸 4”特征。单击“草绘”命令，选“TOP”为草绘面，完成“截面 7”，如图 5-199 所示。

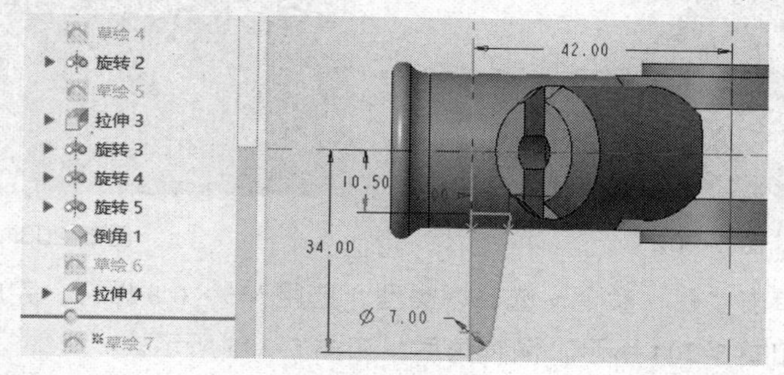

图 5-199

步骤 12 单击“旋转”命令，360 度旋转后，完成“旋转 6”特征。单击“草绘”命令，选“TOP”为草绘面，完成“截面 8”，如图 5-200 所示。

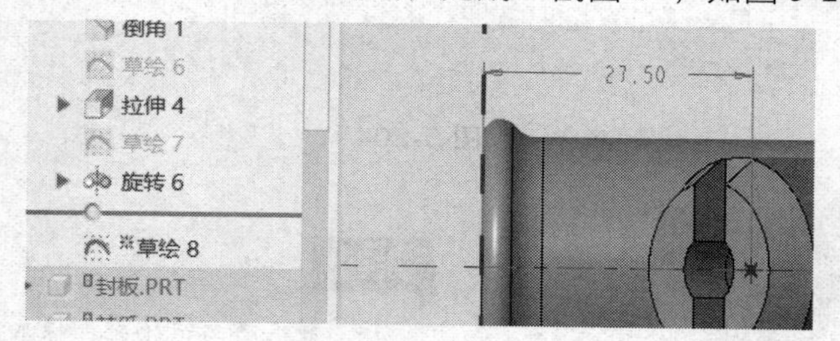

图 5-200

步骤 13 单击“孔”命令，选 ISO 类型，选用 M5 × 0.8 螺钉，完成“孔 1”特征，如图 5-201 所示。

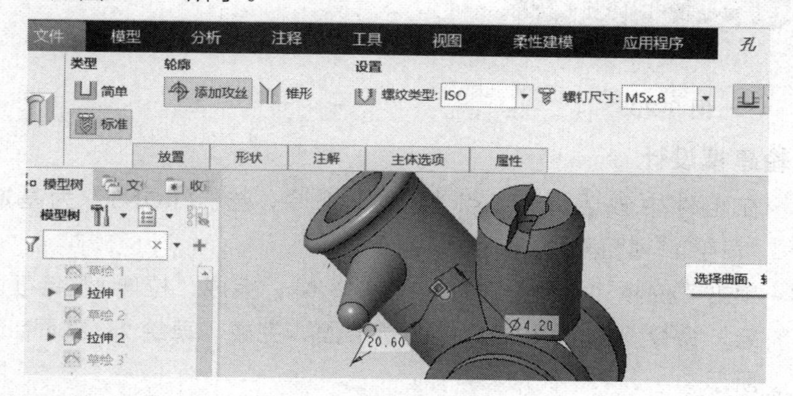

图 5-201

步骤 14 单击“草绘”命令，选“RIGHT”为基准面，完成“草绘 9”截面，如图 5-202 所示。单击“拉伸”，对称拉伸“12.0”，完成“拉伸 5”特征。

步骤 15 单击“草绘”命令，选“拉伸 5”为基准面，完成“草绘 10”截面，如图 5-203 所示。

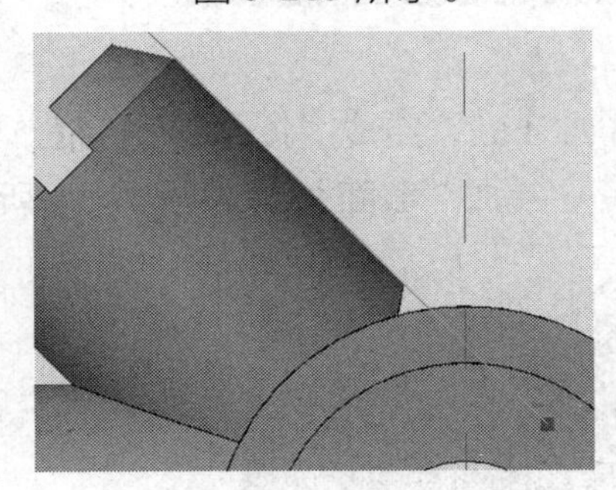

图 5-202

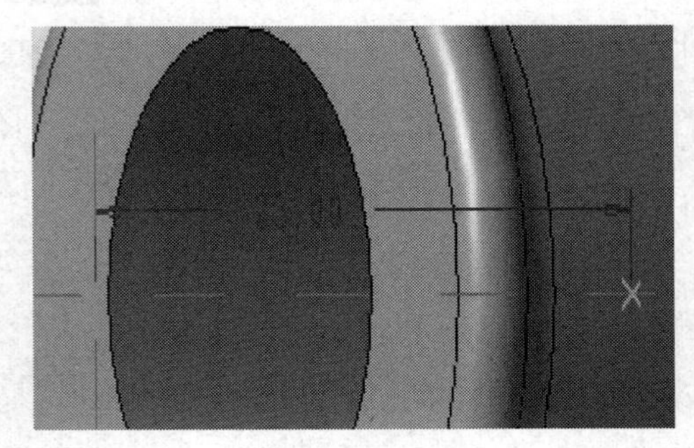

图 5-203

步骤 16 单击“孔”命令，选 ISO 类型，选用 M5 × 0.8 螺钉，完成“孔 1”特征，如图 5-204 所示。倒圆角后，如图 5-205 所示。

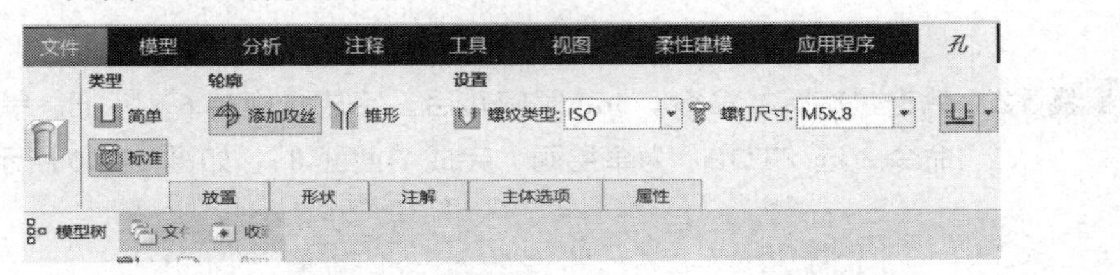

图 5-204

图 5-205

> **说明:**
>
> 棘爪壳与齿轮轴、棘爪、棘轮、手柄、封板等零部件装配时，形位尺寸与装配尺寸要求较高，制图时需要标注公差及形位尺寸要求。

6）棘轮建模设计

步骤 1 在组件中激活棘轮，点“草绘”命令，选“FRONT”为基准面，完成“草绘 1”截面，如图 5-206 所示。

步骤 2 单击“拉伸”命令，对称拉伸“13.0”，完成“拉伸 1”特征。单击“草绘”命令，选“FRONT”为基准面，完成“草绘 2”截面，如图 5-207 所示。

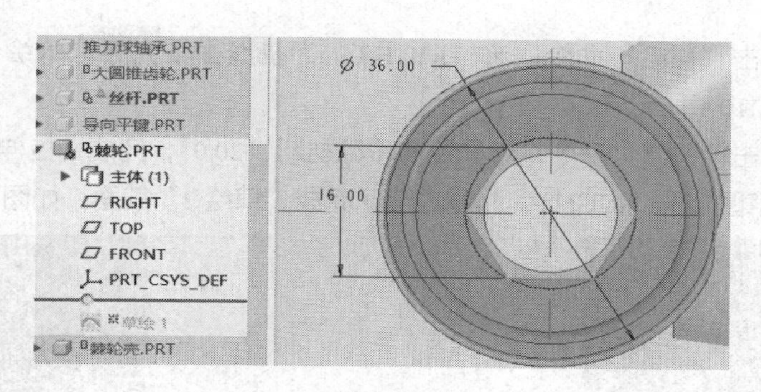

图 5-206

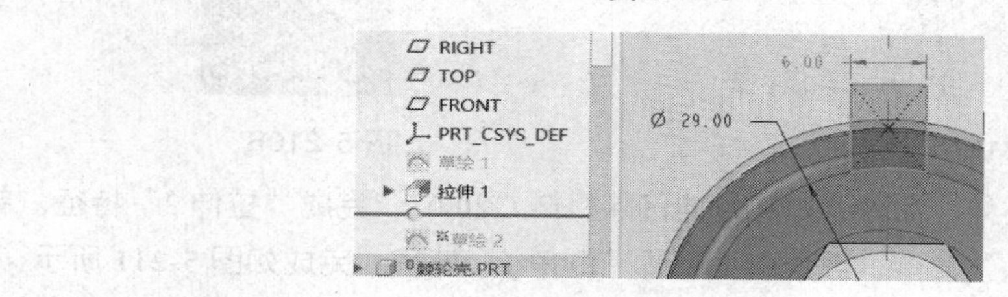

图 5-207

步骤 3 单击“倒角”命令，两边倒角“1.0”，完成“倒角 1”特征。单击“拉伸”命令，选“草绘 2”截面，完成“拉伸 2”特征，点“阵列”命令，完成“阵列 1/ 拉伸 2”特征，如图 5-208 所示。

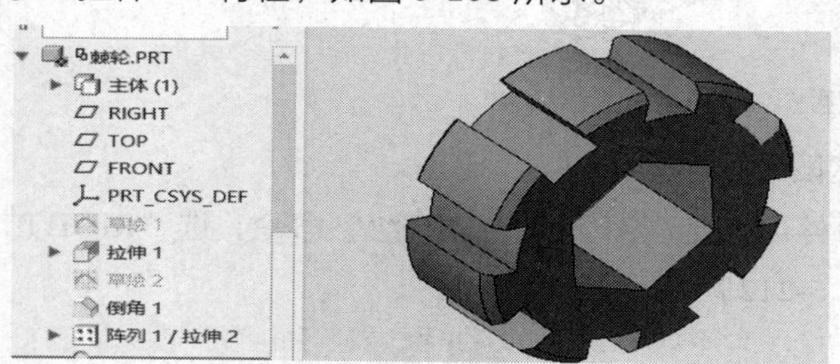

图 5-208

7）棘爪建模设计

步骤 1 在组件中激活棘爪，点“旋转”命令，选“RIGHT”为基准面，完成如图 5-209 所示截面，单击“确认”按钮，完成“旋转 1”特征。

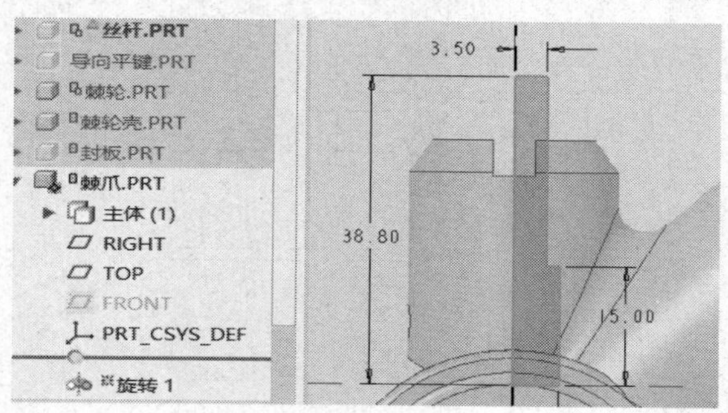

图 5-209

步骤 2 单击“草绘”命令，选“RIGHT”为基准面，完成“草绘 1”截面，如图 5-210A 所示。

步骤 3 单击“拉伸”命令，对称拉伸移除材料“20.0”，完成“拉伸 1”特征。单击“草图”选“RIGHT”为基准面，完成“草绘 2”截面，如图 5-210B 所示。

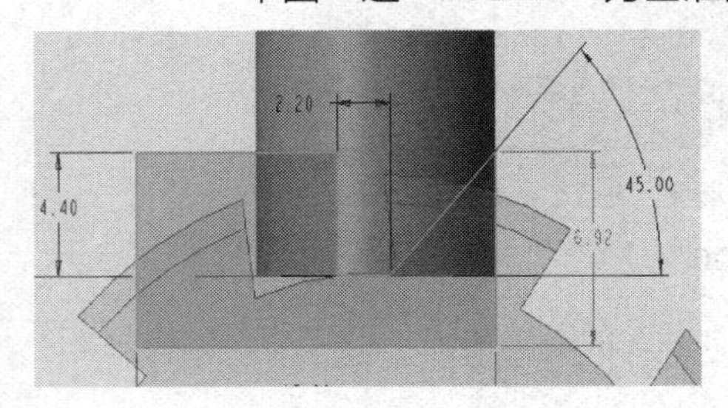

图 5-210A

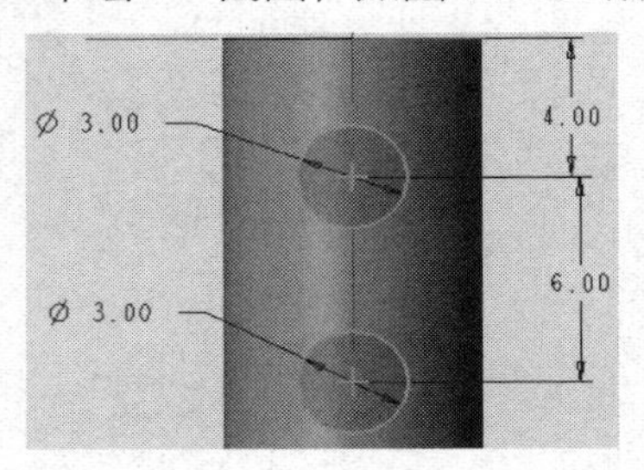

图 5-210B

步骤 4 单击“拉伸”命令，对称拉伸移除材料“20.0”，完成“拉伸 2”特征。单击“倒角”命令，选顶边，完成“倒角 1”特征，完成如图 5-211 所示。

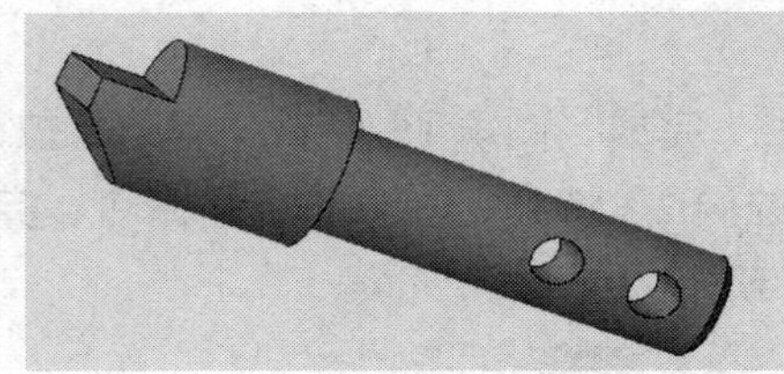

图 5-211

说明：

棘爪与棘轮、棘轮壳配套使用，具有单向限位功能。

8）丝杆建模设计

步骤 1 在组件中激活丝杆，单击“草绘”命令，选“RIGHT”为基准面，完成如图 5-212 所示截面。

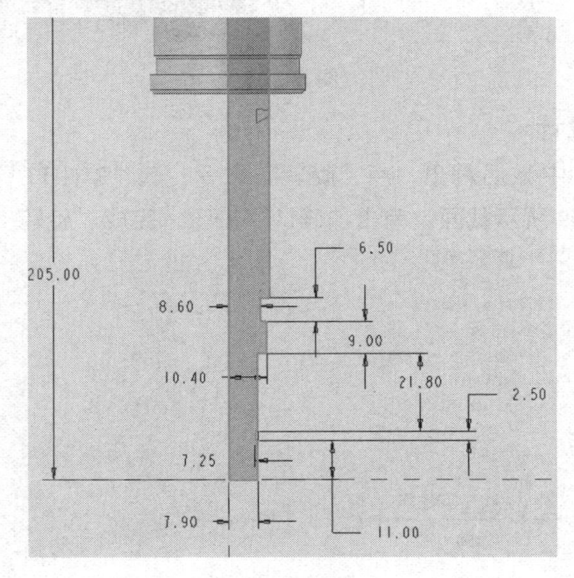

图 5-212

步骤 2 单击“旋转”命令，旋转 360 度，单击“确认”按钮，完成“旋转 1”特征。单击“草绘”命令，选“RIGHT”为基准面，绘制如图 5-213 所示截面。

步骤 3 单击“拉伸”命令，对称拉伸，移除材料 5.4，单击“确认”按钮，完成“拉伸 2”特征。单击“倒角”，选两台肩，倒角“1.0”。单击“草图”，选“RIGHT”为基准面，绘制如图 5-214 所示截面。

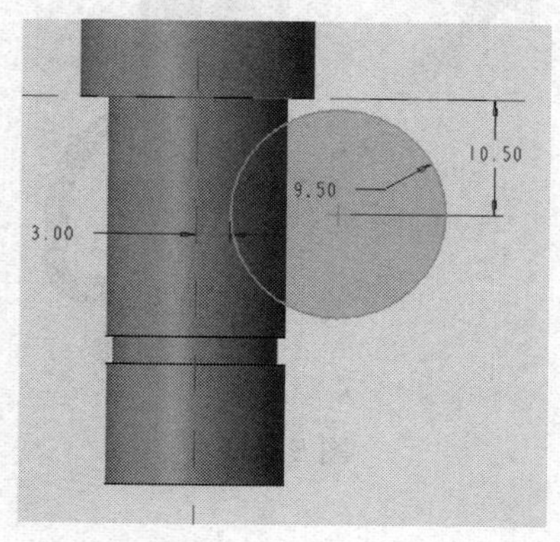

图 5-213

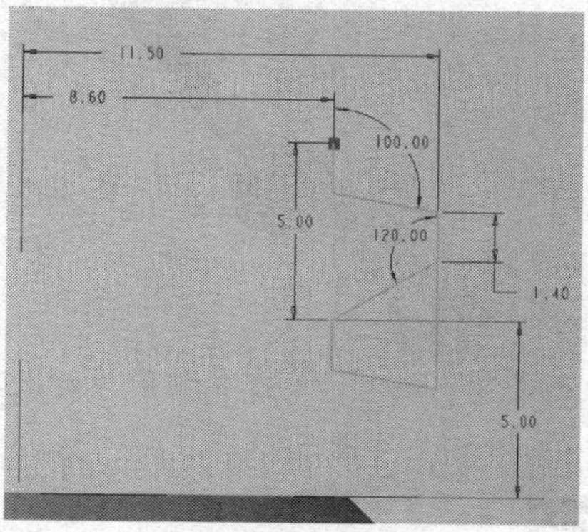

图 5-214

步骤 4 单击“草图”，选“RIGHT”为基准面，绘制如图 5-215 所示截面。

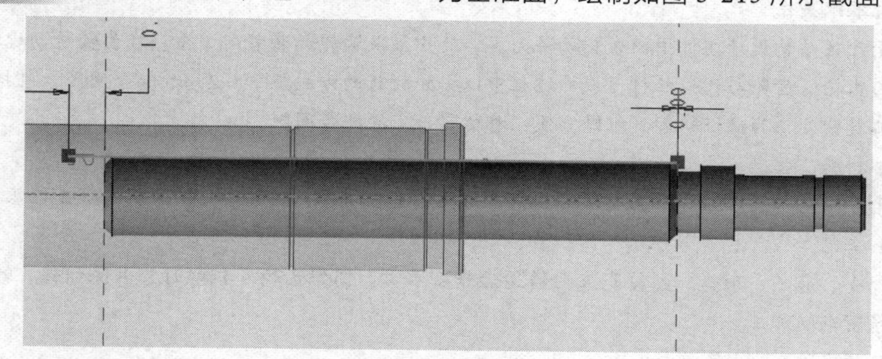

图 5-215

步骤 5 单击“螺旋扫描”，完成后如图 5-216 所示。

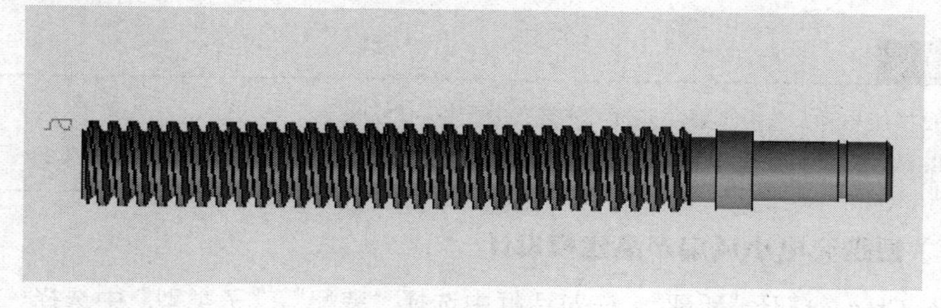

图 5-216

9）其他建模设计

齿轮、推力轴承、弹簧、封板、拉手、螺钉、销钉、手柄等特征，参考 3D 图，可以具体情况采用近似放样或简易画法，完成模型建构。参考图如图5-217、图5-218所示。

图 5-217

图 5-218

说明:

千斤顶零部件结构设计总结

1. 装配关系

千斤顶结构设计组件中以金属构件为主，其中涉及齿轮精密装配关系。在齿轮传动过程中，齿轮与齿轮、齿轮与齿条丝杆，设计过程中以去除材料的方式留下 0.2 mm 配合间隙，包括底座与壳体旋钮处，为保证拆卸、维修方便，都留有一定的配合间隙。

2. 材料

千斤顶结构设计组件中主要以金属构件为主，旨在培养、训练学生们了解机械设计基础。

3. 工艺

外壳、底座、顶盘、棘轮壳采用铸造后精密加工，圆锥齿轮和铜螺母、升降组件、棘爪均采用精密车削加工。

4. 标准件

该项目中用到齿轮、轴承、销钉、螺钉、弹簧等标准件，可以展开拓展学习，迅速提高机械设计基础能力。

课程育人:

1. 换位思考，分析零部件失效可能带来的严重后果。
2. 做合格产品，培育师生形成精益求精、刻苦钻研、不出差错的良好品质。

（4）便携充电小风扇产品建模设计

打开 Creo，打开“新建”，在对话框中选择“装配”，“子类型”中选择“设计”，去除“使用默认模板”中“√”符号，在文件名中输入“便携充电小风扇”，如图 5-219 所示。

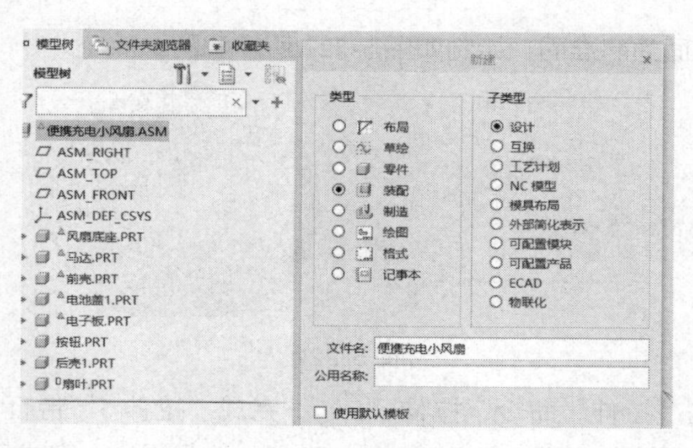

图 5-219

1）风扇底座建模设计

步骤 1　激活“便携充电小风扇”，在创建元件对话框类型中，选择“零件”，“子类型”中选择“实体”，在文件名中输入“风扇底座”，如图 5-220A 所示。

步骤 2　单击“草绘”命令，选择“TOP”为基准面，绘制如图 5-220B 所示截面。

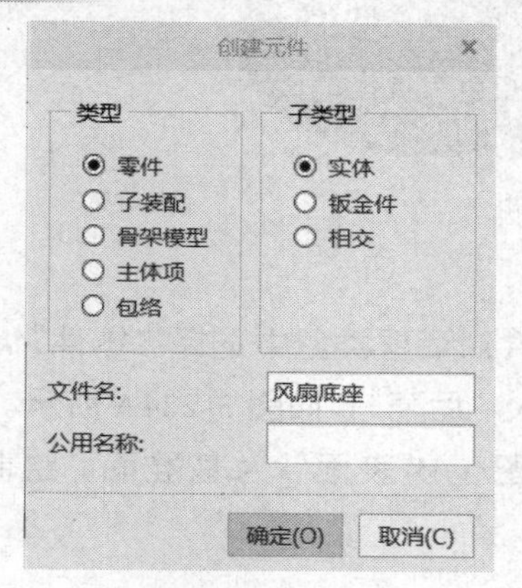

图 5-220A

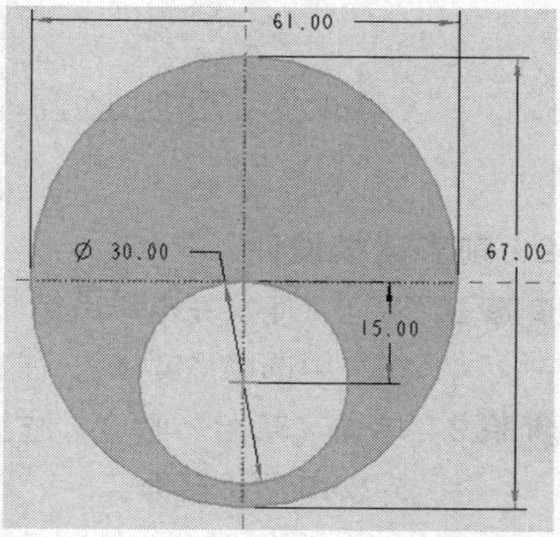

图 5-220B

步骤 3　单击“拉伸”命令，拉伸“40.0”，完成“底座本体”特征。选择“RIGHT”为基准面，绘制如图 5-221 所示截面。

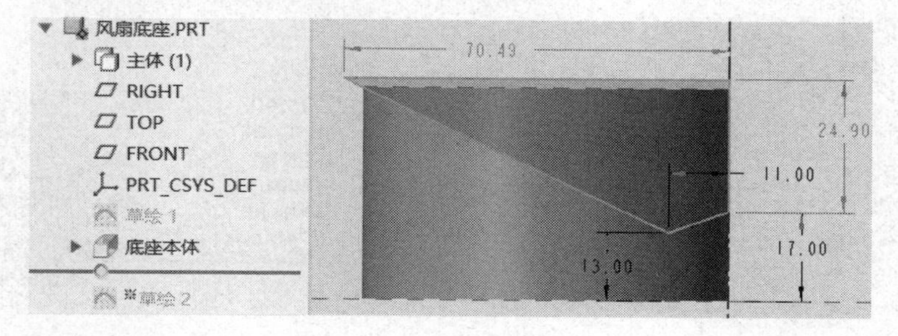

图 5-221

步骤 4　单击“拉伸”命令，对称移除材料“70.0”，完成“造型”特征。单击“壳”命令，输入脱壳尺寸“1.5”，完成“壳 1”特征。单击“草绘”，选择底面为基准面，绘制如图 5-222 所示截面。

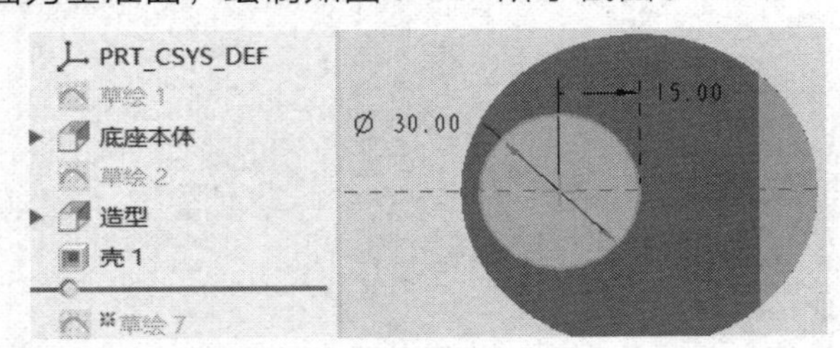

图 5-222

步骤 5 单击“拉伸”命令，拉伸“1.0”，完成“拉伸 3”特征。单击“倒圆角”命令，输入倒圆角尺寸“0.5”，选择孔位及周边，完成后如图 5-223 所示。

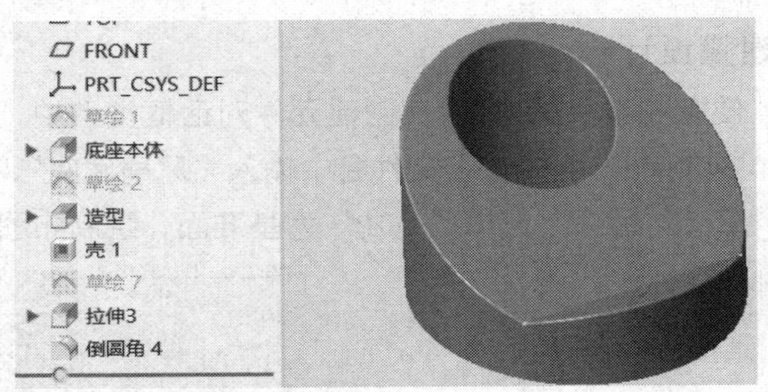

图 5-223

2）前壳建模设计

步骤 1 激活“便携充电小风扇”，在创建元件对话框类型中选择“零件”，“子类型”中选择“实体”，在文件名中输入“后壳”，如图 5-224A 所示。

步骤 2 单击“草绘”命令，选择“底座装配位内表面”为基准面，绘制如图 5-224B 所示截面。

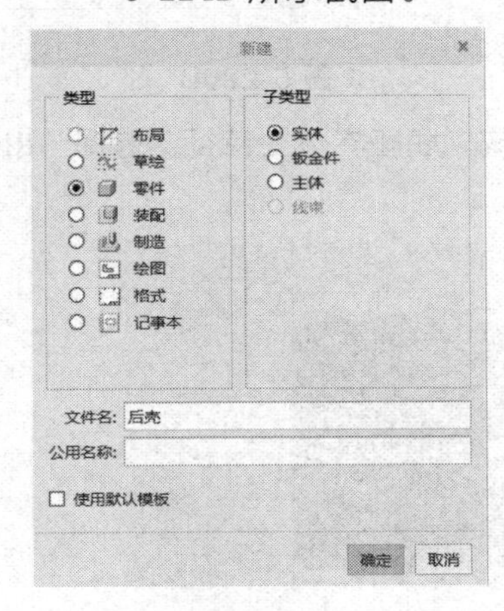

图 5-224A

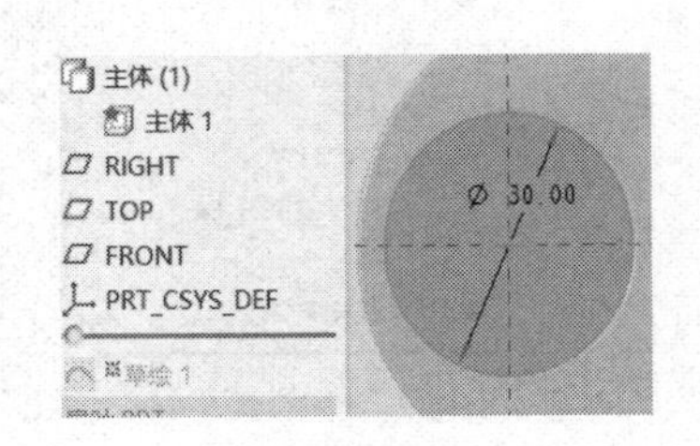

图 5-224B

步骤 3 单击“拉伸”命令，拉伸“115.0”，完成“后壳手把”特征。单击“草绘”命令，选择“RIGHT”为基准面，绘制如图 5-225 所示截面。

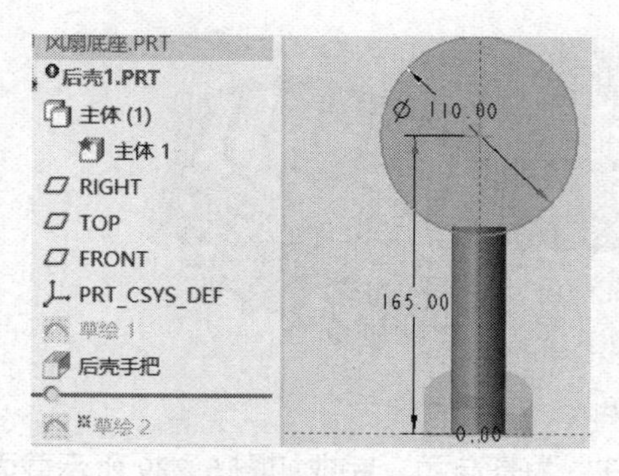

说明:

产品主要由底座、前后壳等结构件组成。

先设计底座，然后是后壳、前壳，也可以从前壳到后壳。设计前，要规划好设计路径，避免交叉参考，少走弯路，减少出错机会，提高设计效率。

图 5-225

步骤 4　单击“拉伸”命令，对称拉伸“40.0”，完成“后壳 1”特征。单击“倒圆角”命令，选择底壳外边缘，输入倒圆角“5.0”。单击“壳”命令，输入默认厚度“2.0”，按“Ctrl”键，选择非默认厚度，选择手把 3 个面，如图 5-226 所示截面。

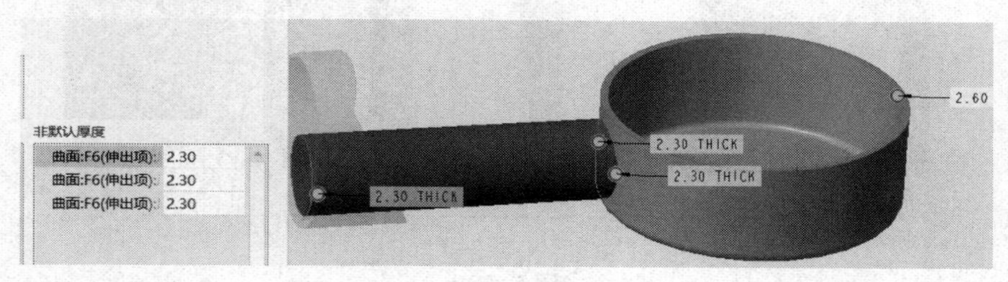

图 5-226

步骤 5　单击“草绘”命令，选择后壳端面，完成如图 5-227A 所示截面。

步骤 6　单击“拉伸”命令，向下移除材料“10.0”，完成“拉伸 2”特征。单击“草绘”命令，选择后壳底面，完成如图 5-227B 所示截面。

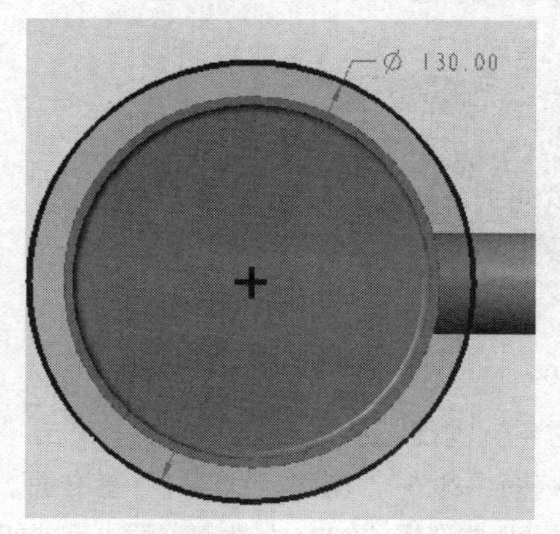

图 5-227A

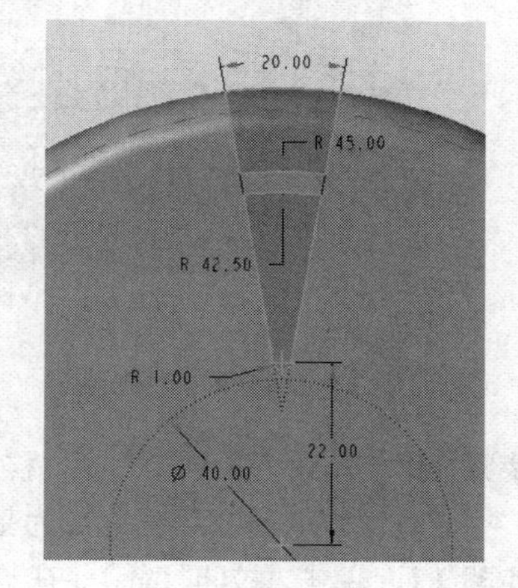

图 5-227B

步骤 7　单击“拉伸”命令，移除材料“26.0”，完成“拉伸 3”特征。单击“阵列”命令，选择轴，成员数“22”，完成如图 5-228 所示截面。

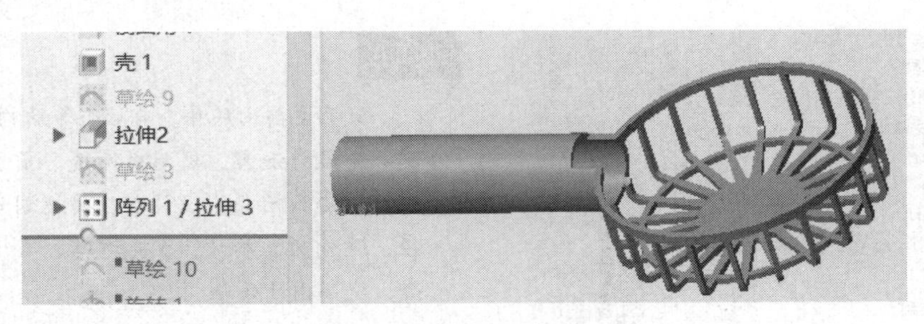

图 5-228

步骤 8 单击“草绘”命令，选择“FRONT”为基准面，完成如图 5-229 所示截面。

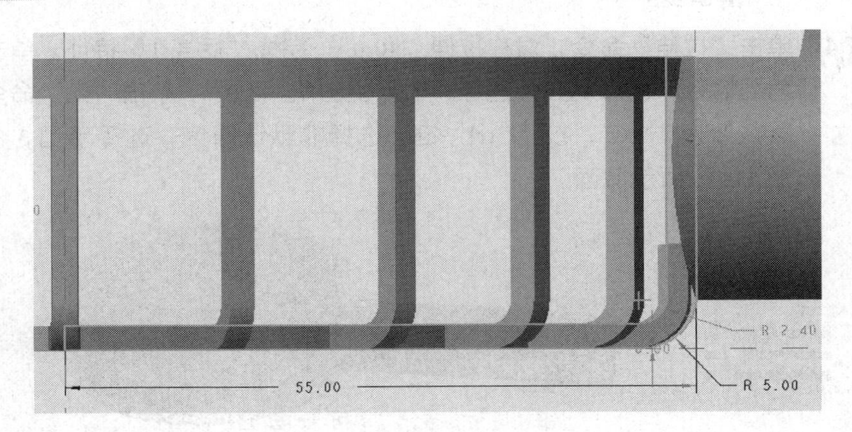

图 5-229

步骤 9 单击“旋转”命令，对称旋转 50 度。选择“RIGHT”为基准面，完成如图 5-230 所示截面。

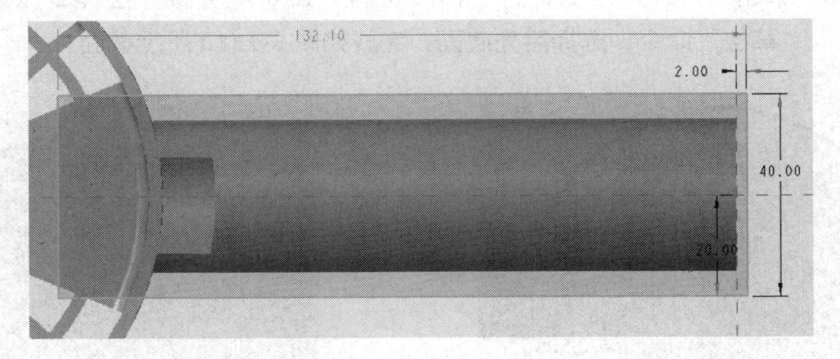

图 5-230

步骤 10 单击“拉伸”命令，移除所有材料，创建“手把半壳”特征。单击“平面”，选择手把底部为基准面，偏移“89.0”，创建“DTM1”基准面。

步骤 11 单击“拉伸”命令，在“草绘”对话框中选择“DTM1”为基准面，完成如图 5-231A 所示截面，单击“确定”，移除材料“33.0”，完成“过线孔”特征。

步骤 12 单击“草绘”命令，选择壳体内表面为基准面，完成如图 5-231B 所示截面。

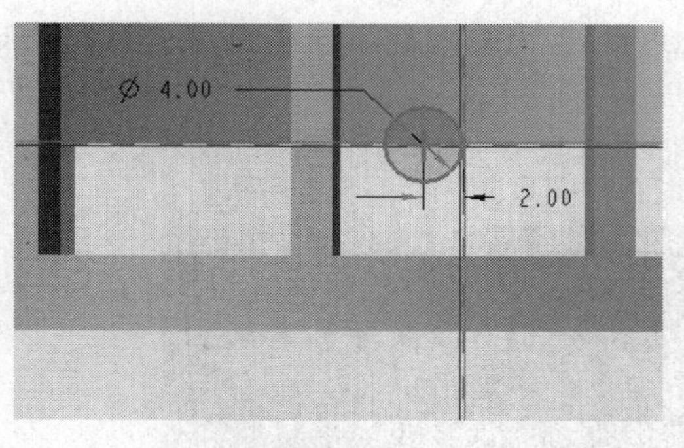

图 5-231A

图 5-231B

步骤 13　单击“拉伸”命令，拉伸“5.0”，完成“马达位 1”特征。单击“拉伸”命令，在“草绘”对话框中选择壳体内表面为基准面，完成如图 5-232A 所示截面，单击“确定”，拉伸材料“14.5”，完成“马达位 2”特征。

步骤 14　单击“草绘”命令，选择壳体台阶端面为基准面，完成如图 5-232B 所示截面。

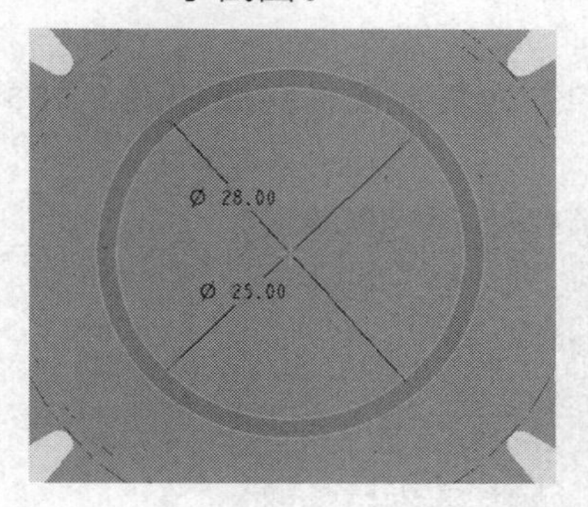

图 5-232A

图 5-232B

步骤 15　单击“拉伸”命令，拉伸“2.0”，完成“拉伸 7”（参考）特征。单击“平面”命令，选择手把末端面，偏移“8.5”，创建“DTM2”基准面。

步骤 16　单击“草绘”命令，选择“DTM2”为基准面，完成如图 5-233 所示截面。

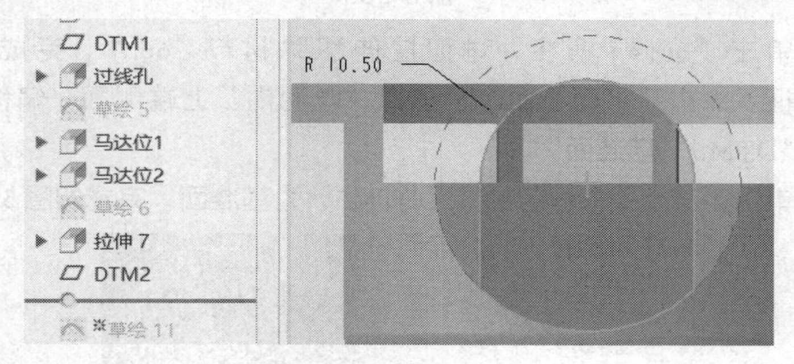

图 5-233

步骤 17　单击“拉伸”命令，拉伸“74.0”，完成“电池位”特征。单击“平面”命令，选择“RIGHT”面，偏移“15.0”，创建“DTM3”基准面。

步骤 18 单击“草绘”命令，选择“DTM3”为基准面，完成如图 5-234 所示截面。

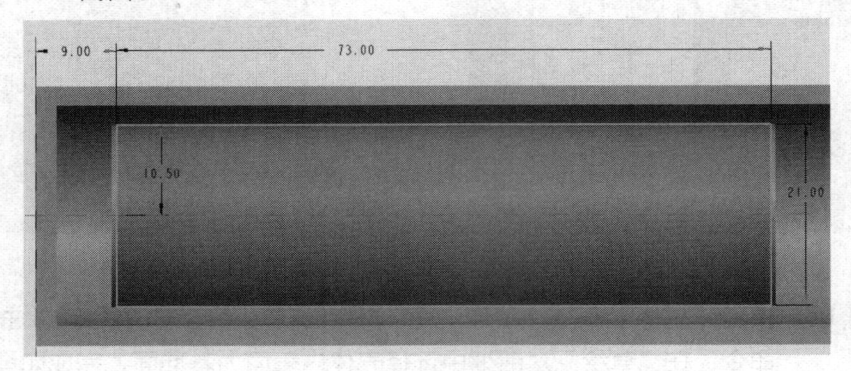

图 5-234

步骤 19 单击“拉伸”命令，向下拉伸移除材料“7.5”，完成“电池盖位”特征。单击“平面”命令，选择电池盖位上端侧面，偏移“37.0”，创建“DTM4”基准面。

步骤 20 单击“草绘”命令，选择“DTM4”为基准面，完成如图 5-235 所示截面。

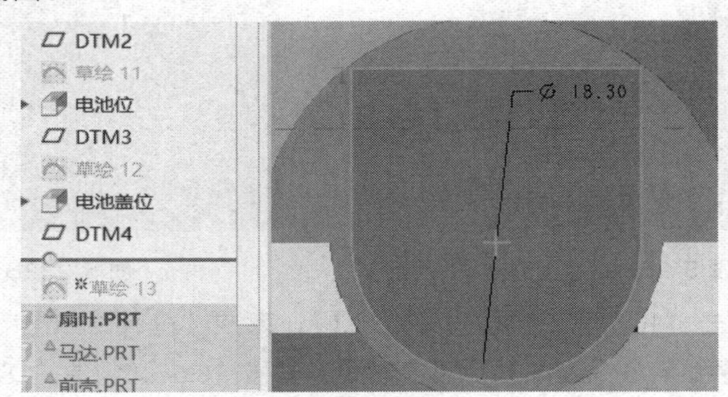

图 5-235

步骤 21 单击“拉伸”命令，对称拉伸移除材料“66.7”，完成“电池内”特征。单击“平面”命令，选择“电池内”上端侧面，偏移“0.8”，创建“DTM5”基准面。

步骤 22 单击“草绘”命令，选择“DTM5”为基准面，完成如图 5-236 所示截面。

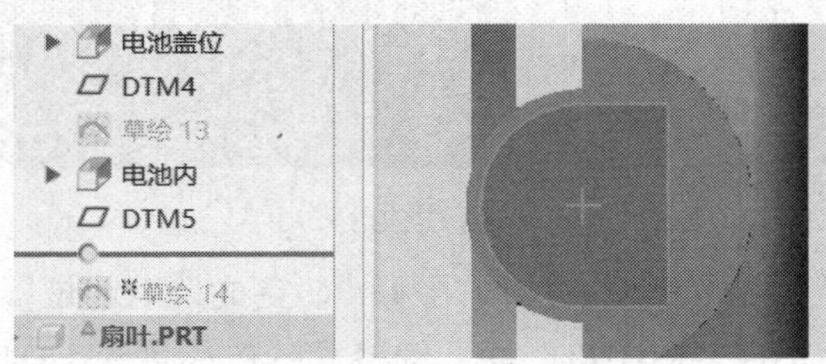

图 5-236

步骤 23　单击“拉伸”命令，移除材料“0.8”，完成“电池簧片位”特征。单击“草绘”命令，选择“电池内”上端侧面，完成如图 5-237 所示截面。

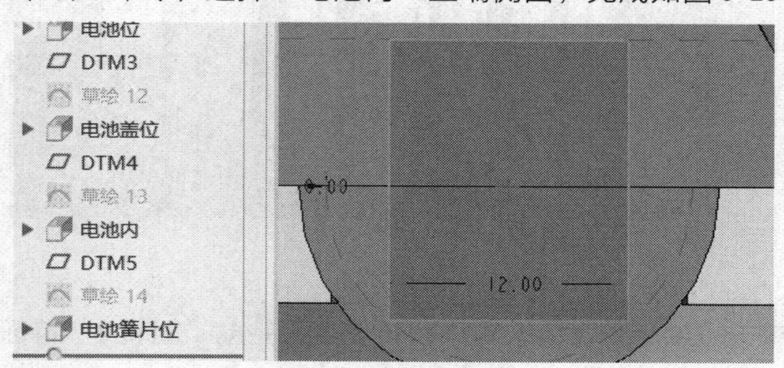

图 5-237

步骤 24　单击“拉伸”命令，移除材料“1.0”，完成“拉伸 15”特征。单击“镜像”命令，选择“电池簧片位”和“拉伸 15”，选择“DTM4”为镜像面，完成“镜像 1”特征。

步骤 25　单击“草绘”命令，选择“DTM3”为基准面，完成图 5-238 所示截面。

步骤 26　单击“拉伸”命令，移除材料“2.6”，完成“拉伸 15”特征。单击“草绘”命令，选择“电池盖位”端面为基准面，完成如图 5-239 所示截面。

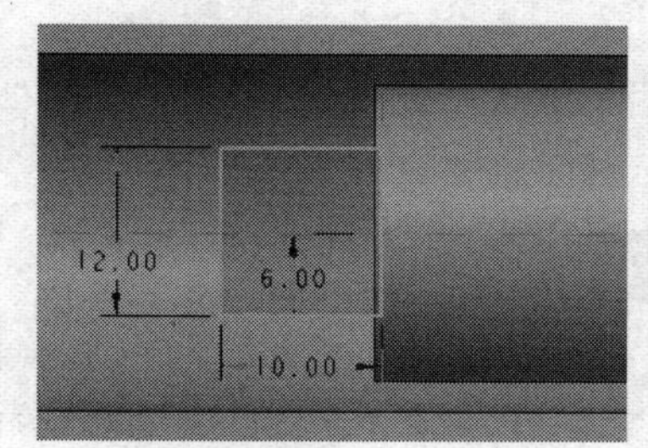

图 5-238

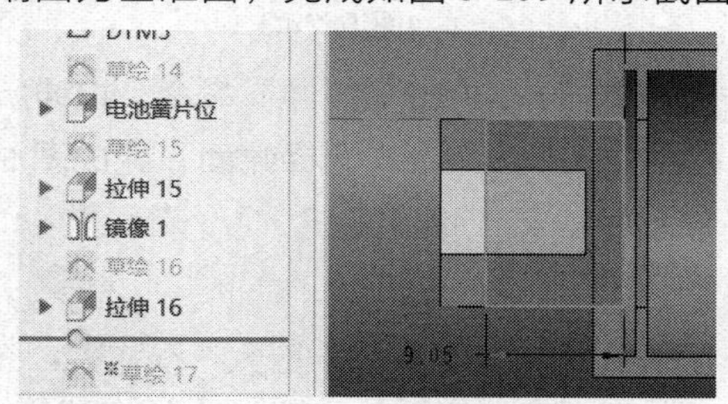

图 5-239

步骤 27　单击“拉伸”命令，向下移除材料“4.0”，完成“拉伸 17”特征。单击“草绘”命令，选择“FRONT”为基准面，完成如图 5-240 所示截面。

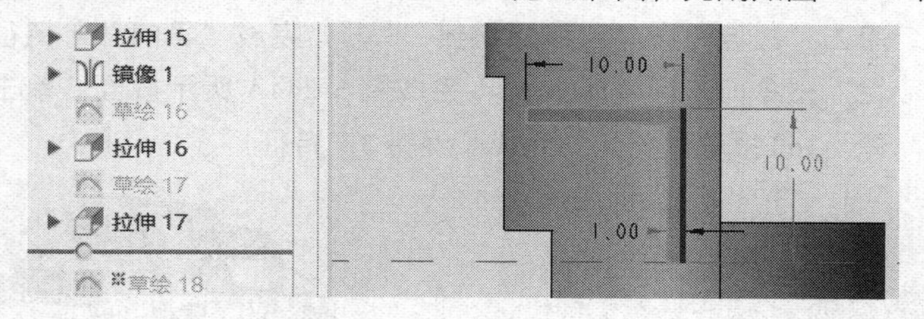

图 5-240

步骤 28　单击“拉伸”命令，对称拉伸材料“6.0”，完成“拉伸 18”特征。单击“平面”命令，按住“Ctrl”键选择偏移“FRONT”45 度，穿过“A_2”轴，创建“DTM6”基准面。

步骤 29　单击“草绘”命令，选择“DTM6”为基准面，完成如图 5-241 所示截面。

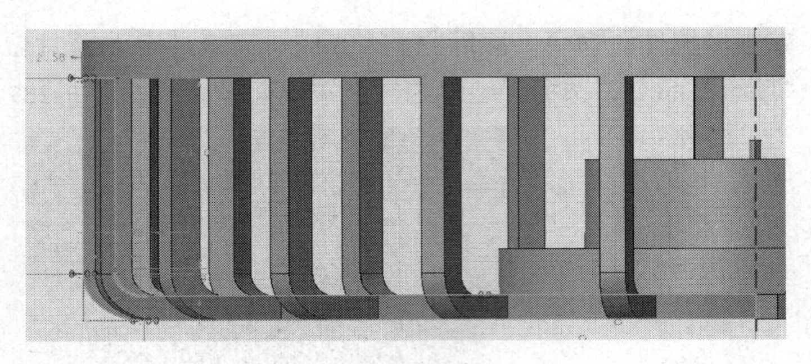

图 5-241

步骤 30 单击“旋转”命令，对称旋转 8 度，完成“旋转 4”特征。单击“草绘”命令，选择端面，完成图 5-242 所示截面。

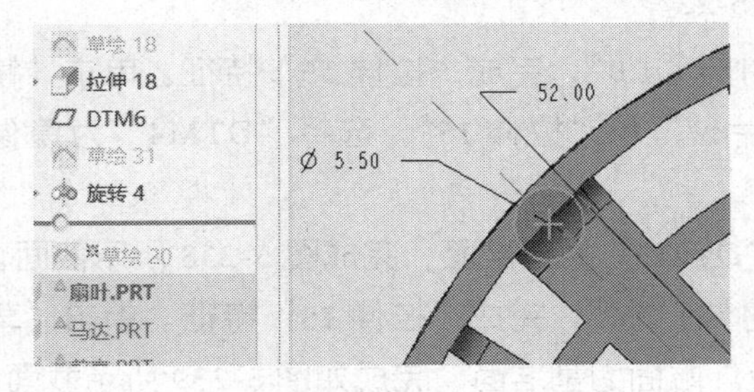

图 5-242

说明：

阵列移除材料后，螺柱位强度较弱，会影响产品质量。此处侧、底部加料后，保证前后壳装配及使用强度。

步骤 31 单击“拉伸”命令，拉伸所有交汇面，完成“螺柱”特征。单击“草绘”命令，选择端面，完成图 5-243 所示截面。

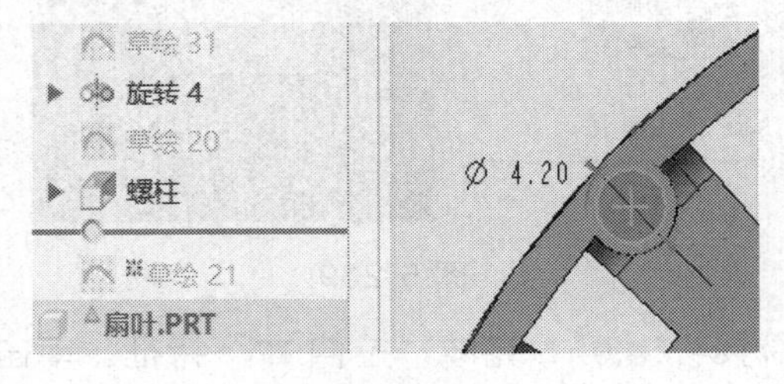

图 5-243

说明：

此截面是导向孔截面。导向孔特征在前后壳、左右壳、上下壳等壳体结构中广泛使用，能够提高产品结构强度，提高装配效率。

步骤 32 单击“拉伸”命令，移除材料“3.0”，完成“导向孔”特征。单击“草绘”命令，选择“DTM6”，完成图 5-244A 所示截面。单击“旋转”命令，360 度移除材料，完成“旋转 3”特征。

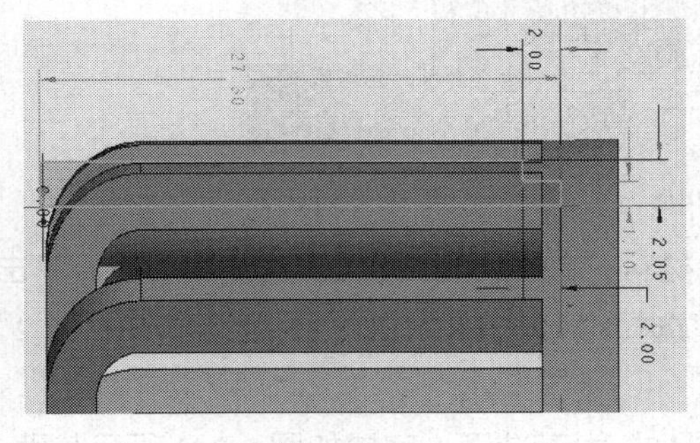

图 5-244A

图 5-244B

步骤33 单击“镜像”命令，选择“旋转4”“螺柱”“导向孔”“旋转3”为镜像特征，如图5-244B所示。

步骤34 单击“草绘”命令，选择“RIGHT”，完成如图5-245所示截面。

步骤35 单击“拉伸”命令，向下拉伸所有交汇面，完成“螺柱3”特征。

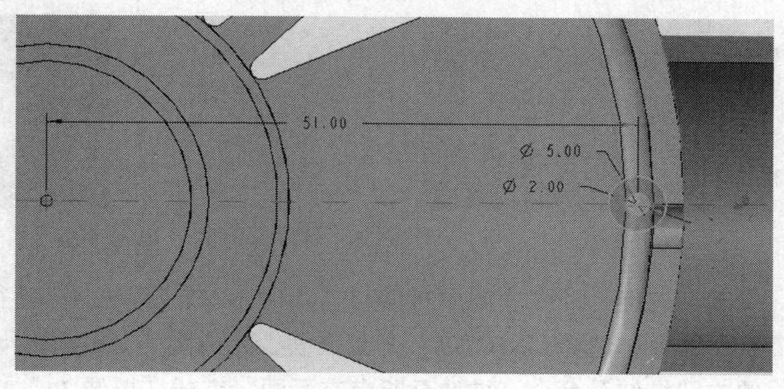

图5-245

步骤36 单击“草绘”命令，选择“RIGHT”，完成如图5-246所示截面。

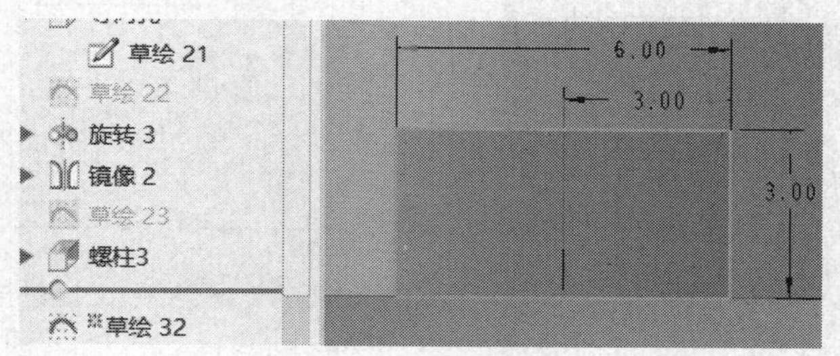

图5-246

步骤37 单击“拉伸”命令，向下拉伸所有交汇面，向上移除“1.2”，完成“拉伸33”特征。单击“草绘”命令，选择壳体底部，完成如图5-247所示截面。

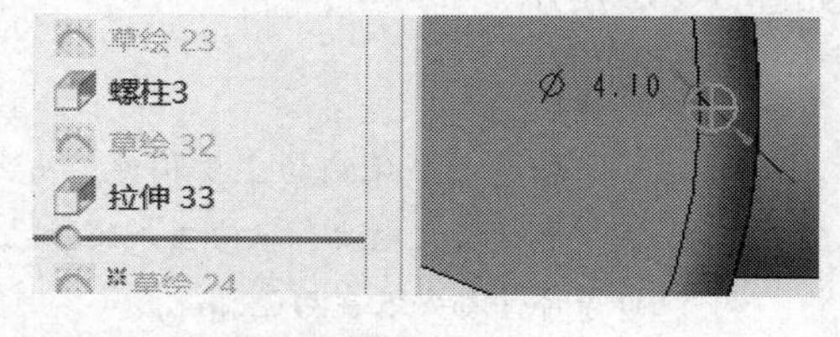

图5-247

> **说明：**
>
> 该截面是螺柱3截面、螺柱3和螺柱特征形成“金三角”模式，固定前后壳。

步骤38 单击“拉伸”命令，向上移除材料“18.0”，完成“拉伸24”特征。单击“草绘”命令，选择电池盖台肩处，完成如图5-248所示截面。

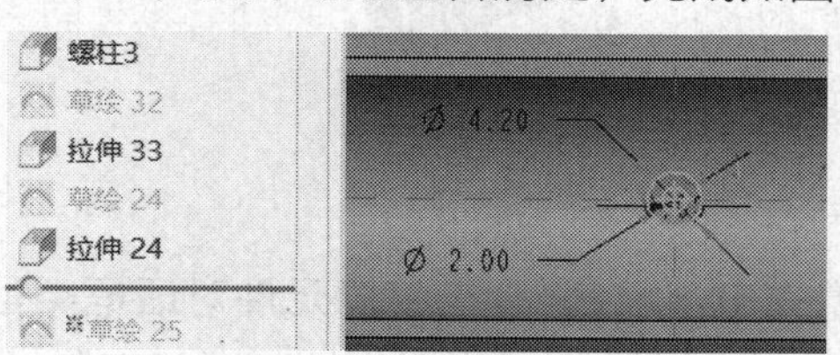

图5-248

步骤 39 单击“拉伸”命令，移除材料“17.4”，完成“拉伸 25”特征。单击“草绘”命令，选择电池盖台肩处，完成图 5-249 所示截面。

步骤 40 单击“拉伸”命令，移除材料，完成“拉伸 26”特征。单击“草绘”命令，选择电池盖台肩处，完成图 5-250 所示截面。

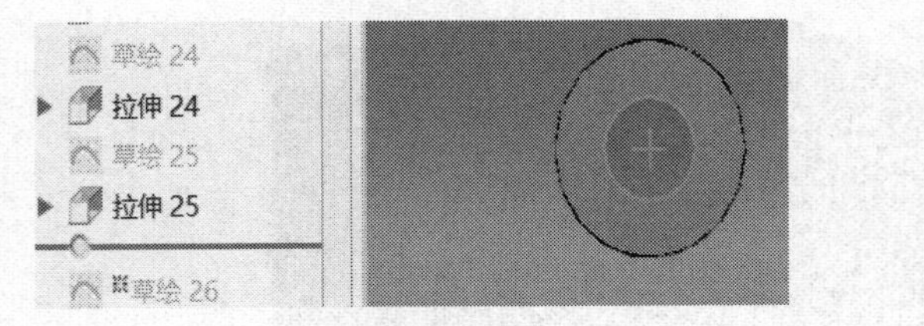

图 5-249

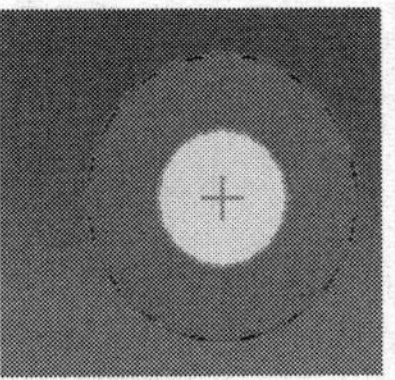

图 5-250

步骤 41 单击“拉伸”命令，向下拉伸材料 2.0，完成“螺柱 4”特征。单击“草绘”命令，选择“RIGHT”为基准面，完成图 5-251A 所示截面。

步骤 42 单击“拉伸”命令，拉伸至所有交汇面，完成“拉伸 34”特征。

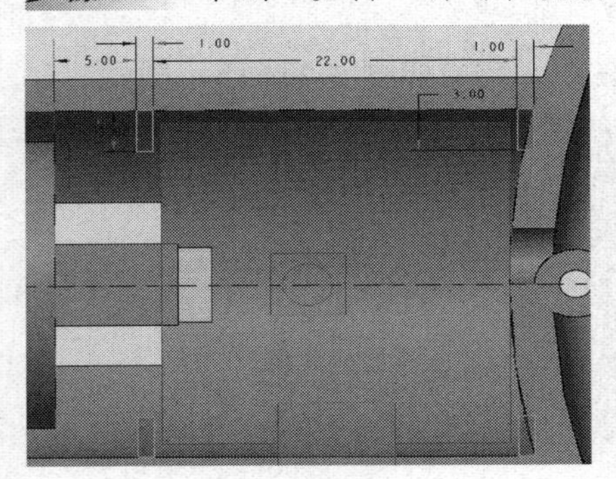

图 5-251A

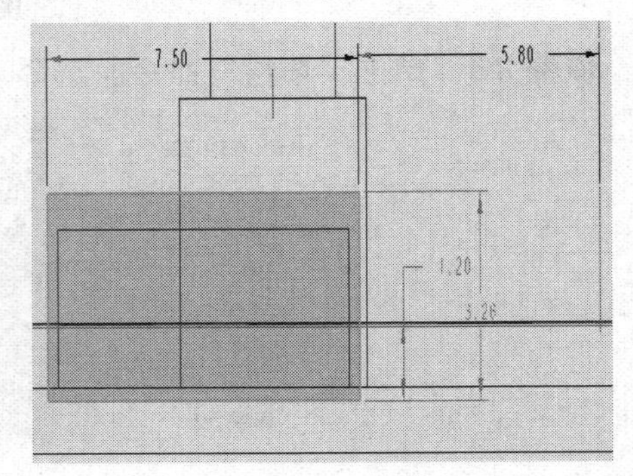

图 5-251B

步骤 43 单击“拉伸”命令，绘制图 5-251B 所示截面，移除拉伸至所有交汇面，完成“拉伸 35”特征，完成后如图 5-252 所示。

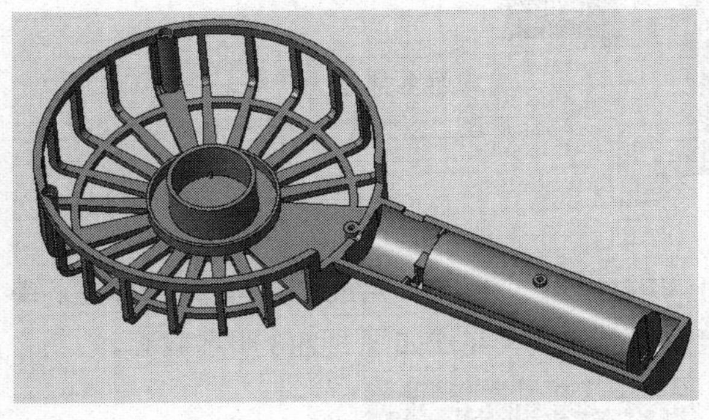

图 5-252

说明：

后壳是小风扇的主要构件，马达、电子板、电池、电池盖、IO 端口等部件都安装在后壳上。

材料选用 ABS 塑料，壁厚 2 mm 以上。设计时需保证整机结构可靠、安装方便。

3）前壳建模设计

步骤 1 激活“便携充电小风扇”，在创建元件对话框类型中选择“零件”，“子类型”中选择“实体”，在文件名中输入“前壳”，如图 5-253 所示。

步骤 2　单击“草绘”命令，选择“ASM_RIGHT”为基准面，绘制如图 5-254 所示截面。

说明:

前壳与后壳轮廓基本一致。设计次序是由外及里，由易到难。

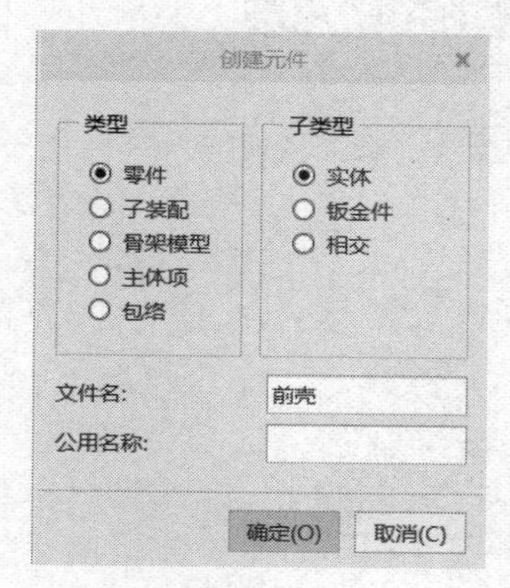

图 5-253

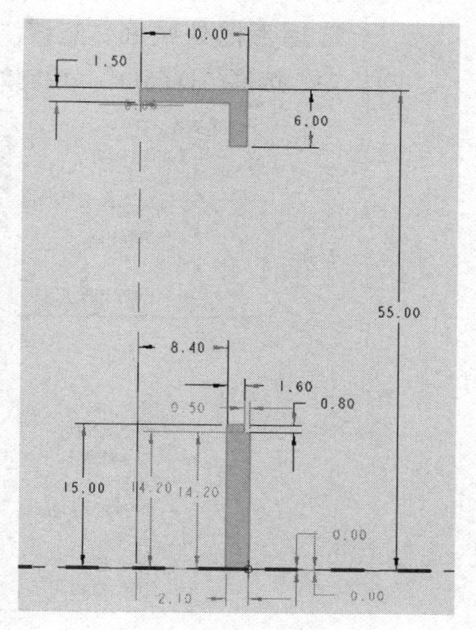

图 5-254

步骤 3　单击“旋转”命令，完成“前壳本体”特征。单击“倒圆角”，选外边缘，输入“1.0”，完成“倒圆角 1”特征。单击“草绘”命令，如图 5-255 所示，完成草绘截面。

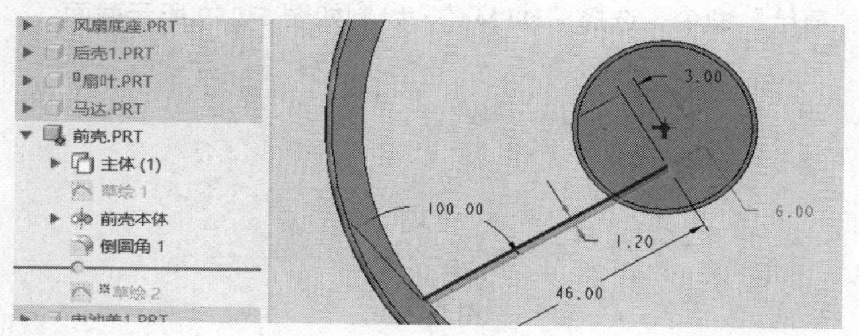

图 5-255

步骤 4　单击“拉伸”命令，拉伸材料“4.0”，完成“拉伸 1”特征。单击“阵列”命令，选择轴，成员数“30”，完成后如图 5-256 所示。

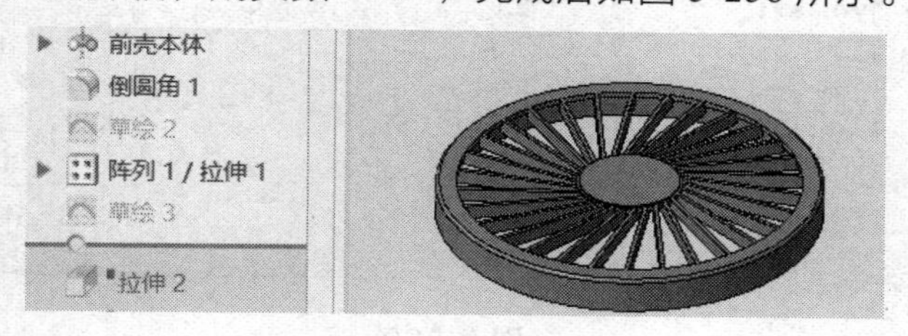

图 5-256

步骤 5 单击“草绘”命令，选择手把端面，绘制如图 5-257 所示截面。单击“拉伸”命令，拉伸材料“114.5”，完成“手把”特征。单击“平面”命令，选择手把外端面，偏移“1.6”，完成“DTM3”特征。单击“草绘”命令，选择“DTM3”，绘制如图 5-258 所示截面。

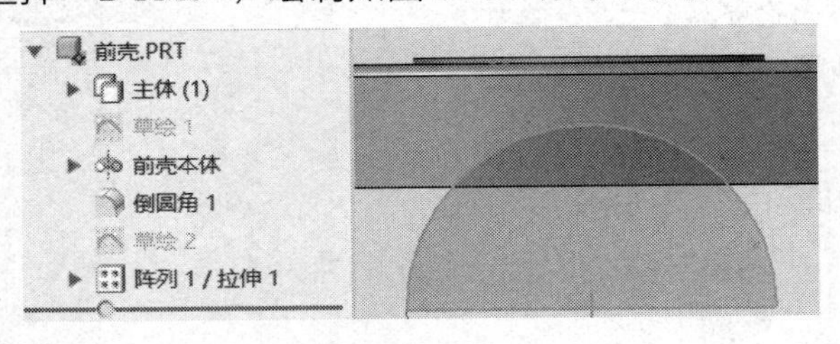

图 5-257

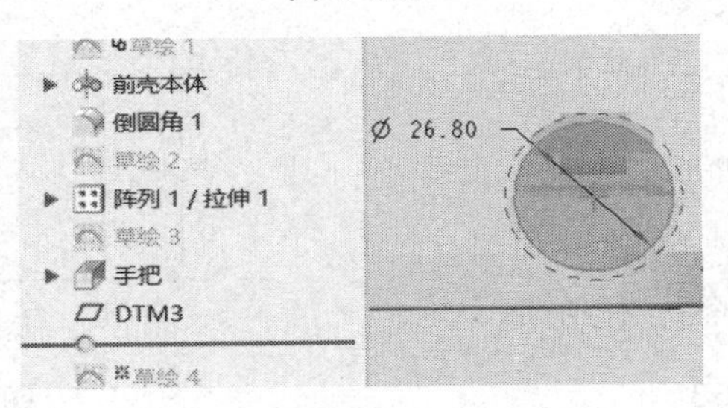

图 5-258

步骤 6 单击“拉伸”命令，移除所有交汇面材料，完成“拉伸 3”特征。单击“平面”命令，选择穿过“ASM_RIGHT”，完成“DTM4”特征。单击“草绘”命令，选择“DTM4”，绘制如图 5-259 所示截面。

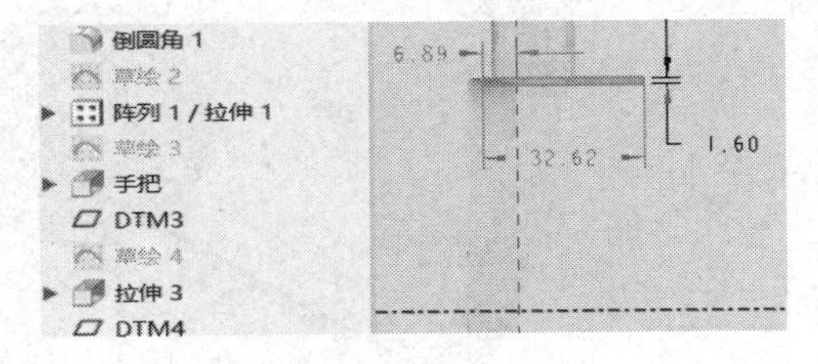

图 5-259

步骤 7 单击“旋转”命令，对称旋转 55 度，完成“旋转 2”特征。点“草绘”，完成“草绘 6”，如图 5-260 所示。

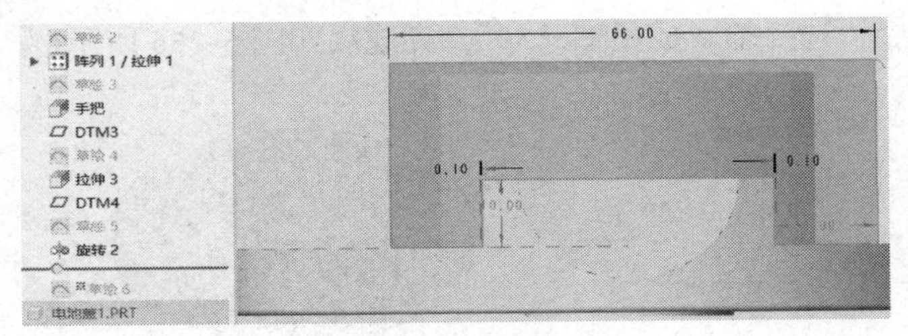

图 5-260

步骤 8 单击“拉伸”命令，移除所有交汇面，完成“拉伸 4”特征。单击“平面”

命令，选择端面，偏移“11.9”，完成“DTM7”特征。点“草绘”，完成“草绘 8”，如图 5-261 所示。

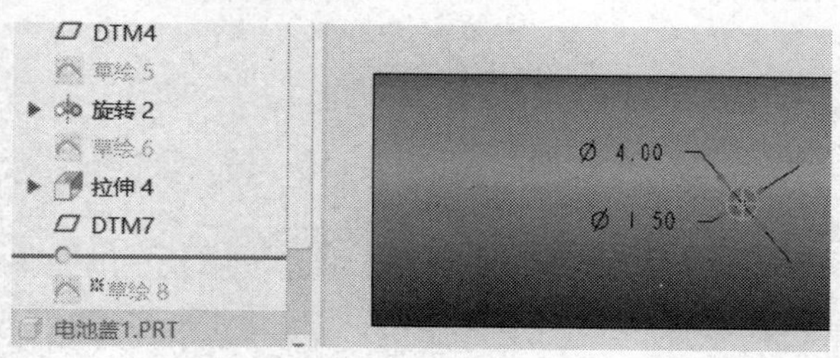

图 5-261

步骤 9　单击“拉伸”命令，拉伸至所有交汇面，完成“柱位”特征。单击“草绘”，选择“DTM7”为基准面，完成“草绘 9”，如图 5-262 所示。

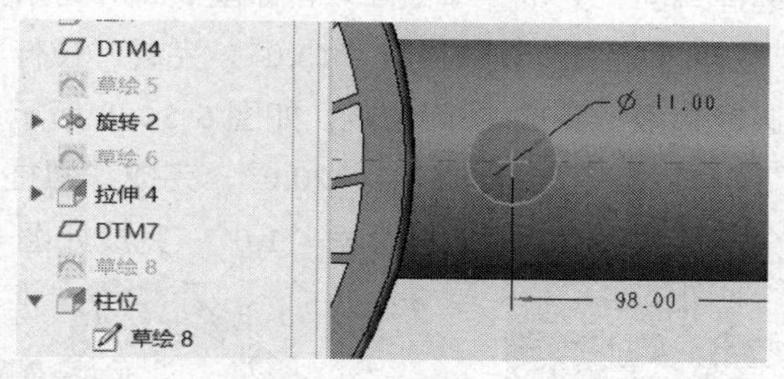

图 5-262

步骤 10　单击“拉伸”命令，移除至所有交汇面，完成“按钮孔位”特征。单击“草绘”，选择端面，完成“草绘 10”，如图 5-263 所示。

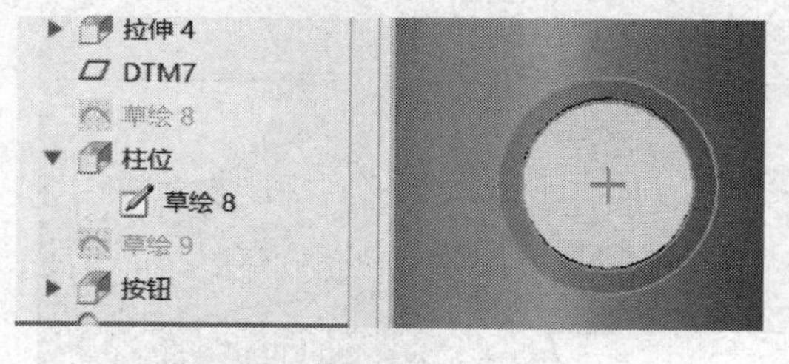

图 5-263

> **说明：**
>
> 按钮孔台阶有导向、造型、装配、结构加强等作用。

步骤 11　单击“拉伸”命令，移除至所有交汇面，完成“按钮台阶”特征。单击“草绘”，选择端面，完成“草绘 11”，如图 5-264 所示。

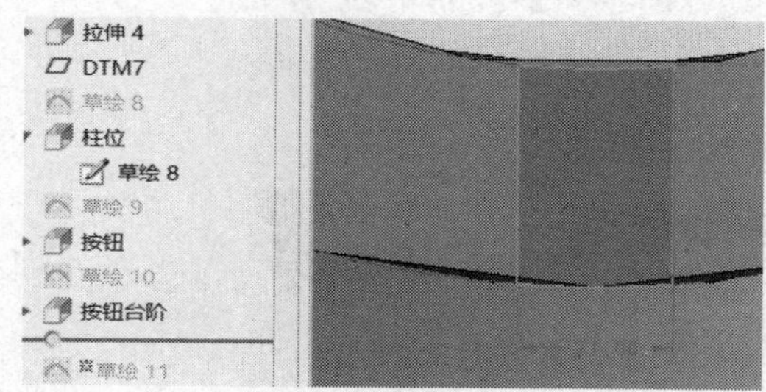

图 5-264

> **说明：**
>
> 此开口位配合按钮上的凸位，能有效定位，保证按钮不能扭转。

步骤 12 单击“拉伸”命令，移除材料“1.2”，完成“拉伸 9”特征。单击“草绘”，选择“DTM4”，完成“草绘 12”，如图 5-265 所示。

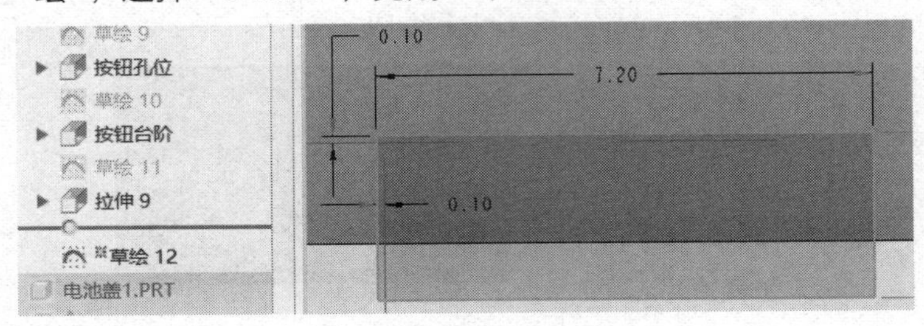

图 5-265

步骤 13 单击“拉伸”命令，移除至所有交汇面，完成“IO 位”特征。单击“草绘”，选择端面，完成“草绘 13”，如图 5-266A 所示。

步骤 14 单击“拉伸”命令，移除材料“15.0”，完成“拉伸 11”特征。单击“草绘”，选择端面，完成“草绘 7”，如图 5-266B 所示。

步骤 15 单击“拉伸”命令，拉伸材料“20.0”，完成“螺柱”特征。单击“倒圆角 2”，选择手把边，输入倒圆角“1.0”，完成如图 5-267 所示截面。

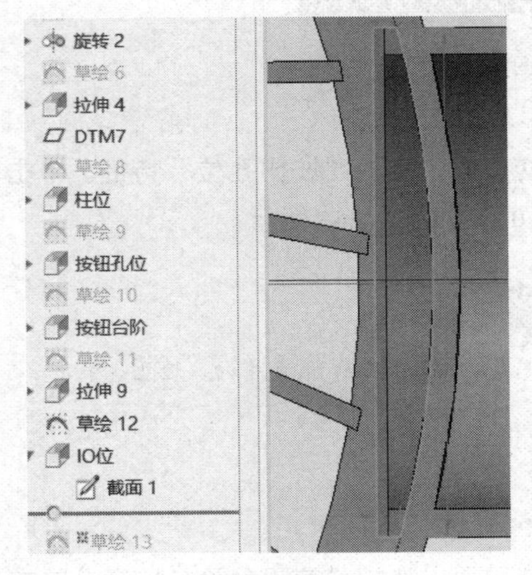

图 5-266A

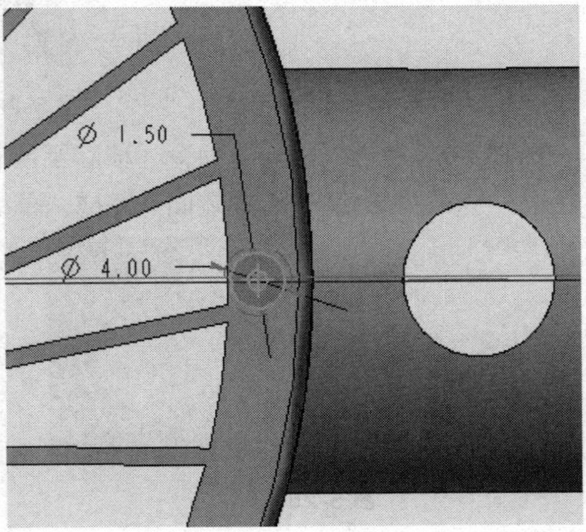

Ø 1.50
Ø 4.00

图 5-266B

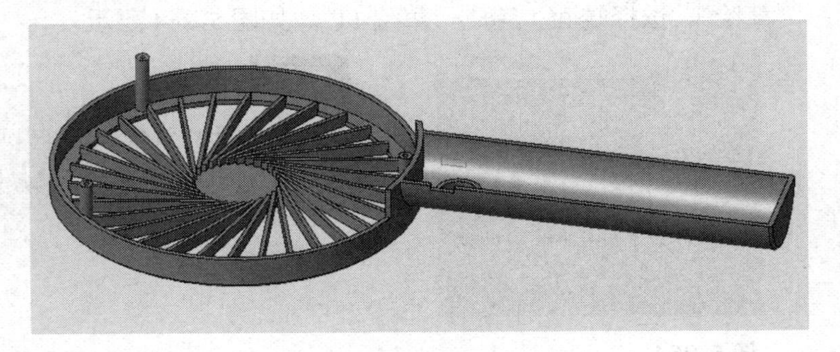

图 5-267

说明:

前壳由扇孔、手把、柱位、按钮孔位等特征构成，采用 ABS 塑料，颜色与后壳一致。

前后壳通过柱孔位 4 个螺丝固定，装配连接在一起。

课程育人:

1. 传统家电产品耗电少，适用范围广。

2. 做合格产品，培育尊重传统、完善和发展传统设计，形成继往开来，理解并尊重传统的良好品质。

3. 师生思考未来传统家电的发展趋势，如更加智能化、低耗能、外观个性化等，以及售后体系更完善，销售渠道多元化发展的趋势等。

4）电池盖建模设计

步骤 1 激活“便携充电小风扇”，在创建元件对话框类型中选择“零件”，“子类型”中选择“实体”，在文件名中输入“电池盖”，如图 5-268A 所示。

步骤 2 单击“草绘”命令，选择后壳“电池装配位”端面为基准面，绘制如图 5-268B 所示截面。

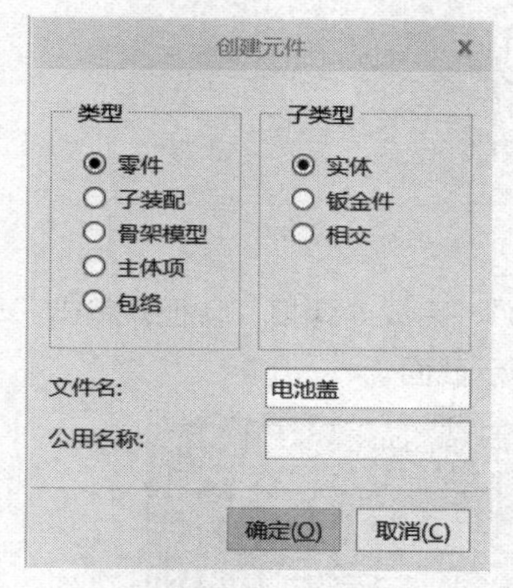

图 5-268A

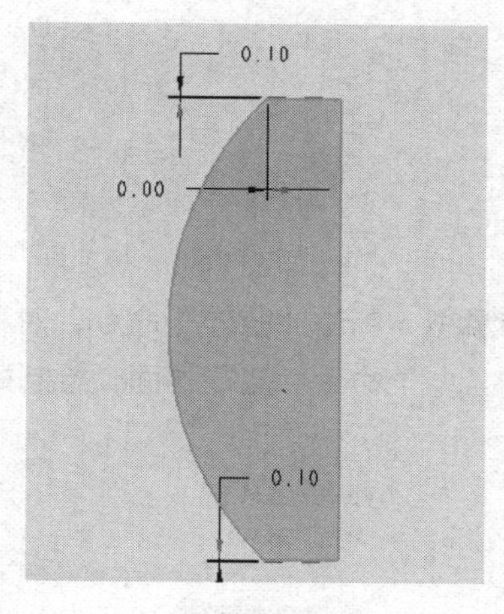

图 5-268B

步骤 3 单击“拉伸”命令，拉伸“72.0”，完成“电池盖本体”特征。单击“壳”命令，输入壁厚“1.0”，完成如图 5-269 所示截面。

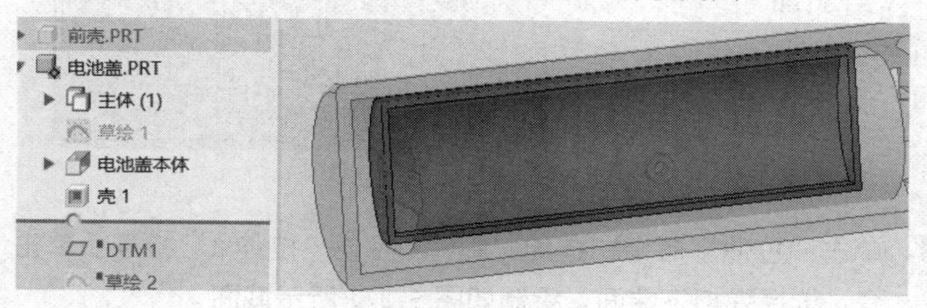

图 5-269

步骤 4 单击“平面”命令，穿过“ASM_RIGHT”，创建 DTM1 基准面，完成“DTM1”特征。单击“草绘”命令，选择“DTM1”为基准面，绘制如图 5-270 所示截面。

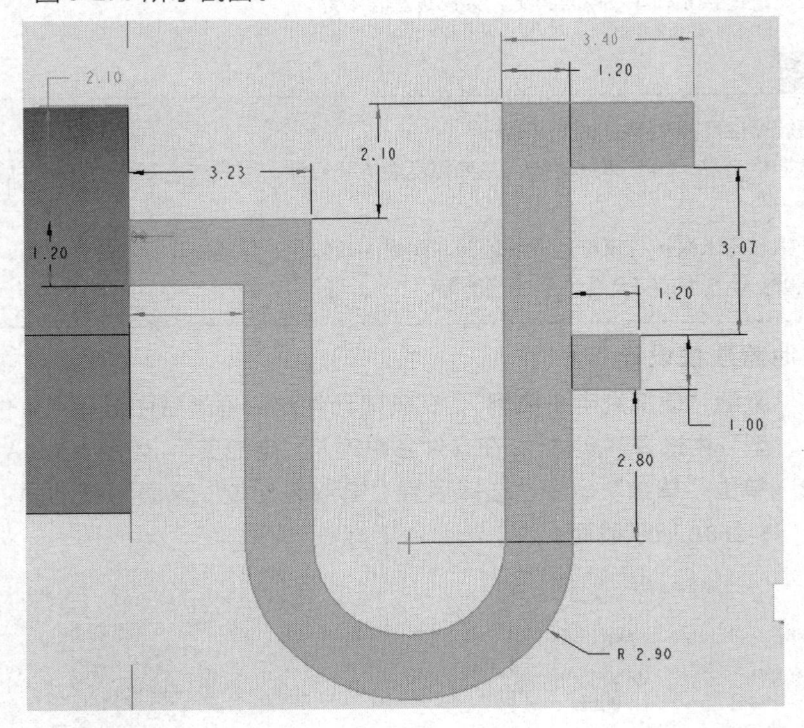

图 5-270

步骤 5 单击“拉伸”命令，对称拉伸“11.0”，完成“弹扣”特征。单击“草绘”命令，选择端面，绘制如图 5-271 所示截面。

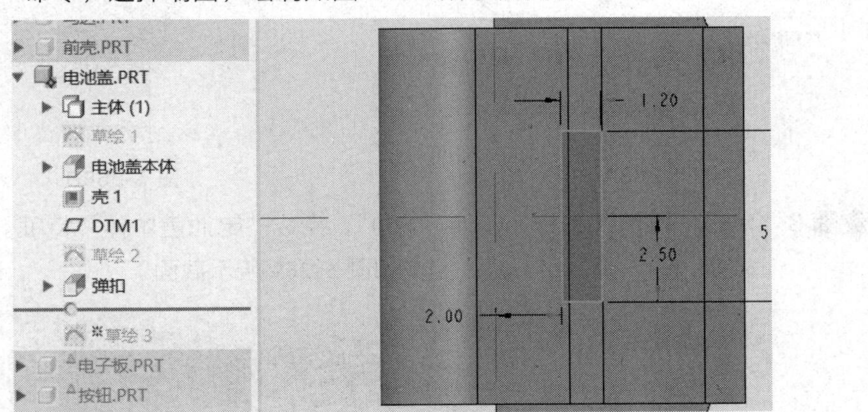

图 5-271

步骤 6 单击“拉伸”命令，拉伸“3.0”，完成“拉伸 3”特征。单击“草绘”命令，选择弹扣下端面，绘制如图 5-272 所示截面。

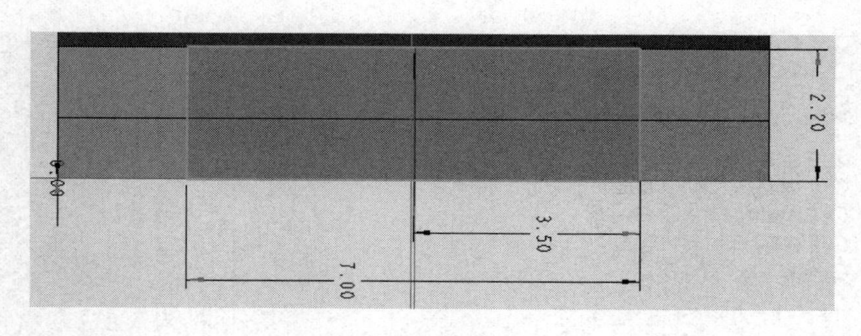

图 5-272

步骤 7　单击“拉伸”，移除材料“1.5”，完成后如图 5-273 所示。

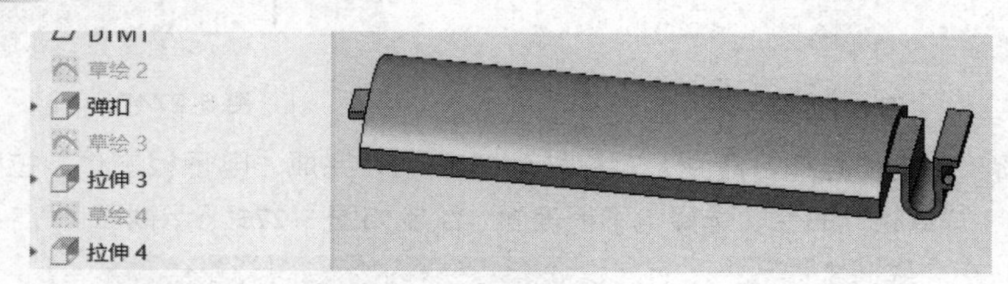

图 5-273

说明:

电池盖的形状多种多样，一般与壳体外观造型相匹配。

电池盖有可拆卸的弹扣式，也有通过螺丝固定、拆卸时需要工具拆卸的固定式，还有同一块板上既有螺丝也有弹扣的，设计时视具体要求，灵活采用。

一般弹扣式设计，需要重点注意“扣位”处设计，此处配合间隙，弹扣尺寸要求较高，过松易脱落，太紧难开合。

弹扣效果跟材料及“弯曲”处尺寸设计有关，设计时要充分研究现有弹扣尺寸，并以“留有余地”、保留间隙的方式展开设计，待样板出来，试装实验后，二次改模，予以完善。

在模具制造工艺中，“加材料”俗称加胶改模比较容易实现，且成本不高；反之，则非常困难，成本也高。

5）电子板建模设计

步骤 1　激活“便携充电小风扇”，在创建元件对话框类型中选择“零件”，“子类型”中选择“实体”，在文件名中输入“电子板”，如图 5-274A 所示。

步骤 2　单击“草绘”命令，选择“ASM_RIGHT”为基准面，绘制如图 5-274B 所示截面。

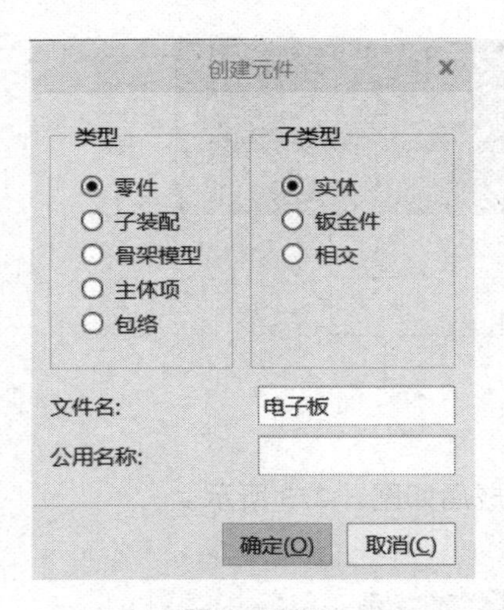

图 5-274A

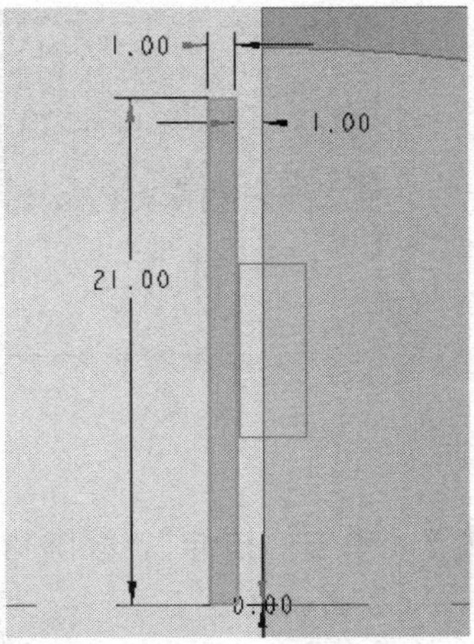

图 5-274B

步骤 3 单击“拉伸”命令，对称拉伸“23.0”，完成“电子板本体”拉伸。单击“草绘”命令，选择电子板表面，绘制如图 5-275 所示截面。

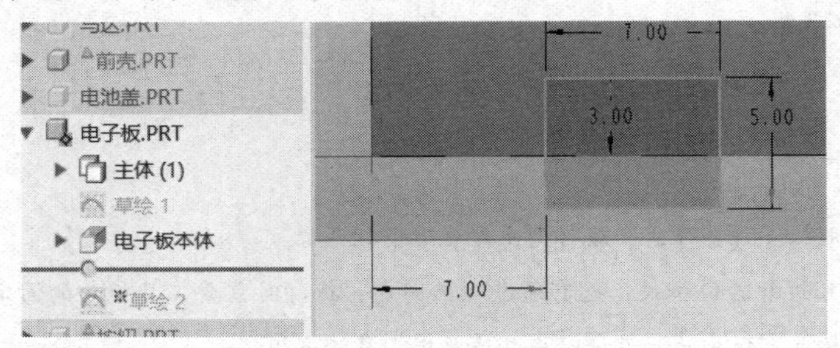

图 5-275

步骤 4 单击“拉伸”命令，拉伸“2.5”，完成“拉伸 2”特征。单击“草绘”命令，选择电子板表面，绘制如图 5-276A 所示截面。

步骤 5 单击“拉伸”命令，拉伸“4.5”，完成“按键”特征。单击“草绘”命令，选择按键表面，绘制如图 5-276B 所示截面。

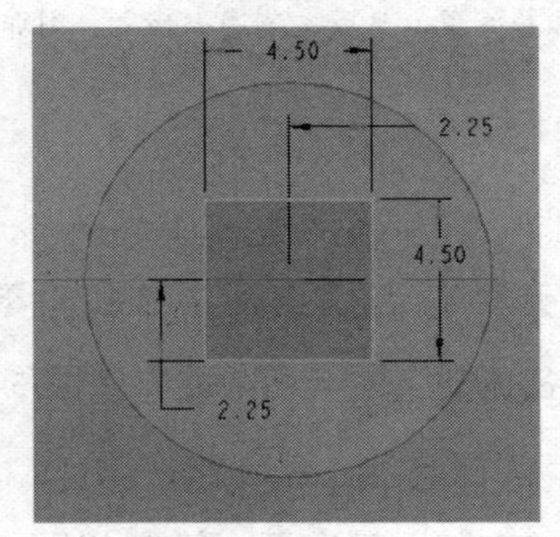

图 5-276A

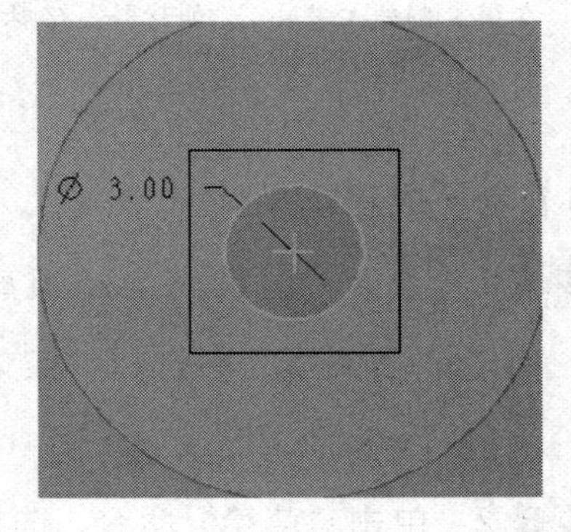

图 5-276B

步骤 6 单击“拉伸”命令，拉伸“0.5”，完成后如图 5-277 所示。

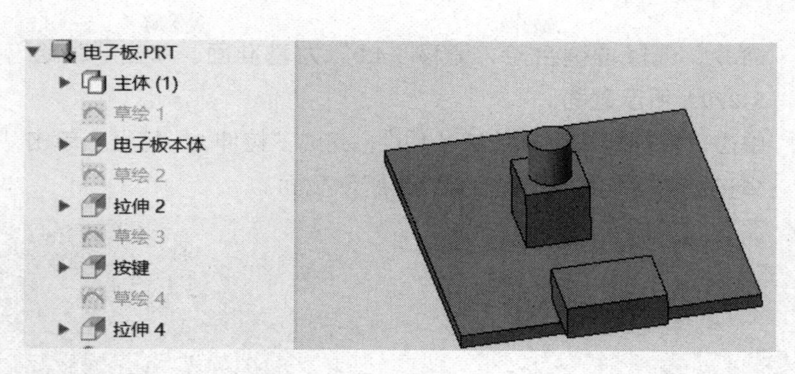

图 5-277

说明:

电子板有开关控制、充放电功能，做得非常紧凑。

设计过程中，快速端子插、电子板孔位等会挤占空间，设计时要灵活处理。

课程思政:

1. 电子板是电器产品核心模块。

2. 电子板上 IC 芯片（集成块），国内需求旺盛，是被别人卡脖子的“瓶颈”产业，尤其在高端 IC 芯片方面。所有相关产业人员，应从爱国主义角度出发，形成忧患意识，形成合力，解决“瓶颈”问题。

6）按钮建模设计

步骤 1　激活“便携充电小风扇”，在创建元件对话框类型中选择“零件”，“子类型”中选择“实体”，在文件名中输入“按钮”，如图 5-278A 所示。

步骤 2　单击“草绘”命令，选择电子板按键为基准面，绘制如图 5-278B 所示截面。

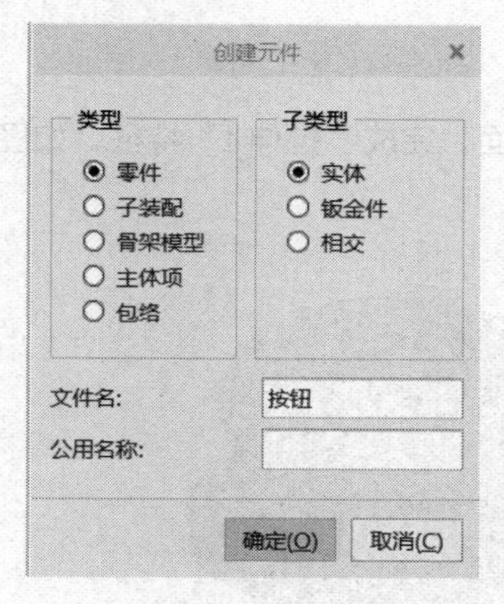

图 5-278A

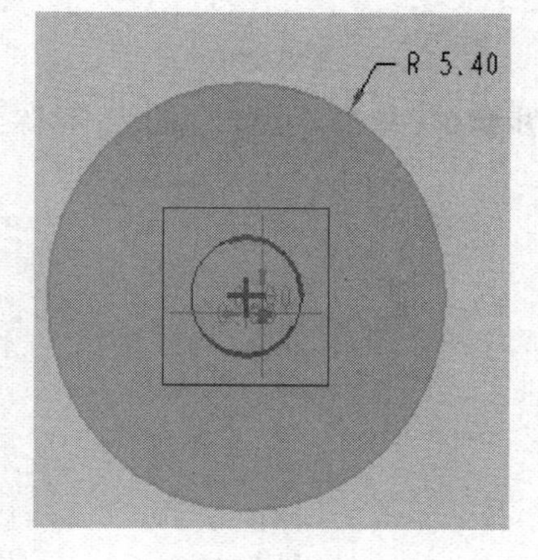

图 5-278B

步骤 3　单击“拉伸”命令，拉伸至“前壳”手把外表面，完成“拉伸 1”特征。单击“壳”命令，输入脱壳厚度“1.0”，完成“壳 1”特征。单击“平面”

命令，选择按键台阶，偏移“4.0”为基准面。单击“草绘”，绘制如图5-279A 所示截面。

步骤 4 单击“拉伸”命令，拉伸“1.0”，完成“拉伸 2”特征。单击“草绘”，选择按键台阶，绘制如图 5-279B 所示截面。

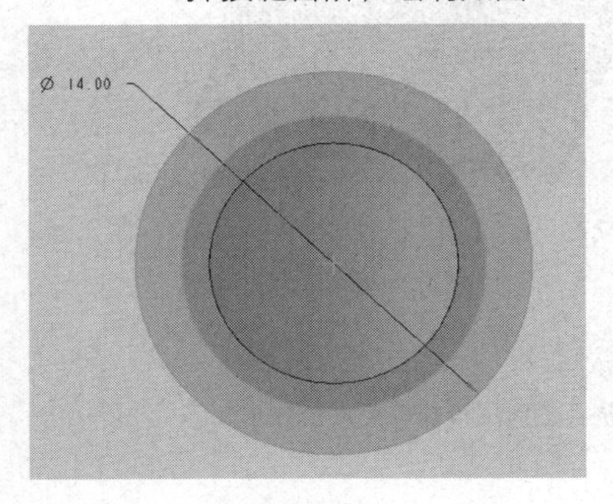

图 5-279A

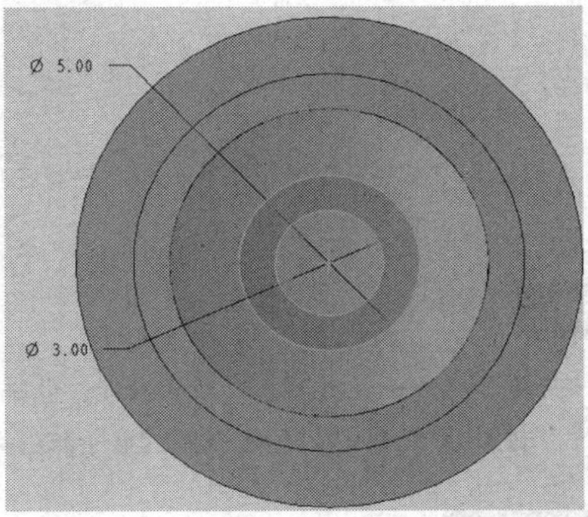

图 5-279B

步骤 5 单击“拉伸”命令，拉伸至所有交汇面，完成“拉伸 3”特征。单击“草绘”，选择按钮裙边，绘制如图 5-280 所示截面。

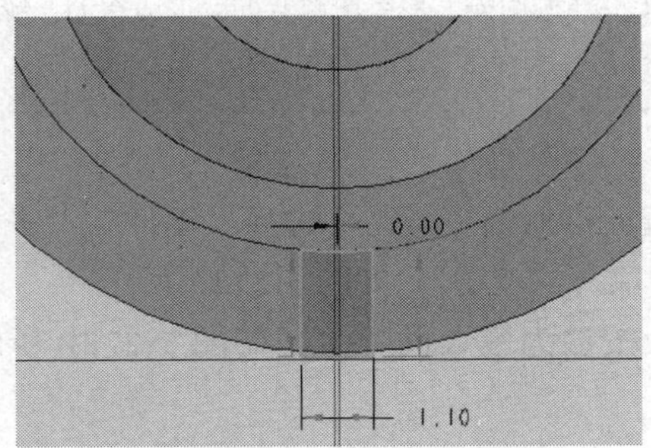

图 5-280

说明:

该开口位与前壳凸台配合，限位按钮转向。

在非平面或按钮有标志符时，设计时必须将按钮限位。

限位方式很多，这只是其中常用一种。

步骤 6 单击“拉伸”命令，移除至所有交汇面，完成“拉伸 4”特征，如图 5-281 所示。

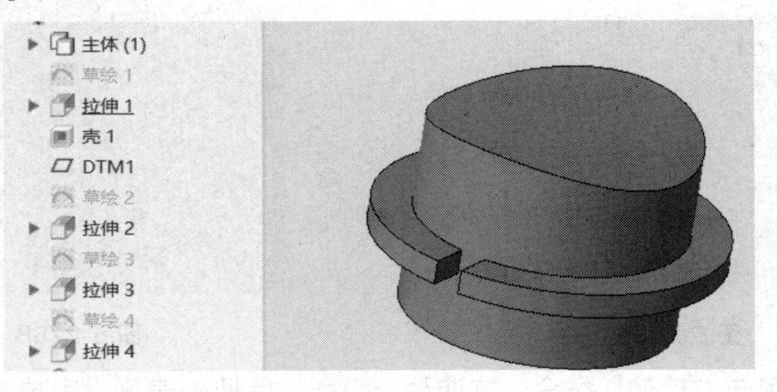

图 5-281

说明:

按钮也叫按键或开关，是开关产品的一个结构件。按钮的形状、大小、界面、颜色、造型等一般都需要经过设计。

产品使用时，与使用者接触较多的也是按钮。除了造型设计外，按钮在交互及使用方面，设计要求也比较多，如可靠性设计、按压力设计等。

7）扇叶建模设计

步骤 1 激活“便携充电小风扇”，在创建元件对话框类型中选择“零件”，“子类型”中选择“实体”，在文件名中输入“扇叶”，如图 5-282A 所示。

步骤 2 单击“草绘”命令，选择“FRONT”为基准面，绘制如图 5-282B 所示截面。

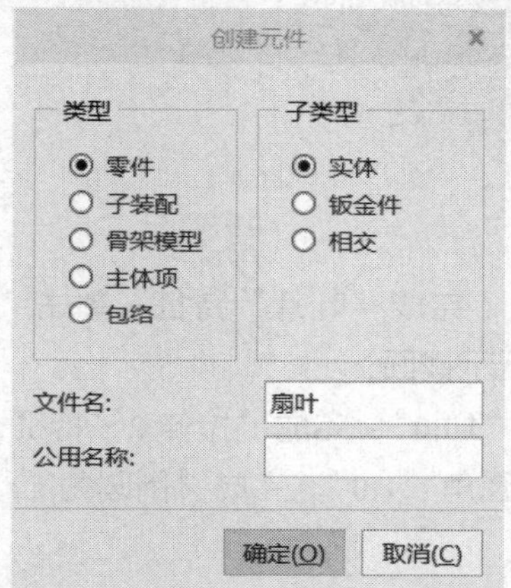

图 5-282A

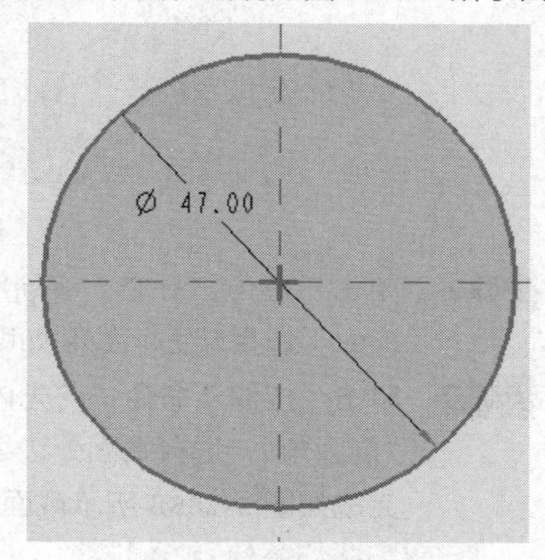

图 5-282B

步骤 3 单击“拉伸”命令，拉伸“12”，完成“扇叶本体”特征。单击“壳”命令，输入厚度“1.0”。

步骤 4 单击“拉伸”命令，在“草绘”对话框中选择“TOP”为基准面，绘制如图 5-283 所示截面。设置薄壁特征，输入厚度“1.0.”拉伸“60.0”，单击“确认”按钮，完成“拉伸 3”特征。

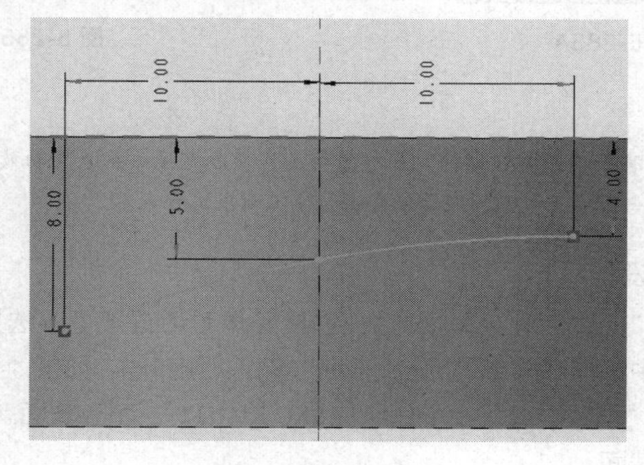

图 5-283

步骤 5 单击“阵列”命令，选择轴，输入成员数“3”，完成“阵列 2/ 拉伸 3”特征。单击“草绘”命令，选择内表面为绘图面，绘制如图 5-284 所示截面。

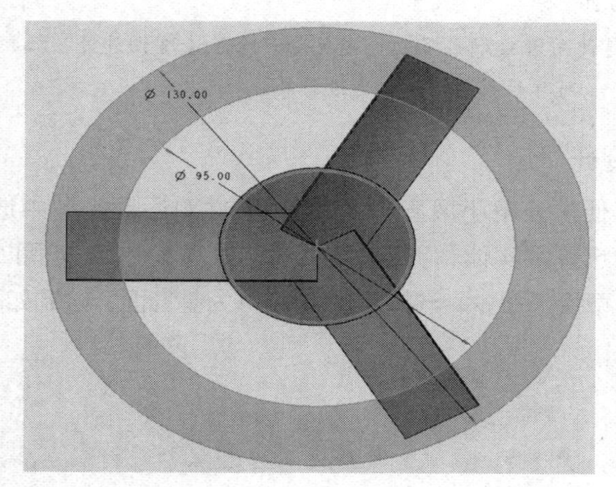

图 5-284

步骤 6 单击“拉伸”命令，移除所有交汇面，完成“叶片”特征。单击“草绘”命令，选择端面，绘制如图 5-285A 所示截面。

步骤 7 单击“拉伸”命令，向壳体内部拉伸“10.0”，完成“拉伸 2”特征。单击“倒圆角”，选择端面外边缘，输入倒圆角“1.0”，完成“倒圆角 1”特征。完成如图 5-285B 所示截面。

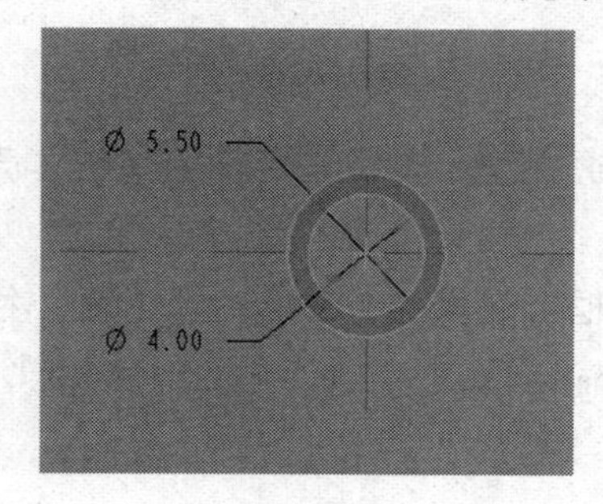

图 5-285A

图 5-285B

说明:

风扇扇叶是所有风扇的关键部件，扇叶的角度、强度直接关系着风动效率和噪声指数，但风扇扇叶也没有统一标准，一般按经验值或试验值不断求证和完善。

8）马达建模设计

步骤 1 激活“便携充电小风扇”，在创建元件对话框类型中选择“零件”，“子类型”中选择“实体”，在文件名中输入“扇叶”，如图 5-286A 所示。

步骤 2 单击“草绘”命令，选择“ASM_RIGHT”为基准面，绘制如图 5-286B 所示截面。

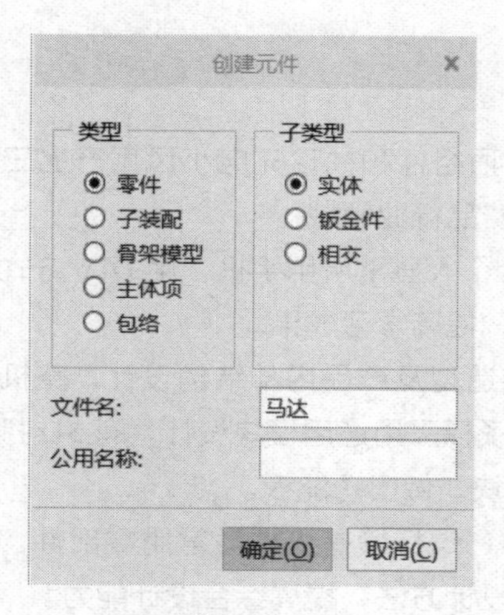

图 5-286A

图 5-286B

步骤 3 单击“旋转”命令，完成本体旋转，如图 5-287 所示。

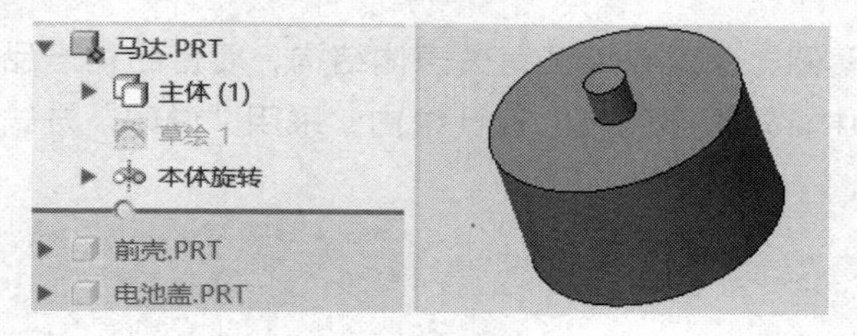

图 5-287

说明：

马达是风扇“核心”部件，是实现风动功能的必备件。风扇功率大小、成本、是否好用，主要由马达决定。选配马达要根据各方面因素，综合判断，避免质量过剩和质量缺陷两个极端。

图 5-288

小结：

其他零部件，包括电池、电池簧片、螺丝等标准件，一般不需具体详细建构，可采用近似画法。

本产品由前壳、后壳、电池盖、底座、按钮、扇叶、电子板组成，其中前后壳是典型的壳体结构，底座可分离。

整机有 4 个螺丝，通过柱孔连接。电池盖与后壳装配处，设计有一定难度。

设计过程要规划好设计路径，提高效率。一般按由大及小、由外及内原则展开设计。

任务小结

本章学习了手机套产品、加湿器产品、千斤顶组件和袖珍充电小风扇产品三维建模。它们分别代表日用品、机械及新奇特电子消费品行业领域。

手机套产品，采用 OPPO A9 案例。可以结合个人日常所用手机，用 DIY 方式设计自己专用手机套。通过产品实践，完成产品建模，提高学习成果。

加湿器产品以上下壳体结构形式，展开外观造型及产品内部结构设计。整机呈扁平状，外观轮廓不大。水瓶、超声波发生器与电子板采用通用模块设计，有 3D 打印条件的地方或机构，可以用 DIY 方式，采购配套模块，做出功能板。

千斤顶产品是机械行业典型代表产品，壳体、螺杆等是机械类常用零部件。通过千斤顶学习，了解传动相关知识，掌握机械产品设计方法，提高综合设计能力。

袖珍充电小风扇产品是一款“新奇特”小电器产品，此类产品范围广泛，产品众多。

本章通过产品案例，深入介绍了有关壳体结构、复合结构产品相关设计知识。在案例设计示范过程中，对很多特征、设计缘由，采用“说明”方式，实时介绍了设计的一些功能和知识。

任务拓展

参考示范案例，我们可尝试完成卷笔刀、收音机、节能灯等其他产品零部件模型特征建构任务。

课程思政：

1. 电子、电器是中国制造的优势产业。
2. 电子板及其电子元件，是实现电器产品功能的核心模块。
3. 高端 IC 芯片（集成块），是被别人卡脖子的“瓶颈”产业。
4. 作为普通民众，从爱国主义角度出发，要有忧患意识，不断关注和支持该项工作。

课程育人：

1. 功能设计避重就轻、由繁及简，优先选用国产芯片，支持国产企业发展。
2. 理解并坚守岗位，加强研究，学习先进设计理念和技术，提高设计水平。

第 6 章　智能产品设计

通过前面的学习，我们已经熟练掌握软件绘图的操作命令，能够完成一些复杂模型特征的建构任务。

目前，产品设计要求越来越高，外观造型要求越来越精致，产品更新换代速度也越来越快，对设计者的要求也水涨船高。随着 3D 打印技术、VR 虚拟技术、数字与交互技术、智能模块技术等新技术、新工艺的应用与推广，各种智能产品已逐渐成熟，走向市场，走进生活。无人车、无人机及智能服务系列机器人等智能产品正深刻影响和改变着人们的生活。本章开始学习智能产品模块、智能产组件设计。

学习目标

☆ 了解智能产品相关知识

☆ 了解智能音箱产品三维建模设计知识

☆ 了解智能灯三维建模设计知识

☆ 了解智能扫地机器人三维建模设计知识

理论实践

6.1　了解智能产品相关知识

6.1.1　使用环境或位置要求

智能产品与通用型产品比较，能更具体地在特定环境中为特定人群提供所需要的产品或服务。如无人机，有限高、限特定位置的要求。无人车只能在 5G 网络发达的特定城市运营。

6.1.2　个性化

智能产品可以根据买方和消费者的需求量身定制，设定服务密码，例如智能锁、人脸识别、指纹识别、自动驾驶等。

6.1.3　适应性强

智能产品结构差异大，但其核心智能模块一般功能较强大，可以根据使用者要求，增加其他模块或服务。

6.1.4 网络通信能力

智能产品能够与另一个产品或产品集进行通信，使用远程通信、实时监控、大数据筛查等服务。

6.1.5 位置感知能力

智能产品有定位、导航功能，能够实时感知位置信息。

6.2 智能音箱

智能产品的种类繁多，从普通电子智能产品到大型控制的无人机，智能产品无处不在，无所不能。智能音箱属于普通电子类产品，通过音箱内部的智能控制模块和蓝牙功能，可以实时与手机、电脑、汽车等蓝牙功能对接，实现数据传输、下载和声音播放功能。

6.3 智能灯

智能灯是智能家居系列中的一款智能产品。智能家居是以居所为平台，集合网络通信、自动化、音视频等现代应用技术，将家居生活相关的设备集成，构建可集中管理、智能控制的管理系统。

智能家居的产品种类较多，从普通住宅到商业楼宇，各类智能生活电器、智能安全电器、智能服务电器应有尽有。像智能洗衣机、智能电饭煲、智能窗帘、智能空调等生活、家居智能产品，已经走进了寻常百姓家。

智能灯与智能空间，通过自动化控制，可以实现任意角度照射。通过内部的智能语音控制模块和蓝牙功能，可以实时与手机蓝牙、人机语音等功能对接，实现自动开关功能；采用三基色灯管，实现光亮、光带、光效等组合排序，满足各类人群需求。

智能感应灯，是应用比较早的一种智能灯，通过人体、声音等感应控制技术，达到“人来灯开，人走灯灭”的效果，是现代楼宇控制楼道、走廊必备的选项产品。

智能场景控制灯可利用光控音效技术。各类灯光音乐广场、音乐墙、音乐喷泉等，都用到智能灯控制技术。居家工作、会客、用餐、视听、休闲等场景，都会用到各种光效不同的智能灯。

6.4 智能扫地机器人

智能扫地机器人是智能产品的典型代表，集自动清洁和智能控制于一体。

利用电控、声控、超声波控制等技术，机器人在执行清扫工作任务时，遇到障碍物等会灵活避让，绕道完成任务。

案例应用

（1）智能灯建模设计

步骤 1　打开 Creo，打开“新建”，在对话框中选择“装配”，“子类型”中选择“设计”，去除“使用默认模板”中“√”符号，在文件名中输入“HX 智能灯”，如图 6-1 所示。

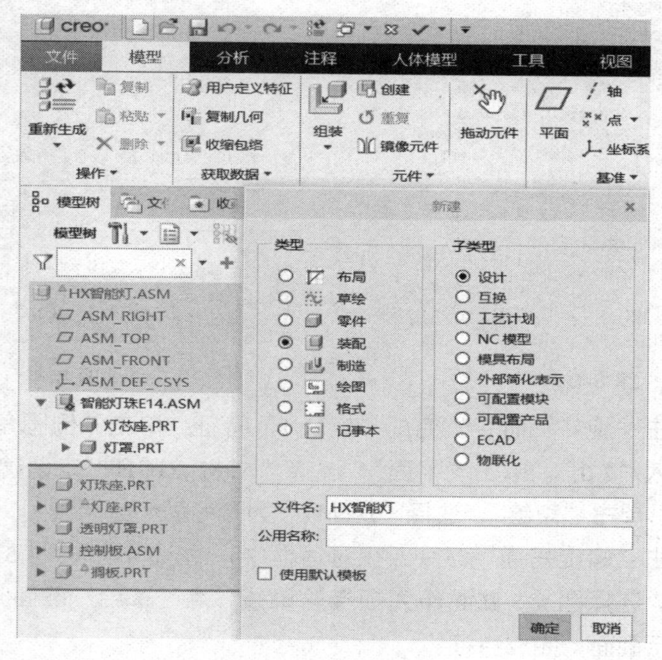

图 6-1

步骤 2　在“装配”界面，点选“创建”，在“创建元件”对话框中选择“子装配”，在文件名中输入“智能灯珠 E14”，如图 6-2 所示。

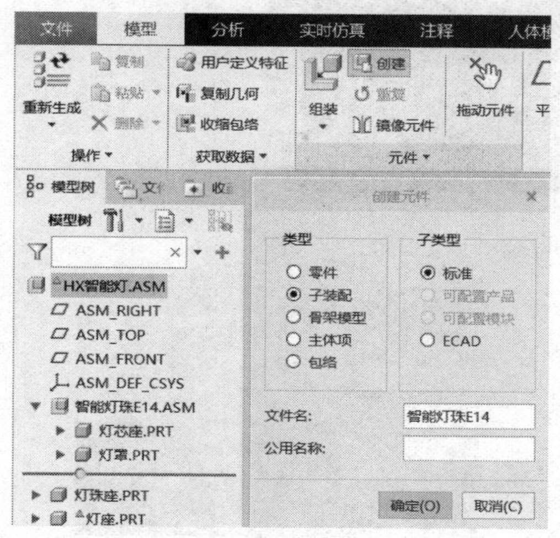

图 6-2

> **说明：**
>
> 组装图中创建“子装配”，或是创建“零件”，视具体零部件而定，有些集成的“组件”，如发动机、空调、电子板等部件。为了保持图面模型树简单一些，也可以化成零件。

步骤 3 激活“智能灯珠 E14”组件，点选“创建”，在“创建元件”对话框中选择“零件”，在文件名中输入“灯芯座”，如图 6-3 所示。

步骤 4 激活“灯芯座”，单击“草绘”，选择“ASM_TOP”为基准面，绘制草图截面，如图 6-4 所示。

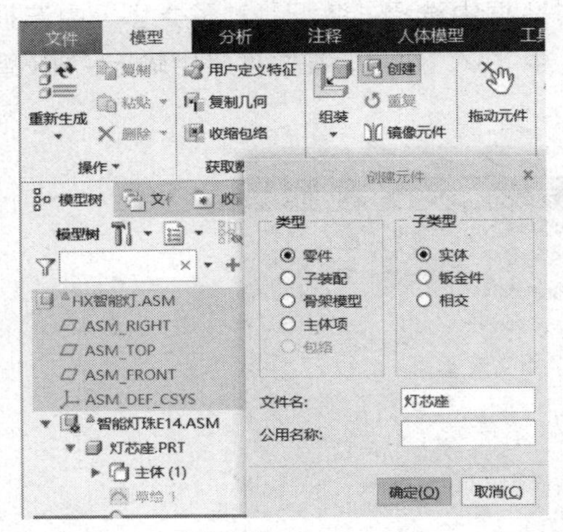

图 6-3

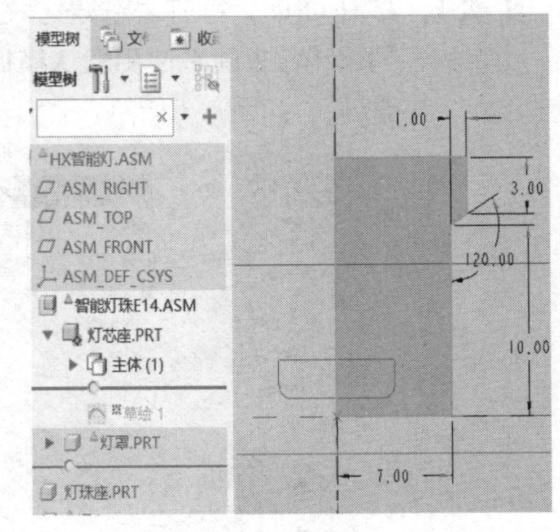

图 6-4

步骤 5 单击“旋转”命令，完成“旋转 1”特征。单击“倒圆角”命令，选边，输入“2.0”。单击“平面”，选择“ASM_RIGHT”，创建“DTM1”参考面，单击“草绘”，选择“DTM1”为参考面，绘制截图，如图 6-5 所示。

步骤 6 单击“螺旋扫描”命令，在对话框中，输入间距值“1.5”，如图 6-6A 所示。选择图 6-5 截面作为扫描轮廓线，点“草绘”截面，绘制如图 6-6B 所示截面，完成特征。

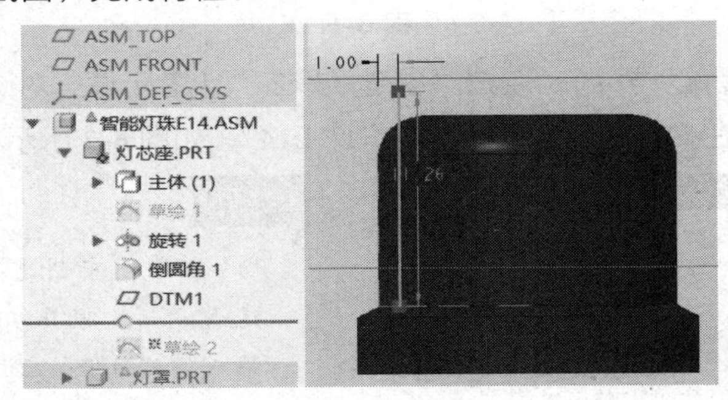

图 6-5

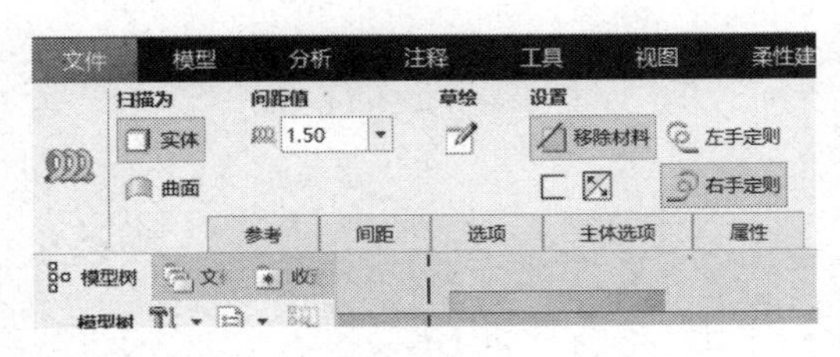

图 6-6A

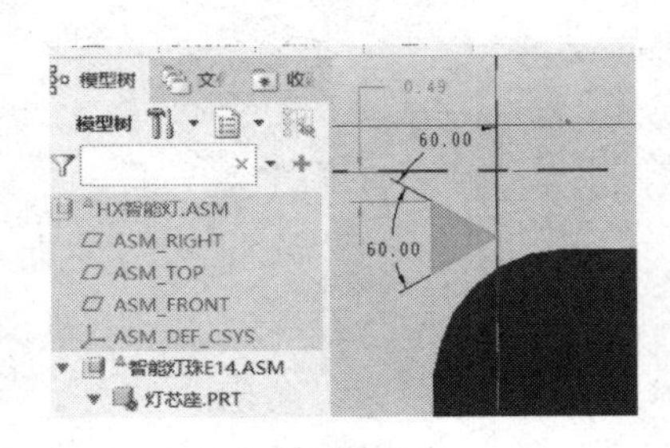

图 6-6B

步骤 7　在“装配”界面点选“创建”，在“创建元件”对话框中选择“零件”，在文件名中输入“灯罩”，如图 6-7 所示。

步骤 8　单击“草绘”命令，选择“TOP”为参考面，绘制截图，如图 6-8 所示。

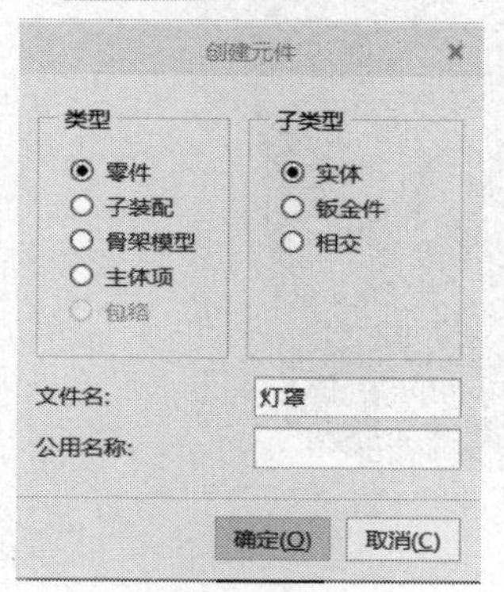

图 6-7

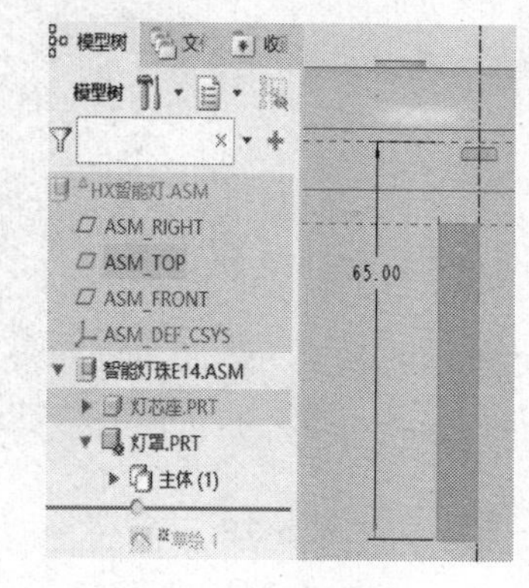

图 6-8

说明:

组装图中智能灯珠E14，主要由灯芯座和灯罩两零件组成。在两零件之间，内部还装有精巧的微型智能电子控制板。

由于该组件中灯芯座和灯罩与外部零件有装配关系，其他没有关系的可以不用建构。

步骤 9　单击“旋转”命令，完成“旋转 1”特征。点“倒圆角”命令，输入“2.0”，点“壳”命令，输入“1.0”，完成后如图 6-9 所示。

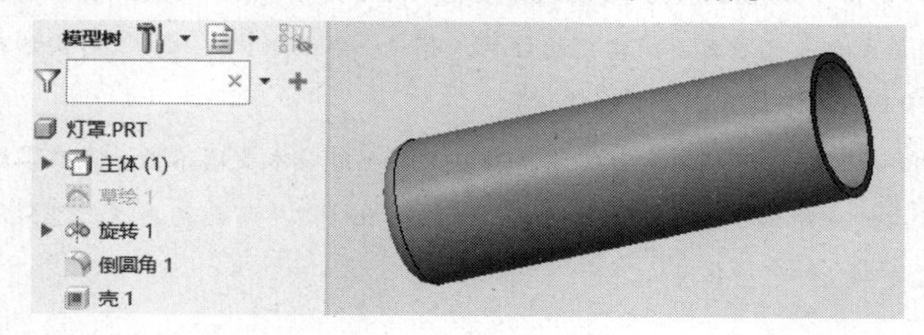

图 6-9

步骤 10　在“装配”界面点选“创建”，在“创建元件”对话框中选择“零件”，在文件名中输入“灯珠座”，如图 6-10 所示。

步骤 11　单击“草绘”命令，选择“TOP”为参考面，绘制截图，如图 6-11 所示。

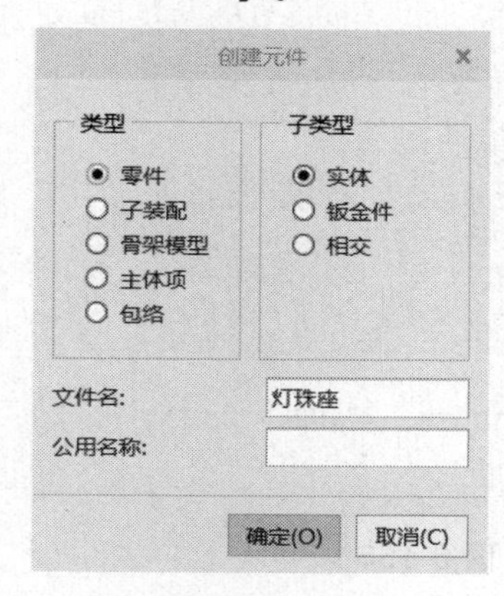

图 6-10

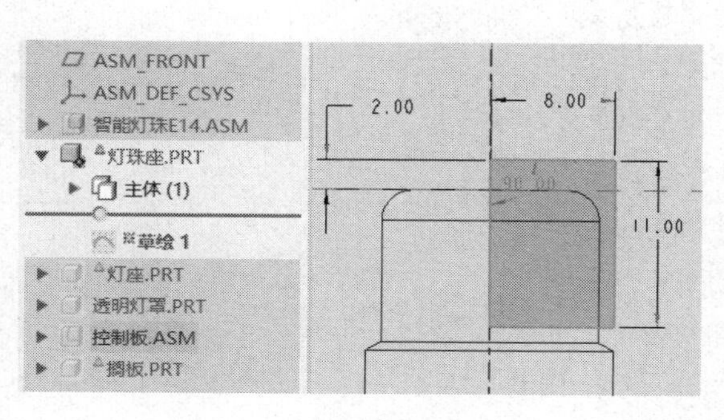

图 6-11

步骤 12 单击“旋转”命令，完成“旋转 1”特征。单击“壳”命令，输入厚度“1.0”，完成如图 6-12 所示截面。

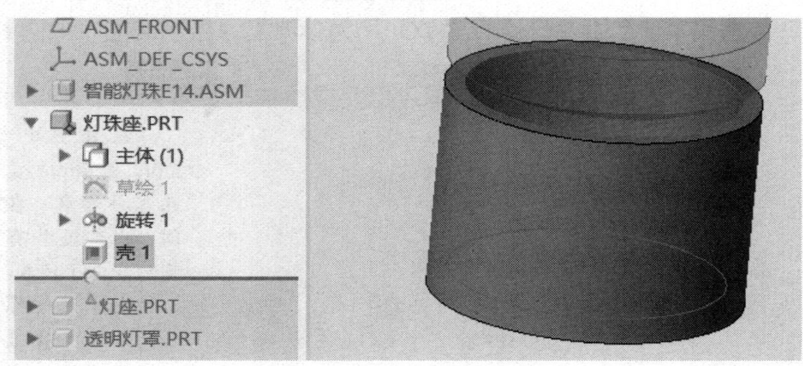

图 6-12

说明:

灯珠、灯座、灯头等零部件有些已列入国家标准或行业标准，设计前首先需要拿到这些“关键”零部件实物样板和相关图纸。其次对实物来源要充分评估，是通用国标件，还是仿制版专用件。如果是大单或优质客户所需要的订单，有些还要组织相关人员，对实物来源厂家组织“验厂”考核活动，确保实物质量及供货安全。

另外，灯具及配件，虽然属于日常消耗品，但其制造技术要求不低，产品零配件需要经过长时间、无数次的通断试验，确保质量可靠。因此，设计者尽可能选用通用型标准件，不要盲目或随意开发灯珠、灯芯等零部件。

步骤 13 在“装配”界面点选“创建”，在“创建元件”对话框中选择“零件”，在文件名中输入“灯座”，如图 6-13A 所示。

步骤 14 单击“草绘”命令，选择“TOP”为参考面，绘制截图，如图 6-13B 所示。

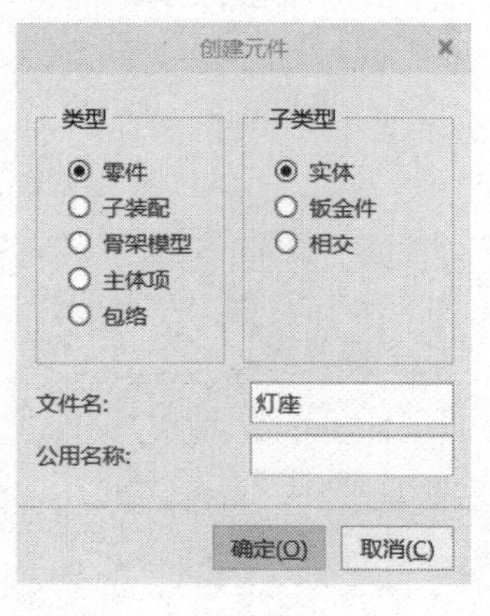

图 6-13A

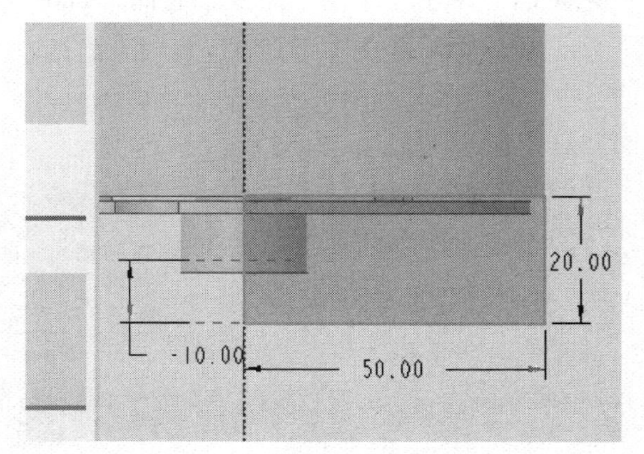

图 6-13B

步骤 15 单击“旋转”命令，完成“旋转 1”特征。单击“倒圆角”命令，选择边线，输入“10”。单击“壳”命令，输入厚度“2.0”，完成如图 6-14 所示。

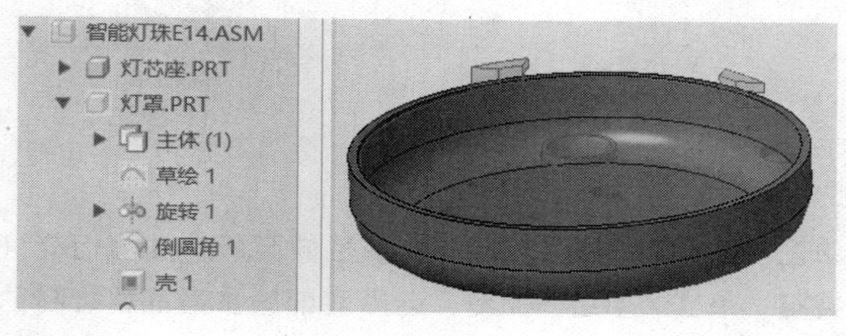

图 6-14

步骤 16 单击“草绘”命令，选择“TOP”为参考面，绘制截图，如图 6-15 所示。

步骤 17 单击“拉伸”命令，拉伸至所有曲面相交，完成“拉伸 1”特征。单击“草绘”命令，选择内表面为参考面，绘制截图，如图 6-15B 所示。

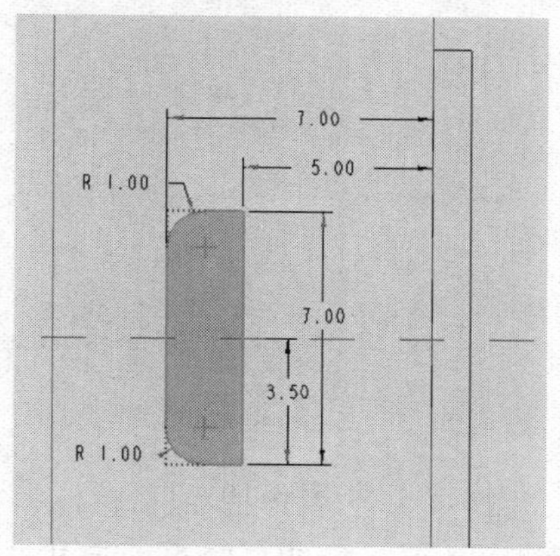

图 6-15A

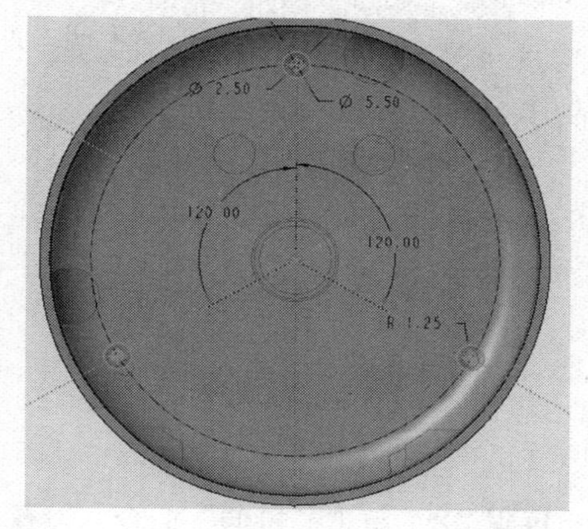

图 6-15B

步骤 18 单击“拉伸”命令，拉伸“15.2”，完成“拉伸 3”特征。单击“草绘”命令，选择端面为参考面，绘制截图，如图 6-16 所示。

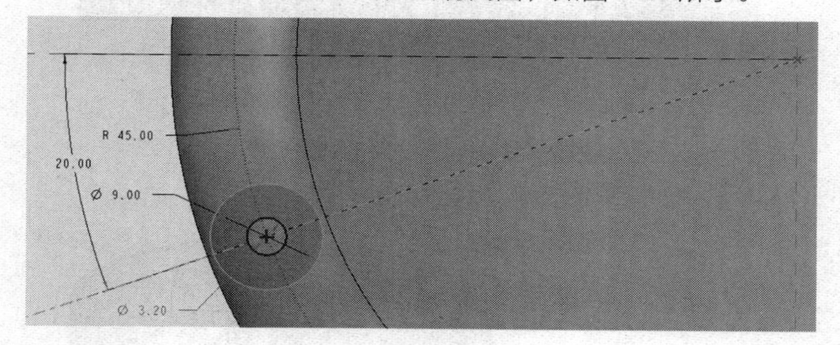

图 6-16

步骤 19 单击“拉伸”命令，拉伸至所有曲面相交，完成“拉伸 4”特征。单击“草绘”命令，选择“ASM_FRONT”为参考面，绘制“草绘 5”截图，如图 6-17 所示。

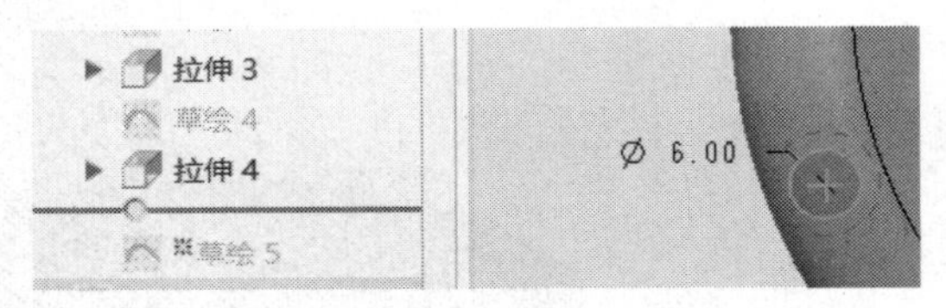

图 6-17

步骤 20 单击“拉伸”命令，移除材料，拉伸至所有曲面相交，完成“拉伸 5”特征。单击“草绘”命令，选择底部为参考面，绘制“草绘 6”截图，如图 6-18 所示。

步骤 21 单击“拉伸”命令，拉伸“1.0”，完成“拉伸 6”特征。单击“草绘”命令，选择底部内表面为参考面，绘制如图 6-19 所示草绘截面。

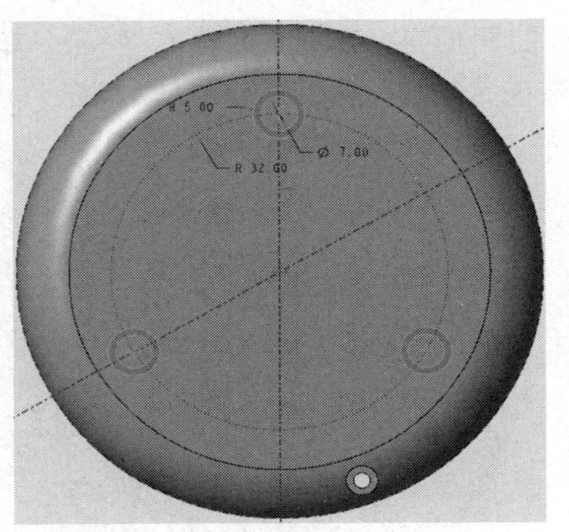

图 6-18

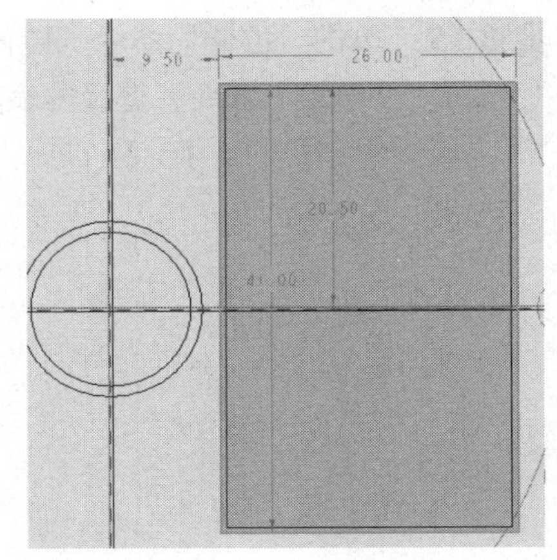

图 6-19

步骤 22 单击“拉伸”命令，设置薄壁，厚度“1.0”，拉伸“10.0”，完成“拉伸 7”特征，如图 6-20 所示。

步骤 23 单击“确认”，效果如图 6-21 所示。

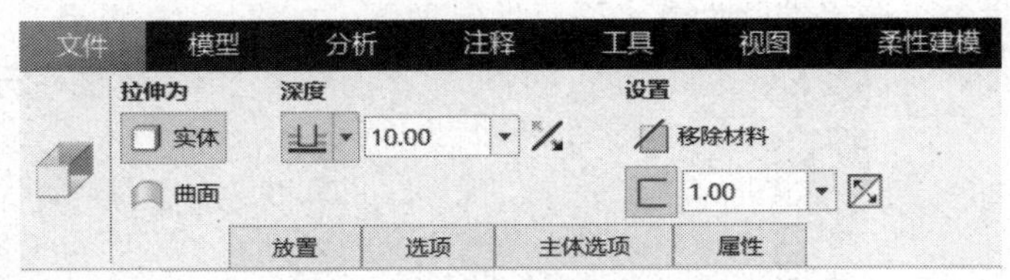

图 6-20

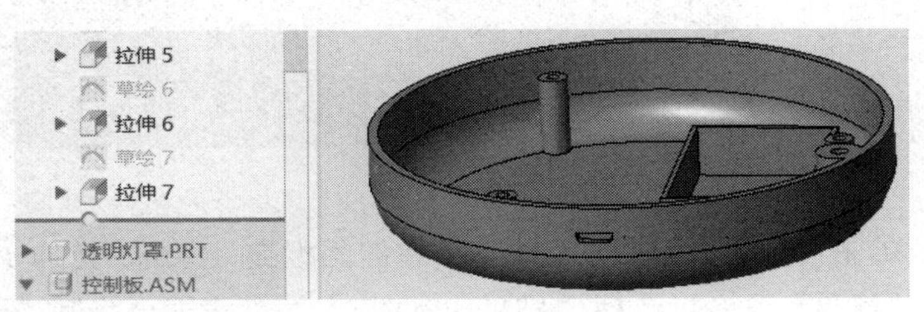

图 6-21

说明:

灯座是项目最重要零件之一，材料选用 ABS，厚度 2.0 ~ 2.3 mm，在目前轮廓尺寸内，该壁厚尺寸既保证产品强度，抗冲击力，又保证注塑成型时，表面不会有收缩凹陷等缺陷。

灯座与搁板、灯罩装配，在保证装配关系时，亦要考虑自身模具成型时的模具结构设计及加工工艺等问题。

步骤 24　在“装配”界面点选“创建”，在“创建元件”对话框中选择“零件”，在文件名中输入“灯座”，如图 6-22A 所示。

步骤 25　单击“草绘”命令，选择“TOP”为参考面，绘制“草绘 1”截图，如图 6-22B 所示。

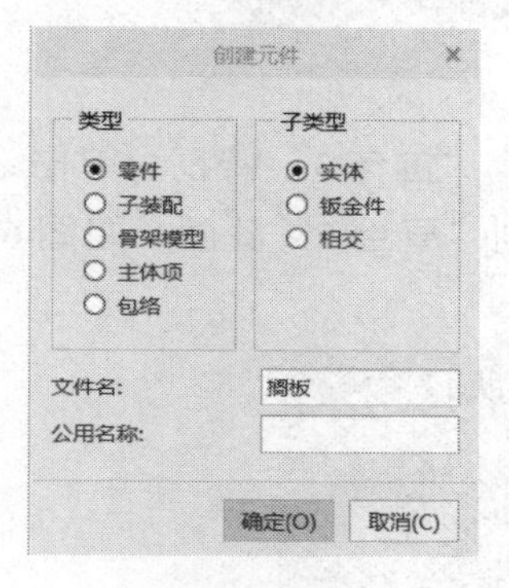

图 6-22A

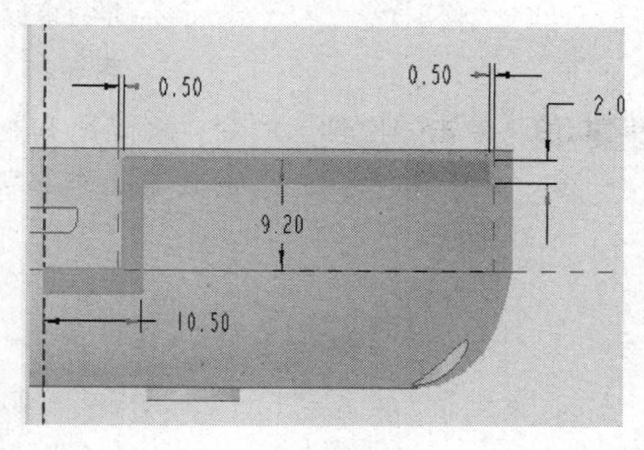

图 6-22B

步骤 26　单击“旋转”命令，旋转 360 度，完成“旋转 1”特征。单击“草绘”命令，选择端面为参考面，绘制“草绘 2”截图，如图 6-23 所示。

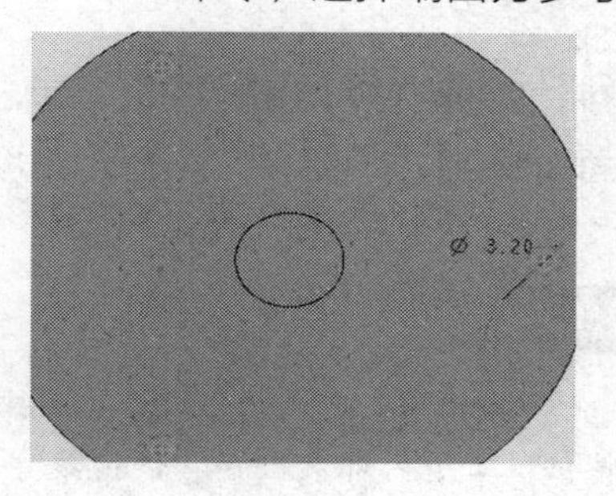

图 6-23

说明:

此草绘截面是完成搁板与灯座固定孔特征，选取灯座柱孔位，作为参考。

步骤 27　单击“拉伸”命令，移除所有材料，完成“拉伸 1”特征。单击“草绘”命令，选择端面为参考面，绘制“草绘 3”截图，如图 6-24 所示。

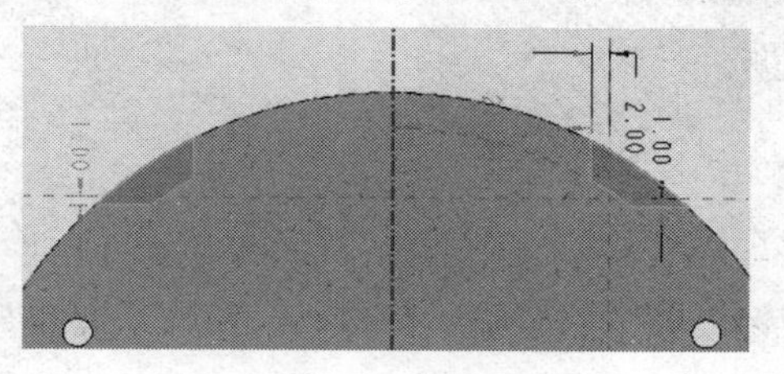

图 6-24

步骤 28 单击“拉伸”命令，拉伸“6.0”，完成“拉伸 2”特征。单击“平面”命令，选择凸台端面为参考面，偏移“2.2”，创建“DTM 5”参考面，单击“草绘”截图，选择“DTM 5”，绘制“草绘 4”截面，如图 6-25 所示。

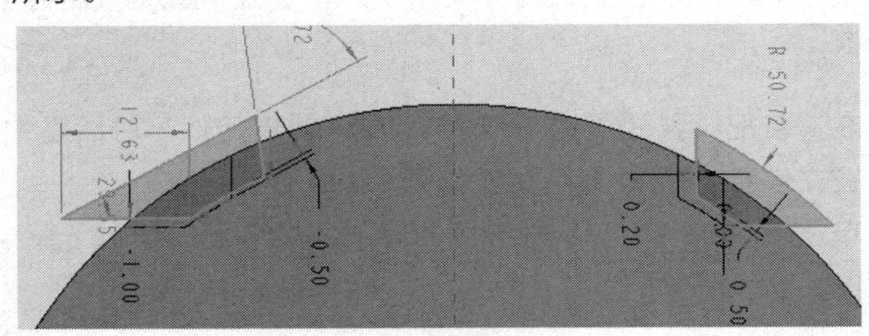

图 6-25

步骤 29 单击“拉伸”命令，移除所有材料，完成“拉伸 3”特征。单击“草绘”命令，选择搁板端面为参考面，绘制“草绘 5”截面，如图 6-26 所示。

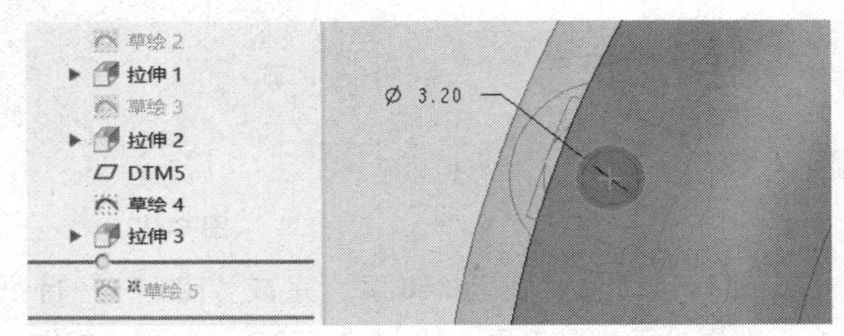

图 6-26

步骤 30 单击“拉伸”命令，移除所有材料，完成“拉伸 4”特征。单击“草绘”命令，选择搁板端面为参考面，绘制“草绘 6”截面，如图 6-27 所示。

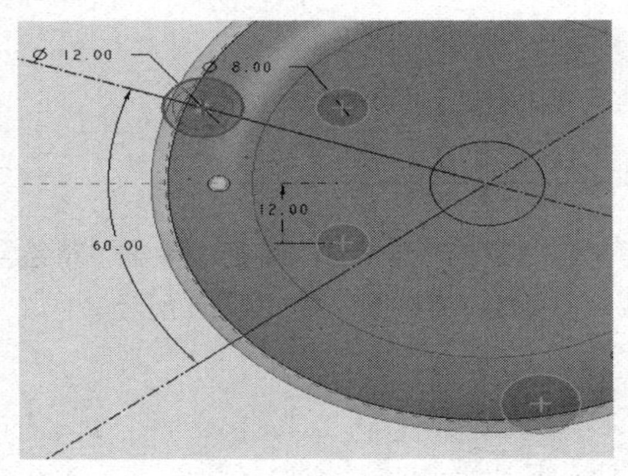

图 6-27

说明:

此处开孔，一是为了避开灯座柱孔位特征，二是内部装配时，供过线穿线使用。

步骤 31 单击“拉伸”命令，移除所有材料，完成“拉伸 5”特征，如图 6-28 所示。

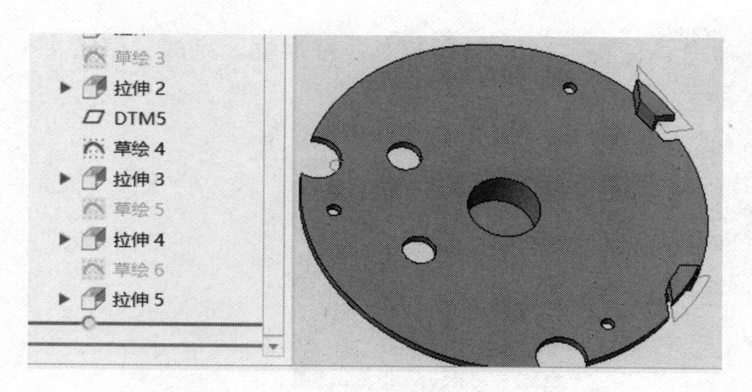

图 6-28

说明：

搁板作用承上启下，装配相关零部件，同时提供整机支撑。选用 ABS 材料，厚度 2.0mm.

步骤 32 在“装配”界面点选“创建”，在“创建元件”对话框中选择“零件”，在文件名中输入“透明灯罩”，如图 6-29A 所示。

步骤 33 单击“草绘”命令，选择“TOP”为参考面，绘制“草绘 1”截图，如图 6-29B 所示。

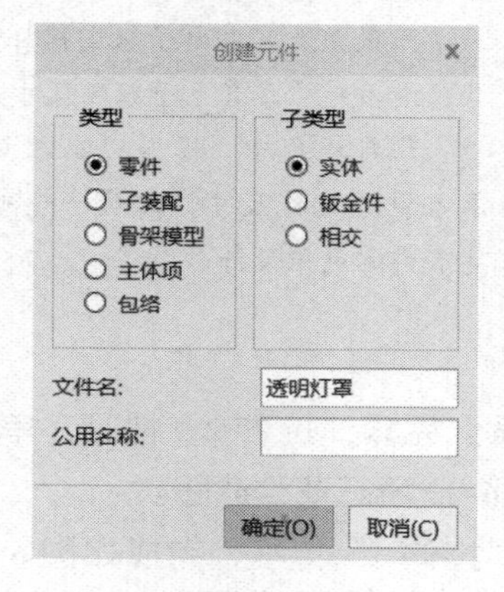

图 6-29A

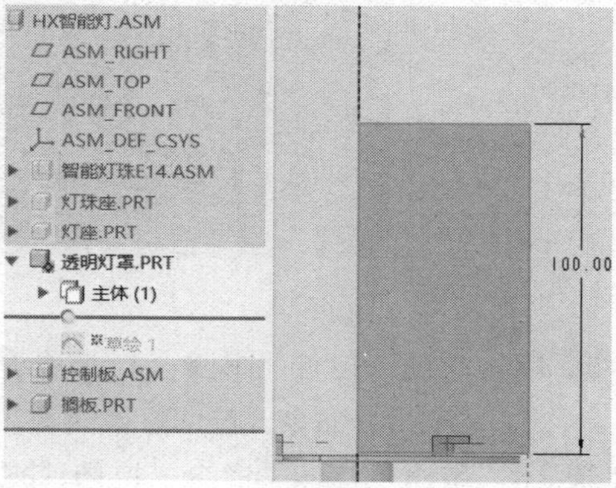

图 6-29B

步骤 34 单击“旋转”命令，旋转 360 度，完成“旋转 1”特征。单击“倒圆角”命令，选择顶部边，输入“15.0”，单击“壳”，输入“2.0”，完成如图 6-30 所示。

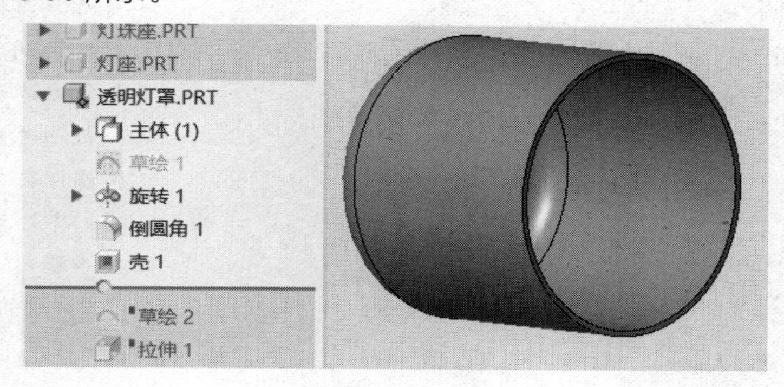

图 6-30

步骤 35 单击“草绘”命令，旋转“ASM FRONT”为基准面，完成“草绘 2”，完成如图 6-31 所示。

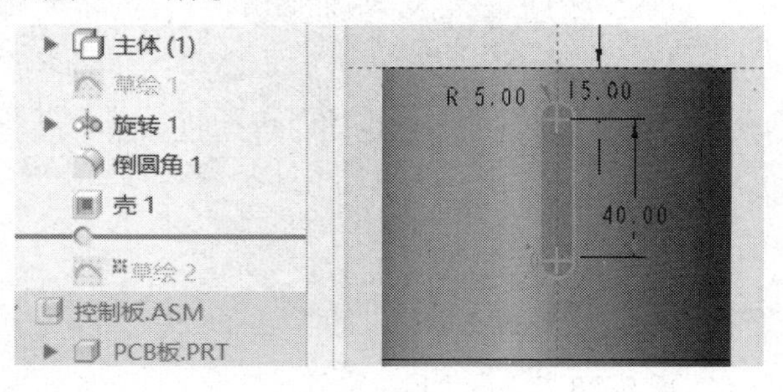

图 6-31

步骤 36 单击“拉伸”命令，移除所有，完成“拉伸 1”特征，点“草绘”命令，选取电子板外表面，完成如图 6-32 所示草绘截面。

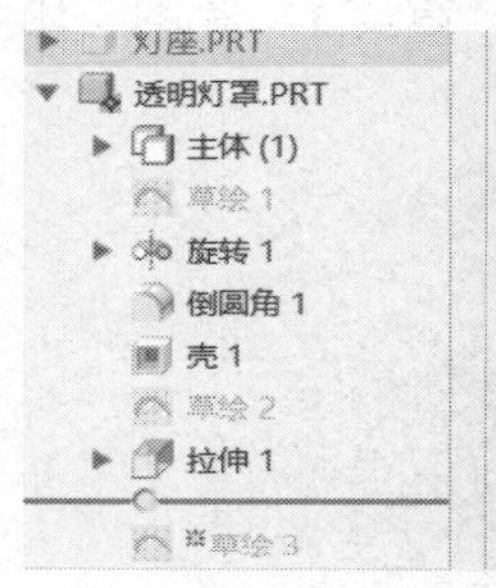

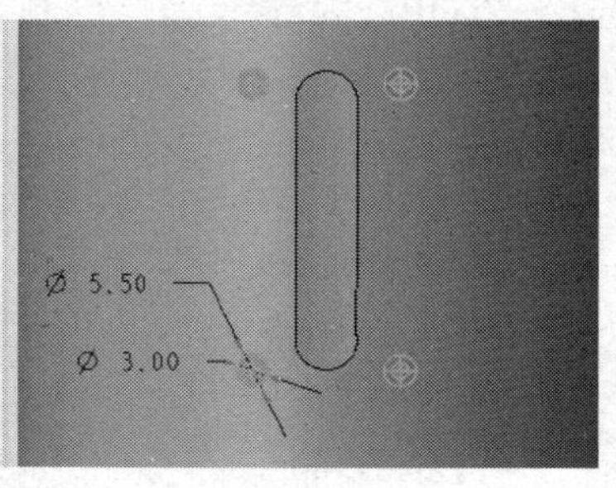

图 6-32

说明:

此截面是完成电子板支撑柱，孔位定位尺寸参考电子孔位尺寸。

设计过程中，根据功能性要求和电子元件尺寸，此处一般先完成内部电子设计。

步骤 37 单击“拉伸”命令，拉伸至所有交汇面，完成“拉伸 2”特征，单击“草绘”命令，选取灯罩端面，完成如图 6-33 所示草绘截面。

步骤 38 单击“拉伸”命令，拉伸“3.0”，完成“拉伸 3”特征，完成如图 6-34 所示草绘截面。

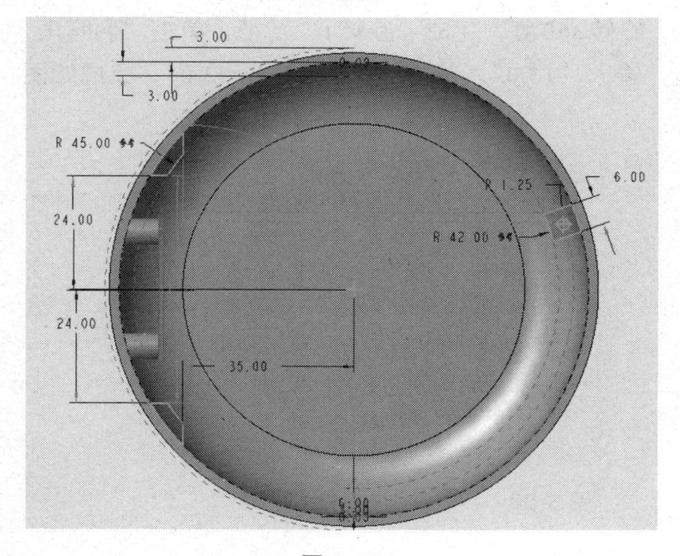

图 6-33

说明:

此处所建凸耳截面，是灯罩与搁板、灯座装配时使用。装配时，将灯罩左边两凸耳旋扣到搁板凸耳处，再通过右侧螺丝孔与灯座连接固定，将灯罩、搁板和灯座串联起来，完成整机主要构件的装配。

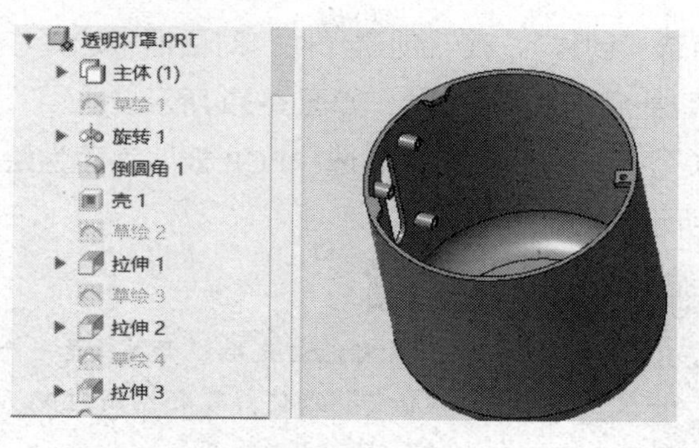

图 6-34

说明：

灯罩是产品关键零件，保证透光和质感，选用 PC、PMMA（亚克力）材料。灯罩选用通透材料，但颜色视产品具体要求，采用全透、半透或不透形态，视产品具体要求而定。

步骤 39　在“装配”界面中点选“创建”，在“创建元件”对话框中选择“子装配”，在文件名中输入“控制板”，如图 6-35 所示。

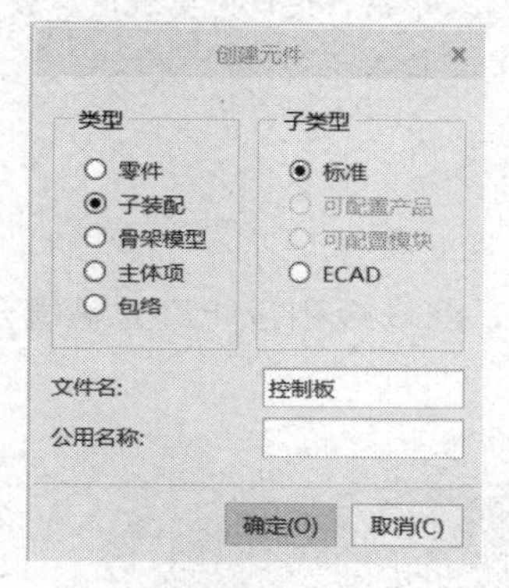

图 6-35

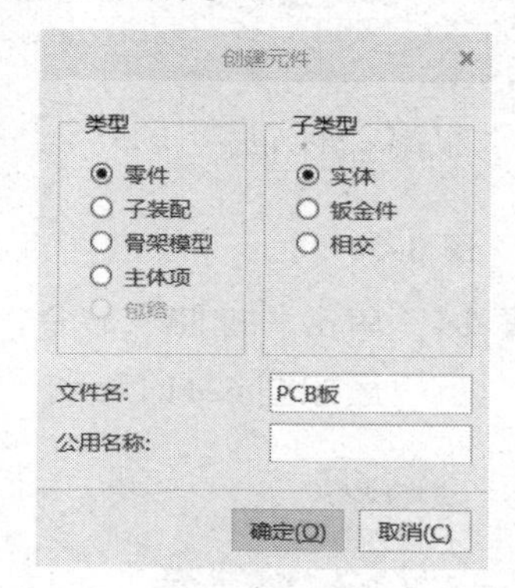

图 6-36

步骤 40　激活“控制板”组件，点选“创建”，在“创建元件”对话框中选择“零件”，在文件名中输入“PCB 板”，如图 6-36 所示。

步骤 41　单击“平面”命令，选择“ASM_RIGHT”为参考面，偏移“40.0”，完成“DTM1”基准面特征。单击“拉伸”命令，选择“DTM1”，完成图 6-37 所示截面，拉伸“1.0”，单击“确认”按钮，完成“拉伸 1”特征，如图 6-38 所示。

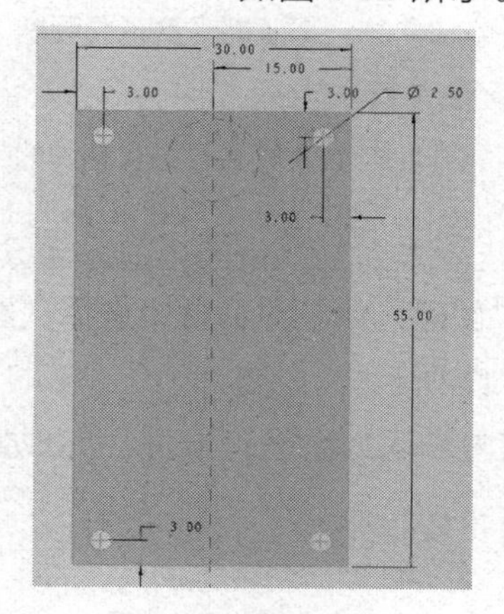

图 6-37

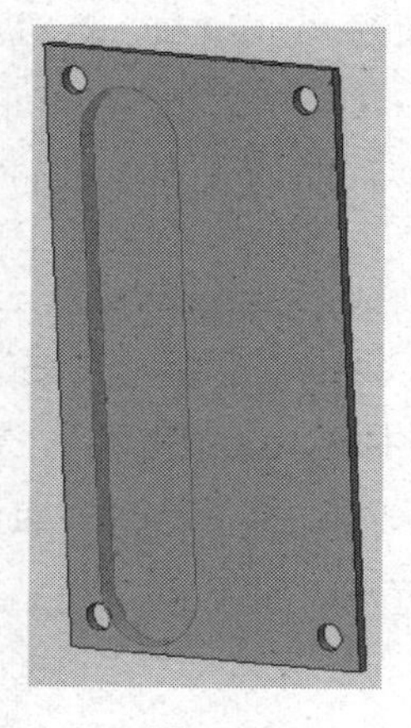

图 6-38

说明：

电子板轮廓尺寸视产品功能要求而定。一般可选用通用电子元件，轮廓尺寸小，便于安装。

如果因为安装位置不够等其他原因，可以将电子拆为 A 板、B 板，用拼板形式，满足功能性要求。

步骤 42 激活“控制板”组件，点选“创建”，在“创建元件”对话框中选择“零件”，在文件名中输入“智能灯光触摸开关”，如图 6-39 所示。

步骤 43 激活“智能灯光触摸开关”，单击“草绘”，点选“PCB 板”表面为绘图基准面，完成如图 6-40 所示截面。

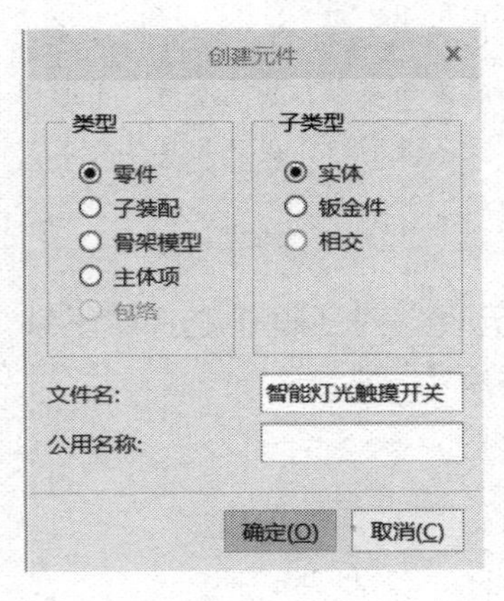

图 6-39

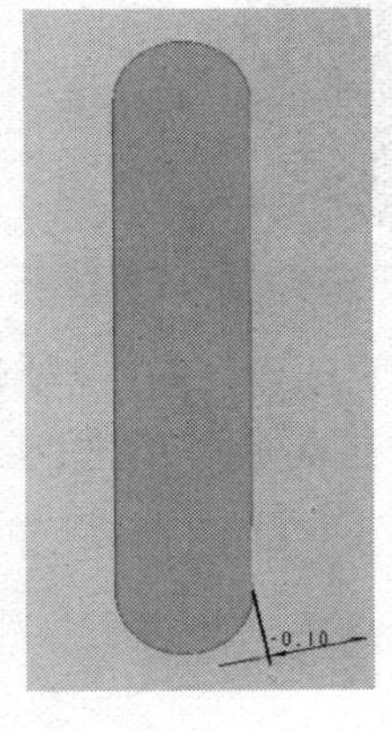

图 6-40

说明：

智能灯光触摸开关，是一个“非标”组件，用来控制灯光开关，可以调整光亮。

该“开关组件”一般成组件形式，固定在电子板上，有多种形态，设计时需视具体情况灵活选用。

步骤 44 单击“拉伸”命令，拉伸至灯罩外壳，PCB 板和智能灯光触摸开关完成后如图 6-41 所示。

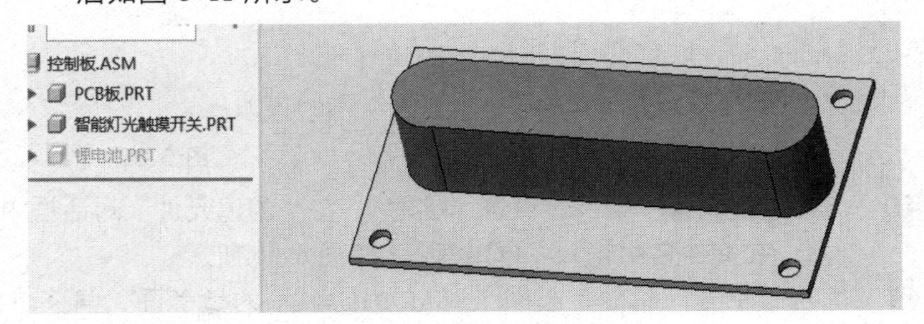

图 6-41

课程思政：

素有“中国灯饰之都”美誉的中山市古镇，受金融风暴及疫情影响，企业都受到不同程度的冲击。为应对危机，部分企业大力开展技术创新，开发有市场竞争力的产品。

中国制造要向中国创造转变，其核心就是要加强产品创新，开发附加值更高、更有利润的产品。

步骤 45 激活“控制板”组件，点选“创建”，在“创建元件”对话框中选择“零件”，在文件名中输入“锂电池”，如图 6-42 所示。

步骤 46 激活“锂电池”，单击“草绘”，点选灯座内表面为绘图基准面，完成如图 6-43 所示截面。

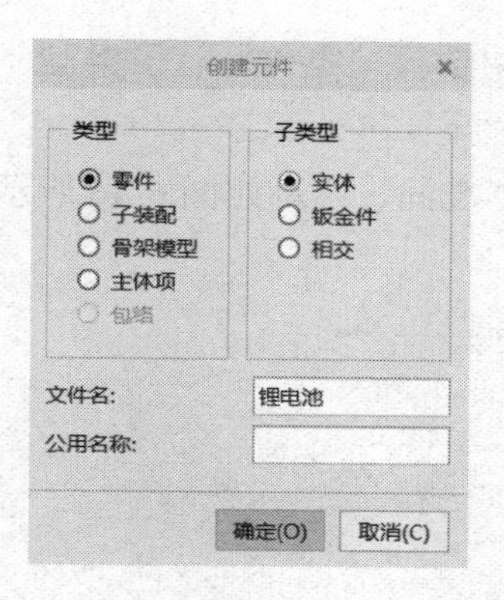

图 6-42

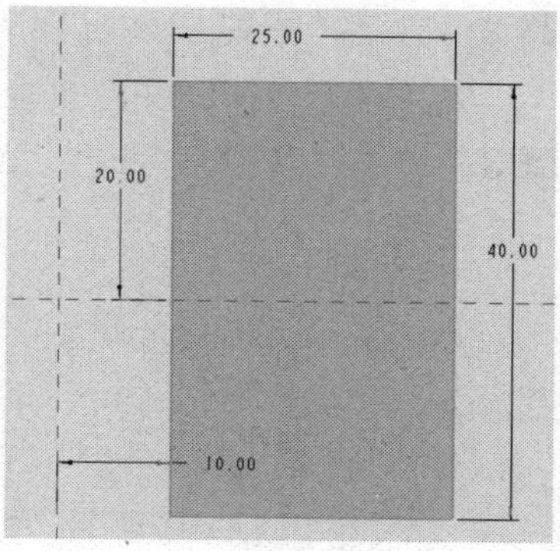

图 6-43

步骤 47　单击“拉伸”命令，拉伸“15”，完成后如图 6-44 所示。

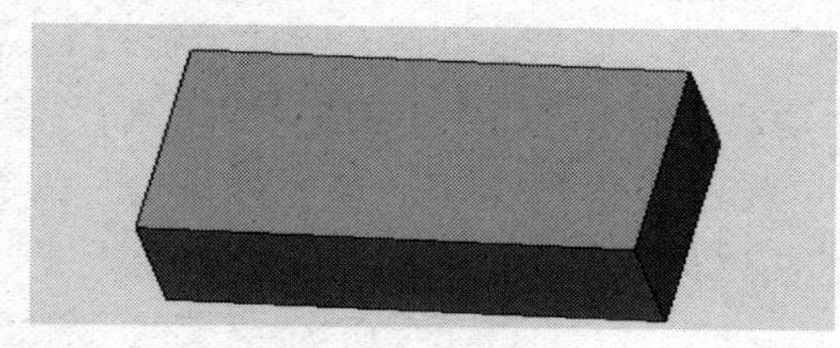

图 6-44

说明:

锂电池是智能产品中关键零部件，能够完成充放电功能。在没有外部电源时，可实时给产品提供电能。

锂电池规格型号、形态样式多种多样，可以根据产品空间、功能需求定制完成。

（2）智能扫地机器人建模设计

步骤 1　打开 Creo，打开“新建”，在对话框中选择“装配”，“子类型”中选择“设计”，去除“使用默认模板”中“√”符号，在文件名中输入“智能扫地机器人”，如图 6-45A 所示。

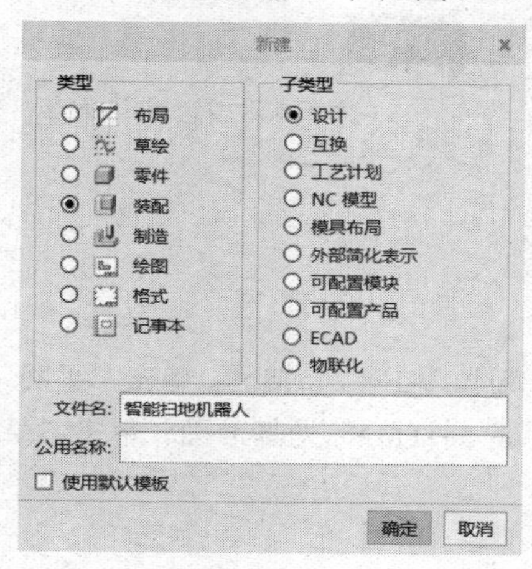

图 6-45A

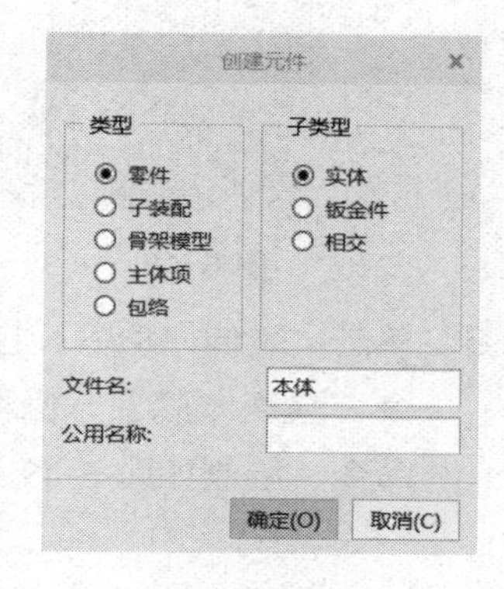

图 6-45B

步骤 2 激活“智能扫地机器人”，在对话框中选择“零件”，“子类型”中选择“实体”，在文件名中输入“本体”，如图 6-45B 所示。

步骤 3 单击“草绘”，选择“ASM_TOP”为基准面，绘制如图 6-46 所示草绘截面。

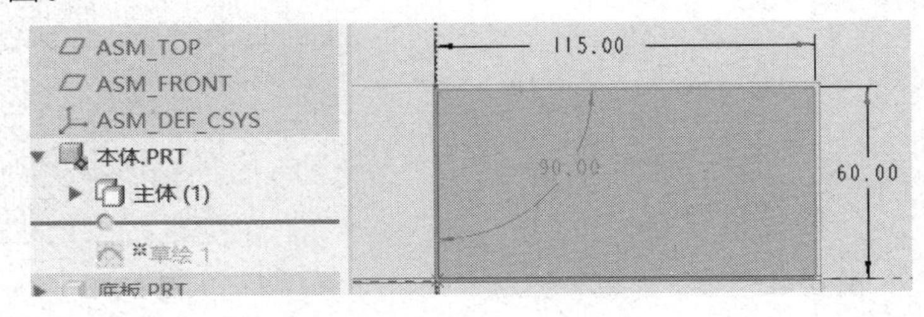

图 6-46

步骤 4 单击“旋转”命令，旋转 360 度，完成“旋转 1”特征。单击“倒圆角”命令，选上边缘，输入“2.0”，完成“倒圆角 1”特征。单击“壳”，输入壁厚“2.5”，完成“壳 1”特征。单击“草绘”命令，选壳体表面，圆中心绘制如图 6-47 所示草绘截面。

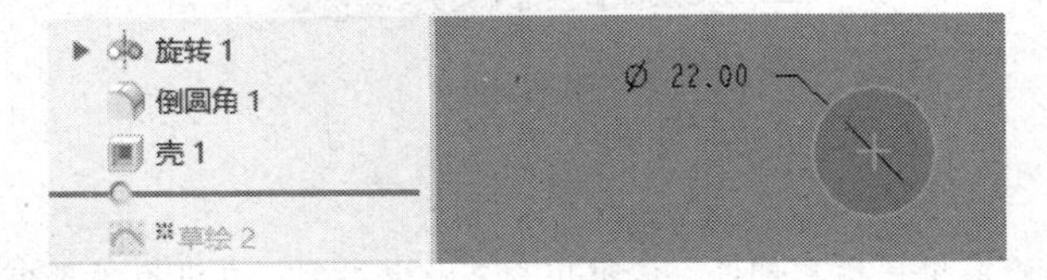

图 6-47

说明：

壳体材料 ABS，厚度为 2 ~ 2.5 mm 较适中。厚度小于 2.0 mm，表面加工易收缩，产生质量缺陷；大于 2.5 mm，产量过剩、浪费材料、增加成本。

步骤 5 单击“拉伸”命令，移除材料，完成“拉伸 1”特征。单击“草绘”命令，选壳体内表面，圆中心绘制如图 6-48 所示草绘截面。

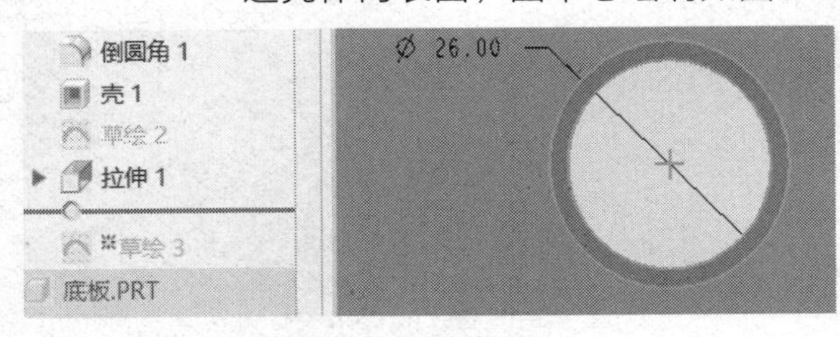

图 6-48

说明：

开孔或开口处裙边加厚，有利于结构稳定。

步骤 6 单击“拉伸”命令，拉伸“10.0”，完成“拉伸 2”特征。单击“平面”命令，选壳体底部，偏移“30.0”，创建“DTM4”为基准面，单击“草绘”命令，绘制如图 6-49 所示草绘截面。

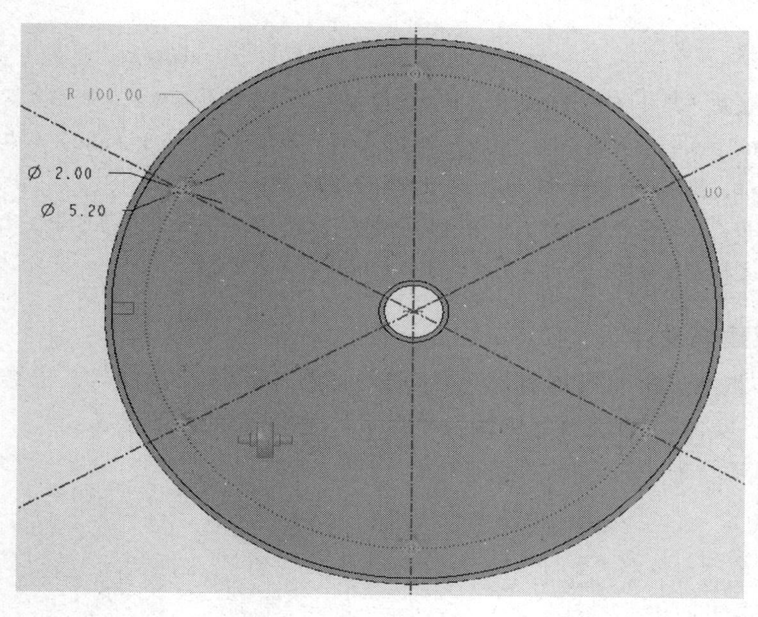

图 6-49

步骤 7　单击“拉伸”命令，拉伸所有面相交，完成“拉伸 3”特征。单击“草绘”命令，选“ASM_RIGHT”为基准面，绘制如图 6-50 所示草绘截面。

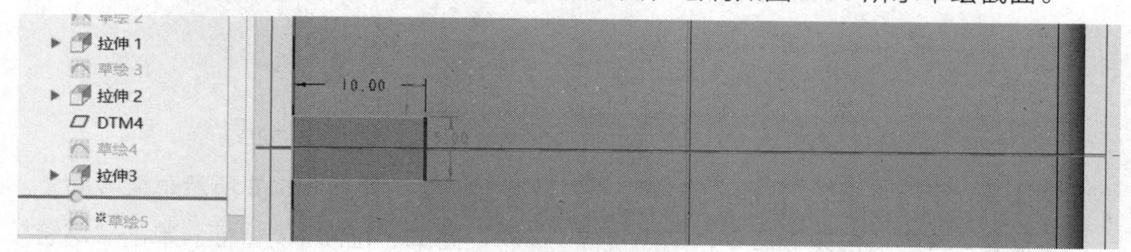

图 6-50

步骤 8　单击“拉伸”命令，移除所有材料，完成“拉伸 4”特征，如图 6-51 所示。

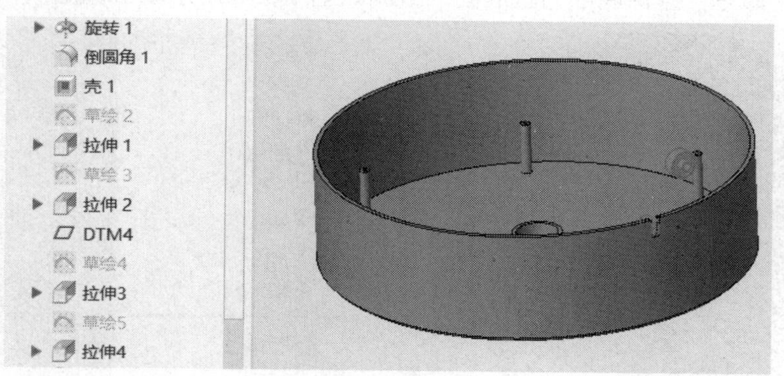

图 6-51

说明:

本体一般是产品外观造型和结构支持的主要部件，呈壳体或箱体状。非发热类产品，材料一般选用 ABS 塑料；发热类产品，优先选择 PP 塑料。本体壁厚不小于 2 mm，与本体连接的柱孔、筋位特征，其截面壁厚尺寸，不能大于本体壁厚的 2/3。

本体作为产品的主要结构件，一般有抗冲击的强度试验和防止失效的可靠性试验，装配连接、固定、支持等处特征，设计与制造、装配必须确保安全可靠。

1）底板建模设计

步骤 1 激活“智能扫地机器人”，在对话框中选择“零件”，“子类型”中选择“实体”，在文件名中输入“底板”，如图 6-52A 所示。

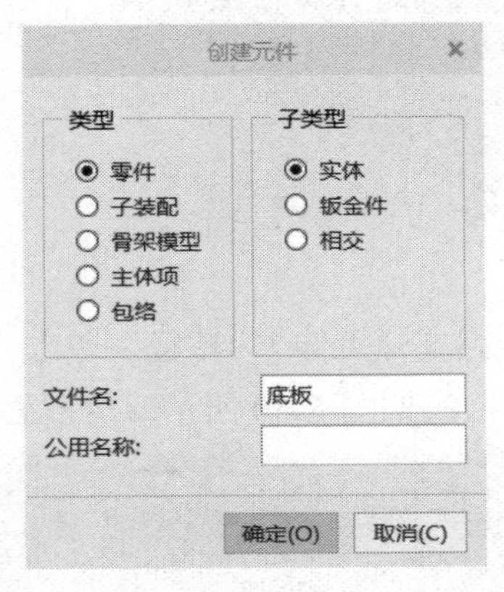

图 6-52A

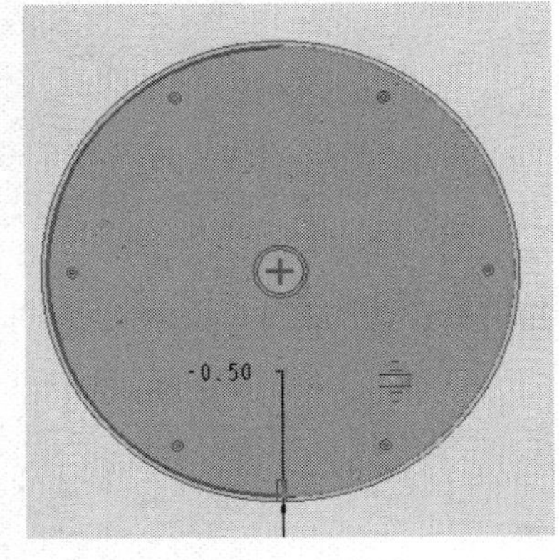

图 6-52B

步骤 2 单击“草绘”，选择本体底部为基准面，绘制如图 6-52B 所示草绘截面。

步骤 3 单击“拉伸”命令，向内拉伸“2.5”，完成“拉伸 1”特征。单击“草绘”命令，选择底部为基准面，绘制如图 6-53A 所示草绘截面。

步骤 4 单击“拉伸”命令，移除所有交汇面，完成“拉伸 2”特征。单击“草绘”命令，选择底部为基准面，绘制如图 6-53B 所示草绘截面。

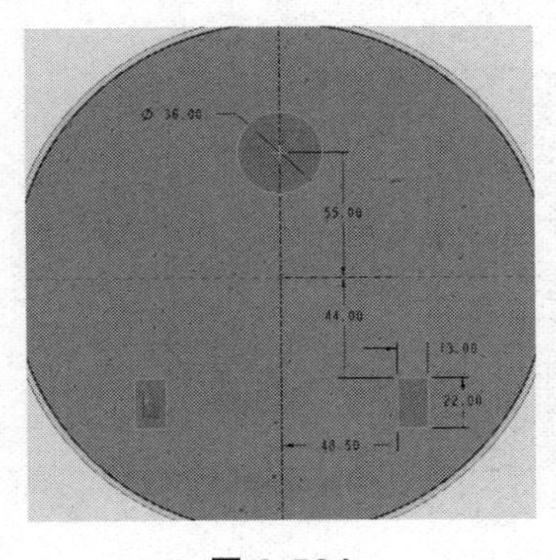

图 6-53A

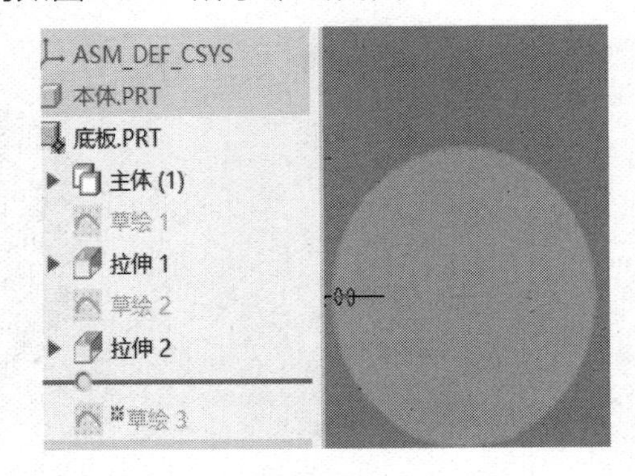

图 6-53B

步骤 5 单击“拉伸”命令，选薄壁，输入厚度“1.0”，拉伸“12.0”，完成“拉伸

3”特征。单击“草绘”命令，选择底部内表面为基准面，绘制如图 6-54 所示草绘截面。

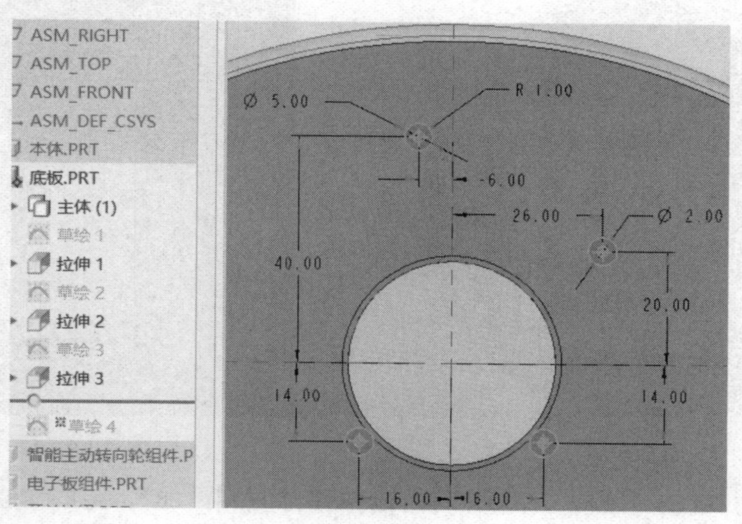

图 6-54

步骤 6　单击“拉伸”命令，拉伸“15.0”，完成“拉伸 4”特征。单击“草绘”命令，选择底部为基准面，绘制如图 6-55A 所示草绘截面。

步骤 7　单击“拉伸”命令，拉伸“3.5”，完成“拉伸 5”特征。单击“草绘”命令，选择底部内表面为基准面，绘制如图 6-55B 所示草绘截面。

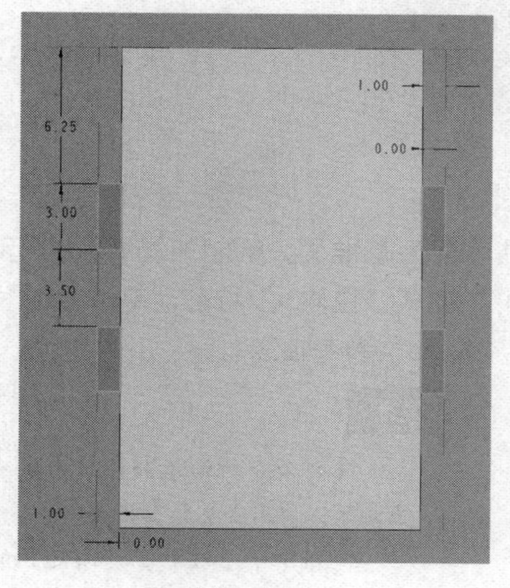

图 6-55A

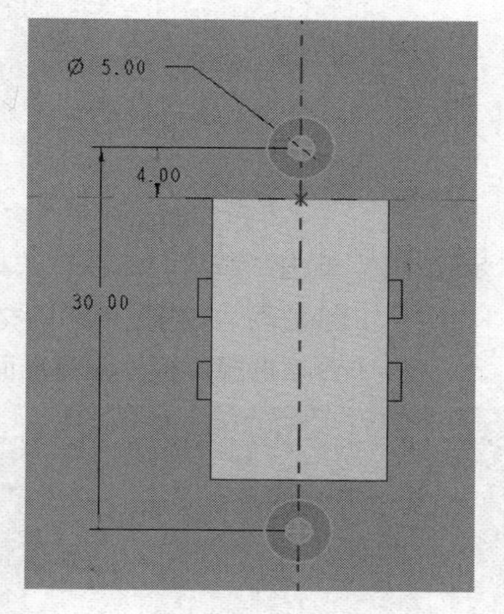

图 6-55B

步骤 8　单击“拉伸”命令，拉伸“6.0”，完成“拉伸 6”特征。单击“草绘”命令，选择底部外表面为基准面，绘制如图 6-56A 所示草绘截面。

步骤 9　单击“拉伸”命令，向内拉伸“30”，完成“拉伸 7”特征。单击“草绘”命令，选择底部外表面为基准面，绘制如图 6-56B 所示草绘截面。

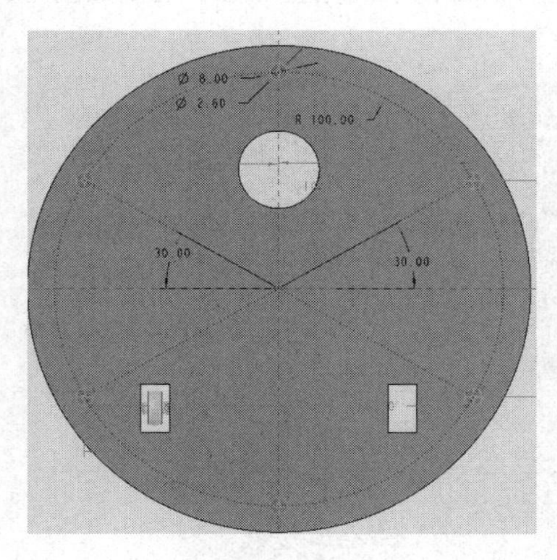

图 6-56A

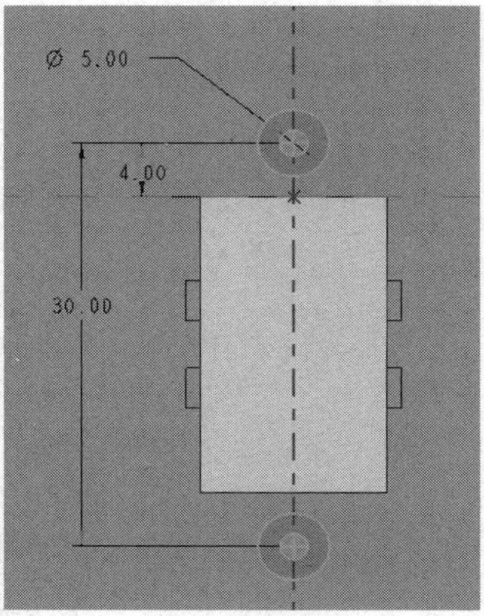

图 6-56B

步骤 10 单击“拉伸”命令，向内拉伸移除材料“28”，完成“拉伸 8”特征，如图 6-57 所示。

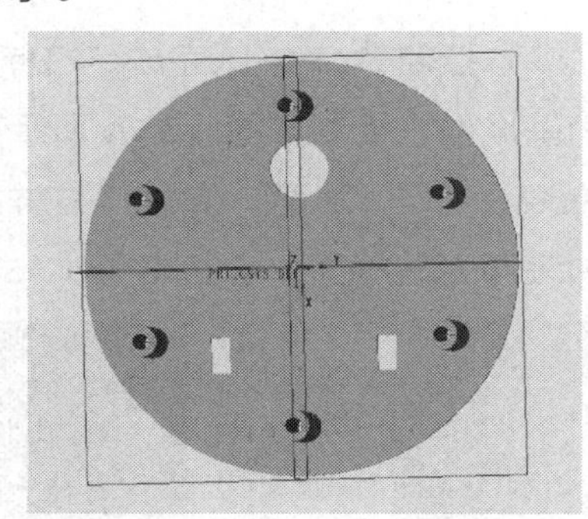

图 6-57

步骤 11 单击“草绘”命令，选择底部外表面为基准面，绘制如图 6-58 所示草绘截面，向内拉伸移除材料“1.0”，完成“拉伸 9”特征。单击“轴”命令，选择底板外圆基准面，创建“A_45”参考轴线。

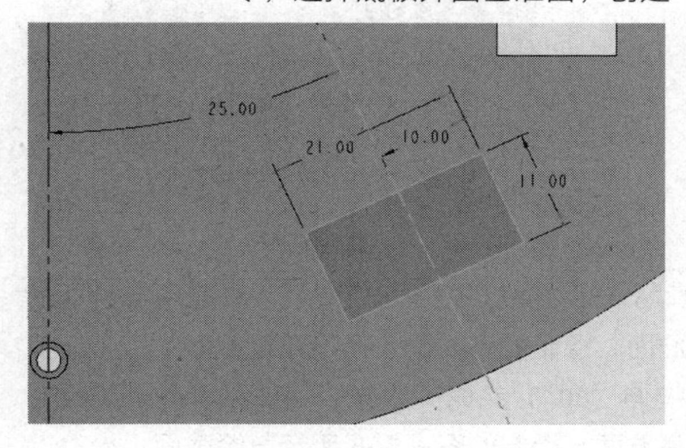

图 6-58

说明：

阵列命令对话框和操作步骤有点烦琐，使用者要熟悉相关命令。

阵列命令一般放在产品建构的中后段。

步骤 12　单击“阵列”命令，阵列类型选择“轴”命令，选择“A_45”参考轴线。成员数“6”，角度“60”，单击“确认”命令，完成“阵列 1”特征，如图 6-59 所示。

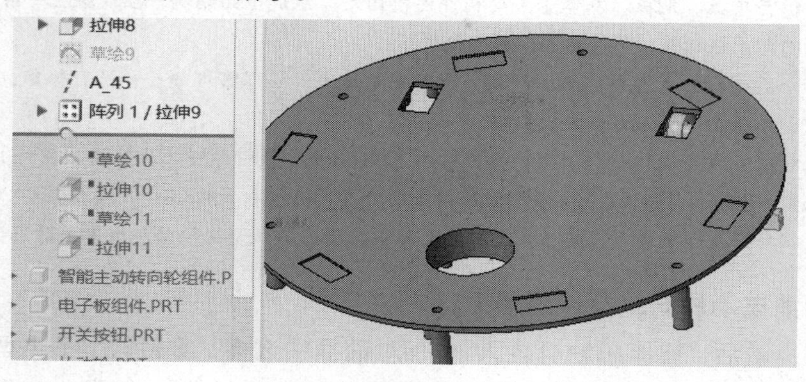

图 6-59

步骤 13　单击“草绘”命令，选择底部内表面为基准面，绘制如图 6-60A 所示草绘截面。

步骤 14　单击“拉伸”命令，拉伸“26.5”，完成“拉伸 10”特征。单击“草绘”命令，选择底部内表面为基准面，绘制如图 6-60B 所示草绘截面。

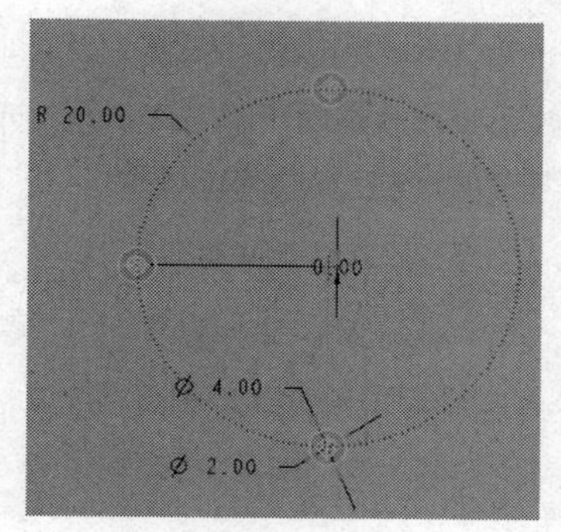

图 6-60A

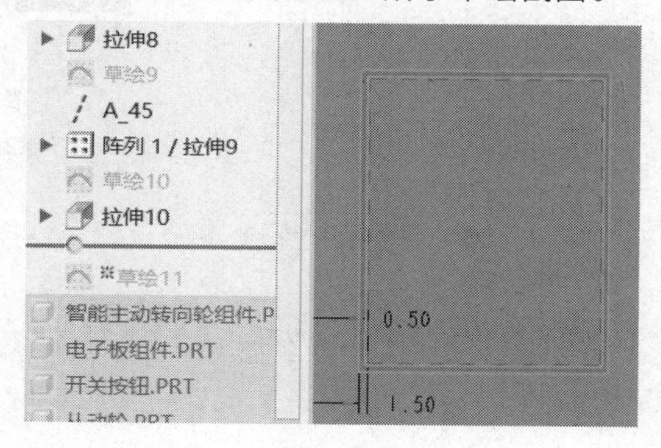

图 6-60B

步骤 15　单击“拉伸”命令，拉伸“10.0”，完成“拉伸 11”特征，完成后如图 6-61 所示。

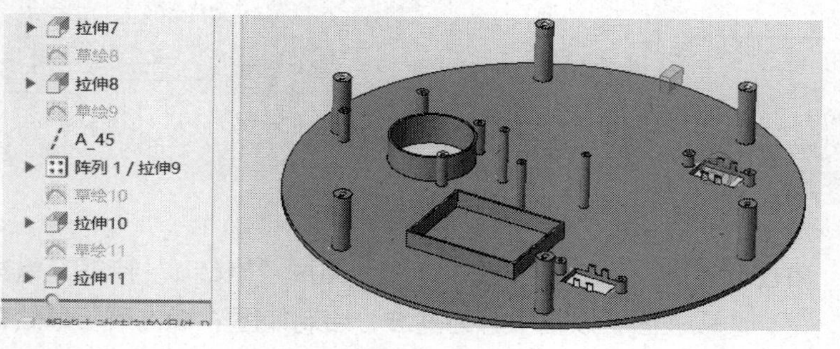

图 6-61

说明：

底板在产品底部，呈扁平状，是提供产品支持的主要建构件，是除壳体或本体外最重要的部件。底板与中板、搁板、本体等主要构件连接固定，组成产品结构。在底板上一般装有实现功能模块的电子板组件、马达组件、电气配件等。

底板一般被壳体或本体包络，产品平放时一般没有外观裸露部分。如果有裸露，则该零件就叫底壳、底座、基座等名称。

底板材料一般与壳体材料一致，优先选用 ABS、PP 等塑料原料（此处强调原料）。底板作为主要装配件，装配特征较多。为保证结构强度可靠，有些柱孔位需要做成加强型“火箭脚”，特征与特征处交割处倒圆角，减少注塑时产生的内应力，降低形变缺陷和概率，防患于未然。

2）智能电动转向轮组件建模设计

步骤 1 激活“智能扫地机器人”，在对话框中选择“零件”，“子类型”中选择“实体”，在文件名中输入“智能电动转向轮组件”，如图 6-62 所示。

步骤 2 单击“平面”，选择“ASM_FRONT”基准面，创建“DTM1”基准面。单击“平面”，选择“ASM_RIGHT”基准面，创建“DTM3”基准面。

步骤 3 单击“草绘”，选择本体底部为基准面，绘制如图 6-63 所示截面。

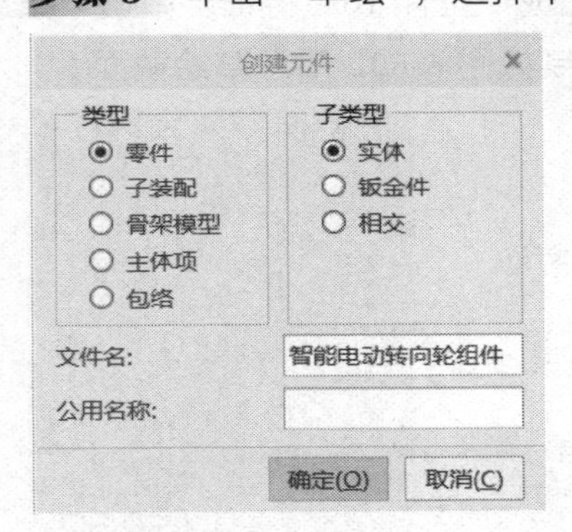

图 6-62

说明：

在组件或较复杂建构情景下，可以单独打开“子装配”或“零件”窗口，便于更准确操作。

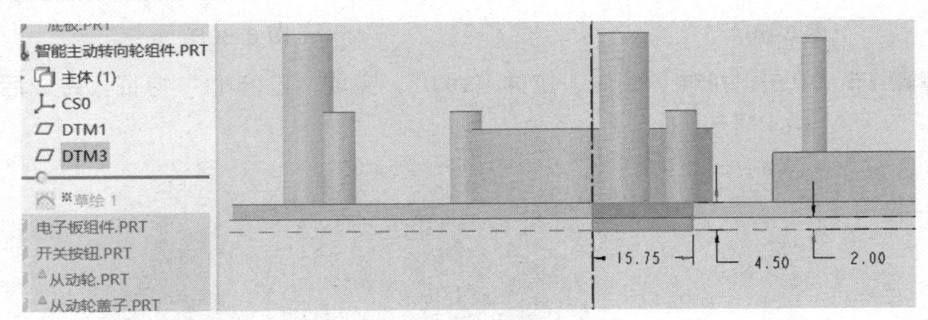

图 6-63

步骤 4 单击“旋转”命令，旋转 360 度，完成“旋转 1”特征。单击“草绘”命令，选取表面，以圆中心为基准，绘制如图 6-64A 所示草绘截面。

步骤 5 单击“拉伸”命令，移除所有材料，完成“拉伸 1”特征。单击“草绘”

命令，选取内表面，绘制如图 6-64B 所示草绘截面。

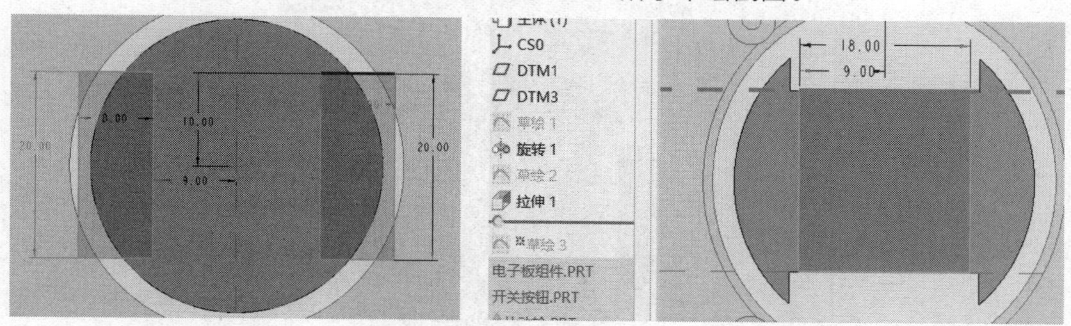

图 6-64A　　　　　　　　　　　　　　　　图 6-64B

步骤 6　单击“拉伸”命令，拉伸“13”，完成“拉伸 2”特征。单击“平面”，按住“Ctrl”键，选取穿过曲面：F5，平行曲面：F9，单击“确定”，创建“DTM4”参考面，单击“草绘”命令，如图 6-65A 所示。选取“DTM4”，绘制如图 6-65B 所示草绘截面。

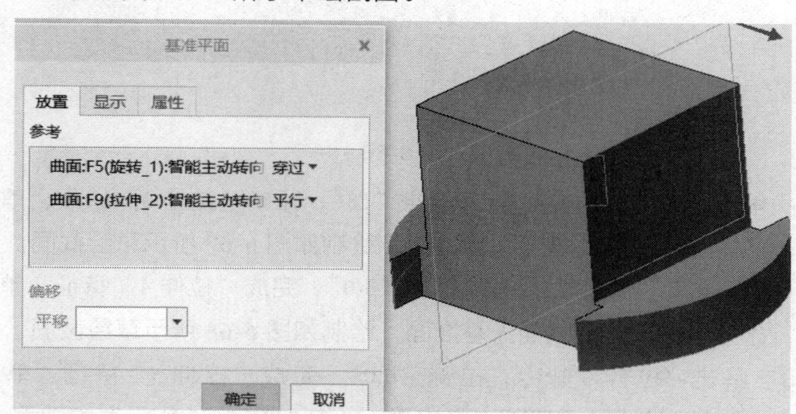

图 6-65A

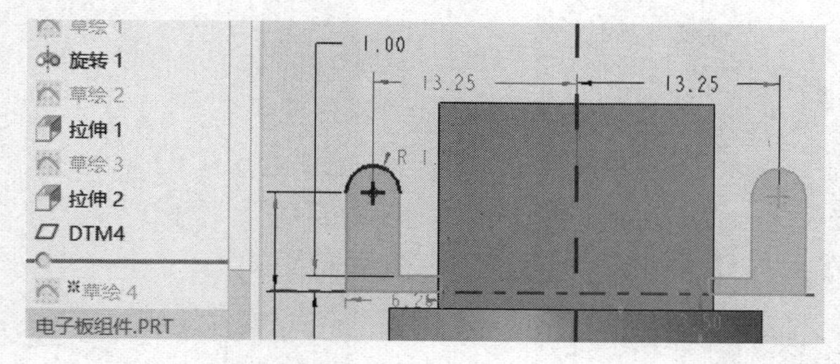

图 6-65B

步骤 7　单击“旋转”命令，旋转 360 度，完成“旋转 2”特征。单击“平面”，选取凸台面，偏移“23”，单击“确定”，创建“DTM5”参考面。单击“草绘”命令，选取“DTM5”，绘制如图 6-66 所示草绘截面。

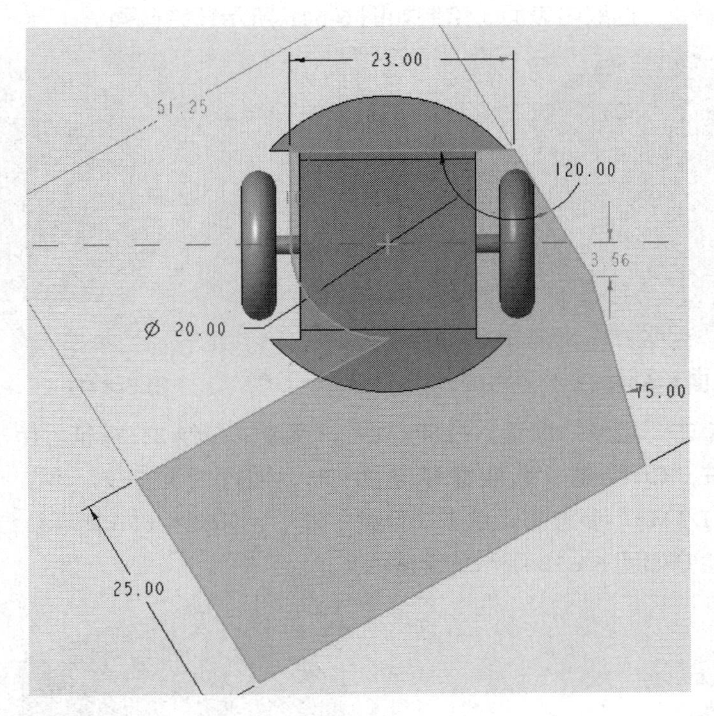

图 6-66

步骤 8 单击“拉伸”命令，向下拉伸“18”，完成“拉伸 3”特征。单击“草绘”命令，选择凸台表面为基准面，绘制如图 6-67 所示草绘截面。

步骤 9 单击“拉伸”命令，移除材料“3.0”，完成“拉伸 4”特征。单击“草绘”命令，选择凸台底面为基准面，绘制如图 6-68 所示草绘截面。

步骤 10 单击“拉伸”命令，拉伸“6.0”，完成“拉伸 5”特征。单击“草绘”命令，选择凸台底面为基准面，绘制如图 6-69 所示草绘截面。

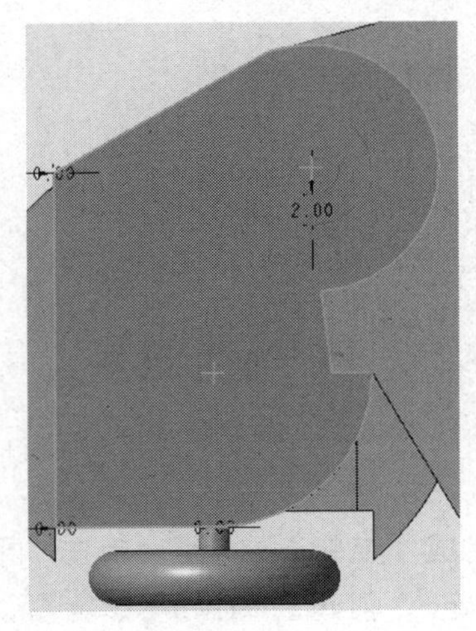

图 6-67

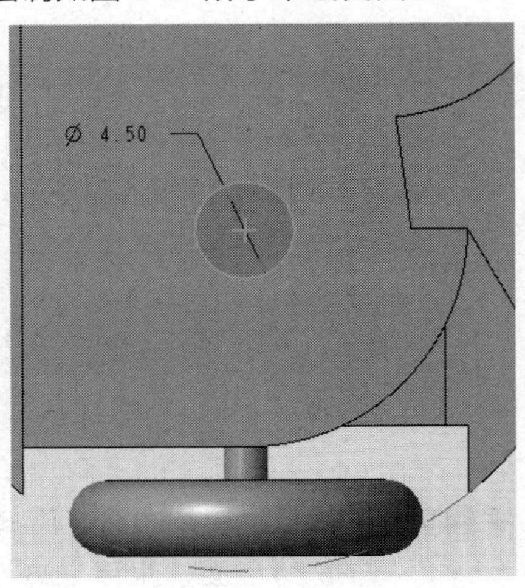

图 6-68

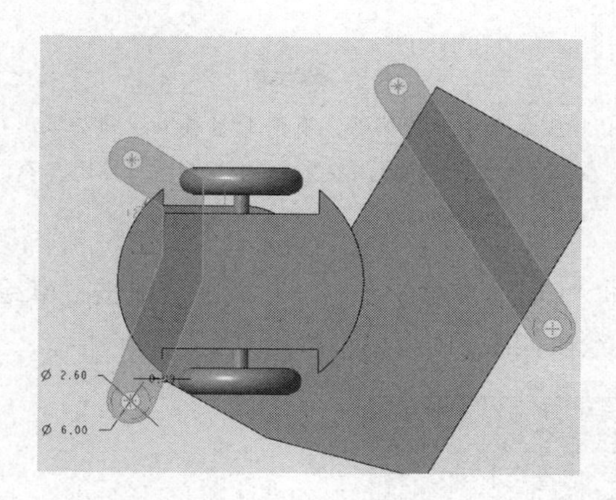

图 6-69

说明：

该特征处孔位与底板柱位对应，设计时如果没有三维电子图档尺寸，要根据实物孔位尺寸认真测绘；有图时，也要认真核对尺寸是否准确无误。

步骤 11　单击“拉伸”命令，拉伸“6.0”，完成“拉伸 6”特征，如图 6-70 所示。

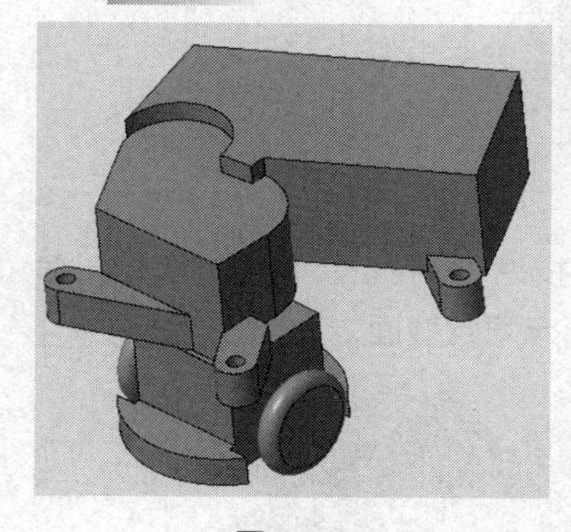

图 6-70

说明：

智能主动转向轮部件是该产品主要部件之一，与从动轮一起组成移动机构。该部件主要由直流马达和万向轮组成，遇到障碍物时可灵活转向。

该部件已实现集成式标准化设计，各类规格型号齐全。设计时，可根据产品使用时长、质量要求，选用与之匹配规格。

该部件若没有三维电子图档尺寸，应采用零件方式，简易画法，画出主要轮廓和装配特征，便于装配、简化图面。

3）电子板组件建模设计

步骤 1　激活“智能扫地机器人”，在对话框中选择“零件”，“子类型”中选择“实体”，在文件名中输入“电子板组件”，如图 6-71 所示。

步骤 2　单击“草绘”，选择底板安装柱位端面为基准面，绘制如图 6-72 所示草绘截面。

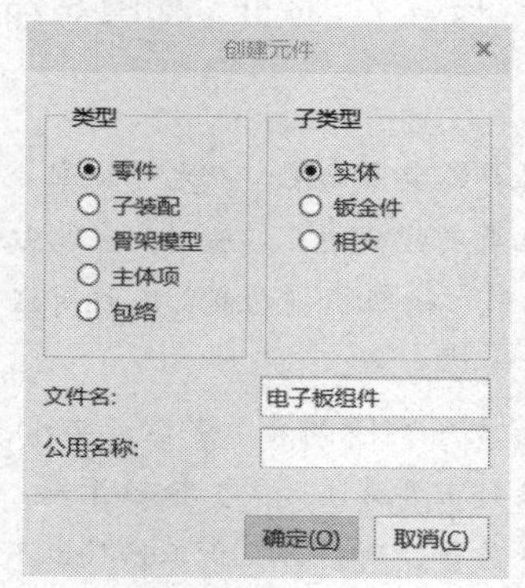

图 6-71

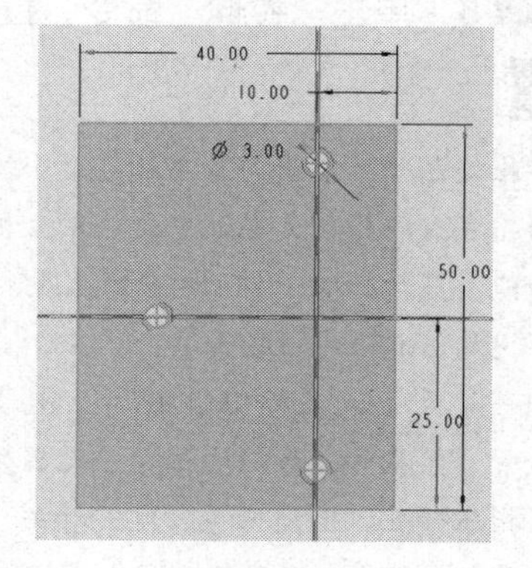

图 6-72

说明:

电子板标准厚度有1.6、1.2、1.0、0.8、0.5毫米等多种规格，有两面单层板、四层板、八层板规格。各规格价格差异较大。选用时，在满足功能要求时，要充分询比议价，货比三家，做到性价比适中。

步骤3 单击“拉伸”命令，拉伸“1.0”，完成“拉伸1”特征。单击“草绘”命令，选择表面为基准面，绘制如图6-73所示草绘截面。

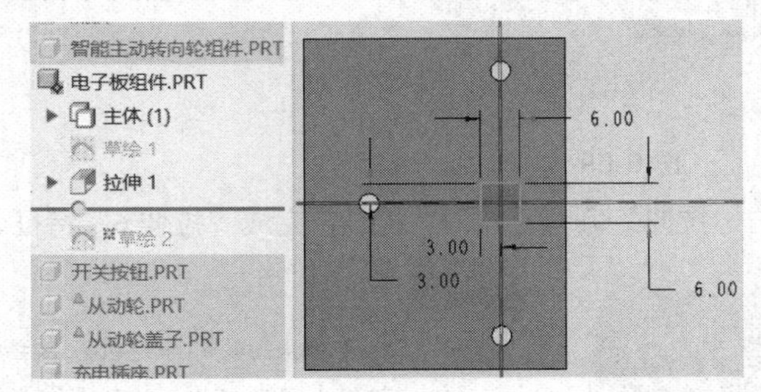

图6-73

步骤4 单击“拉伸”命令，拉伸“5.0”，完成“按键1”特征。单击“草绘”命令，选择表面为基准面，绘制如图6-74所示草绘截面。

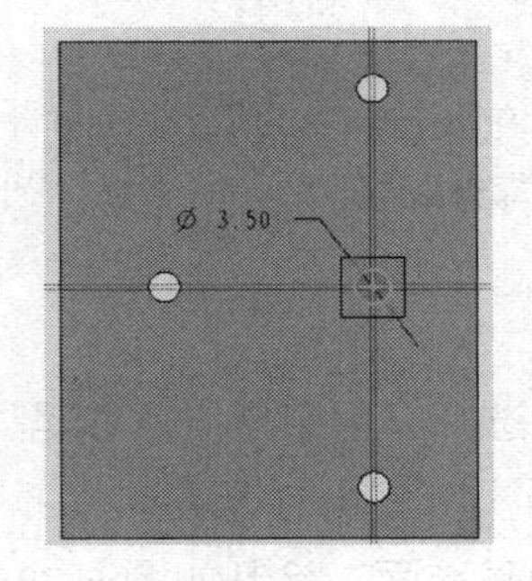

图6-74

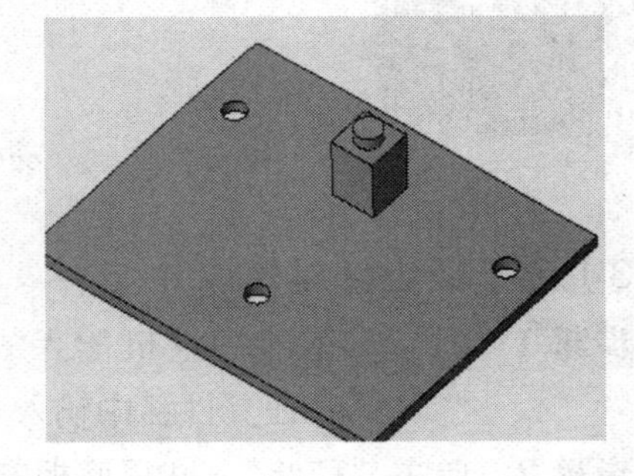

图6-75

步骤5 单击“拉伸”命令，拉伸“1.0”，完成“按键2”特征，如图6-75所示。

说明:

此处电子板采用简易画法，大小规格尺寸视产功能性具体要求而定。本电子板配合智能转向轮完成智能控制、充放电、主机主板开关功能和主机拓展功能模块。拓展功能包括红外线遥控功能、蓝牙、Wi-Fi网络遥控功能、超声波定位避障功能、语音控制功能、人机对话交互功能、视觉识别巡线功能等。

一般电子板上有SMT贴片、IC集成块、开关、指示灯、端子插座、焊盘、电容、电感、保险管、数码管、数显管等电子元器件。尤其是开关，各种常开常闭开关、轻触开关、触摸开关、指压开关、船型开关、空气开关、延时开关、杠杆开关等，新材料、新工艺层出不穷。设计者要与时俱进，多了解学习，掌握最新技术，将其应用于产品设计。

4）开关按钮建模设计

步骤 1　激活“智能扫地机器人”，在对话框中选择“零件”，“子类型”中选择“实体”，在文件名中输入“开关按钮”，如图 6-76A 所示。

步骤 2　单击“草绘”，选择本体外表面为基准面，绘制如图 6-76B 所示草绘截面。

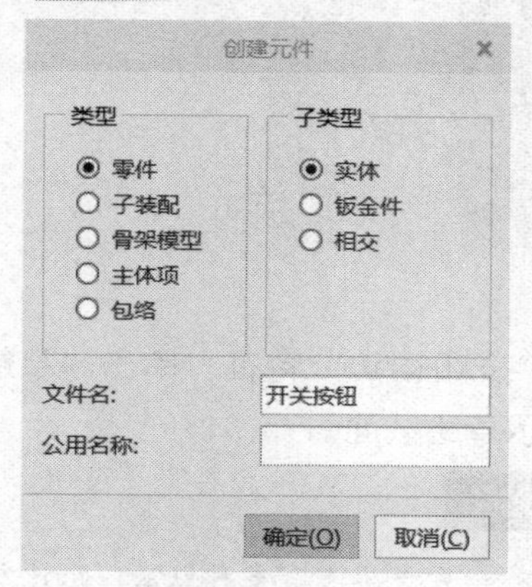

图 6-76A

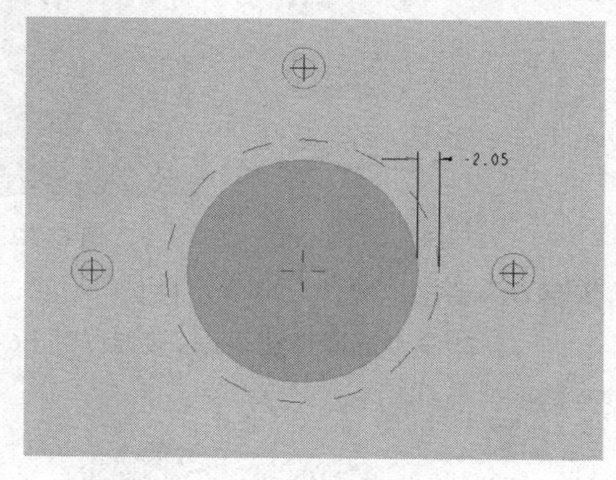

图 6-76B

步骤 3　单击“拉伸”命令，拉伸至本体装按键台肩端面，完成“按键 1”特征。单击“壳”命令，输入“2.0”壁厚，完成“壳 1”特征。单击“草绘”，选择按键内表面为基准面，绘制如图 6-77 所示草绘截面。

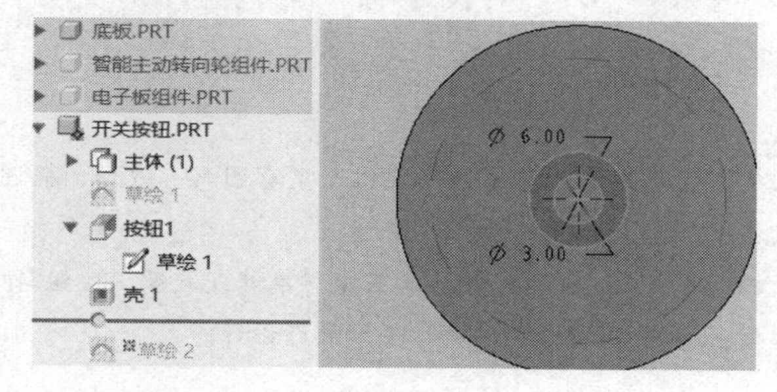

图 6-77

说明:

此柱位抵住开关端面，也可以做成“+”字形格式。

步骤 4　单击“拉伸”命令，拉伸至电子板组件开关端面，完成“按键柱位”特征。单击“草绘”，选择本体装按键台肩端面为基准面，绘制如图 6-78 所示草绘截面。

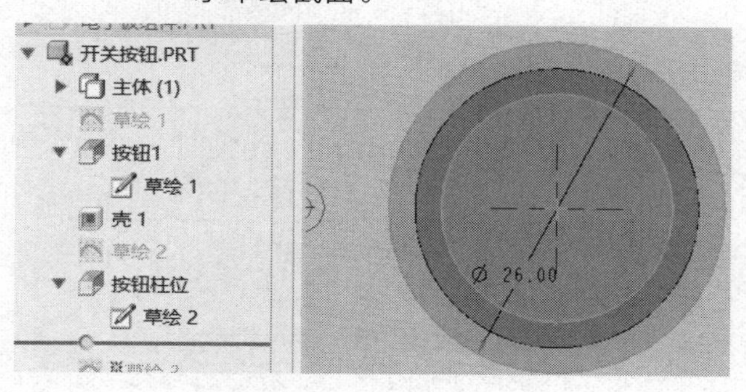

图 6-78

说明:

此台肩，也叫台阶、裙边，保证按键使用时不脱落、不露空、不露缝，厚度 1~2 mm。

有些按键需要限位功能，就采用裙边开口，本体伸限位筋定位即可。

步骤 5 单击“拉伸”命令，拉伸“1.0”，完成“按钮裙边”特征。单击“草绘”命令，选择按钮表面，绘制如图 6-79 所示草绘截面。

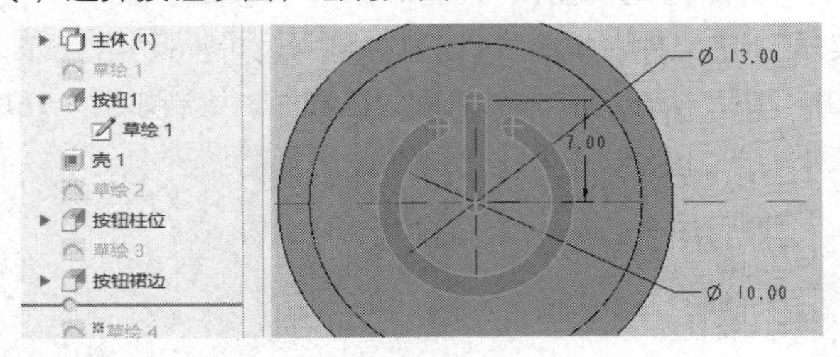

图 6-79

步骤 6 单击“拉伸”命令，拉伸“1.0”，完成“按钮裙边”特征。单击“草绘”命令，选择按钮表面，绘制如图 6-80 所示草绘截面。

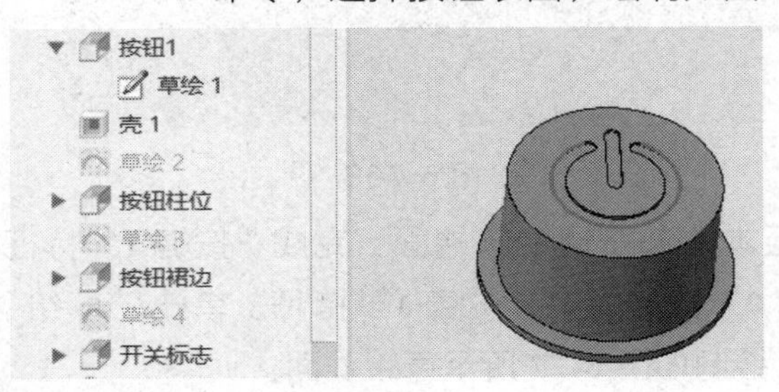

图 6-80

说明:

开关标志有多种做法，此种方式在模具成型时，自动生成，比较简单。还有丝印、镭雕、二次注塑等多种形式，设计时视具体要求而定。

说明:

按钮，也叫按键，是按压主机或主板开关的外部零件。按钮造型有圆形、方形、椭圆形、菱形等各种形式。按钮一般与本体、主体或主题设计一致。

按钮、推钮、旋钮都是主机开关配件，但推钮和旋钮，就不能叫推键或旋键。按钮与电子板开关的连接装配，也是多种多样。设计时要根据开关结构，灵活展开设计。

5）从动轮建模设计

步骤 1 激活“智能扫地机器人”，在对话框中选择“零件”，“子类型”中选择“实体”，在文件名中输入“从动轮”，如图 6-81A 所示。

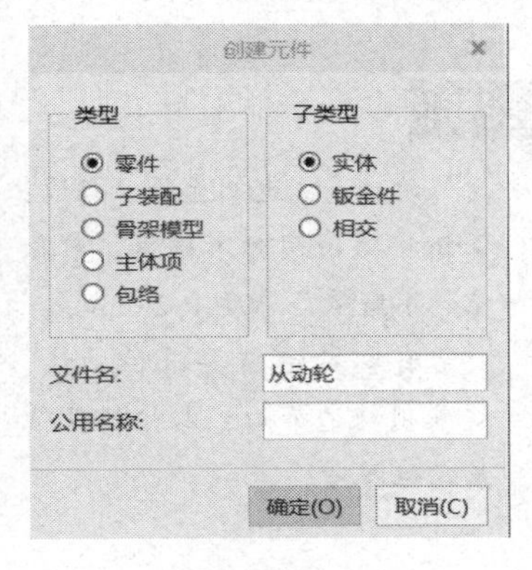

图 6-81A

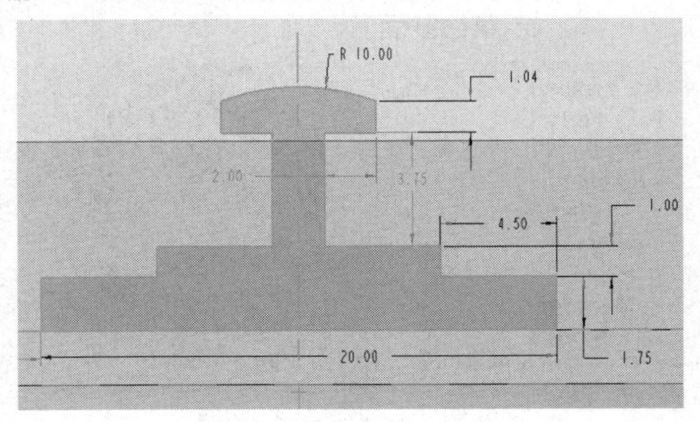

图 6-81B

步骤 2 单击“平面”，选择底板装配处筋限位端面，偏移“1.75”，创建“DTM4”基准面。

步骤 3 单击“草绘”，选择“DTM4”为基准面，绘制如图 6-81B 所示草绘截面。

步骤 4 单击“旋转”命令，旋转 360 度，完成“旋转 1”特征，完成如图 6-82 所示截面。

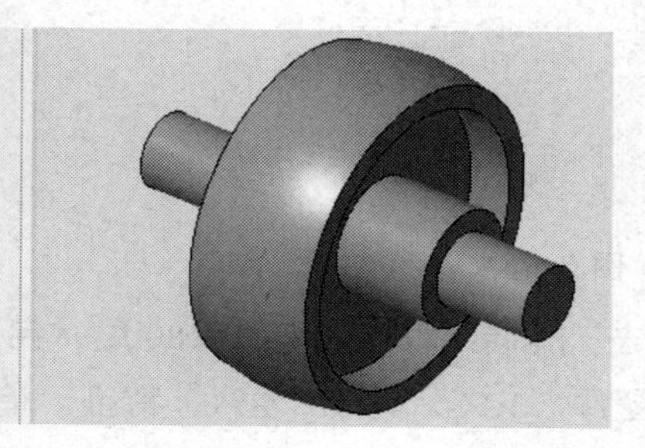

图 6-82

说明:

从动轮在主动轮推动下开始移动。从动轮一般设计两个，不能转向，材料选用橡胶或塑料。橡胶轮防滑，有缓冲作用，可减少噪声，但成本略高。塑料轮成本低，但存在质量隐患。

课程思政:

素有“中国制造之都”美誉的佛山顺德，坚持“改革、创新、务实”的企业精神，成为“中国制造”一张靓丽的名片。顺德区域内有美的、格兰仕集团等制造业名企，亦有小熊电器等新锐企业和东菱集团等一批隐形冠军。近几年，随着改革的不断深入，“中国智造与中国智慧”交相辉映，蓬勃发展。格兰仕、美的等公司的工业 4.0 项目，黑灯工厂都落地生根，展现了中国特色社会主义现代化发展道路，以工业化为基础的现代化企业内涵建设成果，并充分体现了智能制造所蕴含的丰富的中国智慧。让相关专业的师生立志投身于先进制造业学习，将个人的成才梦有机融入实现中华民族伟大复兴的中国梦的思想认识，增强对中国特色社会主义共同理想的思想认同。

课程育人:

造纸术、指南针、火药、印刷术， 是中国古代的四大发明，是中国古代创新的智慧成果和科学技术。工业创新、智慧创新、敢于创新是设计者的责任与担当。

6）从动轮盖子建模设计

步骤 1 激活“智能扫地机器人”，在对话框中选择“零件”，“子类型”中选择“实体”，在文件名中输入“从动轮盖子”，如图 6-83A 所示。

步骤 2 单击“草绘”，选择“DTM4”为基准面，绘制如图 6-83B 所示草绘截面。

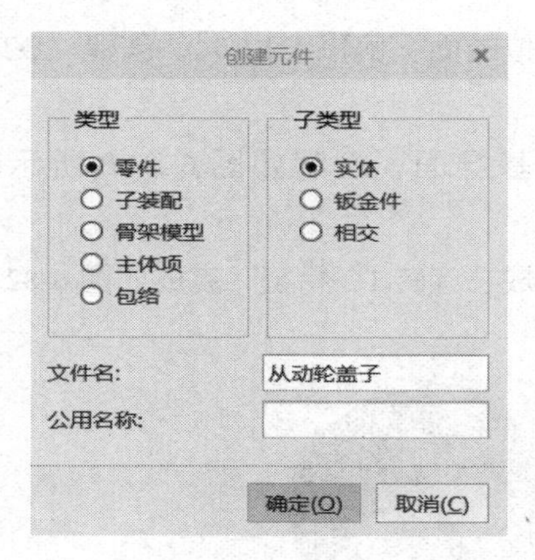

图 6-83A

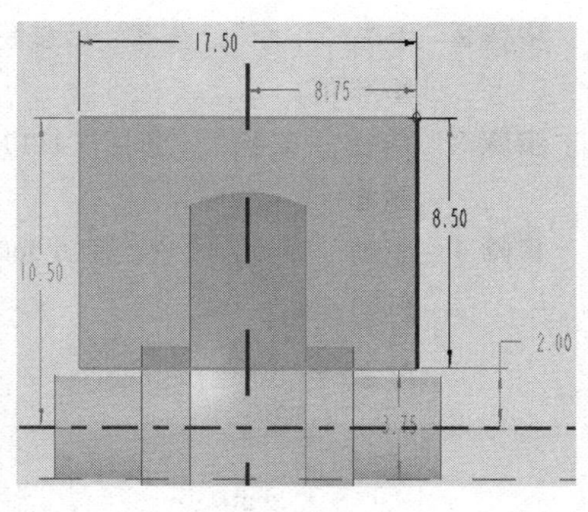

图 6-83B

步骤 3 单击“旋转”命令，旋转 180 度，完成“旋转 1”特征。单击“壳”，输入壁厚“1.5”，完成“壳 1”特征。单击“草绘”命令，选壳体侧面，绘制如图 6-84 所示草绘截面。

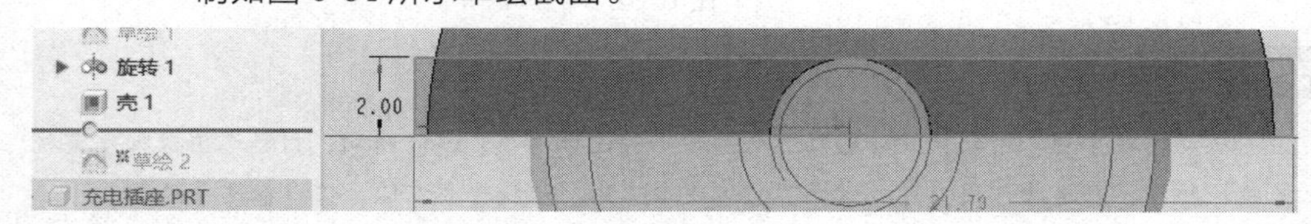

图 6-84

步骤 4 单击“拉伸”命令，移除所有材料，完成“拉伸 1”特征。单击“草绘”命令，选底板安装处螺柱端面，绘制如图 6-85 所示草绘截面。

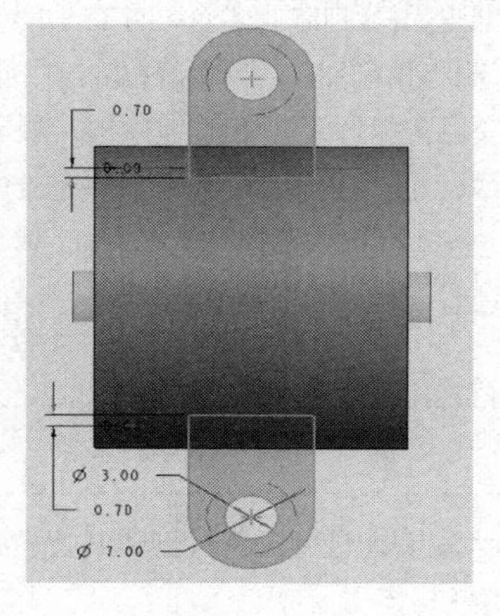

图 6-85

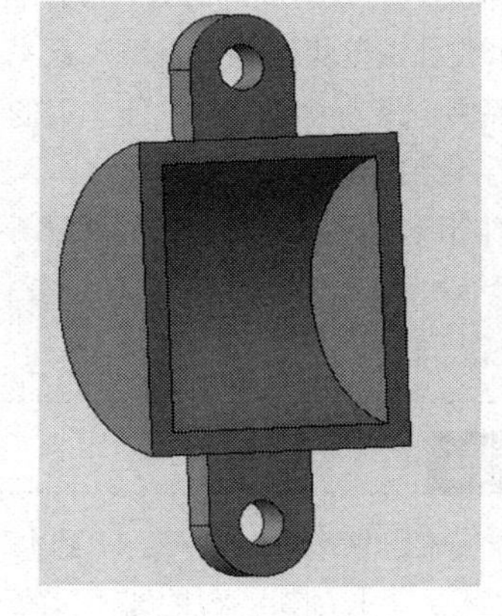

图 6-86

步骤 5 单击“拉伸”命令，拉伸“2.0”，完成“拉伸 2”特征。单击“确定”，完成后如图 6-86 所示。

7）充电插座建模设计

步骤 1 激活“智能扫地机器人”，在对话框中选择“零件”，“子类型”中选择“实体”，在文件名中输入“充电插座”，如图 6-87A 所示。

步骤 2 单击“草绘”，选择“ASM_FRONT”为基准面，绘制如图 6-87B 所示草绘截面。

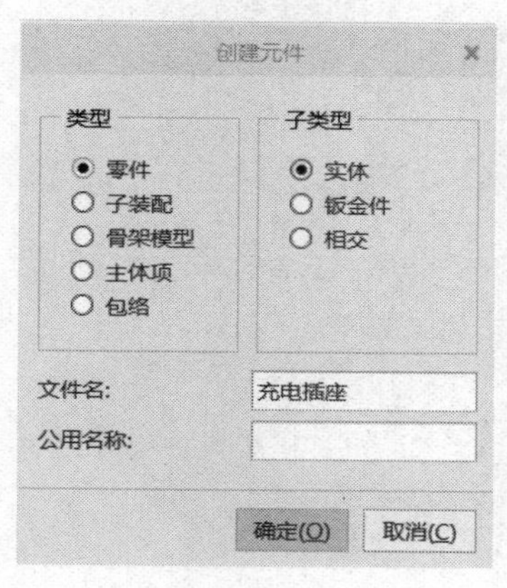

图 6-87A

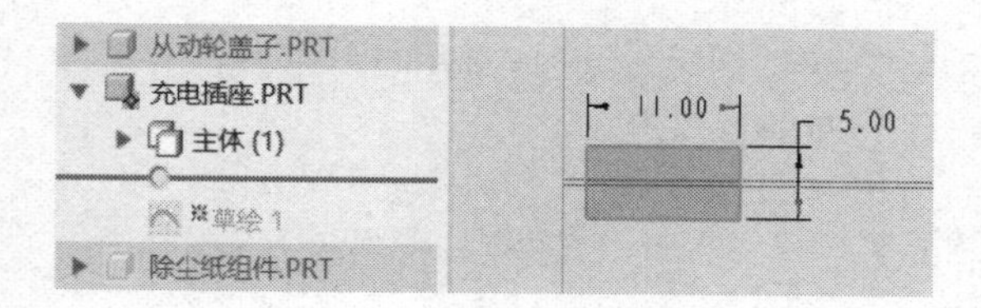

图 6-87B

步骤 3 单击“拉伸”命令，向上拉伸“8.0”，完成“拉伸 1”特征。单击“草绘”命令，选择外表面为基准面，绘制如图 6-88A 所示草绘截面。

步骤 4 单击“拉伸”命令，移除材料“9.0”，完成“拉伸 2”特征。单击“确定”命令，完成后如图 6-88B 所示。

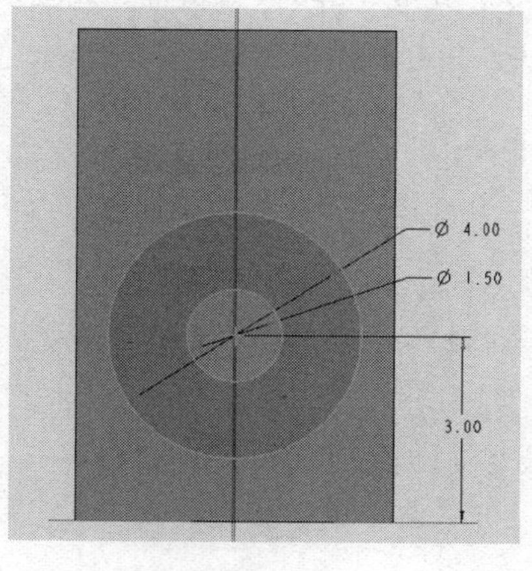

图 6-88A

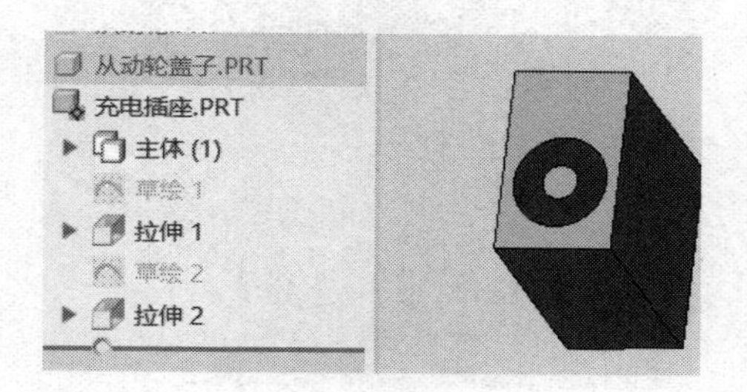

图 6-88B

说明:

电子插座的形状也比较多，常用的还有“安卓”小扁头，USB 方头等。圆头插座接触好，使用寿命长，安全可靠，是一般小电流传输首选元器件。

8）除尘纸组件建模设计

步骤 1 激活“智能扫地机器人”，在对话框中选择“零件”，“子类型”中选择“实体”，在文件名中输入“除尘纸组件”，如图 6-89A 所示。

步骤 2 单击“平面”，选择底板底面，偏移“2.0”，创建“DTM1”基准面。单击

“草绘”，选择“DTM1”为基准面，绘制如图 6-89B 所示草绘截面。

图 6-89A

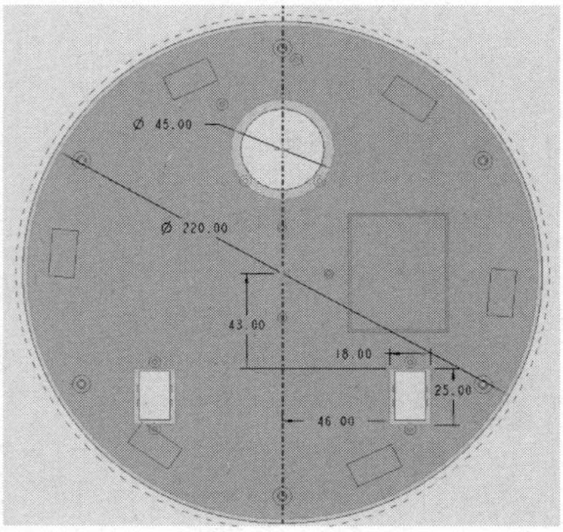

图 6-89B

步骤 3 单击“拉伸”命令，拉伸“1.0”，完成“拉伸 1”特征。单击“草绘”命令，选择底部内表面为基准面，绘制如图 6-90A 所示草绘截面。

步骤 4 单击“拉伸”命令，向内拉伸“2.0”，完成“拉伸 2”特征。单击“阵列”命令，阵列类型选择“轴”命令，选择“A_5”参考轴线。成员数“6”，角度“60”，单击“确认”命令，完成“阵列 1”特征，如图 6-90B 所示。

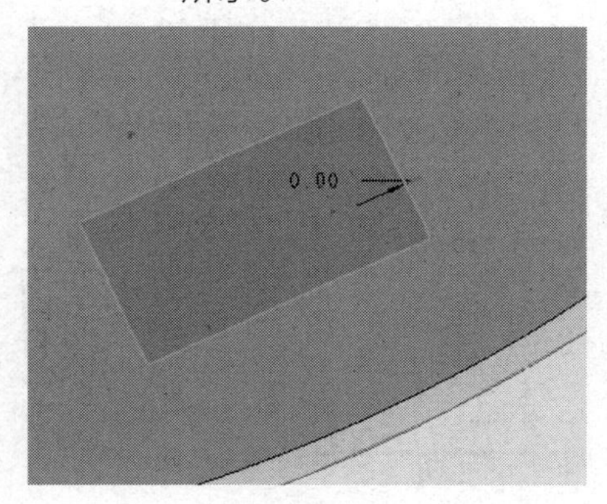

图 6-90A

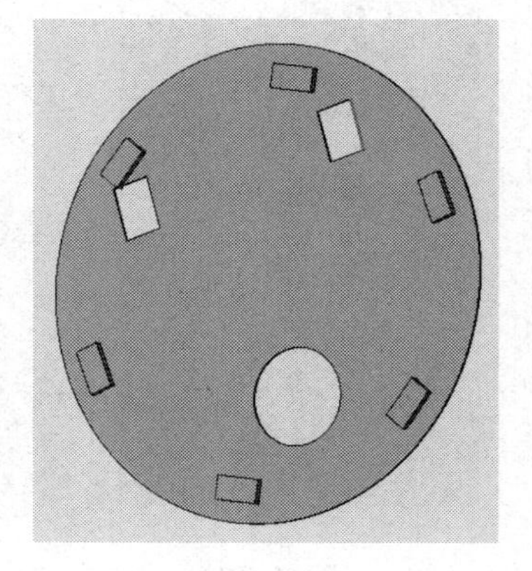

图 6-90B

说明:

除尘纸是清洁地面的介质，用柔性纸质或布纸做成，通过魔术贴贴附在底板上，方便拆换。

9）锂电池建模设计

步骤 1 激活“智能扫地机器人”，在对话框中选择“零件”，“子类型”中选择“实体”，在文件名中输入“锂电池”，如图 6-91A 所示。

步骤 2 单击“草绘”命令，选择底板内表面为基准面，绘制如图 6-91B 所示草绘截面。

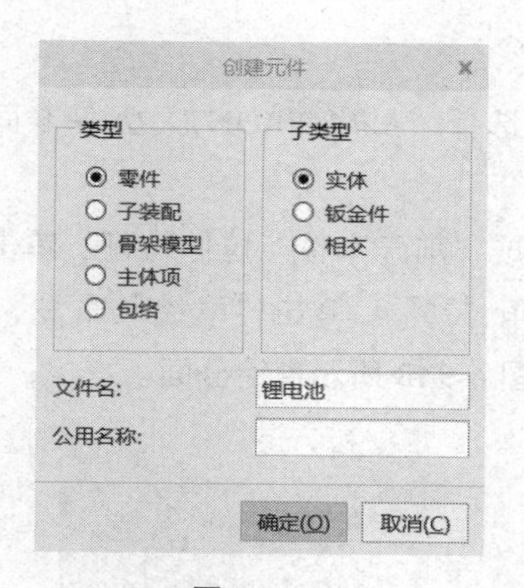

图 6-91A

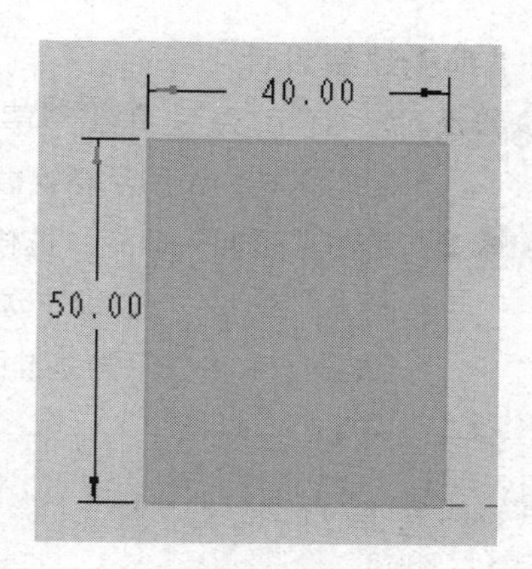

图 6-91B

步骤 3 单击“拉伸”命令，拉伸“13.0”，完成后如图 6-92 所示。

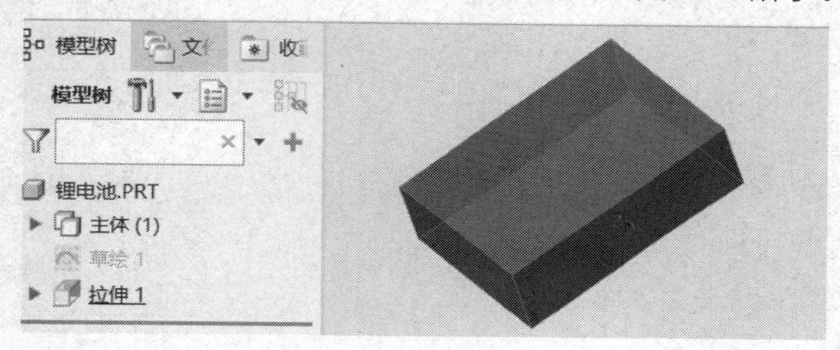

图 6-92

（3）智能音箱建模设计

步骤 1 打开 Creo，打开“新建”，在对话框中选择“装配”，“子类型”中选择“设计”，去除“使用默认模板”中“√”符号，在文件名中输入“智能音箱”，如图 6-93A 所示。

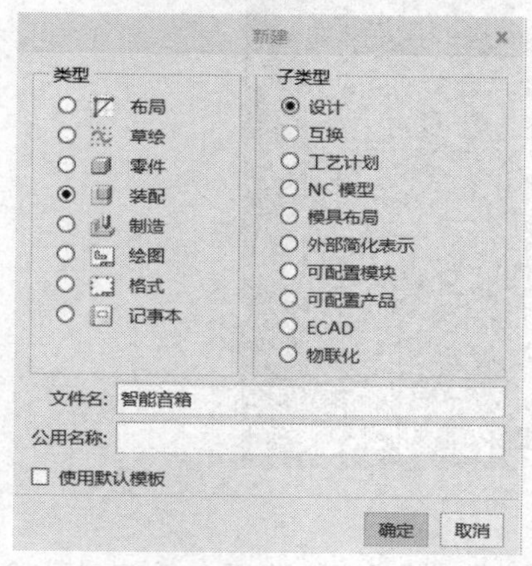

图 6-93A

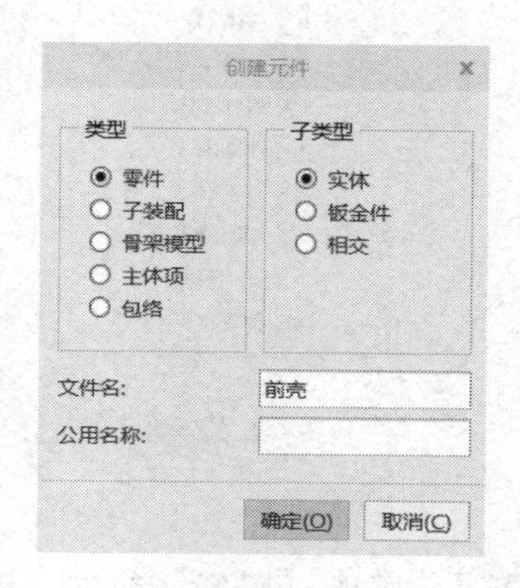

图 6-93B

步骤 2 激活“智能音箱”，在对话框中选择“零件”，“子类型”中选择“实体”，在文件名中输入“前壳”，如图 6-45B 所示。

1）前壳建模设计

步骤 1 激活“前壳”，单击“草绘”命令，选择“ASM_FRONT”为基准面，绘制如图 6-94A 所示草绘截面。

步骤 2 单击“拉伸”命令，拉伸“41”，完成“前壳本体”拉伸特征。单击“倒圆角”命令，选择外边缘，倒圆角“25”。单击“草绘”命令，选择“ASM_FRONT”为基准面，绘制如图 6-94B 所示草绘截面。

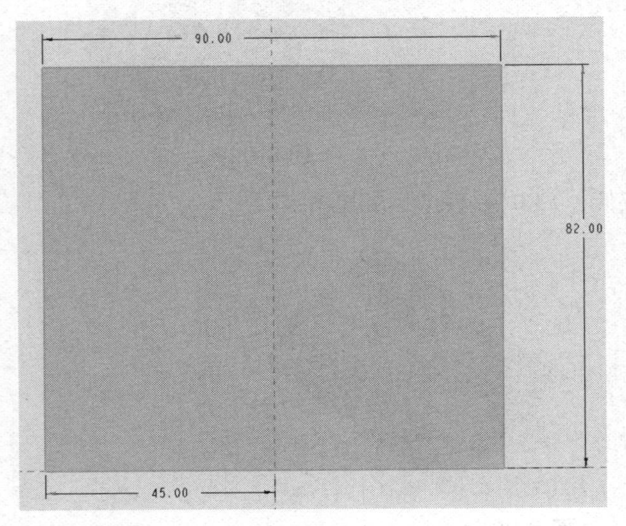

图 6-94A

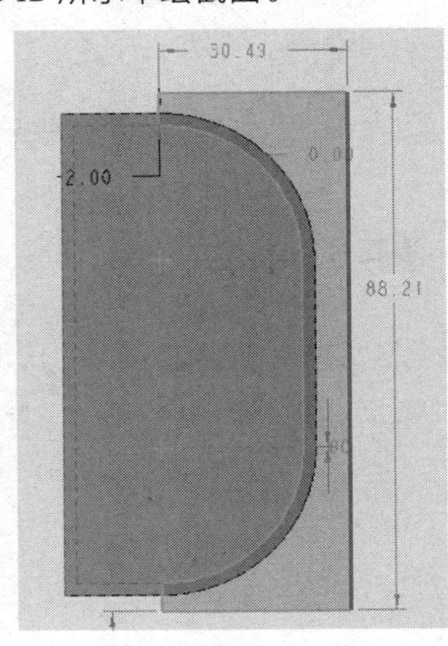

图 6-94B

步骤 3 单击“拉伸”命令，对称移除材料“86”，完成“喇叭网罩位”特征。单击“草绘”命令，选择前壳上端面，绘制如图 6-95 所示草绘截面。

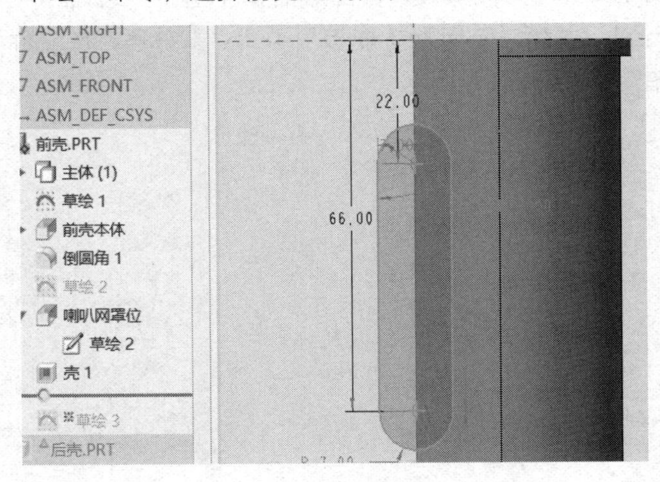

图 6-95

步骤 4 单击“拉伸”命令，拉伸“2.0”，完成“拉伸 3”特征。单击“草绘”命令，选择前壳上端面，绘制如图 6-96 所示草绘截面。

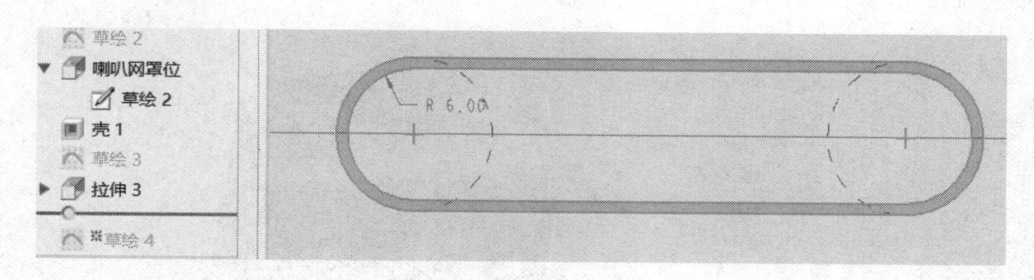

图 6-96

步骤 5　单击“拉伸”命令，移除材料“0.5”，完成“拉伸 4”特征。单击“草绘”命令，选择前壳上端面，绘制如图 6-97 所示草绘截面。

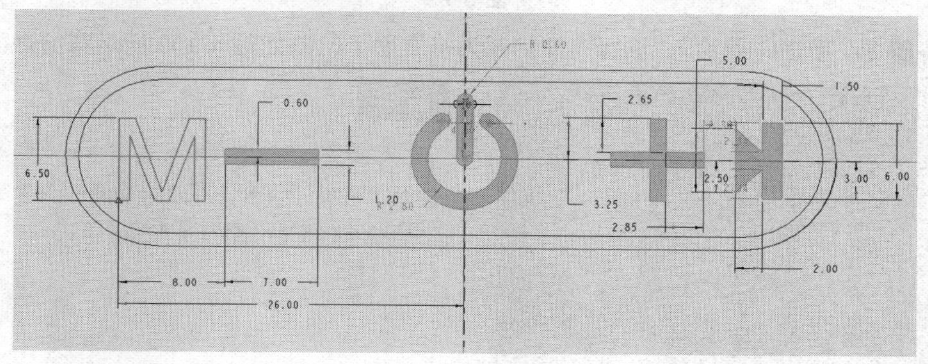

图 6-97

步骤 6　单击“拉伸”命令，移除所有材料，完成“按扣开关标志”特征。单击“倒圆角”命令，选“喇叭网罩位 4 个角”输入“5.0”，单击“平面”命令，选择“ASM_TOP”作为参考平面，偏移“32.0”，完成“DTM3”基准面特征。单击“草绘”命令，选择“DTM3”为基准面，绘制如图 6-98 所示草绘截面。

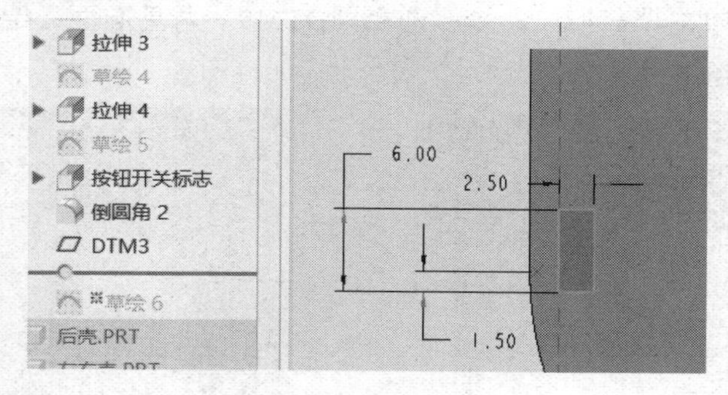

图 6-98

步骤 7　单击“拉伸”命令，对称移除材料“8.0”，完成“拉伸 6”特征。单击“镜像”命令，选择“ASM_TOP”作为参考平面，完成“镜像 1”特征，如图 6-99 所示。

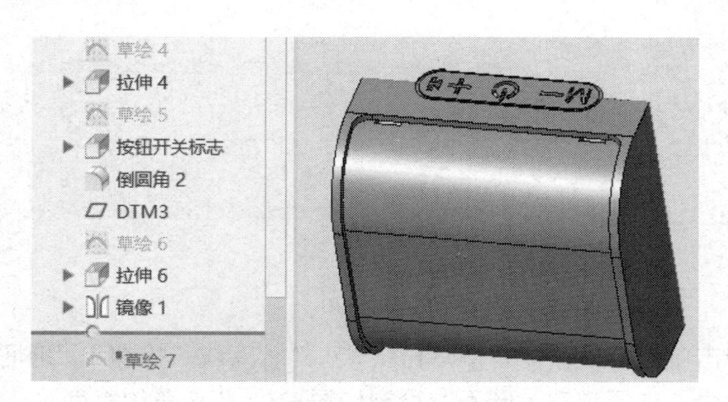

图 6-99

步骤 8 单击“草绘”，选择壳体前部为基准面，绘制如图 6-100 所示草绘截面。

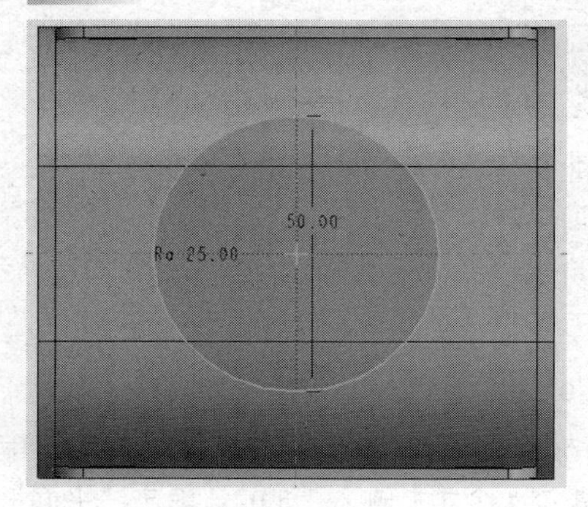

图 6-100

说明：

步骤 6—8 都是在完成喇叭网罩相关特征。喇叭部位除了有造型要求外，音质音色、结构可靠性跟网罩都有关系。

步骤 9 单击“拉伸”命令，移除所有材料，完成“喇叭孔”特征。单击“平面”命令，选择前端面为参考平面，偏移“5.0”，完成“DTM4”基准面特征。单击“草绘”命令，选择“DTM5”为基准面，绘制如图 6-101A 所示草绘截面。

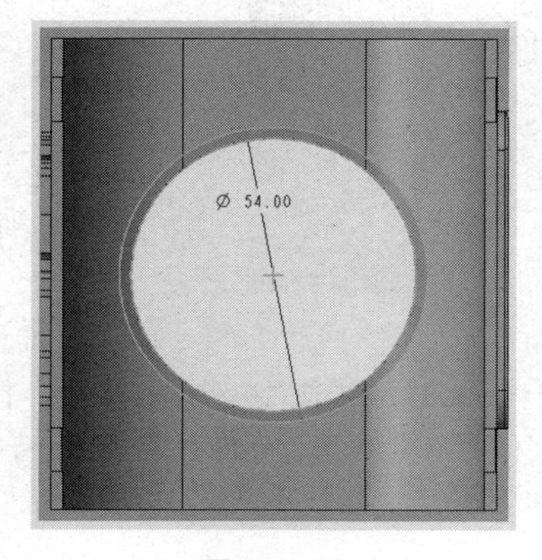

图 6-101A

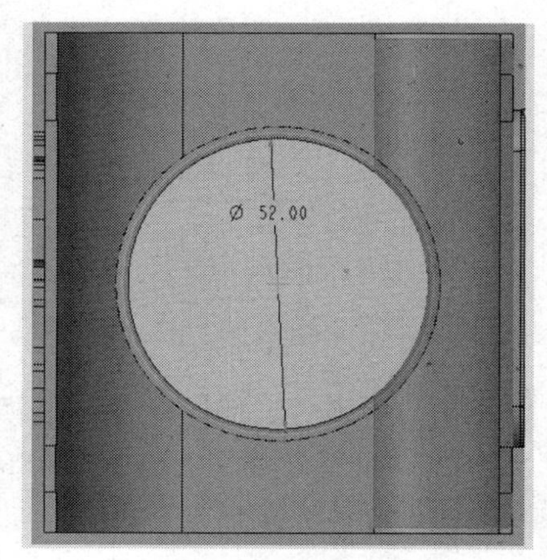

图 6-101B

步骤 10　单击“拉伸”命令，拉伸至所有材料相交，完成“拉伸 5”特征。单击“草绘”命令，选孔台阶为基准面，绘制如图 6-101B 所示草绘截面。

步骤 11　单击“拉伸”命令，向下移除材料“4.0”，完成“喇叭位”特征。单击“草绘”命令，选“DTM5”为基准面，绘制如图 6-102 所示草绘截面。

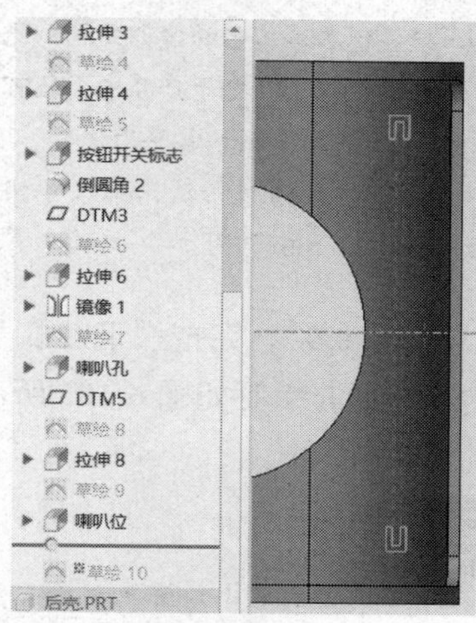

图 6-102

说明:

此处截面生成的筋位特征用于安装智能电子板。图示尺寸参考电子轮廓尺寸，周边保留 0.2～0.5 mm 安装间隙。

步骤 12　单击“拉伸”命令，向本体拉伸与所有面相交，向外拉伸“3.0”，完成“电子板插槽”特征。单击“草绘”命令，选上部内表面为基准面，绘制如图 6-103 所示草绘截面。

步骤 13　单击“拉伸”命令，向本体拉伸移除材料“0.9”，完成“止口”特征。单击“草绘”命令，选下部内表面为基准面，绘制如图 6-104 所示草绘截面。

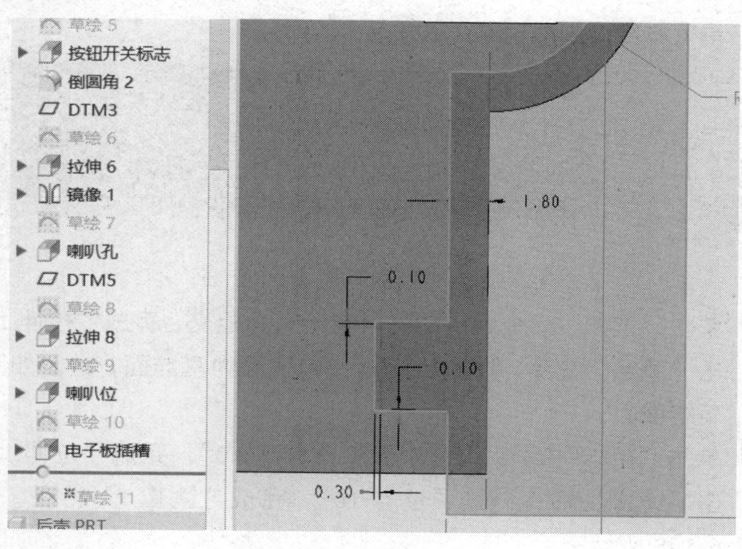

图 6-103

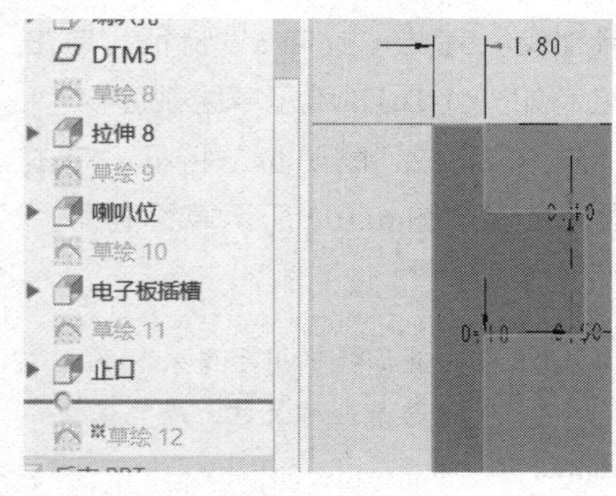

图 6-104

说明:

止口是壳体结构中的常用建构特征，包括上下壳、前后壳、左右壳等壳体结构。

止口形状有“T”字形、“L”字形、“V”字形等多种结构。止口类似木工工艺的榫卯结构，能够保持壳体不变形、不走样。在电子产品中，还可以延长“爬电距离”，满足安全测试需要的作用。

止口的配合间隙，根据材料及轮廓尺寸实时调整。本处选用 0.1~0.5 mm 均可。

步骤 14 单击“拉伸”命令，向本体拉伸移除材料“0.9”，完成“下止口”特征。单击“草绘”命令，选止口立面为基准面，绘制如图 6-105 所示草绘截面。

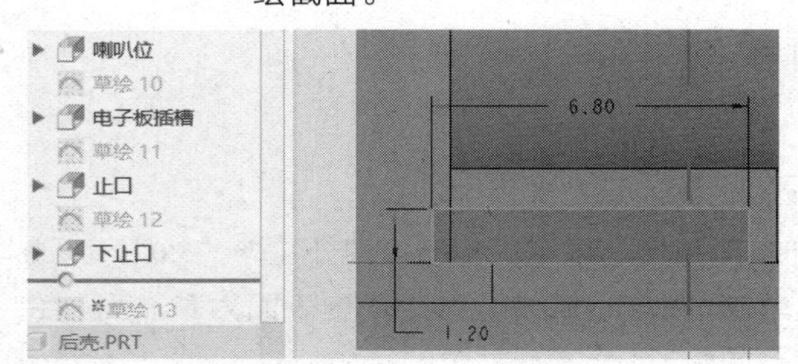

图 6-105

说明:

壳体两边止口都是对称关系，截图都只画出一部分，使用者要考虑另一边对应的截面。

步骤 15 单击“拉伸”命令，拉伸材料与所有面相交，完成“拉伸 13”特征。单击“草绘”命令，选喇叭网罩位内表面为基准面，绘制如图 6-106 所示草绘截面。

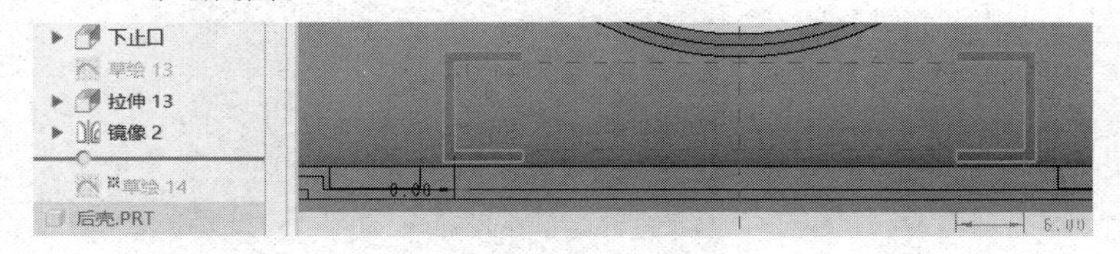

图 6-106

步骤 16 单击“拉伸”命令，拉伸材料与所有面相交，完成“拉伸 15”特征。单击“草绘”命令，选喇叭网罩位内表面为基准面，绘制如图 6-107 所示草绘截面。

步骤 17 单击“拉伸”命令，拉伸移除材料“6.3”，完成“拉伸 16”特征。单击“镜像”命令，选“拉伸 16”，完成“镜像 1”特征，完成后如图 6-108 所示。

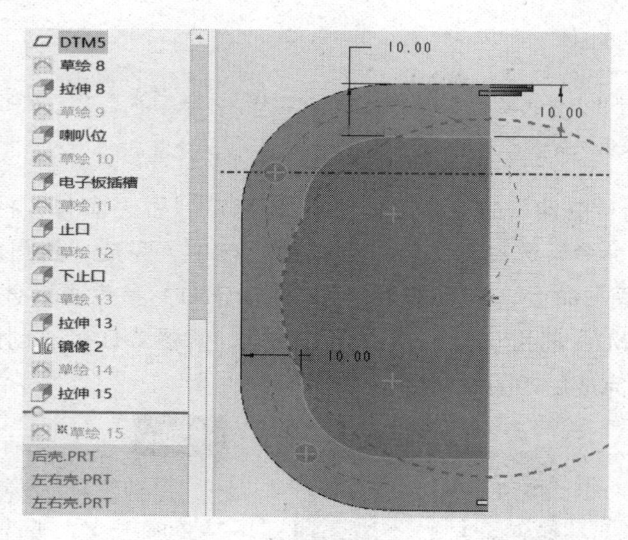

图 6-107

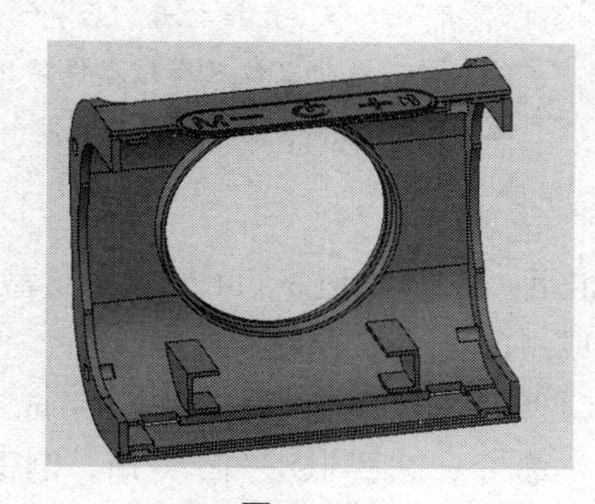

图 6-108

说明:

前壳特征较多，设计过程注意止口拼装形式和装配间隙。喇叭网罩位装配间隙不要太大，但要做到便于装配。

前壳材料采用 ABS 塑料，壁厚 2.0 mm，表面使用光洁面或磨砂面。

2）后壳建模设计

步骤 1　激活“智能音箱”，在对话框中选择“零件”，“子类型”中选择“实体”，在文件名中输入“后壳”，如图 6-109A 所示。

步骤 2　激活“后壳”，单击“草绘”命令，选择“ASM_FRONT”为基准面，绘制如图 6-109B 所示草绘截面。

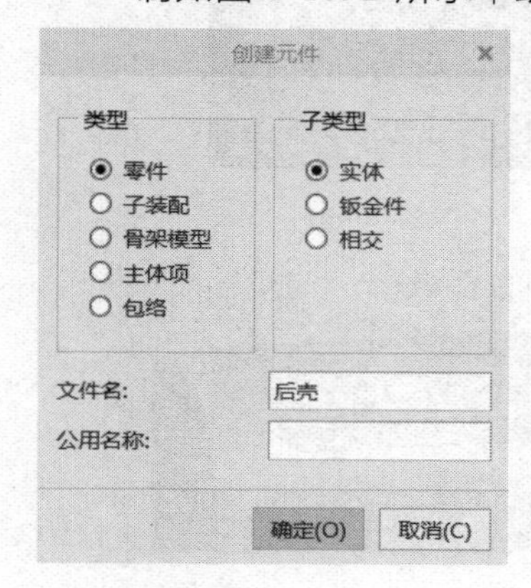

图 6-109A

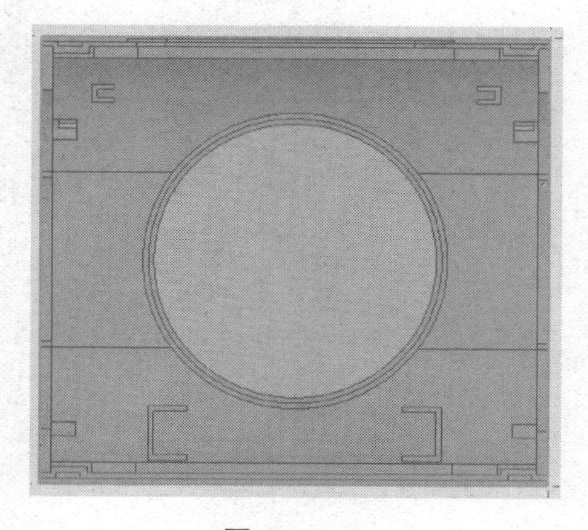

图 6-109B

说明：

由于前后壳对称，外围轮廓尺寸一样，此处操作，在截面状态下，必须复制“前壳”轮廓线，保证前后壳关联关系。

步骤3 单击“拉伸”命令，拉伸“41”，完成“后壳本体”特征。单击“倒圆角”命令，选择外边缘，倒圆角“25.0”，完成“到圆角1”特征。单击“平面”命令，选择重合“ASM_FRONT”参考面，偏移“18.0”，创建“DTM1”基准面，选择后壳上端面，偏移“41.0”，创建“DTM2”基准面，完成后如图6-110所示。

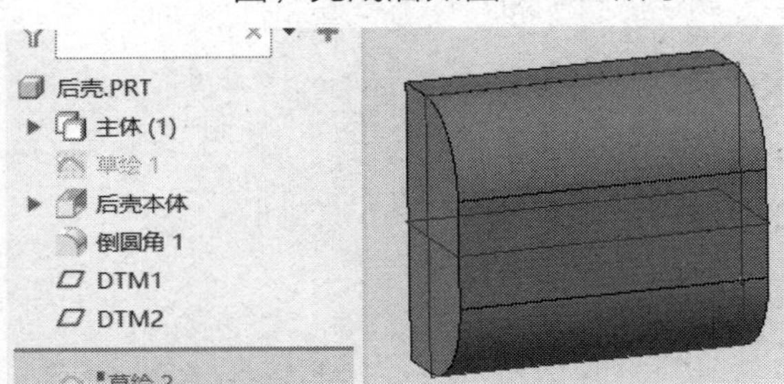

说明：

当不需要外部特征作为参考时，在组件里，可以单击“后壳”，选“打开”命令，直接打开“后壳”零件窗口，界面里就只有该零件特征，比较简洁，不易出错。

图 6-110

步骤4 单击“草绘”，选择“DTM1”为基准面，绘制如图6-111所示草绘截面。单击“拉伸”命令，拉伸“41”，完成“IO开口”特征。

步骤5 单击“倒圆角”命令，选择IO开口两夹角，倒圆角“5.0”，完成“倒圆角2”特征；继续单击“倒圆角”命令，选择IO开口夹角，倒圆角“2.0”，完成“倒圆角3”特征。完成后如图6-112所示。

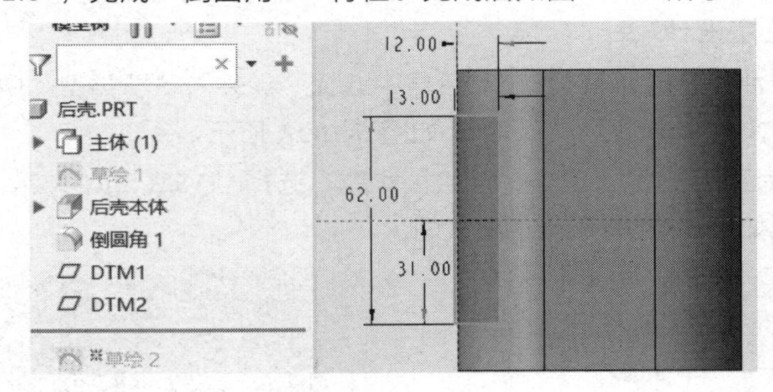

图 6-111

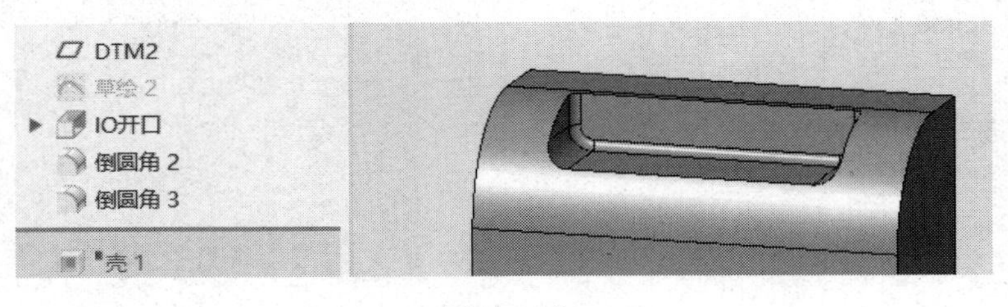

图 6-112

步骤 6　单击“壳”命令，输入厚度“2.0”，完成“本体脱壳”特征。单击“草绘”命令，选择顶部为基准面，绘制如图 6-113 所示草绘截面。

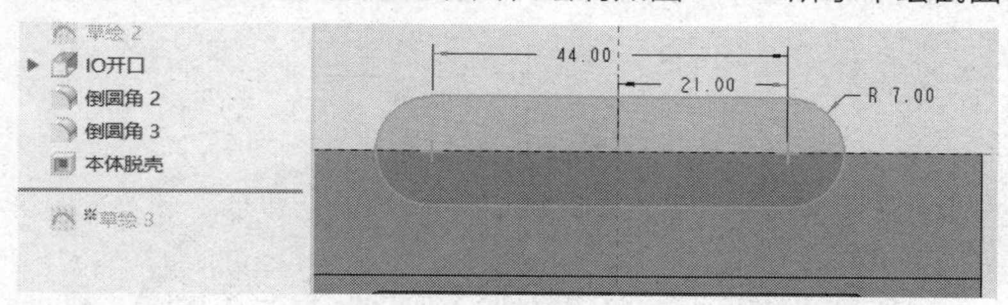

图 6-113

步骤 7　单击“拉伸”命令，移除材料“5.0”，完成“拉伸 3”特征。单击“草绘”命令，选择 IO 开口外表面为基准面，绘制如图 6-114 所示草绘截面。

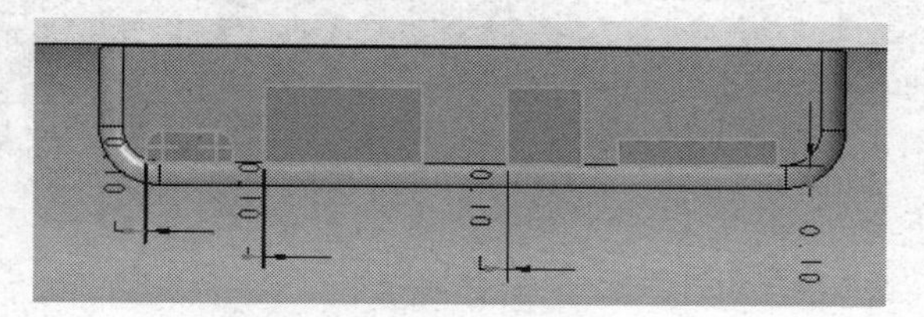

图 6-114

说明:

此处开孔都是 IO（输入输出）端子插口，设计装配间隙为 0.1 ~ 0.2 mm。
设计过程中，本体及附件必须先以标准的 IO 端子插为基准，配合开孔设计。

步骤 8　单击“拉伸”命令，移除所有材料，完成“IO 开孔”特征。单击“草绘”命令，选择壳体底部内表面为基准面，绘制如图 6-115 所示草绘截面。

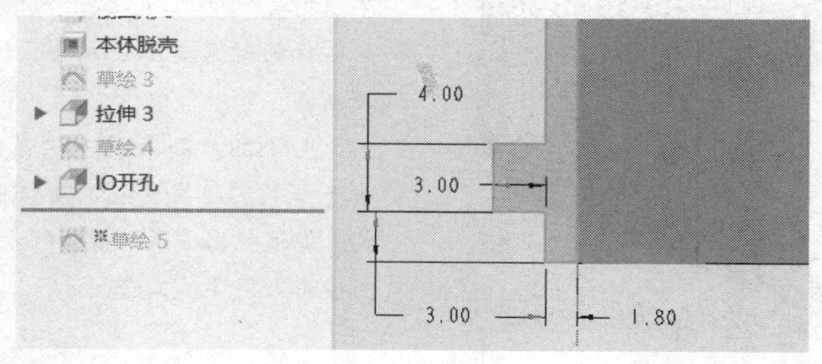

图 6-115

步骤 9　单击“拉伸”命令，向下拉伸“0.8”，完成“下止口”特征。单击“草绘”命令，选择壳体顶部内表面为基准面，绘制如图 6-116 所示草绘截面。

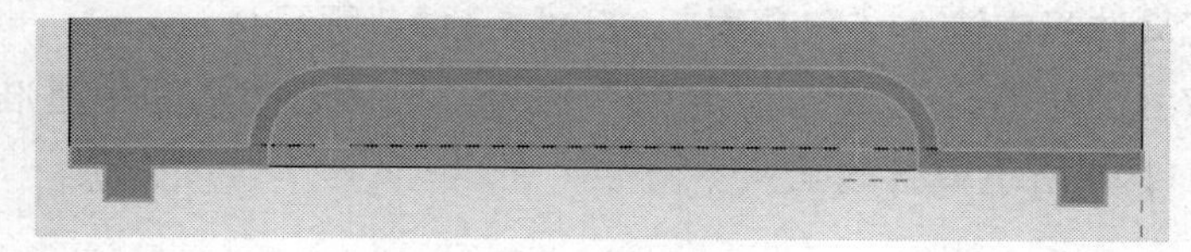

图 6-116

步骤 10 单击“拉伸”命令，向上拉伸“0.8”，完成“上止口”特征。单击“草绘”命令，选择壳体侧表面为基准面，绘制如图 6-117 所示草绘截面。

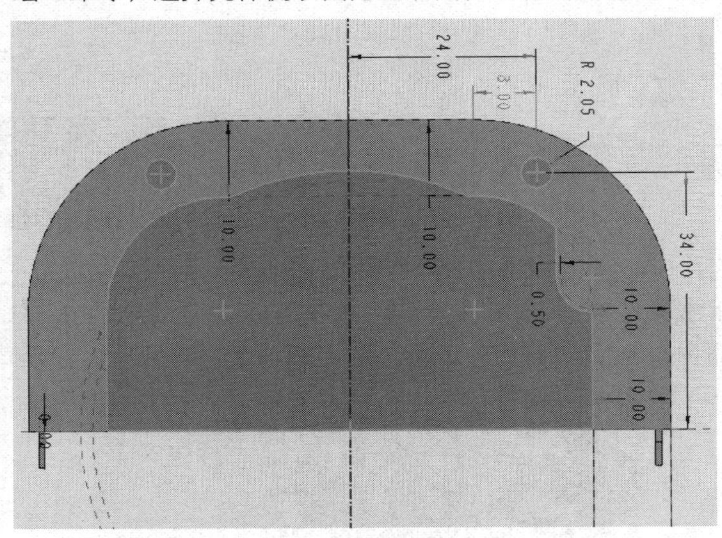

图 6-117

步骤 11 单击“拉伸”命令，移除所有材料，完成“拉伸 7”特征。完成后如图 6-118 所示。

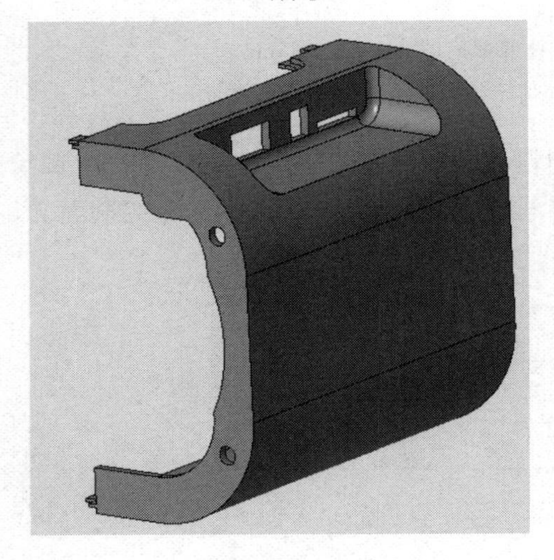

图 6-118

说明:

后壳通过止口与前壳插扣扣在一起。前后壳的侧面孔位与左右壳的柱位通过间隙－过盈配合插扣，整机没有螺丝，呈“半连接半固定状”。

拆装时需要专业人士，使用刀片、螺丝刀剥离。

电子类产品采用一次性装配工艺方式，将壳体用“超声波”焊接，做成不可拆卸结构。像遥控器、适配器、U 盘等扁平状产品，一般都采用焊接工艺。

3）左右壳建模设计

步骤 1 激活“智能音箱”，在对话框中选择“零件”，“子类型”中选择“实体”，在文件名中输入“左右壳”，如图 6-119A 所示。

步骤 2 激活“左右壳”，单击“草绘”命令，选择前壳侧面为基准面，绘制如图 6-119B 所示草绘截面。

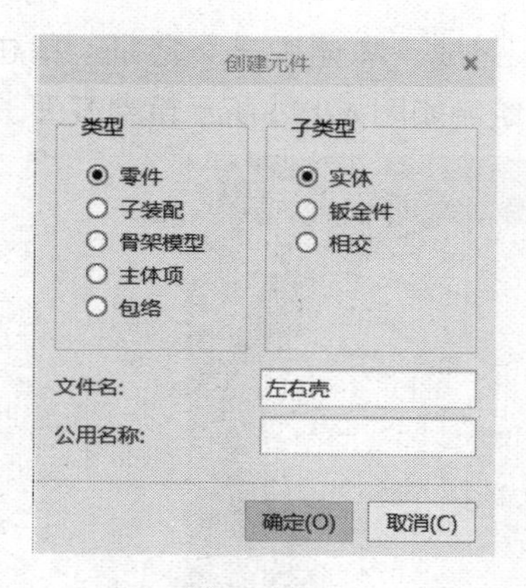

图 6-119A

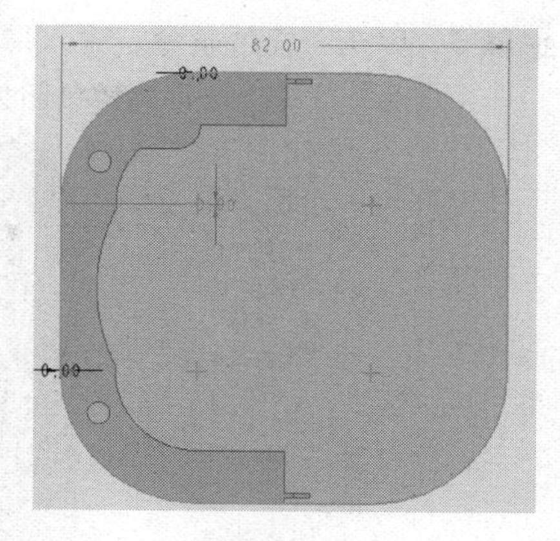

图 6-119B

说明:

由于左右壳完全对称，因此名称就叫左右壳，外围轮廓截面尺寸与前、后壳一样，此处操作，复制前、后壳轮廓线即可。

步骤 3 单击“拉伸”命令，拉伸“10.0”，完成“左右壳本体”特征。单击“倒圆角”命令，选择外边缘，倒圆角“5.0”，完成“到圆角 1”特征。单击“平面”命令，选择壳体底部为参考面，偏移“41.0”，创建“DTM1”基准面，完成后如图 6-120 所示。

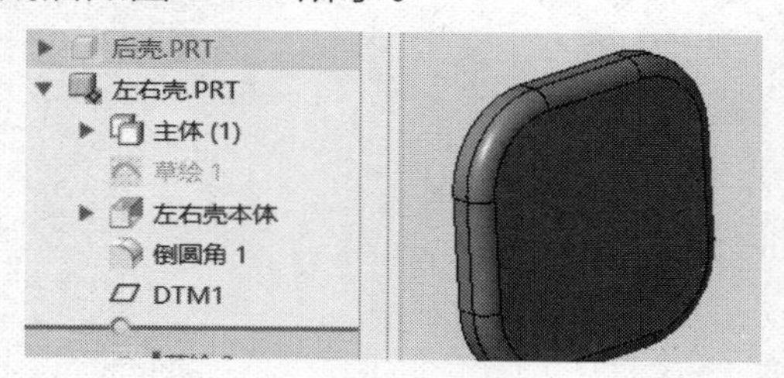

图 6-120

步骤 4 单击“草绘”，选择“DTM1”为基准面，绘制如图 6-121 所示草绘截面。单击“旋转”命令，旋转 360 度移除材料，完成“旋转 1”特征。

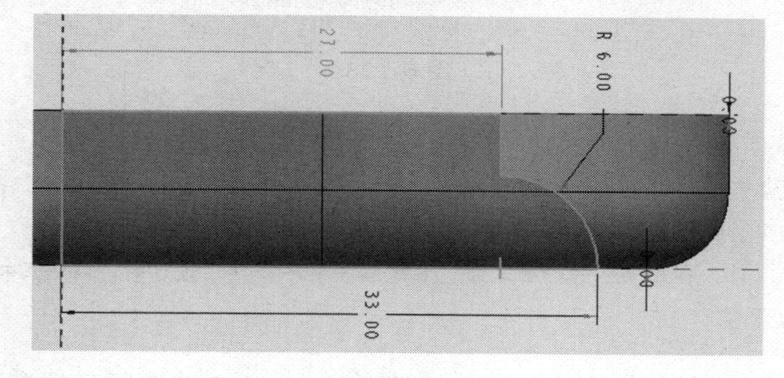

图 6-121

步骤 5 单击“壳”命令，输入厚度“2.0”，完成“本体脱壳”特征。单击“草绘”命令，选择壳体台阶为基准面，绘制如图 6-122 所示草绘截面。

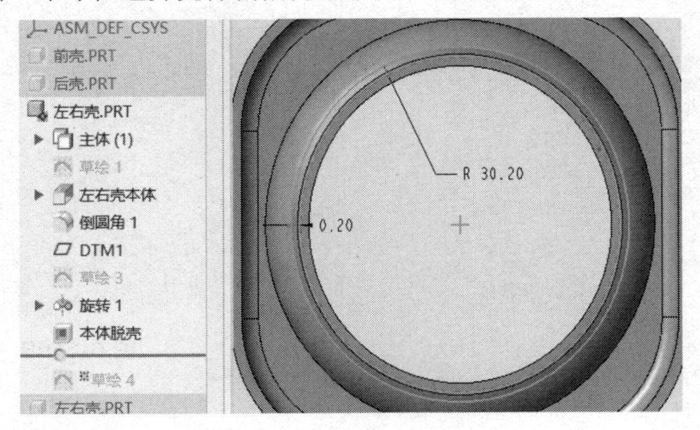

图 6-122

步骤 6 单击“拉伸”命令，拉伸“2.0”，完成“拉伸 3”特征。单击“草绘”命令，选壳体端面表面，绘制如图 6-123 所示草绘截面。

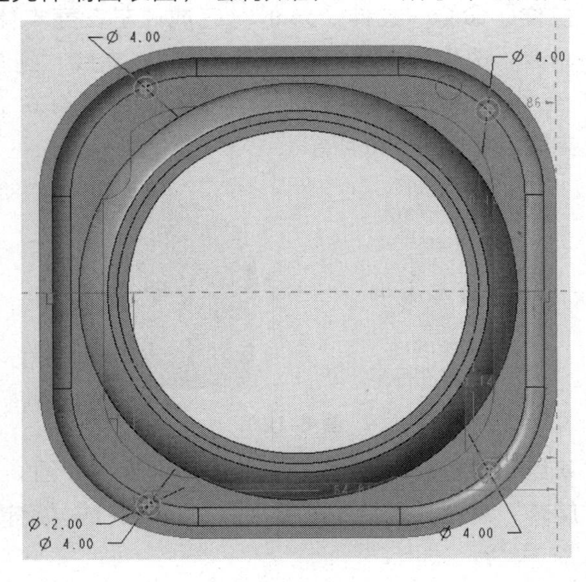

图 6-123

说明:

此截面生成柱位，与前后壳孔位插扣后相连接。壳体中间圆孔处安装喇叭，喇叭采用胶粘、螺丝或压板固定，视喇叭结构而定。

喇叭非标准件，各种喇叭的轮廓尺寸、装配结构都不一样。设计时，在满足功能性要求时，应选择合适的喇叭。

步骤 7 单击“拉伸”命令，向外拉伸“6.0”，向内拉伸所有相交面，完成“柱位”特征。完成后如图 6-124 所示。

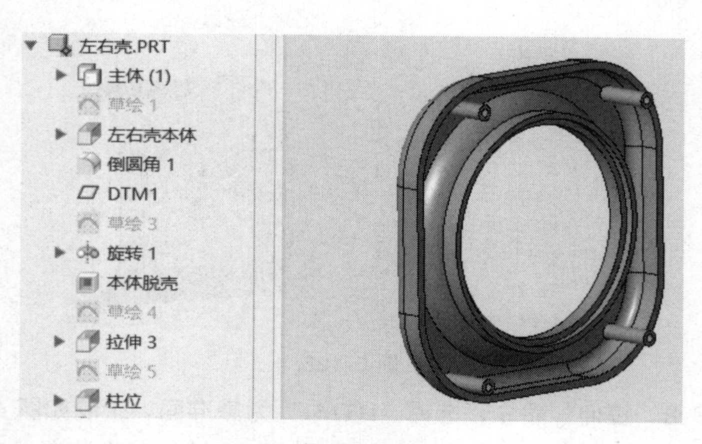

图 6-124

说明:

左右壳是产品主要构件之一，材料与前后壳一致，表面处理及颜色要求视产品具体要求而定，默认或没做要求时，与前后壳一致，可以提高设计及加工效率。

左右壳与前后壳采用插扣装配结构形式，呈半开放状态。注意：大等于 42 V 以上强电产品，不可以做成半开或全开放结构。

4）喇叭网罩建模设计

步骤 1　激活“智能音箱”，在对话框中选择“零件”，“子类型”中选择“实体”，在文件名中输入“喇叭网罩”，如图 6-125A 所示。

步骤 2　激活“喇叭网罩”，单击“拉伸”命令，选择“ASM_TOP”为基准面，绘制如图 6-125B 所示草绘截面，设为“薄壁”特征，输入壁厚“0.5”，对称拉伸“84.0”，单击“确定”，完成“网罩本体”特征。

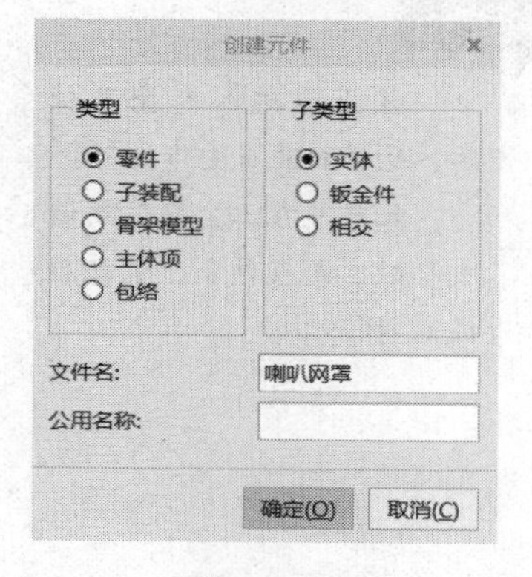

图 6-125A

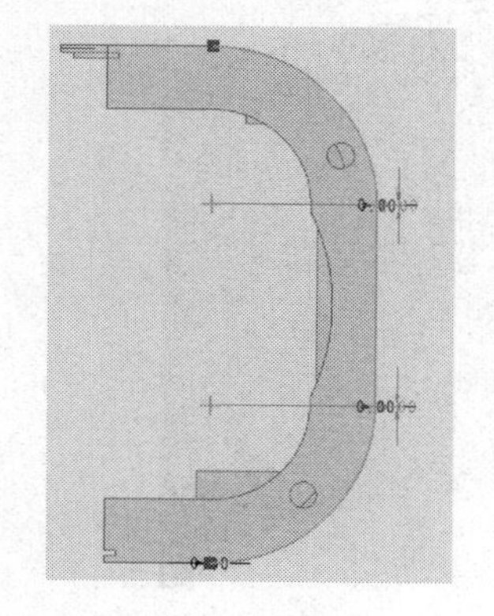

图 6-125B

说明:

网罩轮廓线与外壳一致，复制外壳轮线为截面线。

步骤 3　单击“倒圆角”命令，选择外边缘，倒圆角“5.0”，完成“到圆角 1”特征。单击“平面”命令，选择前壳“DTM3”为参考面，创建“DTM1”基准面，完成后如图 6-126 所示。

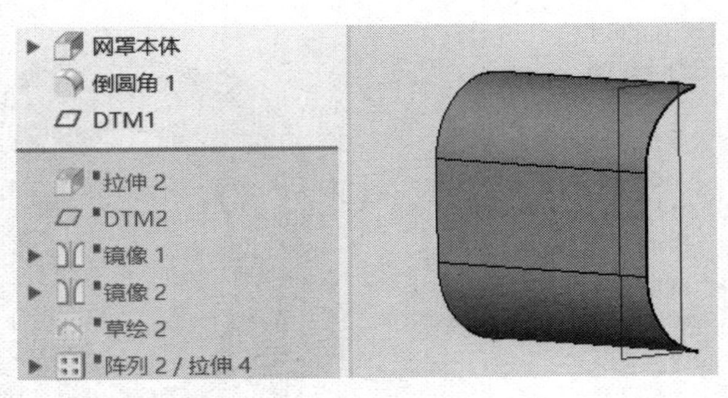

图 6-126

步骤 4 单击“拉伸”命令，选择“DTM1”为基准面，绘制如图 6-127 所示草绘截面，设为“薄壁”特征，输入壁厚“0.5”，对称拉伸“6.0”，单击“确定”，完成“网罩本体凸耳”特征。

步骤 5 单击“平面”命令，选择前壳上表面为参考面，偏移“41.0”，创建“DTM2”基准面。单击“镜像”命令，完成“镜像”特征，单击“镜像”命令，完成“镜像 2”特征，完成后如图 6-128 所示。

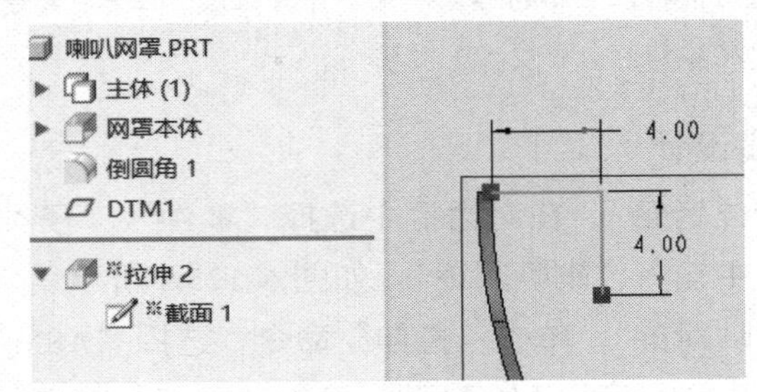

图 6-127

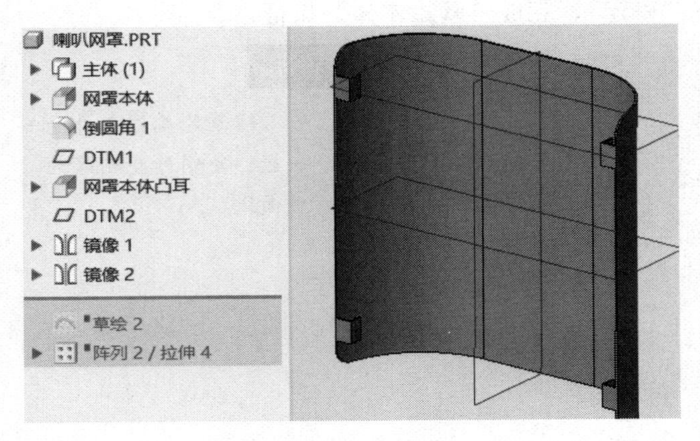

图 6-128

说明:

该凸耳插入前壳孔位后，反转扣装在壳体内部。

此凸耳在五金模具制造成型时，是直伸型，装配后成 U 形。

步骤 6 单击“草绘”命令，选择表面为参考面，绘制如图 6-129 所示草绘截面。

步骤 7 单击“阵列”命令，阵列类型选择“方向”命令，选择第一方向，成员数“20”，距离“2.0”，第二方向成员数“20”，距离“2.0”，完成后如图 6-130 所示。

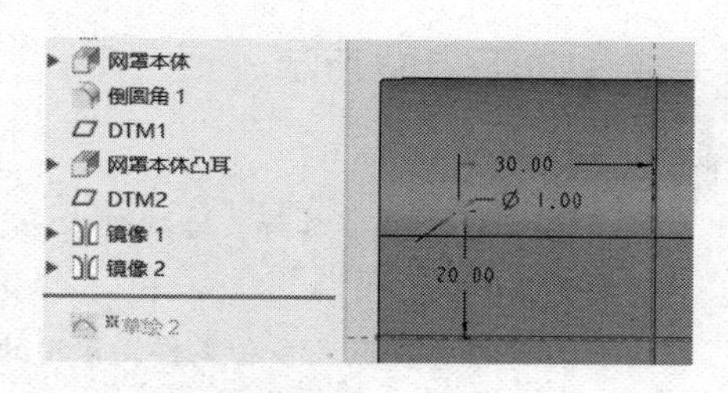

图 6-129

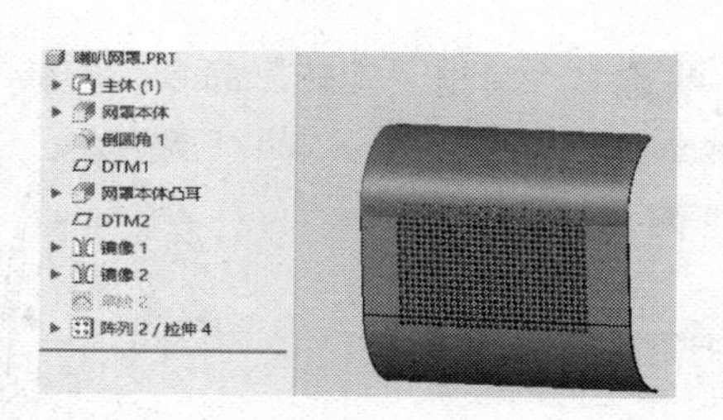

图 6-130

说明:

喇叭网罩有外观造型、保护支持喇叭的作用。材料有钢网、布网、塑料网等多种材料，选用时按需求而定。

钢网有网线版、钣金版冲压，有不同的装配结构，设计时需灵活运用。

钢网厚度 0.3～1.0 mm，面积越大，钢网厚度越大。

5）喇叭建模设计

步骤 1 激活“智能音箱”，在对话框中选择“零件”，“子类型”中选择“实体”，在文件名中输入“喇叭”，如图 6-131 所示。

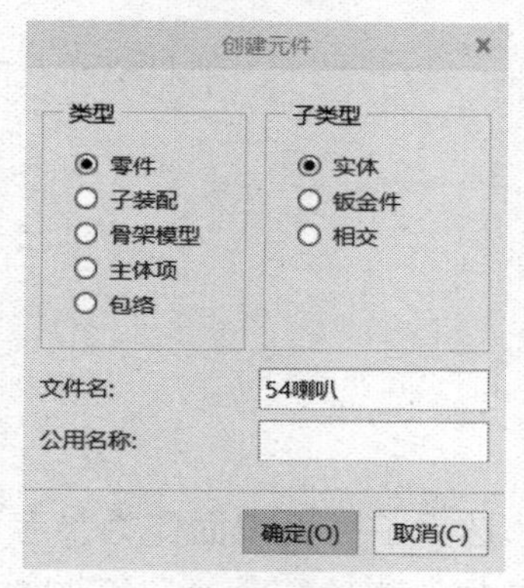

图 6-131

说明:

喇叭是音箱产品的核心部件。

喇叭有高音喇叭，低音喇叭、重低音喇叭等；喇叭的结构、形状多样，有裸装型、防护型、金属型、鼓型等。

智能音箱，优先选择造型别致、能够裸装、音质较好的中高档喇叭。

步骤 2 激活“喇叭”，单击“草绘”命令，选择“ASM_FROET”为基准面，绘制如图 6-132 所示草绘截面。

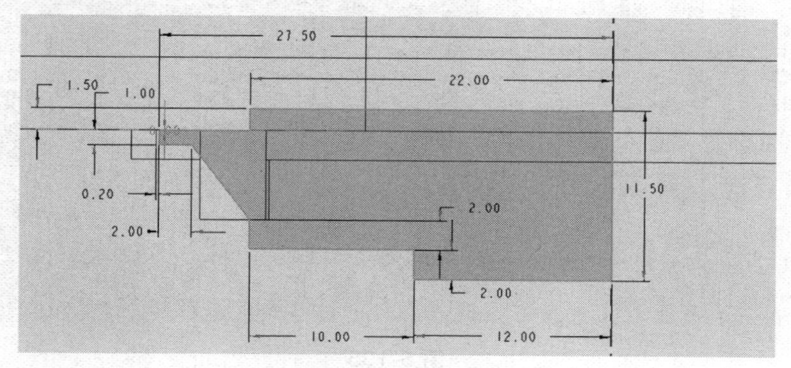

图 6-132

步骤 3 单击“旋转”命令，旋转 360 度，完成后如图 6-133 所示。

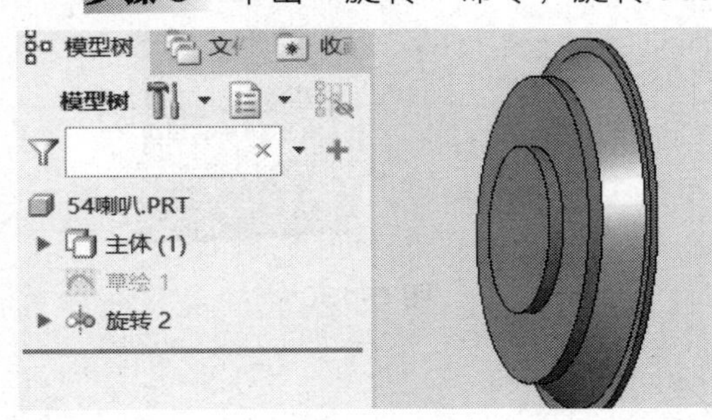

图 6-133

说明:

喇叭形状各种各样，按项目需要，选购完成喇叭。

喇叭的安装形式多种多样，常用的有胶粘式、卡扣式等，设计时，视喇叭结构实时处理。

6）智能控制板建模设计

步骤 1 激活“智能音箱”，在对话框中选择“零件”，“子类型”中选择“实体”，在文件名中输入“智能控制板”，如图 6-134 所示。

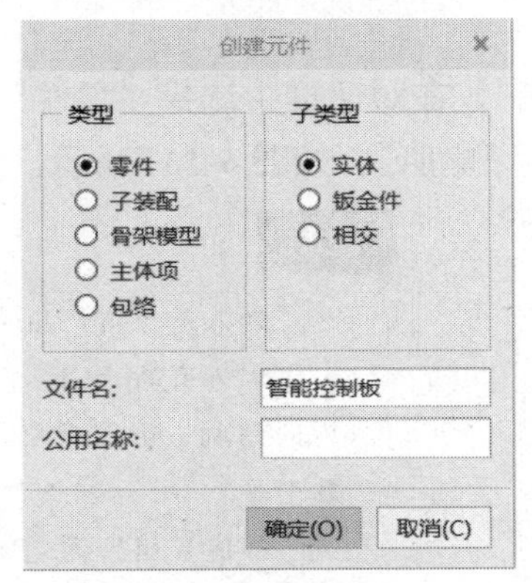

图 6-134

步骤 2 激活“智能控制板”，单击“平面”命令，选择前壳上表面作为参考面，偏移“11.0”，完成“DTM1”基准面。单击“草绘”命令，绘制如图 6-135 所示草绘截面。

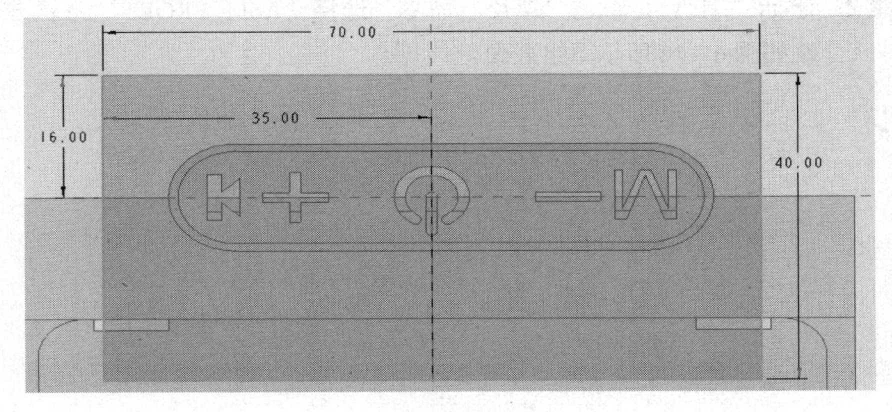

图 6-135

步骤 3　单击“拉伸”命令，拉伸“1.0”，完成“拉伸 1”特征。单击“拉伸”命令，绘制如图 6-136 所示截面。

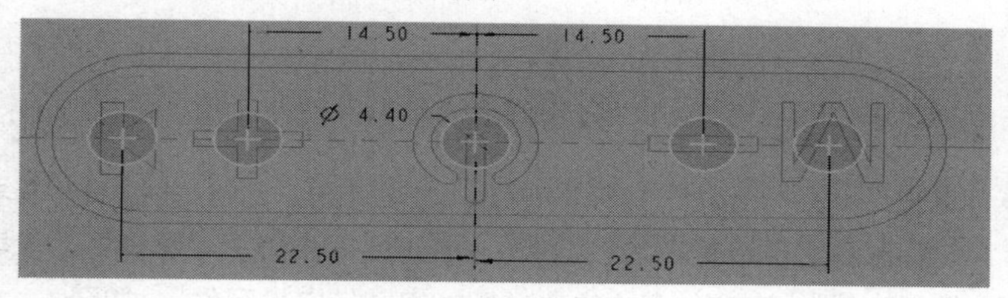

图 6-136

步骤 4　单击“拉伸”命令，拉伸“4.5”，完成“拉伸 2”特征。单击“拉伸”命令，绘制如图 6-137 所示截面。

步骤 5　单击“倒圆角”命令，选择外边缘，倒圆角“5.0”，完成“到圆角 1”特征。

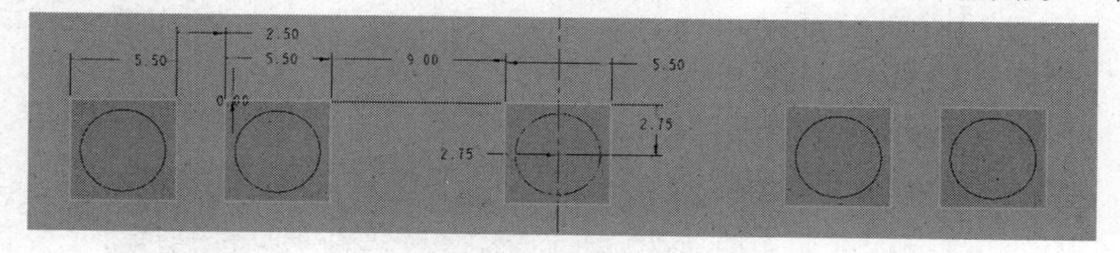

图 6-137

步骤 6　单击“拉伸”命令，拉伸“4.0”，完成“按钮”特征。单击“草绘”命令，选电子板外边缘为草绘基准面，绘制如图 6-138 所示截面。

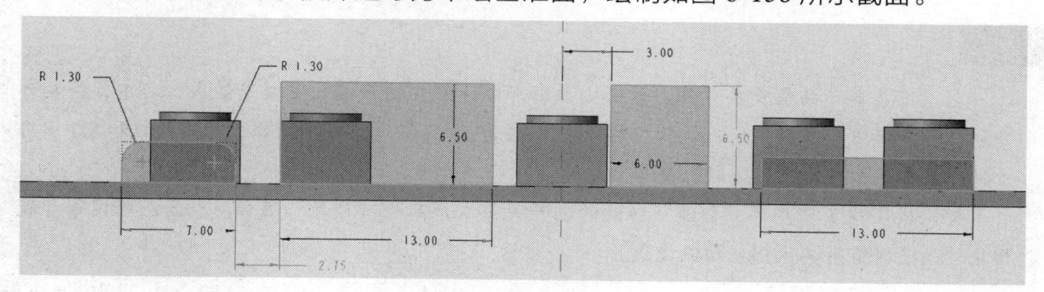

图 6-138

步骤 7　单击“拉伸”命令，向外拉伸“2.0”，向内拉伸“10.0”，完成“IO 端子”拉伸特征。单击“草绘”命令，绘制如图 6-139 所示截面。

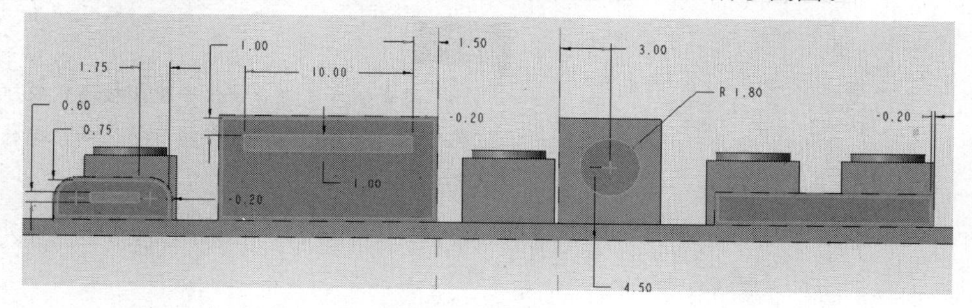

图 6-139

步骤 8 单击“拉伸”命令，移除材料 8.0，完成“拉伸 5”特征。完成后如图 6-139 所示。

说明:

该处 IO 都是简易画法，实际过程中，要根据实物或样板，仔细测绘，确认无误，再予以绘制。

步骤 9 单击“平面”，选择“ASM_FRONT”基准面，创建“DTM1”基准面。单击步骤 1 激活“智能扫地机器人”，在对话框中选择“零件”，“子类型”中选择“实体”，在文件名中输入“智能电动转向轮组件”，如图 6-62 所示。

步骤 10 单击“平面”，选择“ASM_RIGHT”基准面，创建“DTM3”基准面。完成后效果如图 6-140 所示。

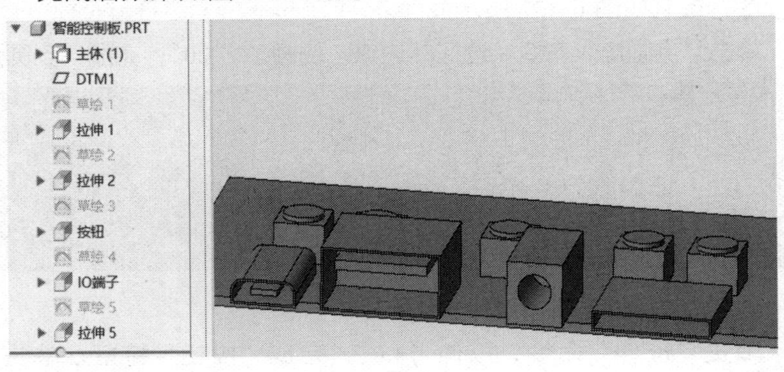

图 6-140

说明:

电子板是本产品最重要部件，该板由控制部分、IO（输入输出）端子组成，其中，控制部分包括智能模块。本项目采用光敏控制开关，IO 有 USB 插口、安卓插口、话筒插口和 SD 内存卡插口，用来输入输出各类数据及音频信号。

智能模块是实现产品“智能”功能的总开关，本产品除有蓝牙、语言、交互、触摸等智能模块外，还保留有其他拓展功能模块。

7）高音喇叭建模设计

步骤 1 激活“智能音箱”，在对话框中选择“零件”，“子类型”中选择“实体”，在文件名中输入“喇叭”，如图 6-141 所示。

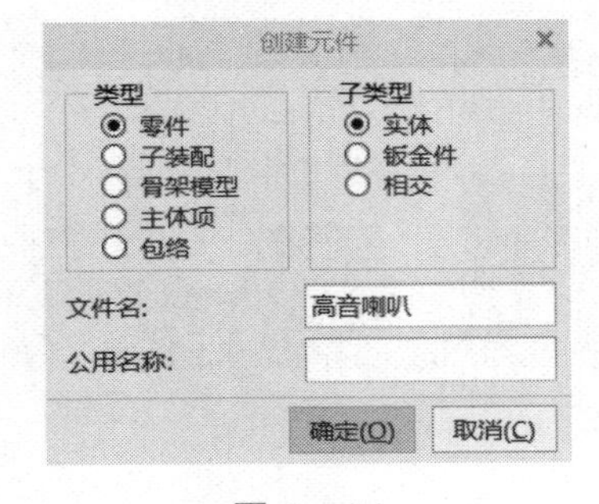

图 6-141

说明:

高音喇叭是将音频信号里比较高亢的部分发出来，与低音喇叭浑厚的音符交融，组成完美音乐。

一般好的音箱至少都有这两类喇叭。

步骤 2　激活“高音喇叭”，单击“草绘”命令，选择“ASM_TOP”为基准面，绘制如图 6-142 所示草绘截面。

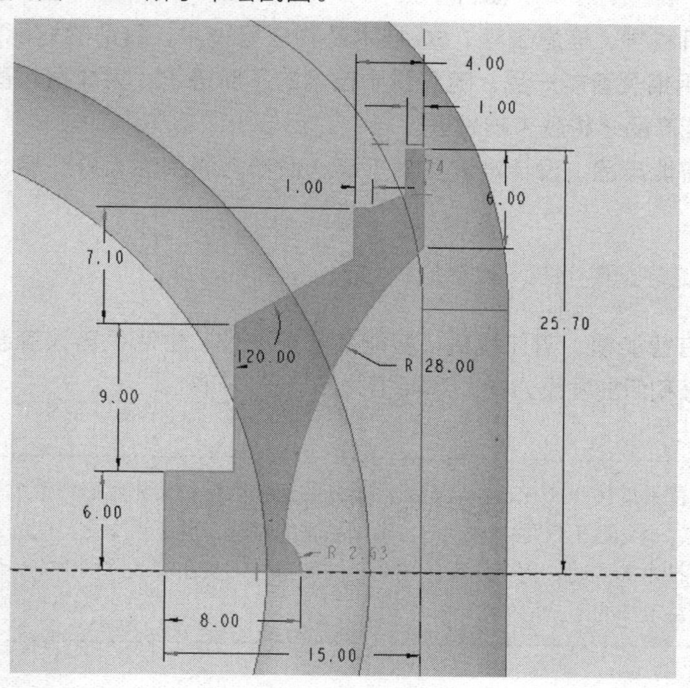

图 6-142

步骤 3　单击“旋转”命令，旋转 360 度，完成后如图 6-143 所示，整机如图 6-144 所示。

图 6-143

图 6-144

说明:

本项目有左右两个低音喇叭，前部有高音喇叭，其中前部高音喇叭外面装有钢制喇叭网罩，左右两个喇叭选用高品质裸露低音喇叭，音质浑厚。

内置高容量充放电锂电池，配合智能模块，充电快，电量足。采用纤巧型设计，方便携带，适合各类人群，使用灵活。

任务小结

结合计算机科学、信息工程、5G 技术及物联网技术，目前的智能产品百花齐放，各行各业都使用相关智能产品。随着科学技术的不断进步，大数据、智能云的不断发展，未来的智能产品必将越来越先进。

本章几款智能产品，设计难度虽然不高，但作为通用性大众产品，还是具有一定的代表性。

任务拓展

类似产品有智能锁、蓝牙耳机、智能颈部按摩仪、生活机器人等系列产品，可根据个人兴趣爱好和职业发展方向，选择相关产品予以研究。

课程思政:

中华民族优秀的传统文化，凝聚着我们祖先的造物智慧。文化自信将带给“中国设计”一个全新的时代，这背后不仅是中国制造、中国品牌的崛起，更源于文化自信的回归。专业设计师在了解专业技术的同时，更要思索传统文化的传承，以及在实践过程中充分体会到专业、专注、坚持和精益求精的工匠精神。

课程育人:

教师是人类灵魂的工程师，而工程师是人类财富的创造者，设计师两者兼具。既要传承文明，也要推陈出新；既要消费者满意，也要消费者买单。要平衡好各方面利益的同时，也要担当责任，保证产品绿色、环保，符合中华民族传统美德美育。

第7章 工程图设计

通过前面的学习，我们已经熟练掌握模型特征的构建任务，能够在零件和组件状态下完成三维绘图。完成零部件设计后，一般需要制作工程图，供相关部门使用。本章将结合理论指导与任务案例，学习在工程模块中创建符合机械工程的工程图，包括生成与展开工程图等内容。

学习目标

☆ 学习工程图相关知识

☆ 学习生成工程图

☆ 学习工程图转换 AutoCAD 图

理论实践

7.1 学习工程图相关知识

7.1.1 工程图概述

工程图简称图样或制图，是根据投影法来表达物体的投影面。按照用途不同，又分为机械制图、建筑制图和电子制图，本章学习的内容属于机械制图范畴。

工程图根据投影方式的不同可分为正投影和斜投影，最常见的有三视图、六视图和轴测图（立体图）。按照国内规定，图纸需要画图框，图框分为 Y 型和 X 型。

工程图是工程界用来准确表达物体形状、大小和有关技术要求的技术文件。近代以来，几乎所有机器、仪器、日用百货等产品的设计、加工与制造、使用与维护等技术资料，都是通过图样来实现的。工程图与文字、数字一样是表达设计意图，记录、指导、组织生产制造、技术交流的重要工具之一，是通用的技术语言，工程技术人员必须熟练地掌握这种语言。

在 Proe/E Creo 7.0 中，按照系统中工程图模块，可以将三维模型数据转换为二维（平面）工程图，完成输出后，供模具制造、生产装配等部门相关技术工程人员使用。

工程图界面主要由视图和标注两种要素组成，其中视图是指从不同的方向观看三维模型时所得到的二维图形。根据零部件形状，工程图由多个视图组成。像轴类零件，一般由正视图和 N 个剖视图组成；申请国家外观专利文件，则由六视图和二个轴测图组成。标注是指标注尺寸、公差及其他信息。

说明:

在 Pro/E 界面操作时，标注尺寸一般采用两种方式，一种是在界面上实时拖拽标注。另一种方式是，延续传统操作模式，将工程图装换成“cad”状态下的“dwg”模式，然后标注。

两种方式各有利弊，其中第一种门槛高，对电脑、工程人员各项要求也高。第二种通俗易懂，容易操作，使用者居多。

7.1.2 Proe/E Creo 7.0 工程图功能

☆ 创建、查看、生成工程图。

☆ 工程图导入导出。

☆ 与父模型相关联，同步更新尺寸和不同视图。

☆ 使用绘图中多个页面。

7.1.3 创建工程图

步骤 1 在“文件”工具栏中单击“新建”按钮，弹出“新建”对话框。

步骤 2 在“类型”选项组中选择“绘图”单项按钮，在“名称”文本框中接受默认绘图文件名或输入新的绘图文件名称，取消选中“使用缺省模板”，如图 7-1 所示。单击“确定”按钮，系统弹出如图 7-2 所示的“新建绘图”对话框。

步骤 3 在“缺省模板”选项组中单击“浏览”按钮，在打开的对话框中找到并打开模型。

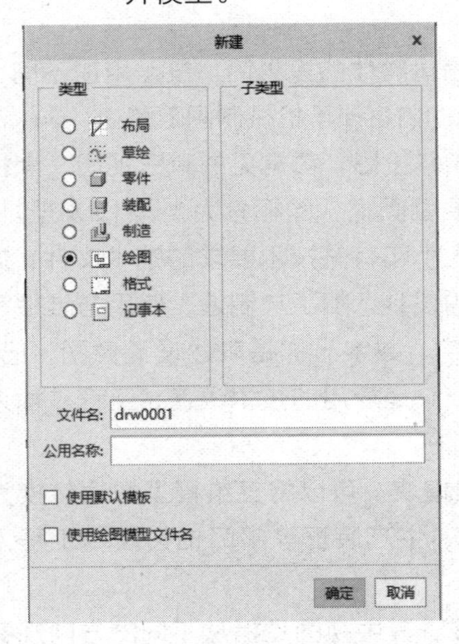

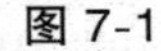
图 7-1

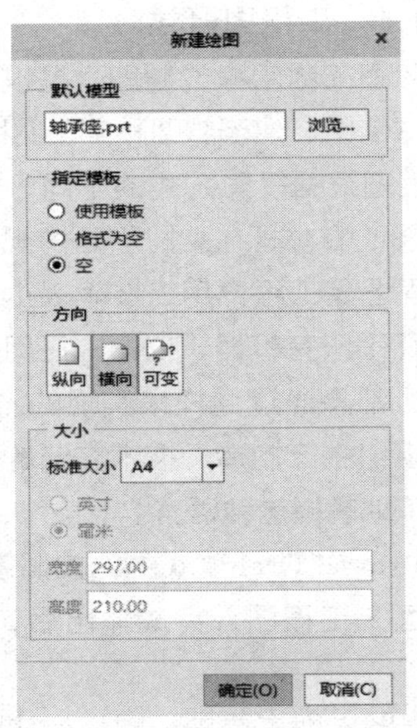

图 7-2

步骤 4　在“指定模板”选项组中，根据需要选择合适选项，如选择“空”单选项，然后在“方向”选项中选择图幅页面方向，如单击“横向”按钮，接着在“大小”选项组中设置页面大小，如选择 A4，如图 7-2 所示。

说明:

在创建工程图之前，如果已经打开多个模型，那么系统会自动锁定窗口中激活的模型为默认模型。在模型窗口切换过程中，务必找到对应的已激活的模型。

步骤 5　单击“确定”按钮，创建“轴承座”工程图。

7.1.4　工程图参数设置

（1）配置选项设置

工程图要给各类工程技术人员使用，需要遵循制作标准。Pro/E 从初始版到高阶版都将工程图的一些通用特征，如尺寸单位、文本高度等存储在一个配置文件（*.dtl）中，并通过调用此类文件来设置。

说明:

软件安装时，一方面，文件中提供了通用的相关配置文件；另一方面，在实践中，不同公司、组织或个人，在使用时，都形成或独自设定了相关标准。

步骤 1　在“文件”菜单栏中选择单击“选项”按钮，在左下角单击“配置编辑器”按钮，弹出“Creo Parametric”对话框，在列表顶部找到并选中“drawing_setup_file”，单击后出现“浏览”命令，选择相对应的配置文件即可。

步骤 2　在“Creo Parametric”对话框，在列表中找到并选中“pro_unit_length”，将“值”改为“unit_mm”，设置新对象长度默认以毫米为单位，如图 7-3 所示。

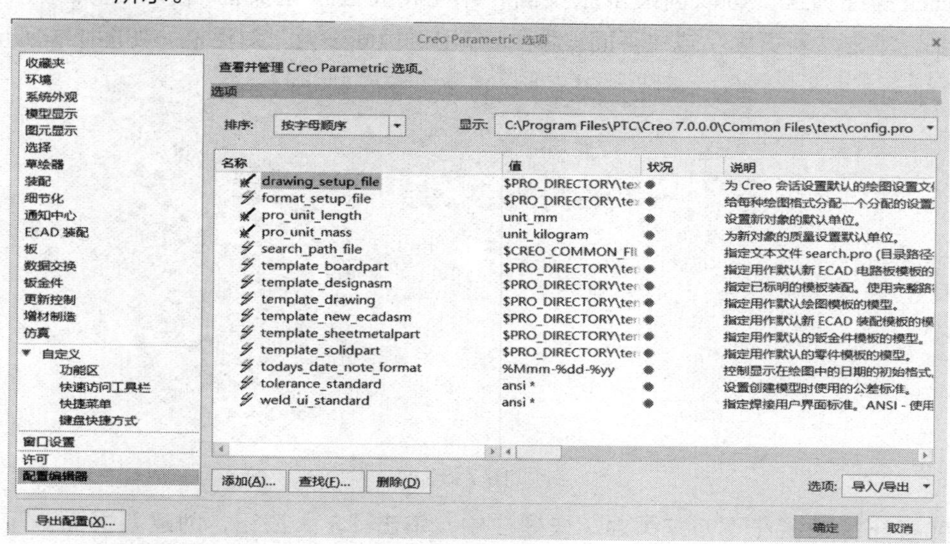

图 7-3

步骤 3 在“Creo Parametric”对话框，在列表中找到并选中“pro_unit_mass”，将“值”改为“unit_kilogram”，设置新对象质量默认以千克为单位，如图 7-3 所示。

说明：

Proe/E Creo 7.0 系统提供的工程图配置文件，已经比较丰富和完善，基本满足一般企业设计需求。

（2）绘图树

系统默认情况下，绘图树在 Proe/E Creo 7.0 主窗口导航区中模型树的上方，如图 7-4 所示。绘图树是活动绘图中特征视图结构列表，图 7-4 中的“顶部 4”“右侧 5”等表示模型的顶视图、右侧图。

绘图树和其下方的模型树都可以展开或收缩。单击绘图树图形特征名称，弹出快捷操作对话框，可完成图形特征删除、移动、重命名。

图 7-4

（3）设置绘图页面

在工程图界面，可以创建多张页面，补充和完善模型页面信息。选择菜单栏下“布局”，单击“新页面”或“页面设置”，弹出“页面设置”对话框，如图 7-5 所示。

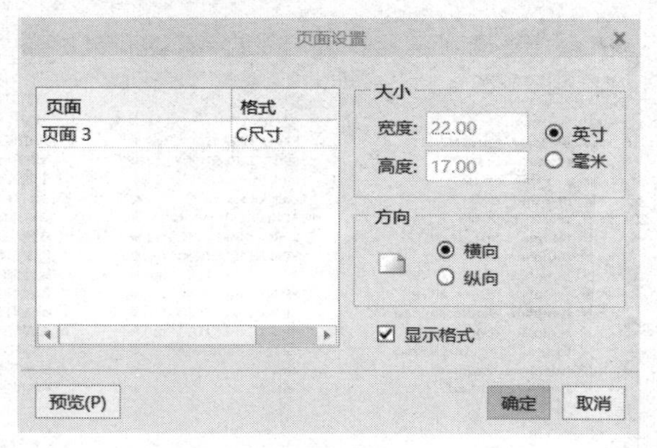

图 7-5

或者在绘图区左下方“页面”快捷栏中，单击“+”按钮，创建新页面。双击灰色“比例”按钮，输入比例值 1∶1。双击“尺寸”按钮，弹出对话框，在对话框中选择合适尺寸页面，如图 7-6 所示。

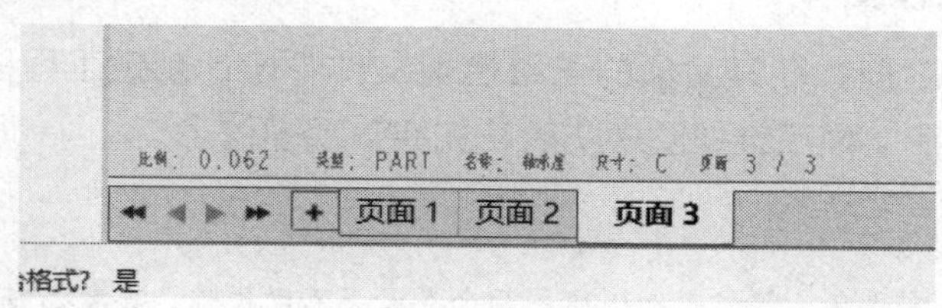

图 7-6

（4）导出导入绘图 / 数据

1）导出模式

在工程图界面，可以单击通过“文件”菜单下的“另存为”命令，在“保存副本”对话中，选择“*.igs”“*.dwg”等格式，单击“确定”，导出多种格式，如图 7-7 所示。

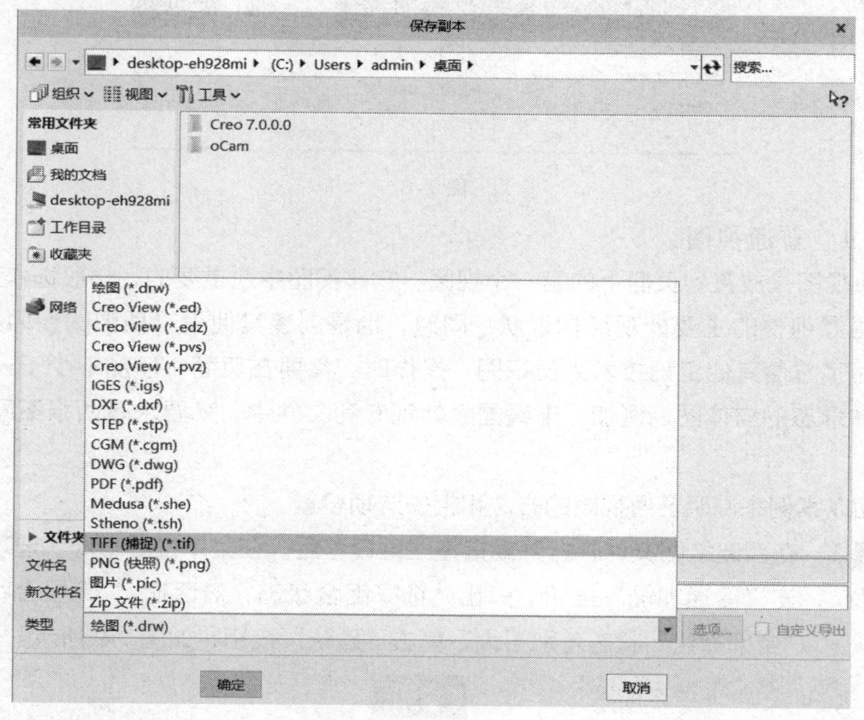

图 7-7

2）导入模式

在工程图界面，单击菜单栏“布局”命令，选择“导入绘图 / 数据”命令按钮，打开相应的被导入的绘图或数据即可。

说明:

结合页面设置，此命令比较实用，如不锈钢餐盘，其加工工艺过程由开料、拉伸、冲裁和折弯四道工序组成，可以将四道工序的图样导入工程图页面，再分别命名，可以促进产品设计效率，提高产品设计水平。

7.2 生成工程图

在生成工程图之前，在其父项的三维模型文件中设计制定工程图相关信息，也可以根据设计需要，在父项三维视图中实时补充完善视图信息。

说明:

此处操作时，需要在三维视图和工程图两个界面下互动操作，其数据相连共享，会实时更新。操作时，步骤有点多，有点繁琐，需要多练习，做到熟能生巧。

在 Proe/E Creo 7.0 工程图模块菜单栏中，有“继承迁移”命令选项，单击后，可根据制图需要制作普通视图、辅助视图、投影视图、局部图和旋转视图等，如图 7-8 所示。

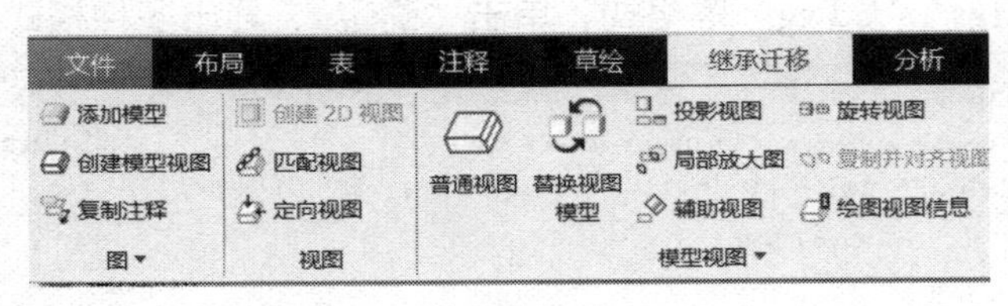

图 7-8

7.2.1 普通视图

普通视图是放置到页面上的第一个视图，它是视图中最重要的，一般选作主视图，用来表达零组件的主要外观结构形状。同时，也是创建其他投影视图的参照和依据。此外，为了方便其他工程技术人员识图，操作时，需要在页面中添加不少于一个表达模型立体形态的立体图。例如，申请国家外观专利文件中，就要求有两张不同角度的立体图。

下面以案例来说明普通视图的方法和相关选项设置。

步骤 1 在新建绘图文件并打开或指定三维模型后，在菜单栏“布局”选项中，单击“普通视图”按钮。弹出“选择组合状态”对话框，“无组合状态”和“全部默认”状态差别不大，单击“确认”按钮，如图 7-9 所示。

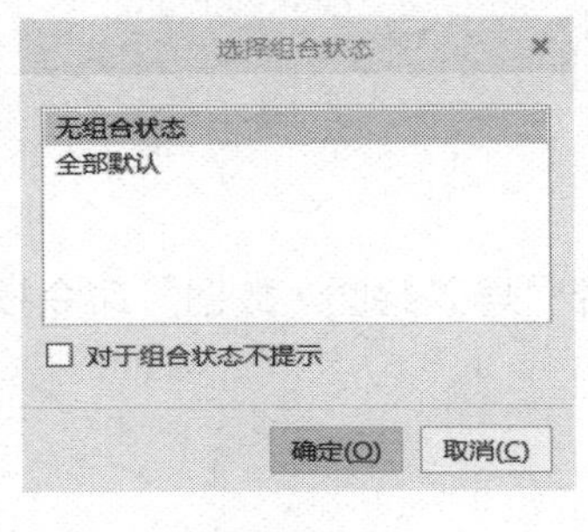

图 7-9

说明:

普通视图，以前的版本叫一般视图，该版本增加了“继承迁移”，同时将“布局”中快捷操作等方式，放在了菜单栏中，方便给熟悉各个不同版本的人使用。

步骤 2 在页面中单击要放置普通视图的位置，弹出“绘图视图”对话框。在“模型视图名”选项中选择输入标准方向、默认方向或 BACK 等其他方向，如图 7-10 所示。

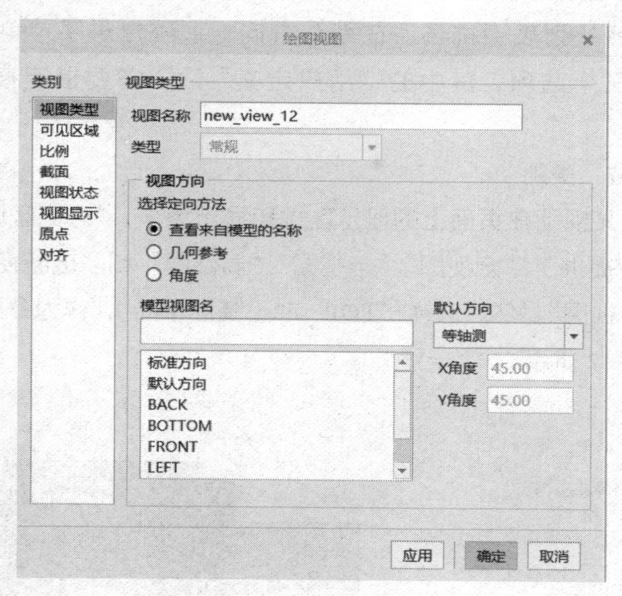

图 7-10

步骤 3　设置好相关参数，单击“应用”或“确定”按钮，生成普通视图。

在对话框“绘视视图”“类别”下，列表提供了 8 种选项，分别是“视图类型”“可见区域”“比例”“截面”“视图状态”“视图显示”“原点”和“对齐”，选择其中选项之一时，对话框中右侧区域设置选项会相应变化。

其中的“视图类型”“比例”和“截面”选项，在工程图制作中使用较多，下面继续介绍相关内容。

（1）“视图类型”类别

该类别用来设置视图的名称和方向，如图 7-11 所示，视图名称为“new_view_14”，默认方向为“等轴测”。

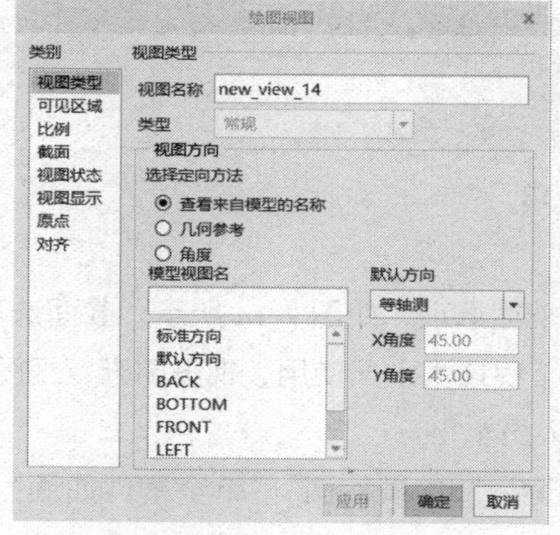

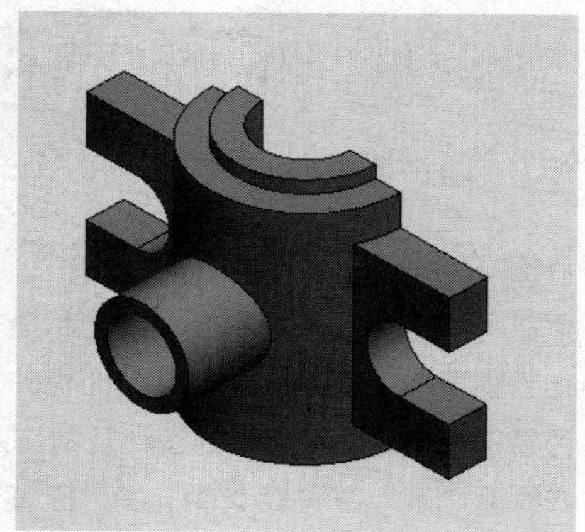

图 7-11

如果选用来自模型的视图名称，在“模型视图名”列表中选择相应名称，此处不能输入，只能够从列表中挑选。在默认方向，系统提供了“斜轴测”“正等测”和“用户定义”三个选项，其中的“用户定义”项，需要指定模型 x 轴和 y 轴旋转角度。

（2）“可见区域”类别

该类别用于定义视图在页面上的显示区域和显示大小，“可见区域选项”、“视图可见性”下拉列表中提供了“全视图”“半视图”“局部图”和“破断视图”，四种可见性选项。如选取“半视图”，然后选择“TOP：F2（基准平面），作为参照平面，单击“应用”按钮，如图 7-12 所示。

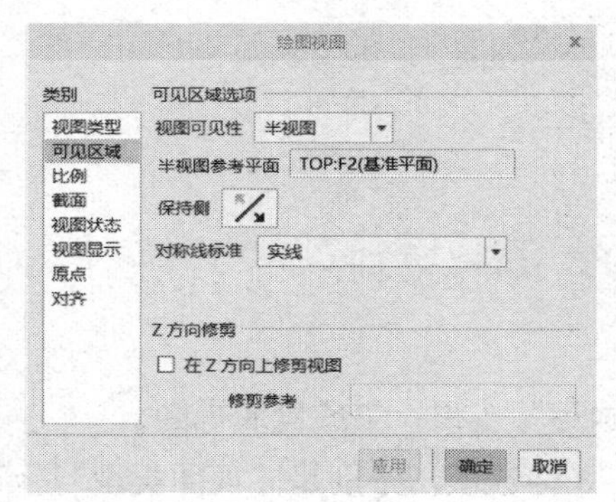

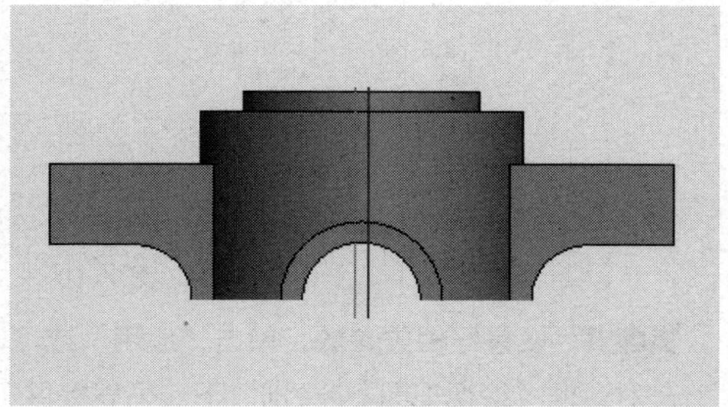

图 7-12

（3）“比例”类别

该类别用于定义视图的比例和透视图选项，如图 7-13 所示。页面默认比例“0.062”，近似黄金分割比例，为避免出错概率，选“自定义比例”，设定为“1”。

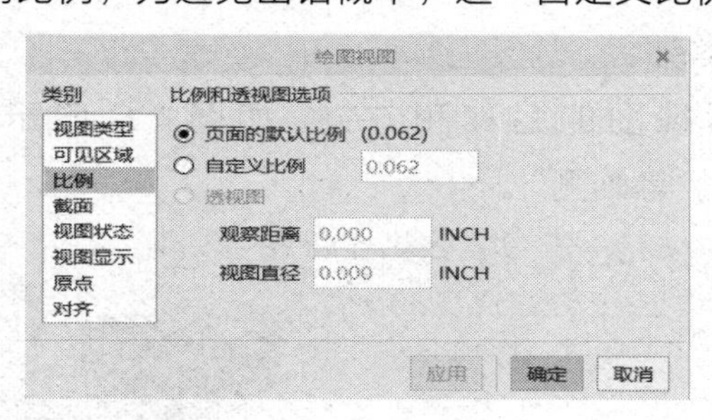

图 7-13

（4）“截面”类别

该类别用于定义视图的剖面、比例和透视图选项，如图 7-14 所示。截面选项在工程图中特别重要，由于工程图是给其他相关工程技术人员使用，视图清晰、视图质量、视图是否易于识别等，将关系到设计及制作人员水平。

在“截面选项”下拉菜单中，有“无截面”“2D 横截面”“单个零件曲面”，单击“2D 横截面”后，“+”“-”按钮激活，可在图框中增加和删除截面。

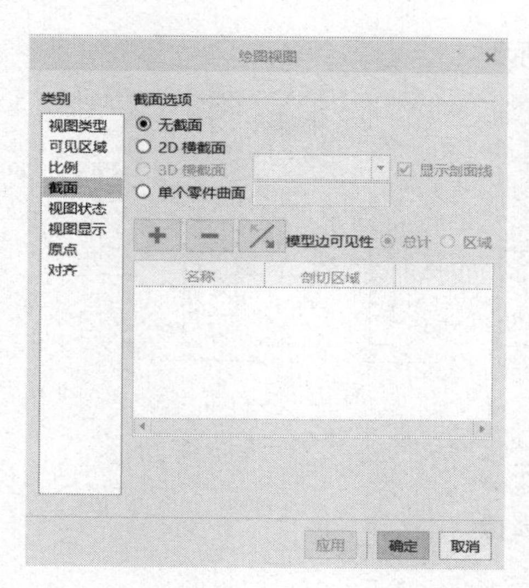

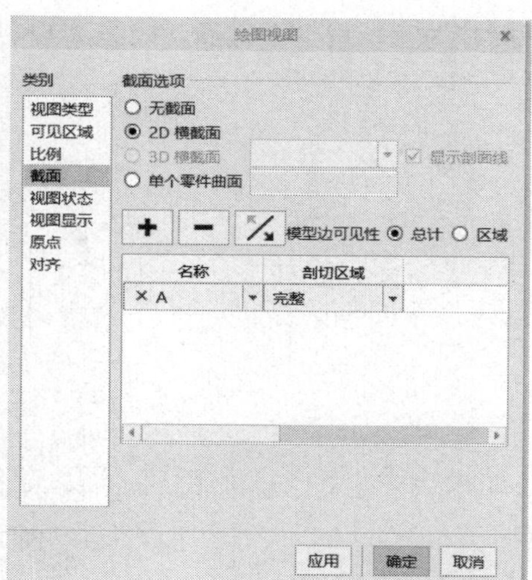

图 7-14

（5）“视图状态”类别

该类别用于定义组件在视图中的显示状态，包括分解视图的状态，如图 7-15 所示。

（6）“视图显示”类别

该类别用于设置视图显示选项，定义组件在视图中的显示状态，包括视图显示样式等，一般以“跟随环境”“默认”为主，如图 7-16 所示。

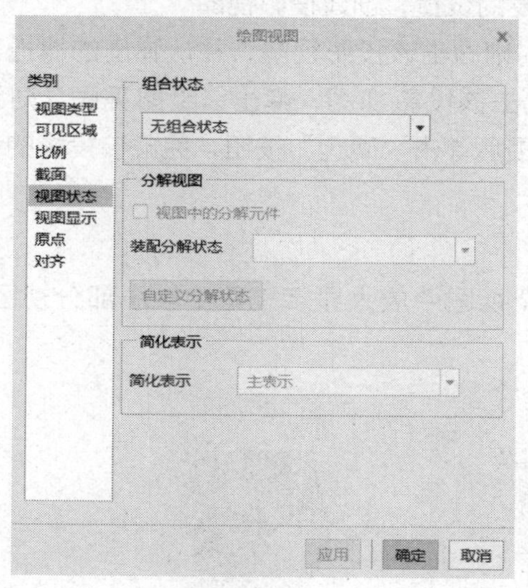

图 7-15

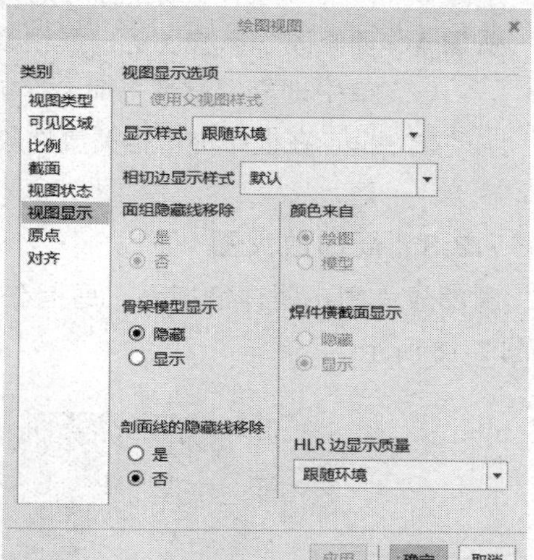

图 7-16

7.2.2　投影视图

使用普通视图作为主视图后，再根据需要为主视图配置相关的投影视图。投影视图是按指定的视图，沿着水平和垂直的几何方向的正交投影视图，可根据位置关系，创建 3 ～ 6 个投影图，称之为三视图和六视图。

投影图多少合适，要根据模型的难易程度而定，一般以完整的能够表达三维零件形状和尺寸为宜，宜少不宜多，如图 7-17 所示。

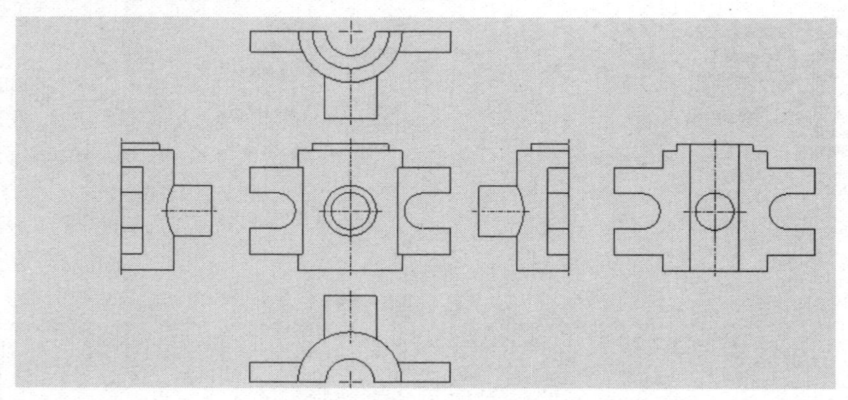

图 7-17

创建投影视图步骤如下：

步骤 1 在菜单“布局”选项卡，或者“继承迁移”的“模型视图”面板中单击“投影”按钮。

步骤 2 若当前页面中只有一个视图，那么系统会自动将该视图视为父视图。若有两个及以上的视图，那么需要选择父视图，选定好父视图后，父视图上方将出现一个代表投影的框。

步骤 3 将投影框水平或垂直地拖到所需要的位置，创建投影视图。

步骤 4 要修改投影视图的“属性参数”，则右击该投影视图，并从弹出的快捷菜单中选择“属性”命令，或者双击该投影视图，弹出“绘图视图”对话框，在框中进行相关属性放置，最后单击“确定”按钮，完成该投影的创建。

7.2.3 局部放大图

局部放大图也叫详细视图，是指在另一个视图中放大显示模型中较小部分视图。如图 7-18 所示。

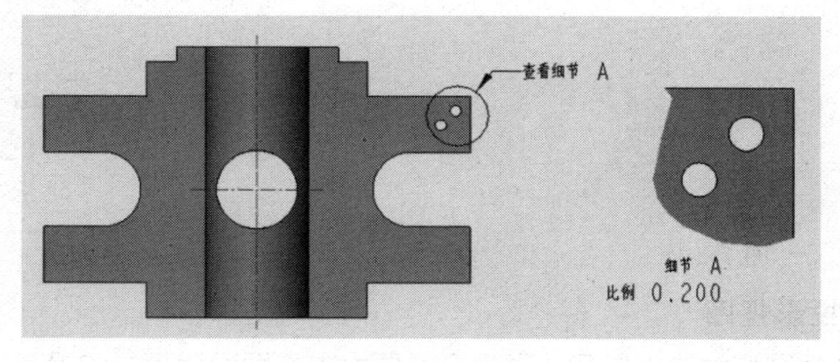

图 7-18

创建局部放大图步骤如下：

步骤 1 在菜单“布局”选项卡，或者“继承迁移”的“模型视图”面板中单击“局部放大图”按钮。

步骤 2 在工程图中选择要在局部放大图中放大的现有视图中的点，该绘图项目被加亮，按照系统提示，在周围草绘样条线。

步骤 3 草绘环绕将要放大的区域，特别注意，此处不要使用功能区的“草绘”命令，而是直接按住左键拖曳，草绘完成后单击鼠标中键或按回车键，此时样条处转换显示一个圆和一个详细视图名称的注释。

步骤 4 在绘图中选择要放置局部放大视图的位置，放置视图时，系统会自动标注局部放大图名称和比例。

步骤 5 双击局部放大视图，弹出“绘图视图”对话框，在框中修改相关属性，如图 7-19 所示。

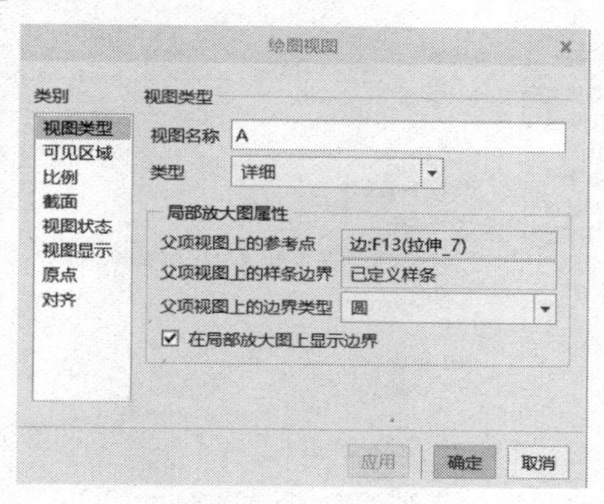

图 7-19

7.2.4 辅助视图

对于形状复杂的零组件工程图，靠普通三视图、六视图或剖视图不足以表达完整结构形状时，则需要创建其他视图来补充。其中，辅助视图是一种特殊的投影视图，通过视图中特定角度、曲面或轴向投影来生成，更能清晰完整地表达零件形状，如图 7-20 所示。

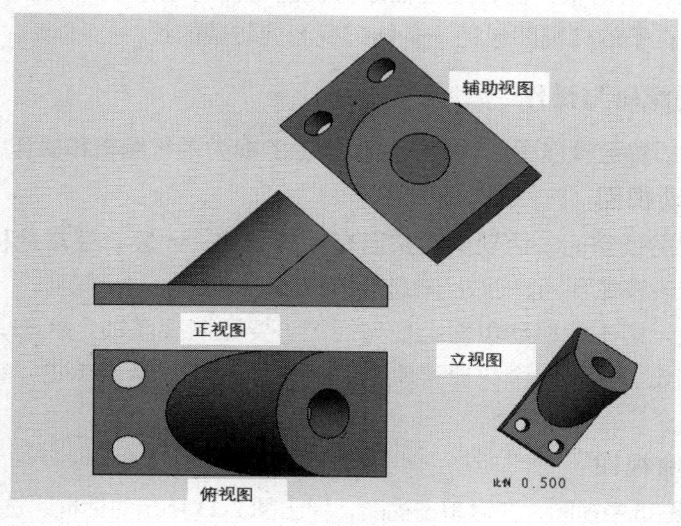

图 7-20

创建辅助视图步骤如下：

步骤 1 在菜单“布局”选项卡，或者“继承迁移”的“模型视图”面板中单击“辅助视图”按钮。

步骤 2 选择要从中创建辅助视图的边、轴、基准面或曲面，父视图上方出现一个框，代表辅助视图。

步骤 3 将此框沿着投影方向拖到所需的位置，单击鼠标左键放置视图。

步骤 4 双击该辅助视图，在“绘图视图”对话框修改相关属性，如图 7-21 所示。默认状态下，不创建投影箭头。

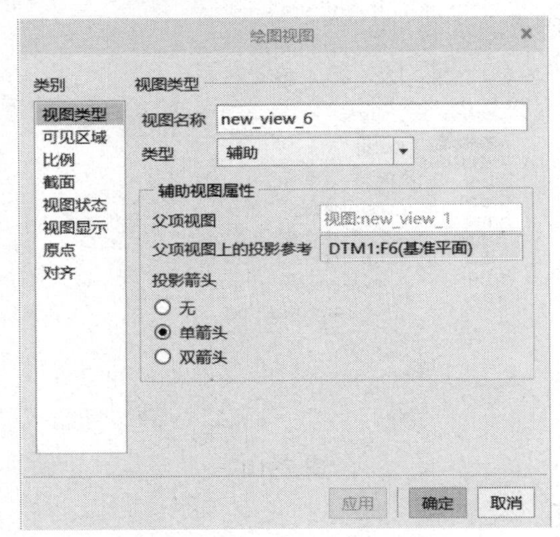

图 7-21

7.2.5 旋转视图

旋转视图是现有视图的一个剖面，它绕切割平面投影旋转 90 度。可以将在 3D 模型中创建的剖面作为切割平面，或者在放置视图时即时创建一个剖面。旋转视图和剖视图的不同之处在于旋转视图包括一条标记视图旋转轴的线。

7.3 视图编辑与操作

根据需要，创建各种视图后，需要对页面上的视图进行编辑和操作。

7.3.1 移动视图

为合理分配图纸空间，达到页面整洁有序的目的，一般会经常地移动视图。在使用移动之前，应该注意视图是否处于锁定状态。

若视图锁定，则不能移动页面上任何视图。要取消视图锁定状态，可以在图形窗口的合适位置右击，弹出一个快捷菜单，如图 7-22 所示。从中单击“锁定视图移动”，就可以移动视图了。

7.3.2 删除视图

如果要删除图纸中视图，左键单击视图，弹出图 7-23 所示对话框，选择“×”即可。

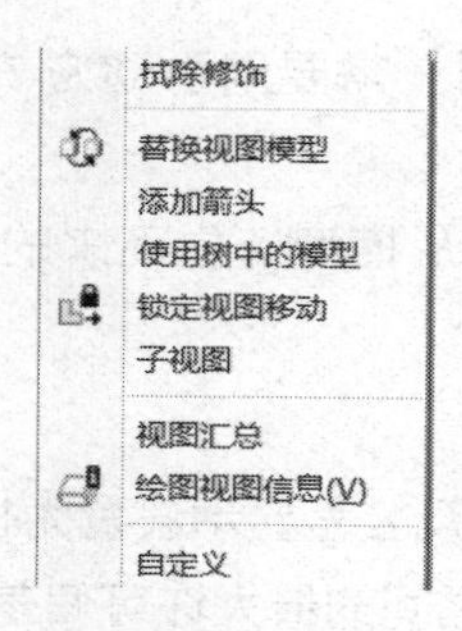

图 7-22

图 7-23

7.3.3　拭除视图

如果要拭除图纸中视图，左键单击视图，弹出图 7-22 所示对话框，选择“拭除修饰”按钮即可。

7.4　视图注释

创建好工程图后，接着对视图进行注释工作，包括尺寸、公差和注释文字等，为制造及输出图纸做相关准备，如图 7-24 所示，在菜单栏中点选“注释”选项卡。

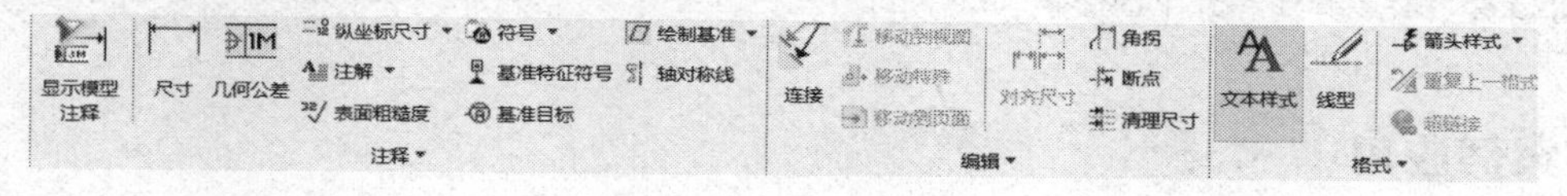

图 7-24

7.4.1　显示模型注释

默认情况下，模型导入工程图后，所有尺寸和存储信息是不可见的（或已经拭除）。当需要显示尺寸和其他信息时，可以通过操作显示模型注释。显示模型注释按钮在注释选项卡前端。

打开工程图界面，导入模型，选择要注释的视图、元件或特征，如图 7-25 所示。

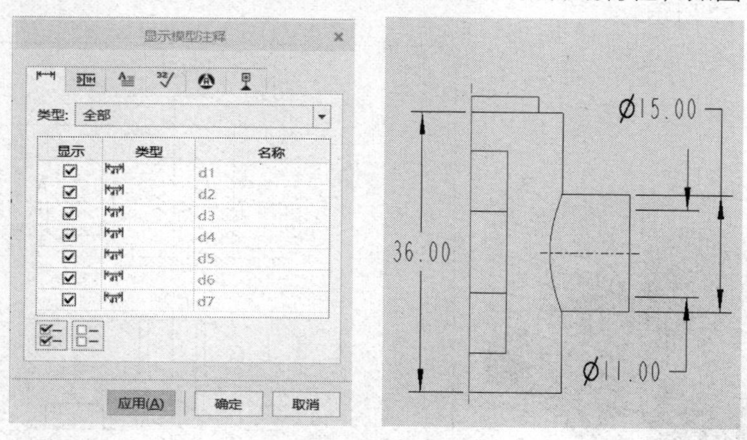

图 7-25

7.4.2　手动标注尺寸

显示注释尺寸，如果选择视图，往往会显示所有特征，有些重复定位，不一定是设计或制造者所关注的“重点”或“关键”尺寸。此时，需要用手动方式标注尺寸。特别注意的是，手动标注尺寸不是要改变特征的尺寸值。

不管是主要尺寸还是从动次要尺寸，这些“值”是从模型衍生而来的，操作者不能在工程图中直接修改。

7.4.3　设置尺寸公差和几何公差

在工程图中，公差标准一般设置为 ANSI 或 ISO，以及公差显示设置为打开或关闭。

设计过程中，几何公差是模型中指定的尺寸和形状之间的最大许可偏差。

说明:

尺寸公差和几何公差，关系产品及零部件设计、制造等一系列标准。在企业操作过程中，一般由经验丰富的人组织研究和制定。当标准定义过高时，会带来“质量过剩”“制造价格高”等不利于产品竞争的问题；标准定义太低，带来“质量缺陷，产品不可靠，不可控”相关问题。

初学或一般设计者，了解相关内容及基本要求即可。

按 ISO 标准化管理要求，生成后的工程图需要经过至少三人以上审核，并签名留存。企业在操作过程中，工程图一般生成后，会转换成“*.dwg”格式，在规范化完成完善图纸图幅、尺寸注释、公差标注和打印备份等工作。

案例应用

在学习了 Proe/E Creo 7.0 工程图设计与制作相关理论后，通过两个典型的工程图设计案例，掌握工程图实践与应用技能。

（1）轴承座 z_819 工程图设计

轴承座 z_819 零件三维图，如图 7-26 所示。经分析，考虑到该轴承座零件的结构特点，拟定采用主视图、全剖俯视图来表达即可。结合 CAD 电脑制图格式，完成工程图效果如图 7-27 所示。

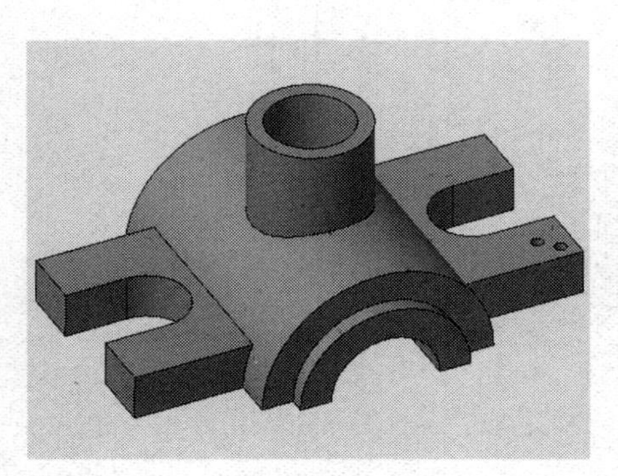

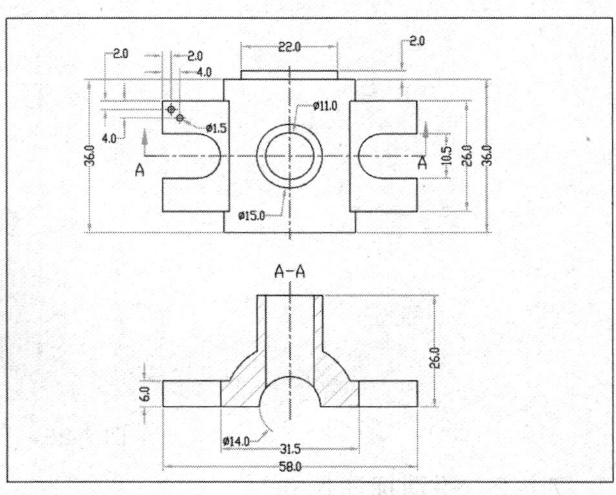

图 7-26

1）创建工程图

步骤 1　在“文件”工具栏中单击“打开”按钮，弹出“文件打开”对话框。选择本书配套的案例素材“轴承座 z_819.prt”文件，单击“打开”“按钮，将其打开。

步骤 2　在“文件”工具栏中单击“新建”按钮，弹出“新建”对话框。

步骤 3　在“类型”选项中选择“绘图”单选按钮，在“名称”文本框中输入轴承座 z_819，取消选中“使用缺省模板”复选框，然后单击“确定”按钮，系统弹出“新建绘图”对话框。

步骤 4　缺省模型自动设为“轴承座 z_819.prt”，在“指定模板”选项组中选择“空”单选按钮，在“方向”选项中单击“横向”按钮，在“大小”选项组的“标准大小”下拉列表框中选择“A4”，然后单击“确定”按钮。

2）配置编辑器“config_Pro”设置

此处补充说明，系统默认或已设置好的可以不再重设。

步骤 1　在“文件”工具栏中单击“选项”按钮，弹出“pro_Parametric”对话框。

步骤 2　单击对话框中左下角“配置编辑器”，在右边对话框中选择列表“pro_unit_length”，将“值”设定为“unit_mm”，长度以毫米为单位。

步骤 3　继续在右边对话框中选择列表“pro_unit_mass”，将“值”设定为“unit_kilogram”。

3）生成主视图

步骤 1　在功能区“布局”选项组中选择“普通视图”，接着在页面内合适位置单击，放置视图中心点，同时弹出“绘图视图”对话框，如图 7-27 所示。

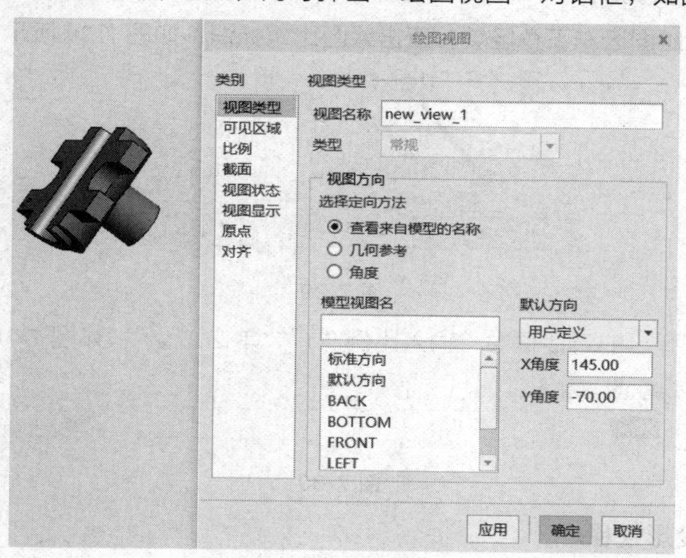

图 7-27

步骤 2 在“绘图视图”对话框的“视图类型”设置界面中，从“视图方向”选项组中保持默认选中的“查看来自模型的名称”，在“模型视图名”列表中选择“front”视图名，单击“应用”按钮。

步骤 3 在“类别”列表中选择“视图显示”选项，以切换到“视图显示”设置界面，从“显示样式”下拉列表中选择“消隐”选项，从“相切边显示样式”下拉列表框中选择“无”选项，单击“确认”按钮，如图 7-28 所示。

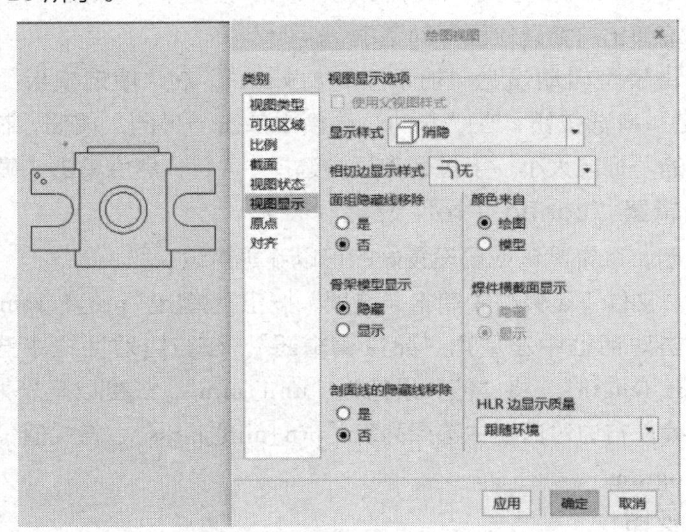

图 7-28

4）设置绘图比例

步骤 1 在绘图区左下角区域，双击绘图比例标识，如图 7-29 所示。

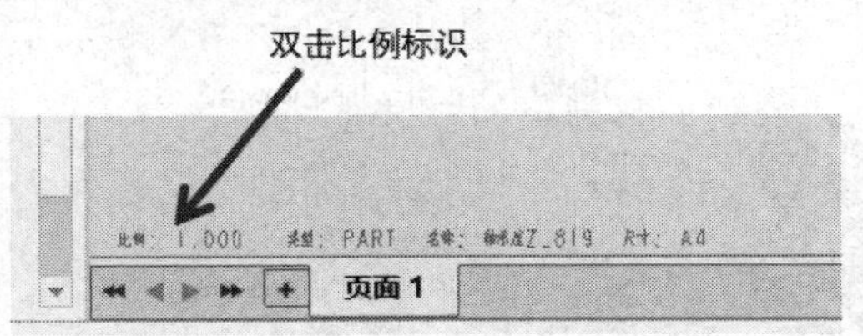

图 7-29

步骤 2 在弹出的对话框中，输入比例“1”，单击“√”，如图 7-30 所示。

图 7-30

5）创建投影视图

步骤 1 在功能区“布局”选项组中，选择“投影视图”，接着在主视图底下区域指定该投影视图的中心位置，完成俯视图投影，如图 7-31 所示。

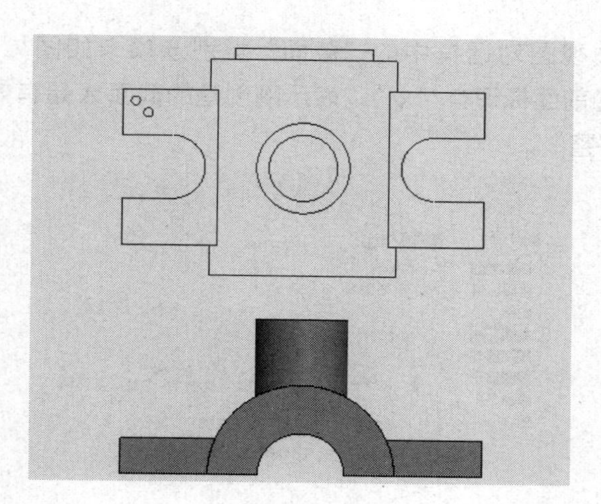

图 7-31

步骤 2　双击该“投影视图”，弹出“绘图视图”对话框。

步骤 3　切换到“视图显示”类别设置界面，从“显示样式”下拉列表框中选择“消隐”选项，从“相切边显示样式”下拉列表框中选择“无”选项，单击“应用”按钮。

步骤 4　切换到“截面”类别设置界面，选择“2D 截面”单选按钮，接着单击“将横截面添加到视图”按钮，系统弹出“横截面创建”菜单，如图 7-32 所示。在“横截面创建”菜单中选择“平面”“单一”命令。

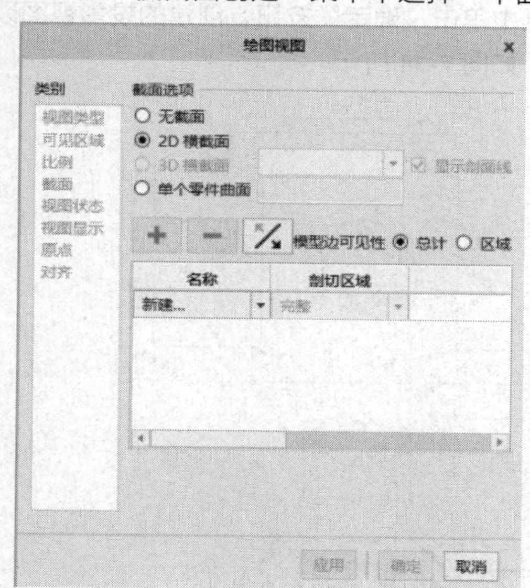

图 7-32

步骤 5　在弹出的文本框中输入横截面名为“A”，单击“确定”按钮。

步骤 6　打开“基准显示”，在工程图中显示基准平面，在主视图中选择 top 平面作为剖切平面，也可以在模型树中选择。

步骤 7 在绘图视图对话框中的“截面”类别选项卡如图 7-33 所示。截面名称“A”的前面标识有“√”，表示刚创建的截面 A 是有效的截面，默认区域为“完整”。

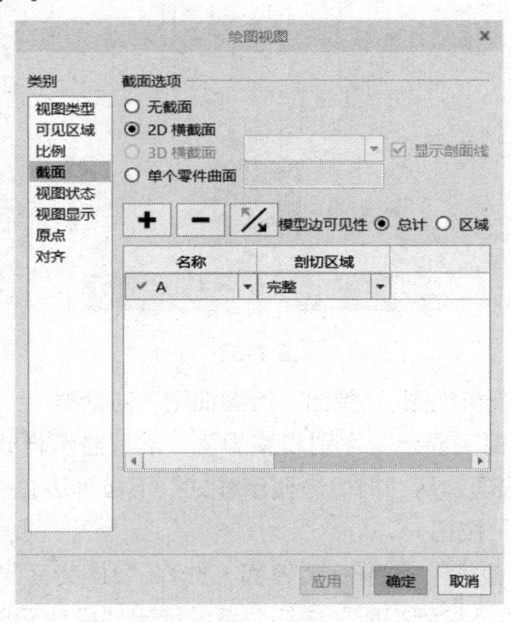

图 7-33

步骤 8 在绘图视图对话框中单击“确定”按钮，创建的投影视图以全剖视图的形式表达模型特征，如图 7-34 所示。

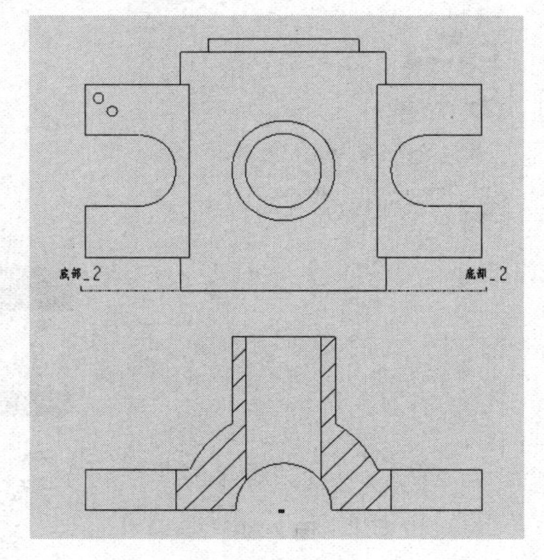

图 7-34

6）尺寸标注

①格式转换。将 Pro/E Creo 7.0 工程图转换成 CAD 制图格式，步骤如下：

步骤 1　在功能区"文件"下拉菜单中选择"另存为""保存副本"，在类型菜单框中，选择"*.dwg"格式，如图 7-35 所示。

步骤 2　选默认文件名或输入"11"，单击"确定"按钮，弹出"dwg 的导出环境"对话框，如图 7-36 所示。

说明：

CAD 制图软件操作门槛低，通用性强，在产业界应用广泛。将 Pro/E 工程图转换成 dwg 格式后，完成尺寸标注等注释说明是业界通用做法。

在 dwg 导出环境中，要注意：最重要的信息是导出的 dwg 版本设置问题。在 dwg 模式下，高版本可以打开低版本工程图，但低版本打开不了高版本图样。转换时需要根据具体要求，选择设置合适的版本。如设计者电脑安装的是 AUTOCAD2018 版，那么在图 7–38 中，只能选择 2018（含）版以下版本。

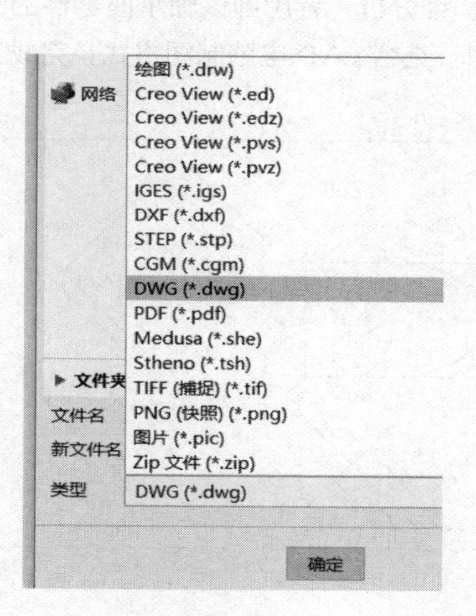

图 7-35

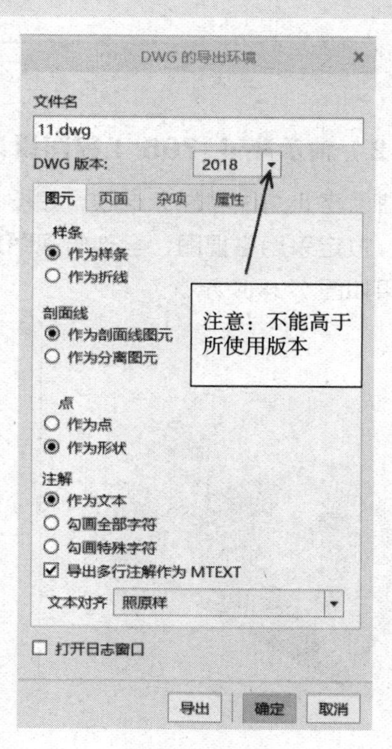

图 7-36

步骤 3　单击"确定"后，完成工程图转换。

② AutoCAD 编辑和标注尺寸。

步骤 1　启动 AutoCAD 软件，并打开导出的"*.dwg"文件。

步骤 2　在 AutoCAD 界面中，使用编辑和绘制工具，对工程图进行细节设计，包括中心线、视图位置、标准图框、标题栏，最终完成效果图（不包括标准图框和标题栏）如图 7-37 所示。

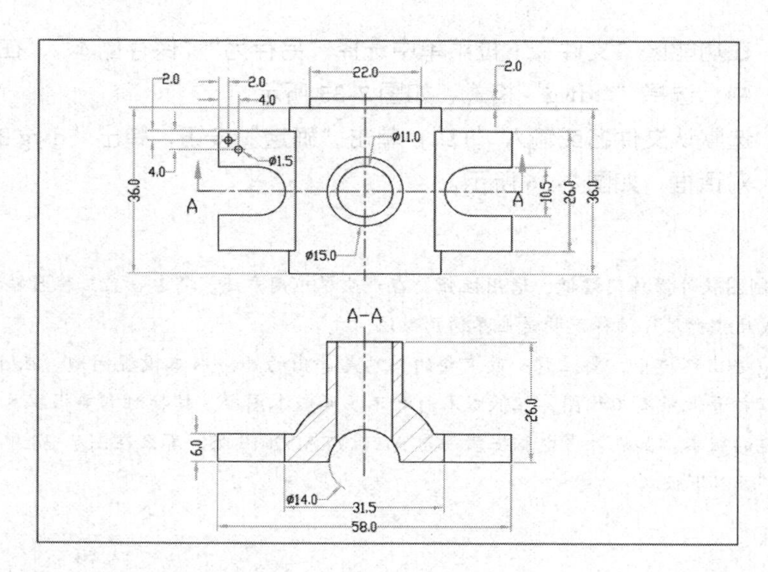

图 7-37

（2）轴承座 d_705 工程图设计

轴承座 d_705 零件三维图，如图 7-38 所示。经分析，考虑到该轴承座零件的结构特点，拟定采用主视图、全剖俯视图来表达即可。结合 CAD 电脑制图格式，完成工程图效果如图 7-38 所示。

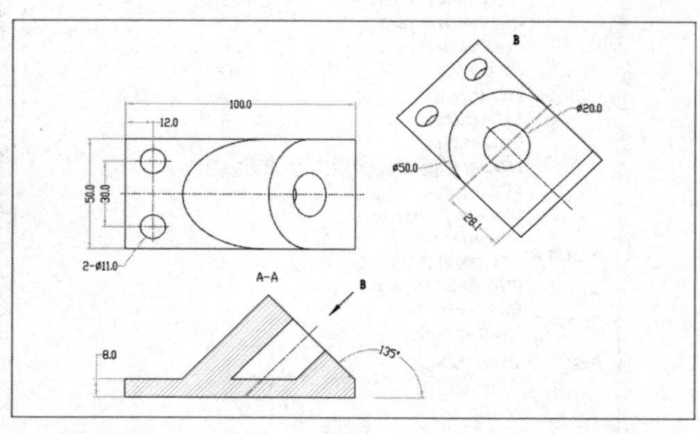

图 7-38

1）创建工程图

步骤 1 在“文件”工具栏中单击“打开”按钮，弹出“文件打开”对话框。选择本书配套的案例素材“轴承座 d_705.prt”文件，单击“打开”按钮，将其打开。

步骤 2 在“文件”工具栏中单击“新建”按钮，弹出“新建”对话框。

步骤 3 在“类型”选项中选择“绘图”单选按钮，在“名称”文本框中输入“轴承座 d_705”，取消选中“使用缺省模板”复选框，然后单击“确定”按钮，系统弹出“新建绘图”对话框。

步骤 4　缺省模型自动设为“轴承座 d_705.prt”，在“指定模板”选项组中选择“空”单选按钮，在“方向”选项中单击“横向”按钮，在“大小”选项组的“标准大小”下拉列表框中选择“A4”，然后单击“确定”按钮。

2）生成主视图

步骤 1　在菜单“布局”选项组中选择“普通视图”，接着在页面内合适位置单击，放置视图中心点，同时弹出“绘图视图”对话框，如图 7-39 所示。

步骤 2　在“绘图视图”对话框的“视图类型”设置界面中，从“视图方向”选项组中选取“几何参考”按钮，选择轴承体表面作为“参考 1. 前”，选择长侧边作为“参考 2. 上”，单击“应用”按钮，如图 7-40 所示。

步骤 3　在“类别”列表中选择“视图显示”选项，以切换到“视图显示”设置界面，从“显示样式”下拉列表中选择“消隐”选项，从“相切边显示样式”下拉列表框中选择“无”选项，单击“确认”按钮，如图 7-40 所示。

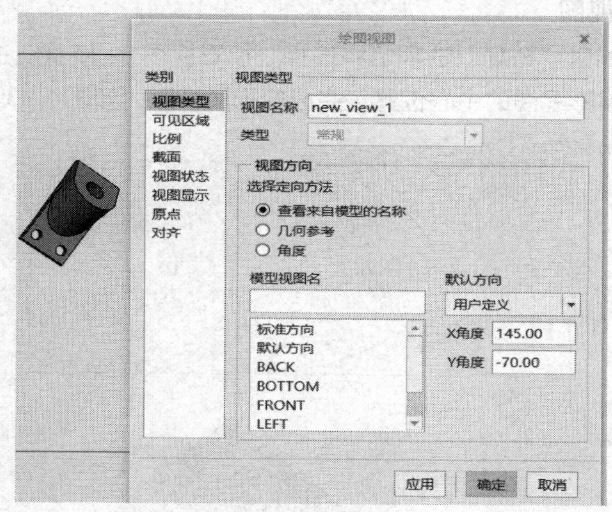

图 7-39

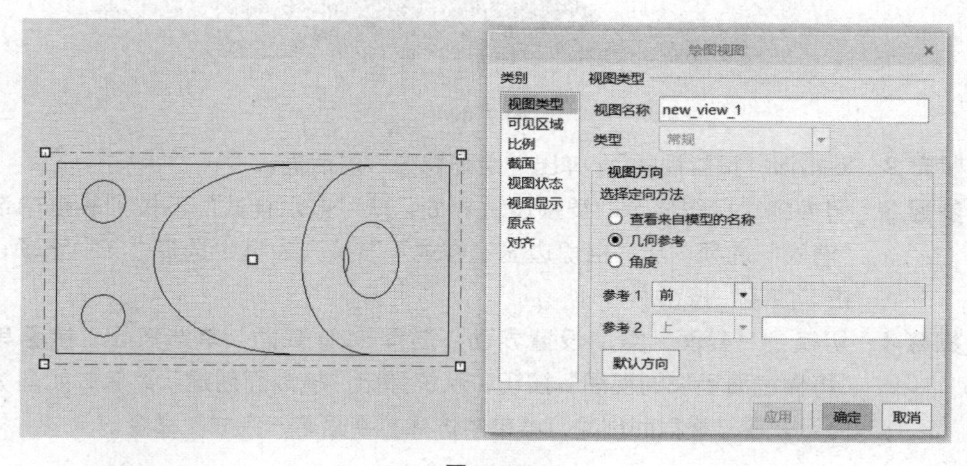

图 7-40

3）设置绘图比例

步骤 1 在绘图区左下角区域，双击绘图比例标识，如图 7-41 所示。

图 7-41

步骤 2 在弹出的对话框中，输入比例“1”，单击“√”，如图 7-42 所示。

图 7-42

4）创建投影视图

步骤 1 在功能区“布局”选项组中选择“投影视图”，接着在主视图底下区域指定该投影视图的中心位置，完成俯视图投影，如图 7-43 所示。

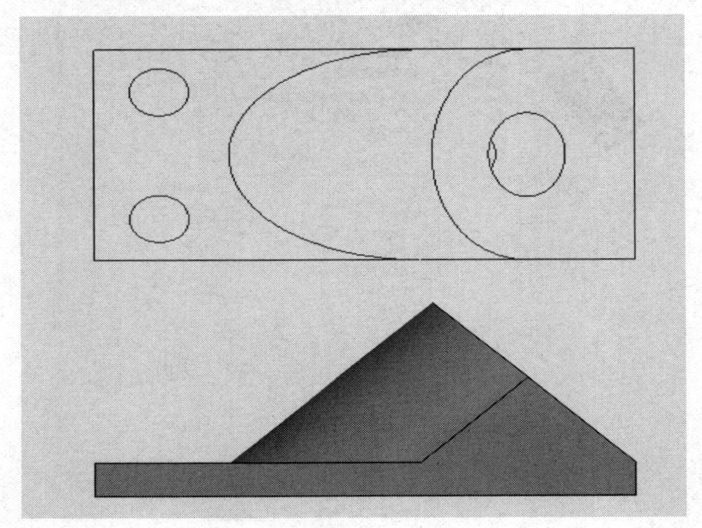

图 7-43

步骤 2 双击该“投影视图”，弹出“绘图视图”对话框。

步骤 3 切换到“视图显示”类别设置界面，从“显示样式”下拉列表框中选择“消隐”选项，从“相切边显示样式”下拉列表框中选择“无”选项，单击“应用”按钮。

步骤 4 切换到“截面”类别设置界面，选择“2D 截面”单选按钮，接着单击“将横截面添加到视图”按钮，系统弹出“横截面创建”菜单，如图 7-44 所示。在“横截面创建”菜单中选择“平面单一完成”命令。

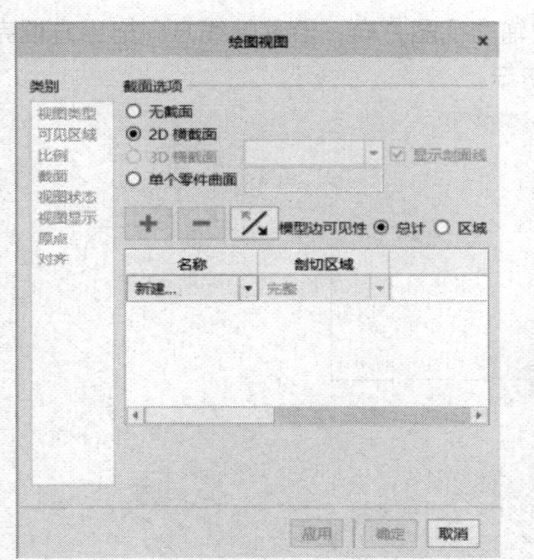

图 7-44

步骤 5　在弹出的文本框中输入横截面名为“A”，单击“确定”按钮。

步骤 6　打开“基准显示”，在工程图中显示基准平面，在主视图中选择 front 平面作为剖切平面，也可以在模型树中选择。

步骤 7　在绘图视图对话框中的“截面”类别选项卡如图 7-45 所示。截面名称“A”的前面标识有“√”，表示刚创建的截面 A 是有效的截面，默认区域为“完整”。

步骤 8　在绘图视图对话框中，单击“确定”按钮，创建的投影视图以全剖视图的形式表达模型特征，如图 7-46 所示。

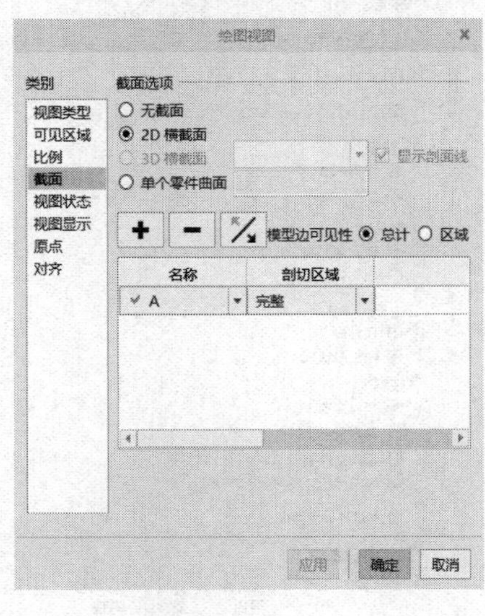

图 7-45

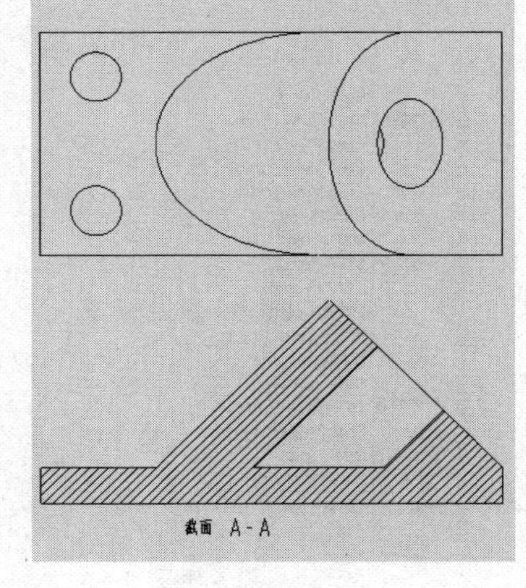

图 7-46

5）创建辅助视图

步骤 1　在功能区“布局”选项组中选择“辅助视图”，接着在俯视图底下区域斜面直线处，指定辅助视图方向，沿着轴线方向拖出方框完成斜面处辅助视图，如图 7-47 所示。

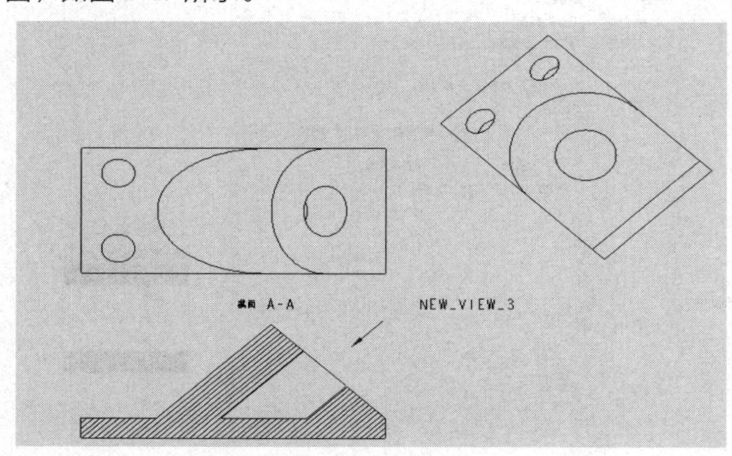

图 7-47

6）尺寸标注

①格式转换。将 Pro/E Creo 7.0 工程图转换成 CAD 制图格式，步骤如下：

步骤 1 在功能区“文件”下拉菜单中选择“另存为”、“保存副本”，在类型菜单框中，选择“*.dwg”格式，如图 7-48 所示。

步骤 2 选默认文件名或输入“11”，单击“确定”按钮，弹出“dwg 的导出环境”对话框，如图 7-49 所示。

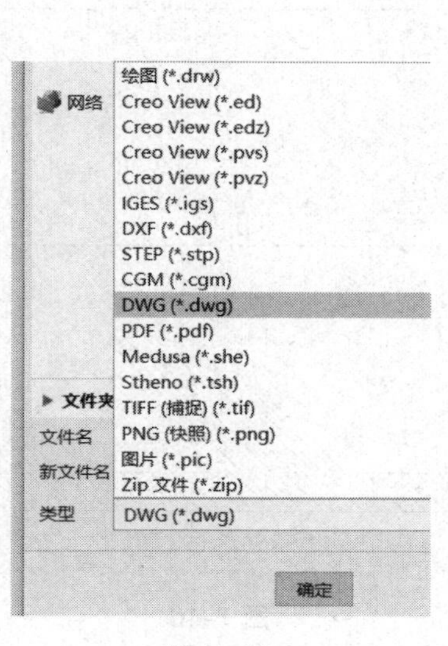

图 7-48

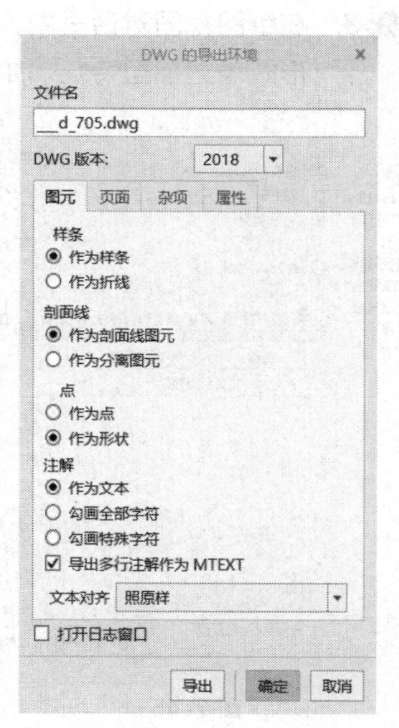

图 7-49

步骤 3　单击“确定”后，完成工程图转换。

② AutoCAD 编辑和标注尺寸。

步骤 1　启动 AutoCAD 软件，并打开导出的 dwg 文件。

步骤 2　在 AutoCAD 界面中，使用编辑和绘制工具，对工程图进行细节设计，包括中心线、视图位置、标准图框、标题栏，最终完成效果图（不包括标准图框和标题栏）如图 7-50 所示。

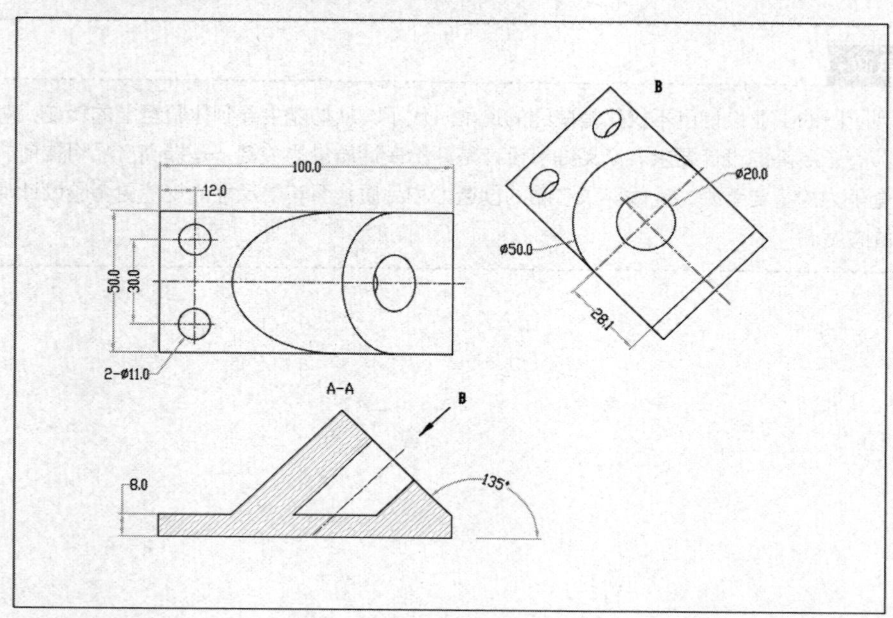

图 7-50

任务小结

工程图设计与制作是产品设计中后期工作，设计者将设计意图、设计思想通过工程图转换成图样、数据，供后工序相关工程技术人员查阅、使用。工程图在产品制造全周期中，使用范围广，使用时间长，是生产、制造、模具、运营维护通用的技术语言，意义深远，责任重大。

本章案例中所采用的轴承座，是通用的一种机械配件，在机械设计过程中，与轴承、轴、轴瓦、支架、连杆等组成传动机构。

任务拓展

查阅《机械工程设计手册》，学习轴承、轴、孔等标准件工程图制作及通用设计要求，能够制作复杂零件工程图，提高机械设计水平。

打开智能音箱三维模型，完成不少于五个零件的工程图制作。

课程育人：

1. 工程制图是工科专业的基础课程，对学生的识图和绘图能力有很大的帮助，在学习训练过程中不仅是对学生空间想象力的锻炼，更是对谨慎程度和耐心的锻炼。每一处尺寸的标注，都体现了对细节的注重。

2. 教学过程中引导学生理解“细节”的意义，“对细节的把握”（关注细节）也是设计上的一种能力和技巧。在学习过程中应培养注重细节的良好设计习惯，做到专心致志、心无旁骛。

课程思政：

现阶段的工业设计已不仅仅是单纯的造型时代了，从功能主导到体验至上的转变，对产品的细节有了更高的设计要求。产品细节设计是评价设计质量的关键，是提高产品附加值、增强企业竞争力的重要手段，也体现了产品的创造力和品质，而其中尺寸的规范更考验设计师精益求精的态度。

参考文献

[1] 钟日铭 . Creo 7.0 装配与产品设计 [M]. 北京：机械工业出版社 , 2021.
[2] 胡志刚，乔现玲 . Pro/E Wildfire 5.0 中文版完全自学一本通 [M]. 北京：电子工业出版社，2018.
[3] 白正一，钟日铭 . 中文版 ProE Wildfire5 0 基础与应用 [M]. 镇江：江苏大学出版社，2012.
[4] 北京兆迪科技有限公司 . Creo 6.0 高级应用教程 [M]. 北京：机械工业出版社，2021.
[5] 肖扬 . Creo 6.0 从入门到精通 [M]. 北京：电子工业出版社，2020.